周期表

原子番号 / 元素記号 / 元素名 / 原子量
1 H 水素 1.008

ここに示し…もとに、
日本化学会原…たもの
である。ただ…た。
原子番号 1…

2 族の元素は遷移元素に含める
場合と含めない場合がある。

10	11	12	13				17	18	族/周期
								2 He ヘリウム 4.003	1
			5 B ホウ素 10.81	6 C 炭素 12.01	7 N 窒素 14.01	8 O 酸素 16.00	9 F フッ素 19.00	10 Ne ネオン 20.18	2
			13 Al アルミニウム 26.98	14 Si ケイ素 28.09	15 P リン 30.97	16 S 硫黄 32.07	17 Cl 塩素 35.45	18 Ar アルゴン 39.95	3
28 Ni ニッケル 58.69	29 Cu 銅 63.55	30 Zn 亜鉛 65.38	31 Ga ガリウム 69.72	32 Ge ゲルマニウム 72.63	33 As ヒ素 74.92	34 Se セレン 78.97	35 Br 臭素 79.90	36 Kr クリプトン 83.80	4
46 Pd ラジウム 106.4	47 Ag 銀 107.9	48 Cd カドミウム 112.4	49 In インジウム 114.8	50 Sn スズ 118.7	51 Sb アンチモン 121.8	52 Te テルル 127.6	53 I ヨウ素 126.9	54 Xe キセノン 131.3	5
78 Pt 白金 195.1	79 Au 金 197.0	80 Hg 水銀 200.6	81 Tl タリウム 204.4	82 Pb 鉛 207.2	83 Bi ビスマス 209.0	84 Po ポロニウム —	85 At アスタチン —	86 Rn ラドン —	6
10 Ds ームスタチウム —	111 Rg レントゲニウム —	112 Cn コペルニシウム —	113 Nh ニホニウム —	114 Fl フレロビウム —	115 Mc モスコビウム —	116 Lv リバモリウム —	117 Ts テネシン —	118 Og オガネソン —	7

63 Eu ウロピウム 152.0	64 Gd ガドリニウム 157.3	65 Tb テルビウム 158.9	66 Dy ジスプロシウム 162.5	67 Ho ホルミウム 164.9	68 Er エルビウム 167.3	69 Tm ツリウム 168.9	70 Yb イッテルビウム 173.0	71 Lu ルテチウム 175.0
5 Am メリシウム —	96 Cm キュリウム —	97 Bk バークリウム —	98 Cf カリホルニウム —	99 Es アインスタイニウム —	100 Fm フェルミウム —	101 Md メンデレビウム —	102 No ノーベリウム —	103 Lr ローレンシウム —

船登惟希

Gakken

はじめに

～有機化学はこんなに楽しいんだ！と思ってもらうために～

本書を手にとっていただき，ありがとうございます。

◆暗記も考察も必要な有機化学に，苦手意識をもっていませんか？

「有機化学は,覚えることも多いし考察問題もあるから嫌い！」という人も多いでしょう。
たしかにその通りで，その感覚はもっともです。
「理論化学」は比較的に暗記が少なく，「無機化学」は比較的に考察問題が少ない分野でしたが,「有機化学」は，暗記も考察も両方出題される分野なのです。
知識として大量の情報を頭に入れながら，考察問題を解く必要があるので大変です。
しかし，泣き言を言っていても前には進めません。
みんなが苦しむ分野だからこそ，攻略することで点数を大きく伸ばしてきましょう。

どうしたら有機化学を攻略できるのかというと,
「**裏にあるメカニズムを理解し，イメージしやすい形で覚える**」ということです。
本シリーズの理論化学，無機化学と同様，有機化学をわかりやすく解説していきます。

◆本書のコンセプト

本書は次のような特長を持っています。
・化合物をキャラクター化することで，イメージをしやすくしてあります。
・官能基もキャラクター化することで，ポイントとなる部分を強調しています。
・裏に潜むメカニズムをやさしく解説し，単純暗記をなるべく避けています。
・考察問題は，ステップを踏みながら，1つひとつ丁寧に解説しています。

◆化学が苦手な人だけでなく，得意な人にとっても役に立つ！

以上のように本書は，本質的なメカニズムをわかりやすく解説しつつ，どうしても暗記しないといけない部分は記憶に残りやすいようにキャラクターを使って，考察問題はステップを踏んで丁寧に解説していきます。
今までは単純に暗記していた人にとっても，本質を理解するお役に立てるのではないかと思っています。

それでは今回も，ハカセやクマ，そして新しい仲間ミミーと一緒に，
有機化学について勉強していきましょう！

本書の特長と使いかた

■ 左が説明，右が図解の使いやすい見開き構成

本書は左ページがたとえ話を多用したわかりやすい解説，右ページがイラストを使った図解となっており，初学者の人も読みやすく勉強しやすい構成になっています。

左ページを読んでから右ページの図解に目を通すもよし，まず右ページをながめてから左ページの解説を読むもよし，ご自身の勉強しやすいように自由にお使いください。

■ 別冊の問題集と章末のチェックで実力がつく！

本冊はところどころに別冊の確認問題への誘導がついています。そこまで読んで得た知識を，実際に自分で使えるかどうかを試してみましょう。確認問題の中には難しい問題も入っています。最初は解けなかったとしても，時間をおいて再度挑戦し，すべての問題を解ける力をつけるようにしてください。

章末の「ハカセの宇宙一キビしいチェック」は，その章に学んだ大事なことのチェック事項です。よくわからないところがあれば，該当箇所を読み直してみましょう。

■ 東大生が書いた，化学受験生に必要なエッセンスが満載の本格派

本書にはユルいキャラクターが描かれており，一見したところ，あまり本格的な参考書には見えないかもしれません。

しかし，受験化学において重要な要素はしっかりとまとめてあり，他の参考書では教えてくれないような目からウロコの考えかたや解法も掲載されています。

侮るなかれ，東大生が自分の学習法を体現した本格派の有機化学の参考書なのです。

■ 楽しんで化学を勉強してください

上記の通り，実は本格派である有機化学の参考書をなぜこんな体裁にしたのかというと，読者のみなさんに楽しんで勉強をしてもらいたいからです。「勉強はつらく面倒なもの」というのは，たしかにそうなのですが，「少しでも勉強の苦労を軽減させ，みなさんに楽しんでもらえるように」という著者と編集部の想いで本書は作られました。

みなさんがハカセとクマ，そしてミミーの掛けあいを楽しみながら，化学の力をつけていけることを願っております。

ぱーんぱーん ぱぱぱぱーんぱーん♫

とある星に住むハカセは、宇宙に存在するあらゆる知識をわかりやすく解説することを研究テーマとしていた。さまざまな星に出かけては、その星で多くの人が「ニガテ」と感じる学問を解説書にまとめあげ、ハカセのまとめた解説書は「宇宙一わかりやすい」と全宇宙で大変有名であうた。

ハカセと助手のクマは地球へ到着し、まず「理論化学」をまとめあげた。最初はただの怠け者だったクマもしっかり助手を務めあげ、立派な「カガックマ」となった。ハカセはがんばったご褒美にクマに好物のドーナツを与えるが、クマは大量にものを食べると巨大化する特異体質だった。星へ帰ろうとする宇宙船は重量オーバーで墜落してしまう。

ハカセとクマは地球の隠れ里、ネコ村に不時着。介抱してくれたネコ一家の息子、ニャンタローの「ニガテ」が無機化学と知ったハカセは、ニガテ撲滅の闘志に火がついてしまう。

ハカセたちは通信機が直るまでの間に、「無機化学」も宇宙一わかりやすくまとめあげたのであった。

通信機が直り、タントウが用意した宇宙船に乗り込むハカセとクマ。地球を飛び立ち「今度こそ、星へ帰れる」と思った矢先に、なんと今度は燃料不足。最も近くにある給油ポイントの月へと向かうのであった…………。

ぱぱぱぱーんぱん♫　ぱぱぱぱーん♫

宇宙船に燃料を入れて欲しいのじゃが…
ああ…ルナー燃料のことですかもう月にはありませんよ…
なんじゃと！
すっかり燃料が枯渇してしまったのです
私はルナー燃料の研究をしているものです…
月のうさぎの文化はルナー燃料が枯渇したことで衰退する一方です…
うう…燃料がないんじゃどうやって帰れば？
地球には微量ながらルナー燃料があるわ！それを解析してルナー燃料をつくるのよ！
バーン
誰??
こちらのウサ教授の助手，ミミーよ！

この宇宙船は
地球までは
飛べるの？
まあ地球に行く
くらいならできるな
教授！
私が地球に行って
ルナー燃料を
解析してくるわ
ダメです！
そんなことは
させられません！
あなたはこの星の…
またそうやって
私に何も
させてくれない
んですね！
それに…
ミミーさん
にはまだ早い…
なにせ有機化学が
ニガテですからね
ニガテ？
ニガテとな?!
わしは人々がニガテと
するものを宇宙一わかりやすく
説明するのが使命なのじゃ！
あっ
あなたはもしかして…

ハカセ！
あの宇宙一わかりやすい
本をお書きになることで
有名な！
いやいや…
そんな有名だ
なんて…
昔，あなたの「睡眠理論」を読んだことがあるんですよ！
ほら，私たちの祖先は昔，徒競走の途中で眠ってしまって
亀に負けたでしょう。だから私たちウサギは昔から
睡眠欲に対して，すごくニガテ意識をもっているんです
その睡眠のメカニズムをわかりやすく解説した
すばらしい本でしたよ！
いやー，あの本のおかげで
居眠りもすっかり減ってね。その代わり，
私たちウサギは睡眠不足で
目が真っ赤っかなんですけどね
へー！
そんな立派な
先生なのね
ますます
一緒に地球に
行きたくなったわ！
ダメですよ…
お父様に怒られますよ
パパには
黙ってて！
じゃ！
行きましょう！
う…うむ
そうじゃな
ハカセ～…
タントウに連絡して
迎えに来てもらい
ましょうよ～
いや…
しかし
ニガテが…
ワシの使命が
ルナー燃料の
生成方法がわかれば
月を救えるの！
お願い！
私を地球に連れてって！
わたしは月を
救いたいんです！
ニガテも
克服してみせます！

なんという
心意気…
キミは優秀な
助手になりそうじゃ！
じーん
よしっ有機化学の
ニガテをわかりやすく
説明しながら
ルナー燃料をつくって
星に帰るんじゃ！
クマも
一緒にやるんじゃぞ
えー
ハァ…また
勉強するのか～
あなたのお腹って
おもちみたいねー
プニ
プニ
おもちって
ナニー？
?
コレよ！
ワー！
おいしい！
これは
月の名産よ
地球で有機化学を一緒に
勉強して，私がルナー燃料を
生成できたらコレを
たくさんあげるわ！
だから私に
協力しなさい！
本当?!
おもち
たべたい!!
よしっ
頑張るぞ！
フフン
やれやれ…
まったく
食い意地のはった
ヤツじゃのう

そんなわけでハカセとクマはミミーを連れて再び地球で
「宇宙一わかりやすい　有機化学」に取り組むことになったのでした……

はたして3人は有機化学をまとめあげ「ルナー燃料」を
生成することができるのでしょうか……

もくじ

ルナー燃料のある場所が
示してあるの
こっちよ！

地球に到着
で…ここの
どこじゃ？
う～ん…論文には
ここの砂漠にあるとしか…
ルナー燃料は甘いにおいがするのよね…
甘いにおい?!

Chapter 8 高分子化合物の構造と天然高分子化合物 ……… 317

あっ！
これよ！
ルナー燃料は！
……

Chapter

1

有機化学の基礎

Chapter 1 有機化学の基礎

はじめに

さて，みなさんはこれから有機化学について勉強していくわけですが，
有機化学を勉強する目的とは一体何でしょうか？

ルナー燃料を探しに，地球にやってきたハカセたち。
思いのほかあっさりとルナー燃料を見つけることができました。

しかし，この量では少量すぎて月を救うことはできないようですね。
（そもそも大量にあったとしても地球から月へ運ぶのは現実的ではないですが…）
ルナー燃料を生成する方法を探さなくてはいけません。

得体のしれないルナー燃料を生成するには，どうすればよいか。
ルナー燃料がどんな物質なのかを突き止めなければなりませんよね。

「一体，**ルナー燃料はどんな物質なんじゃろうか。**
ルナー燃料が何なのかを突き止められたら，生成することができるんじゃが…」

しかし，ミミーは有機化学がニガテです。
まずは有機化学のキホンを理解しなければなりません。

宇宙一
わかりやすい
ハカセの
Introduction

ずいぶんあっさり
見つかったのう…
でもこんな少しじゃ
月までも飛べるか
怪しいわ…
いてて…

たくさんあったとしても
地球から月に運搬する方法が
ないんでしょ？
ルナー燃料の
正体を解明すれば
生成できるハズじゃ！

一体，
ルナー燃料はどんな
物質なんじゃろうか…

うーん……
わからないわ
まずは
有機化合物について
基本的知識を
学んでいくぞぃ

少々前置きが長くなりましたが，
みなさんがこれから有機化学を勉強していく目的は，
「その有機化合物は一体何なのか，を突き止めること」です。
そのための第一歩として，Chapter 1では，次のような基本的な知識を頭に入れていきましょう。

- 有機化合物の特徴
- 炭素の特徴
- 有機化合物の書き表しかた

この本を読み終える頃には
「次のような操作を行ったところ，以下のような反応をした。
この有機化合物の構造と名称を答えよ」
という問題に答えられるようになっているはずです。
千里の道も一歩から。少しずつ有機化学を理解していきましょう。

この章で勉強すること

有機化合物の特徴や分類のしかた，書き表しかたという，基礎を身につけていきます。

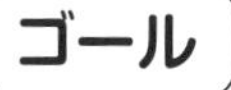

その有機化合物は一体何なのかを突き止めること

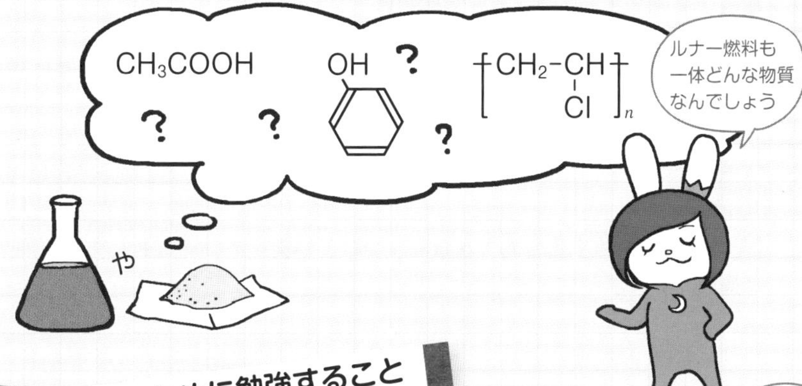

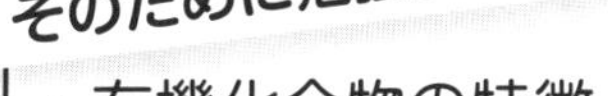

そのために勉強すること

・有機化合物の特徴

・炭素の特徴

・有機化合物の書き表しかた

最終的には，こんな問題が解けるようになる！

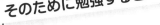

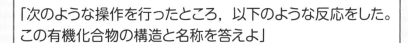

「次のような操作を行ったところ，以下のような反応をした。この有機化合物の構造と名称を答えよ」

1-1 有機化合物とは？

ココをおさえよう！

炭素を含む化合物を有機化合物という！

そもそも，これから勉強する**有機化合物**とは，一体何なのでしょうか？
ひと言でいえば，「炭素Cを含む化合物」が有機化合物です。

逆に，炭素を含まない物質を**無機物質**といいます。

補足 例外として，CO，CO_2，炭酸塩（$CaCO_3$など），シアン化物（KCNなど）は有機化合物ではなく，無機物質に分類することになっています。

無機化学はすでに勉強したと思いますが，そこではたくさんの元素（原子の種類）が出てきて，
「その元素の単体や化合物の性質を１つひとつ覚えていくこと」
が最も大事なポイントでした。

一方，有機化学では，限られた数の元素しか出てきませんが，
（炭素C，水素H，酸素O，窒素N，硫黄S，リンP，塩素Cl，臭素Brなど）
これらを組合せたり，結びつきかたを変えることで，1億種類もの化合物となります。

つまり，**「その有機化合物がどんな元素からできているか」**ということだけでなく，**「その元素がどんな結びつきかたをしているのか」**ということまで突き止めないといけないのです。

ここでは，とにかく「有機化合物は，限られた元素の組合せかたや結合のしかたでさまざまな物質になる」ということを理解していただけたらOKです。

CO, CO2, 炭酸塩,
シアン化物は
炭素を含むが
無機物質に
分類されるぞぃ

有機化合物　＝炭素 C を含む化合物

無機物質　＝炭素 C を含まない物質

1

無機化学 …さまざまな元素が出てくる

無機化学を
一緒に学んだ
ニャンタローは
元気かな…

周期＼族	1	2	3	4	5	6	7	8	9	10	11	12	13	14	15	16	17	18
1	${}_{1}$H																	${}_{2}$He
2	${}_{3}$Li	${}_{4}$Be											${}_{5}$B	${}_{6}$C	${}_{7}$N	${}_{8}$O	${}_{9}$F	${}_{10}$Ne
3	${}_{11}$Na	${}_{12}$Mg											${}_{13}$Al	${}_{14}$Si	${}_{15}$P	${}_{16}$S	${}_{17}$Cl	${}_{18}$Ar
4	${}_{19}$K	${}_{20}$Ca	${}_{21}$Sc	${}_{22}$Ti	${}_{23}$V	${}_{24}$Cr	${}_{25}$Mn	${}_{26}$Fe	${}_{27}$Co	${}_{28}$Ni	${}_{29}$Cu	${}_{30}$Zn	${}_{31}$Ga	${}_{32}$Ge	${}_{33}$As	${}_{34}$Se	${}_{35}$Br	${}_{36}$Kr
5	${}_{37}$Rb	${}_{38}$Sr	${}_{39}$Y	${}_{40}$Zr	${}_{41}$Nb	${}_{42}$Mo	${}_{43}$Tc	${}_{44}$Ru	${}_{45}$Rh	${}_{46}$Pd	${}_{47}$Ag	${}_{48}$Cd	${}_{49}$In	${}_{50}$Sn	${}_{51}$Sb	${}_{52}$Te	${}_{53}$I	${}_{54}$Xe
6	${}_{55}$Cs	${}_{56}$Ba	ランタノイド	${}_{72}$Hf	${}_{73}$Ta	${}_{74}$W	${}_{75}$Re	${}_{76}$Os	${}_{77}$Ir	${}_{78}$Pt	${}_{79}$Au	${}_{80}$Hg	${}_{81}$Tl	${}_{82}$Pb	${}_{83}$Bi	${}_{84}$Po	${}_{85}$At	${}_{86}$Rn
7	${}_{87}$Fr	${}_{88}$Ra	アクチノイド	${}_{104}$Rf	${}_{105}$Db	${}_{106}$Sg	${}_{107}$Bh	${}_{108}$Hs	${}_{109}$Mt	${}_{110}$Ds	${}_{111}$Rg	${}_{112}$Cn	${}_{113}$Nh	${}_{114}$Fl	${}_{115}$Mc	${}_{116}$Lv	${}_{117}$Ts	${}_{118}$Og

有機化学 …限られた数の元素しか出てこない

結局, 扱う化合物の
数は多くなっちゃう
んだけどね

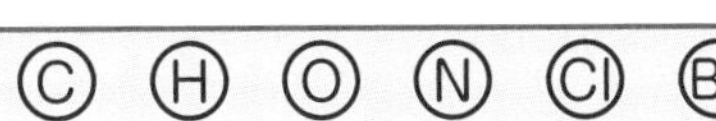
C
H
O
N
Cl
Br

組合せ　　結びつきかた

組合せだけじゃなく
結びつきかたも
重要じゃぞ

CH_3COOH

H_2C 構造: $CH_3CH{=}CH_2$（H と CH_3 が C=C に結合した構造式）

$R-CH(NH_2)-COOH$

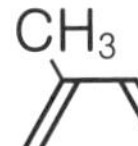
CH3

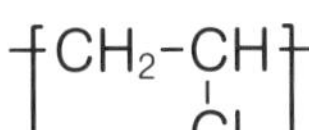
CH2-CH
Cl
n

$\left[CH_2-C(Cl)=CH-CH_2\right]_n$

ここから，1 億種類もの化合物がつくられる！！

1-2 有機化合物の特徴

ココをおさえよう！

無機物質と比べると…
- **有機化合物は，反応速度が遅い。**
- **有機化合物は，沸点・融点が低い。**
- **有機化合物は，水に溶けにくく，有機溶媒に溶けやすい。**
- **有機化合物は，空気中で燃えやすい。**

ここで，有機化合物と無機物質の性質の違いに着目し，
有機化合物の特徴を洗い出してみましょう。

❶有機化合物のほうが，反応速度が比較的遅い。

【理由】
有機化合物中の結合の大部分は，結びつきが比較的強い**共有結合**です。

化学反応とは，物質そのものが変化する反応です。
化学反応が起こるときは，原子どうしの結合が切れて，新たな原子の組合せができるので，結合を切るのにたくさんのエネルギーが必要な共有結合をもつ有機化合物は，その分，化学反応に時間がかかってしまうのです。

一方，無機物質は，イオン結合や金属結合，配位結合など，共有結合より弱い結合でできているものが多いため，反応速度は有機化合物に比べて速くなります。

有機化合物と無機物質の性質の違い

1 有機化合物のほうが，反応速度が比較的遅い

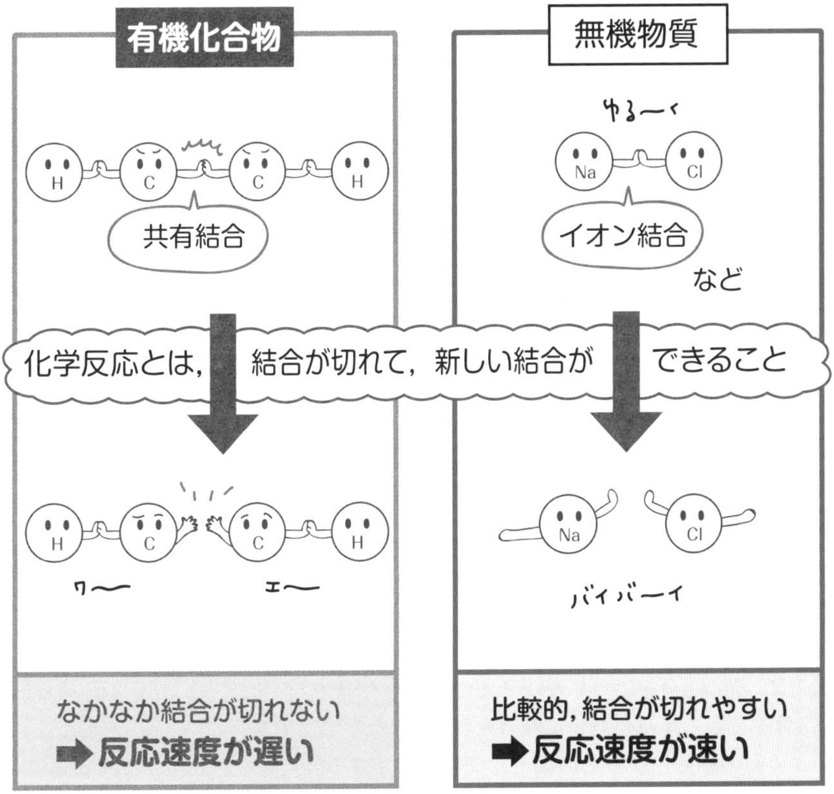

有機化合物	無機物質
H C C H　共有結合	ゆるーく　Na Cl　イオン結合　など
化学反応とは，結合が切れて，新しい結合ができること	
H C　ワー　C H　エー	Na Cl　バイバーイ
なかなか結合が切れない ➡ **反応速度が遅い**	比較的，結合が切れやすい ➡ **反応速度が速い**

結合が強くて離れるのがなごり惜しいから有機化合物は反応が遅いのじゃ

無機物質はあっさりと離れてるわね

❷有機化合物のほうが，沸点(ふってん)・融点(ゆうてん)が比較的低い。

【理由】
前のページでは，原子どうしの結びつきに注目しましたが，
ここでは，分子どうしの結びつきに注目します。

無機物質の多くは，分子どうしが**イオン結合（結びつきが比較的強い）**によって**イオン結晶**となっていますが，有機化合物では，主に分子どうしの**分子間力（結びつきが比較的弱い）**による，**分子結晶**からなるものが多いです。

無機物質である金属は，金属結合による結晶構造をとっています。

結合の強さには次のような大小関係がありましたね※。

共有結合＞イオン結合＞金属結合＞分子間力

ここで状態変化の話をしましょう。
状態変化は，物質は変化しませんが，物質（分子）の結びつきの様子が変化します。
融点とは，固体（分子どうしがくっついた状態）から，
液体（分子どうしがゆるくつながった状態）になる温度のことであり，
沸点とは，液体（分子どうしがゆるくつながった状態）から，
気体（分子どうしがバラバラになった状態）になる温度です。
分子どうしの結合力が小さいほど，つながりをゆるめたり，バラバラにする温度，
つまり融点や沸点は低くなります。

よって，**有機化合物は無機物質と比較して，一般的に融点や沸点が低い**のです。

※『宇宙一わかりやすい高校化学　理論化学　改訂版』p.76参照

2 有機化合物のほうが，沸点・融点が比較的低い

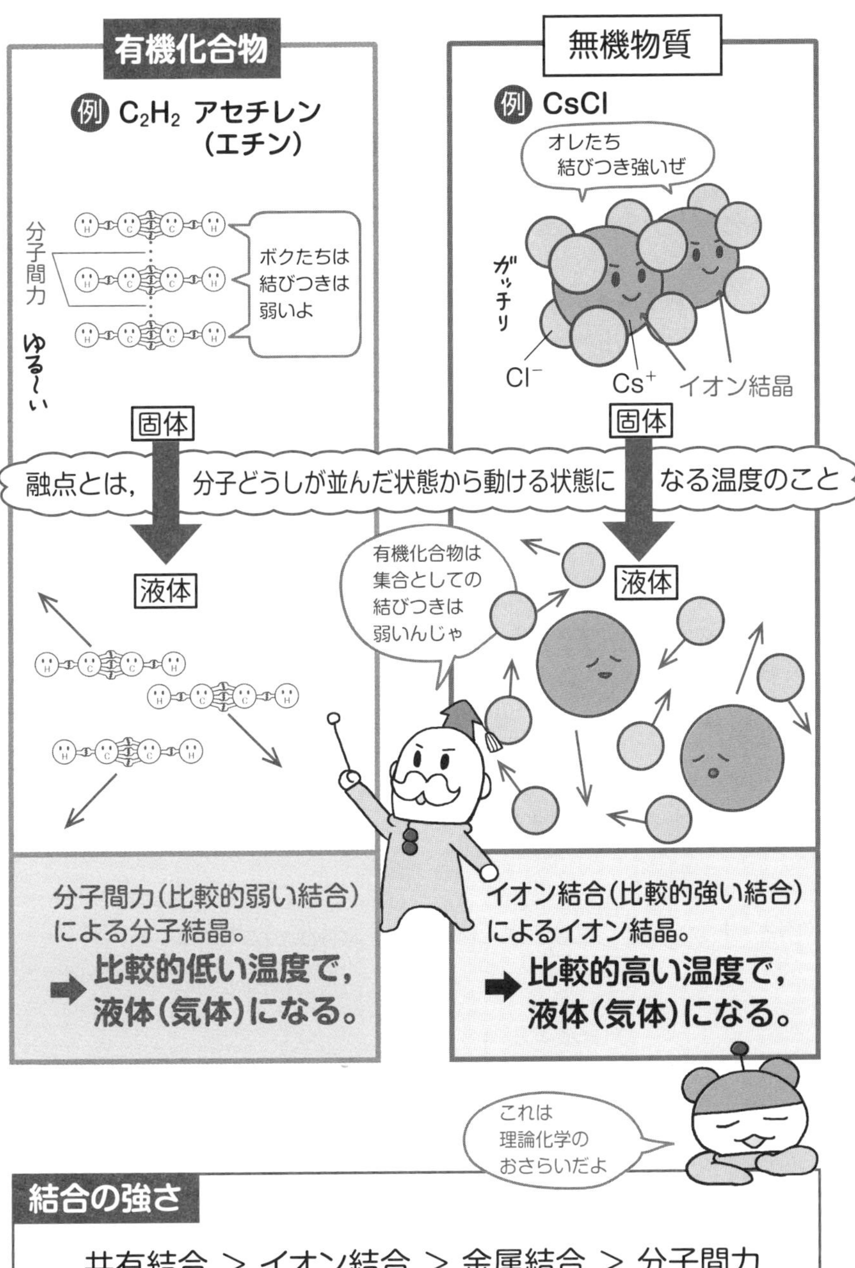

結合の強さ

共有結合 ＞ イオン結合 ＞ 金属結合 ＞ 分子間力

❸多くの有機化合物は水に溶けにくく，有機溶媒(ようばい)に溶けやすい。

【理由】
「水に溶けるか，有機溶媒に溶けるか」には，
「極性があるか，ないか」が大きくかかわっています。

極性とは，**分子内で電子が偏って存在している状態**のことで，
（原子どうしで電子の引っ張り合いをしているイメージです※）
極性があると，分子内に＋の電荷と－の電荷が存在するようになり，
極性があるものどうしは＋と－で引き合い，くっつくようになります。

水には極性があるので，極性のある分子（多くの無機物質）**は水に溶けやすい**のです。

一方，極性のないものは，ないものどうしで混ざり合います。
有機溶媒（有機化合物からなる液体）は極性がほとんどないので，
同じく**極性がほとんどない有機化合物は，有機溶媒によく溶ける**のです。
有機溶媒には，エーテル（ジエチルエーテル）がよく用いられます。

「似たものどうしはくっつきやすい」，「類は友を呼ぶ」というのが，
分子の世界にもあるみたいですね。

※『宇宙一わかりやすい高校化学　理論化学　改訂版』p.70参照

3 多くの有機化合物は水に溶けにくく，有機溶媒に溶けやすい

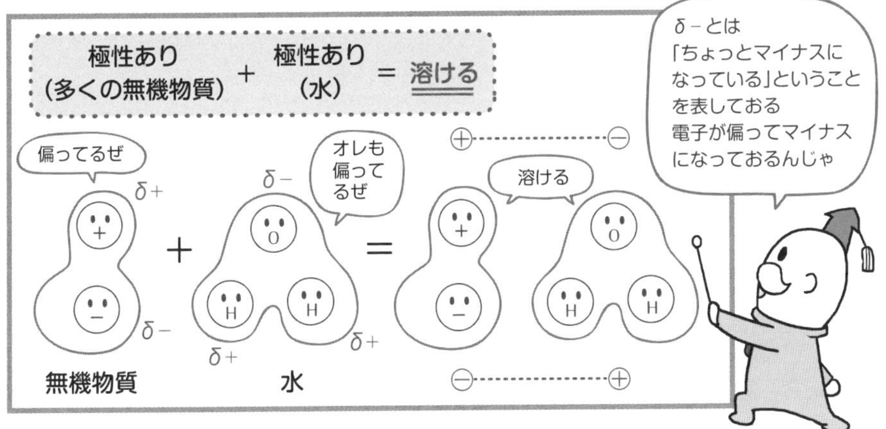

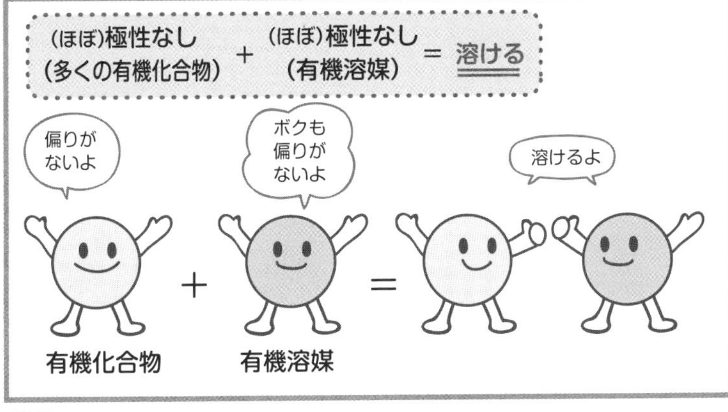

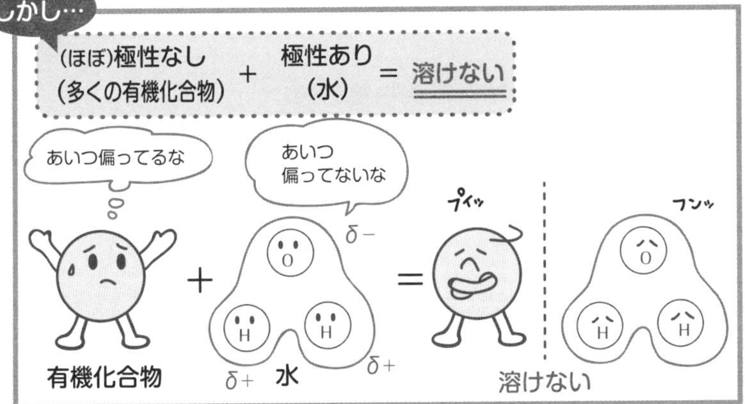

1

❹有機化合物は空気中で燃えやすい。

ガソリンや灯油は有機化合物からできています。
これらは火をつけると燃えますよね。
完全燃焼すると，二酸化炭素と水に変わります。

一方，無機物質は一般的に空気中では燃えないものが多いです。
食塩NaClや鉄Feは空気中で燃えませんよね。

以上が，有機化合物と無機物質の違いです。
性質の裏側にある理屈を理解したうえで覚えておきましょう。

Point・・・有機化合物と無機物質の違い

◎ 有機化合物は共有結合からなる。 ⇒ 反応速度が遅い。
◎ 有機化合物には分子間力がはたらいている。
⇒ 沸点・融点が低い。
◎ 有機化合物には極性がない。 ⇒ 水に溶けにくい
(有機溶媒に溶けやすい)。
◎ 有機化合物は空気中で燃えやすい。

4 有機化合物は空気中で燃えやすい

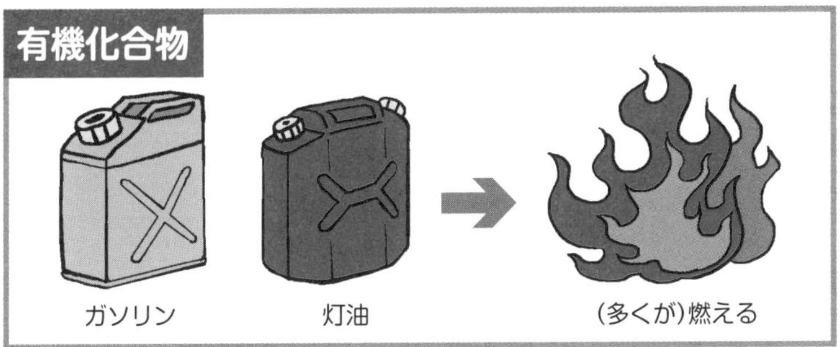

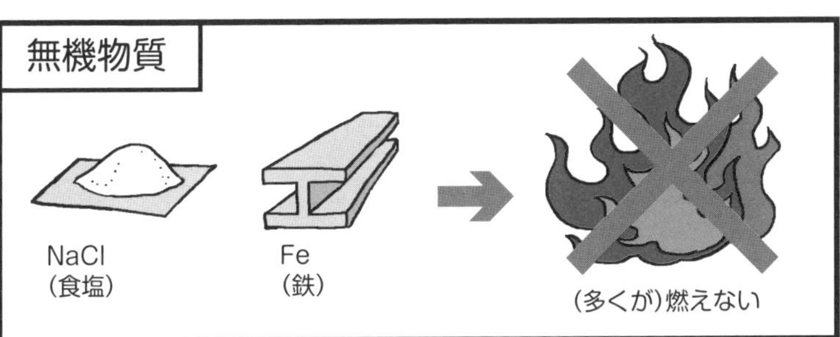

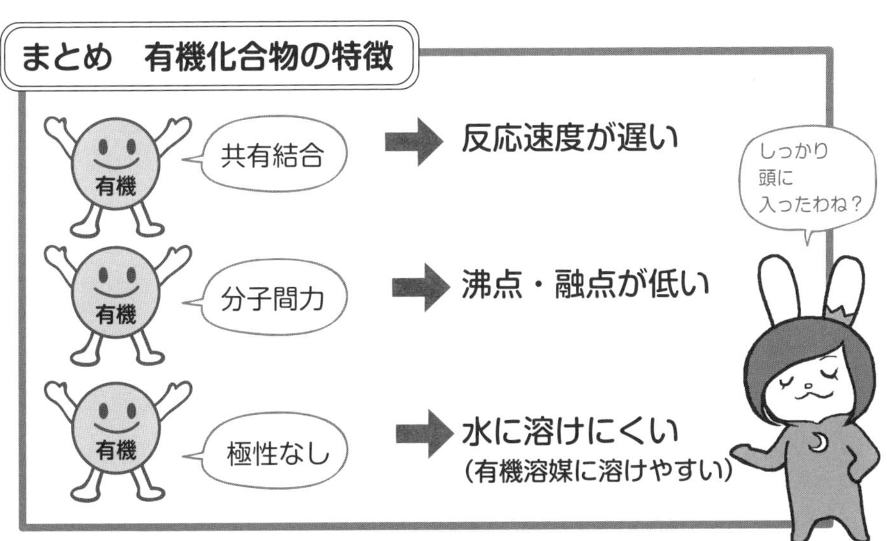

ここまでやったら
別冊 P. 1へ

1-3 有機化合物の多様性

ココをおさえよう！

数少ない元素から，数多くの有機化合物ができるのは，炭素のおかげ。

有機化合物と無機物質との違いをひと通り洗い出してみましたが，
今度は，最も大きな違いである**「有機化合物は，元素の組合せによって，数多くの化合物になる」**という点に注目してみましょう。

有機化合物は，どうしてこのような特徴をもつのでしょうか？

それは，有機化合物が必ずもっている炭素原子どうしが，
さまざまな結合をつくることができるからです。
炭素には，

- **炭素どうしが強い共有結合によって結びつく**
- **結合に使われる"手"が４本もある**

という性質があります。
この両方の性質が炭素に備わっているからこそ，炭素どうしはさまざまな結びつきかたをすることができ，数多くの有機化合物になるのです。

炭素は，いわば有機化合物の骨格となっているので，
炭素の連なりのことを，**炭素骨格**（または**炭素鎖**（たんそさ））と呼びます。
（おや，右ページでは，クマが恐竜の化石を見つけたようですね。）

このように有機化学では，**炭素を中心にして，有機化合物の構造を考えていきます。**

1

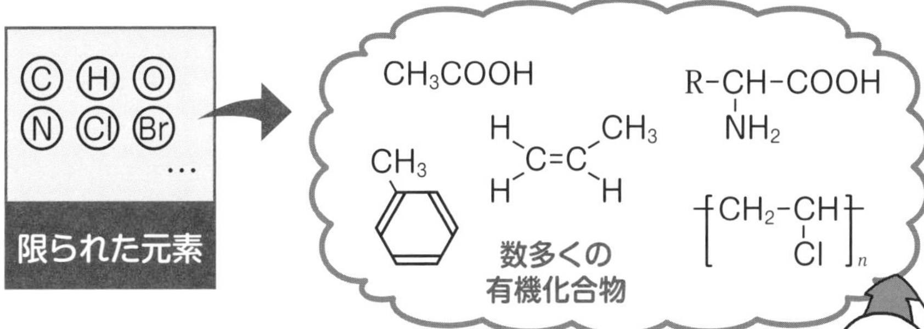
C H O
N Cl Br
…
限られた元素
CH3COOH
R-CH-COOH
NH2
CH3
H C=C CH3
H H
CH2-CH
Cl
n
数多くの
有機化合物

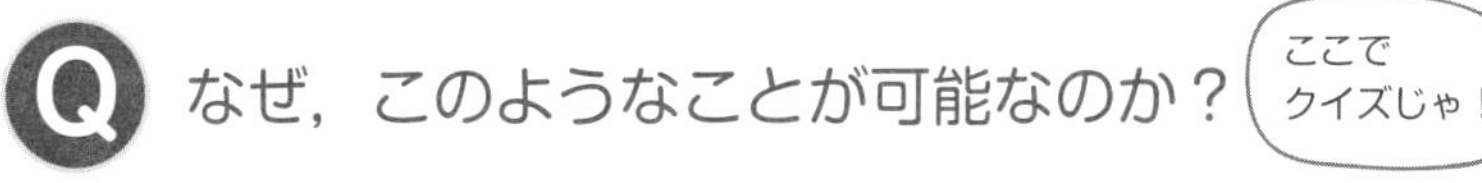
Q
なぜ，このようなことが可能なのか？
ここで
クイズじゃ！

A
有機化合物がもっている炭素 C がさまざまな結合をつくるから。

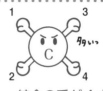

ガシッ
C C
強い共有結合
1 3
C
2 4
結合の手が 4 本

さまざまな結びつきかたが可能に
なり，数多くの化合物ができる
C

炭素骨格

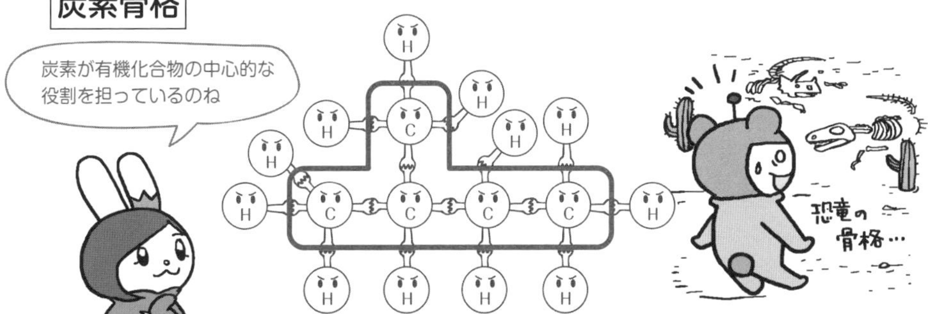
炭素が有機化合物の中心的な
役割を担っているのね
H
C
恐竜の
骨格…

1-4　有機化合物の構造

ココをおさえよう！

不対電子の数が，結合に使われる“手”の数。
炭素は4本の手で共有結合する！

有機化合物の中心的役割をする炭素を，よーく観察してみましょうか。

すると，右ページのように，4本の“手”が**正四面体の頂点の方向**に出ており，その手で握手をすることで，炭素どうしが結合しています。

1本の手で握手することを**単結合**といいます。
単結合のときは，結合している手を中心にくるくると回転することが可能です。

他にも，炭素どうしで（または酸素と）手をつなぐときに，2本の手で握手して結びついたり（**二重結合**），炭素どうしで，3本の手で握手することもあります（**三重結合**）。
二重結合や三重結合の場合，炭素は回転することができません。

ちなみに，有機化学に出てくる炭素以外の元素の“手”の本数は，それぞれ

水素H：1本　酸素O：2本　窒素N：3本　硫黄S：2本　リンP：3本

です。これらの手が結びついて，さまざまな物質ができるのですね。
でも，結合に使われる“手”の正体とは一体何でしょうか？
それについては次でお話しします。

炭素をよーく
見てみると…

4本の手が正四面体の
頂点に向けて出てるよ

正四面体

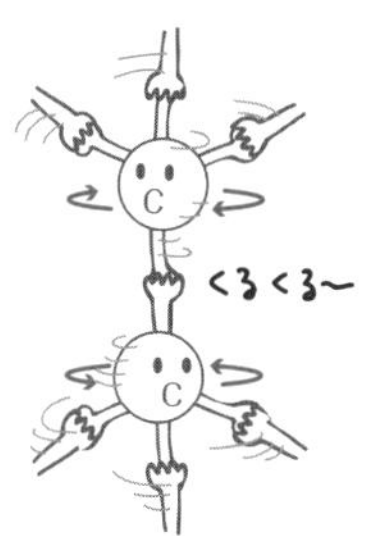

単結合のときは
手を中心に回転できる

構造式(p.38)で
書くときは
簡略化して
-C-と書くぞい

車のおもちゃの
タイヤを
グルグル回す
感じだね
左右の
タイヤが
別々に
くるくる〜

炭素の結合

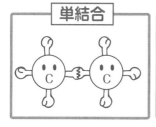

単結合	二重結合	三重結合
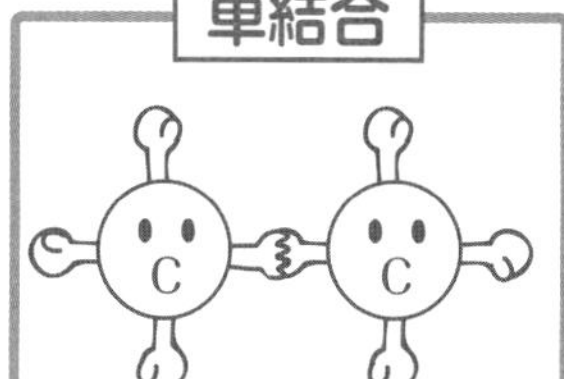	 	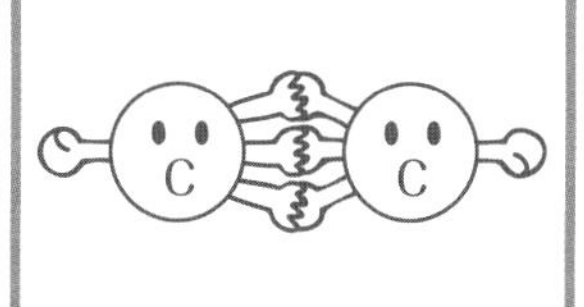

結合に使われる“手”

炭素	水素	酸素	窒素	硫黄	リン
	H	O	N	S	
4本	1本	2本	3本	2本	3本

結合に使われる“手”とは
何のことでしょう…？

【結合に使われる“手”の正体】
原子どうしを結びつける“手”ですが，
この正体は，最外殻電子の中にある**不対電子**です。
原子の周りには2×4の電子の席があるのですが，
その席に，対をつくらずに1つで収まっているのが不対電子でしたね。※

各原子が，不対電子を出し合って結合し，有機化合物をつくっているのです。

不対電子とは，最外殻電子のうち，対になっていない電子のことです。一方，対になっている電子を非共有電子対といいます。
非共有電子対は，無機化学に登場した「錯イオンの配位結合」に用いられることはありますが，有機化学では，結合には使われないと思ってください。

補足2　不対電子を使った結合でも，電子を共有し合うのではなく，片方の原子がもう片方の原子に電子を受け渡してできた，陽イオンと陰イオンの間に生じる静電気力（クーロン力）で結びつく結合もあります。これがイオン結合です。

※　『宇宙一わかりやすい高校化学　理論化学　改訂版』p.60参照。

結合に使われる“手”の正体 …各原子の不対電子

	炭素 C	水素 H	窒素 N	酸素 O
原子番号	6	1	7	8
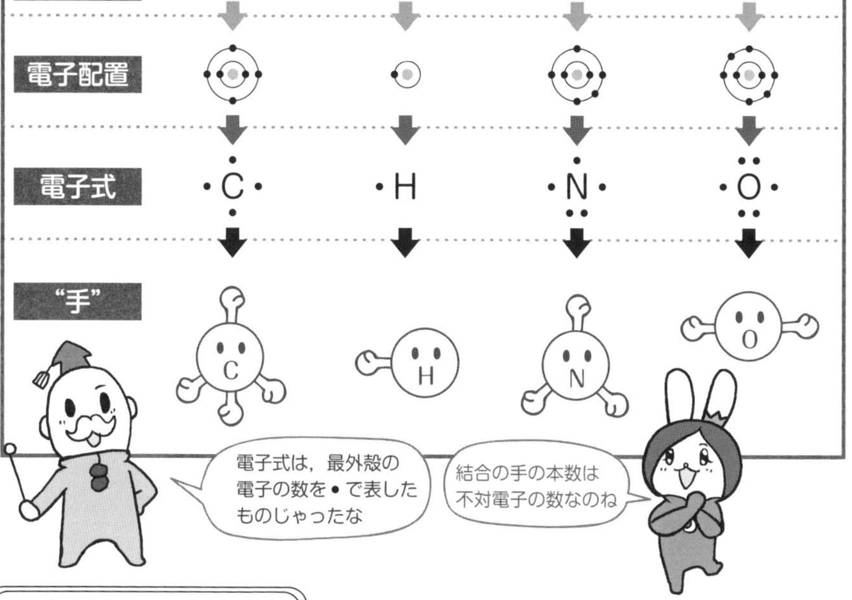 電子配置				
電子式	·C· (上下に·)	·H	·N· (上に·，下に··)	·O· (上下に··)
“手”	C	H	N	O

電子式は，最外殻の電子の数を● で表したものじゃったな

結合の手の本数は不対電子の数なのね

不対電子のおさらい

例 リンP（原子番号：15）

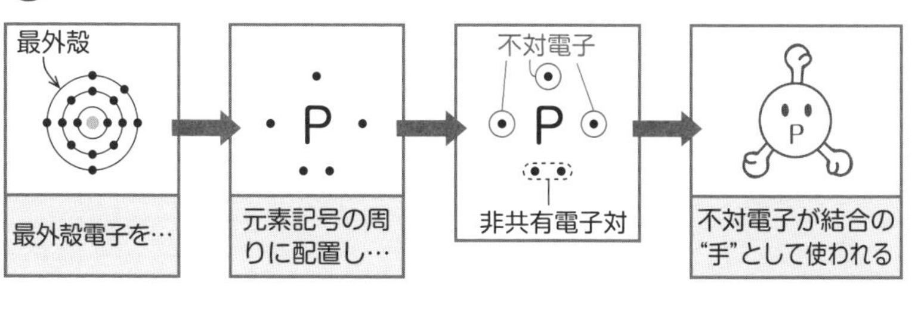

ここまでやったら 別冊 P. 2へ

1-5 有機化合物の書き表しかた

ココをおさえよう！

分子に含まれる元素の種類と数を表したのが分子式，分子を構成する原子の数を整数比で表したのが組成式，原子どうしの結合を1本の線を使って表すのが構造式，官能基を使うのが示性式（しせいしき）。

不対電子の“手”を介して，原子どうしが結合することはわかったと思いますが，有機化合物を表すときに，いちいち手の絵を描くわけにもいきません。

では一体，どのように結合を書き表したらよいのでしょうか？

構成する元素のみに着目して書き表したのが**分子式**と**組成式**です。

分子式とは，分子に含まれる元素の種類とその原子の数を表した式です。例えば酢酸（さくさん）であれば，$C_2H_4O_2$となります。

一方，**組成式**とは，分子をつくっている原子の数を最も簡単な整数比で表した式のことです。同じく酢酸の場合であれば，CH_2Oになります。

しかし，分子式や組成式では，有機化合物の性質を正しく表現しているとはいえません。なぜなら，有機化合物は無機物質と違い，同じ元素の原子から構成されていても，結びつきかたなどによって違った化合物になるからです。

例えば，右ページのC_5H_{12}のように，分子式だけでは1つの有機化合物に特定できない場合があります。

「どのように結びついているのか」を書き表す式が必要ですね。

結合をどのように書き表したらよいのか？

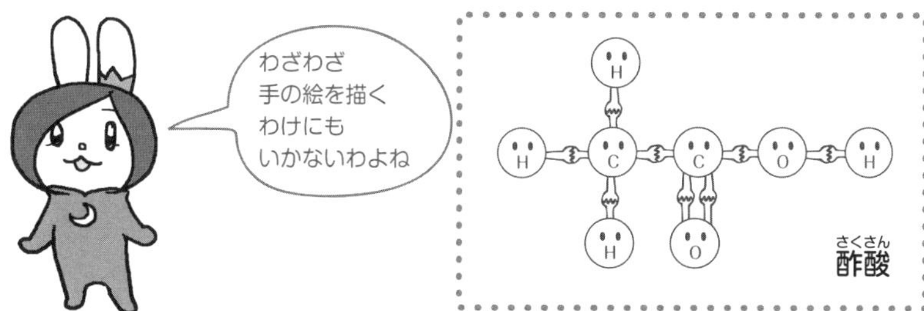
わざわざ
手の絵を描く
わけにも
いかないわよね
H
H C C O H
H O
酢酸（さくさん）

分子式 …分子に含まれる元素の種類と数を表した式

酢酸 ➡ $C_2H_4O_2$

組成式 …分子をつくっている原子数を最も簡単な整数比で表した式

酢酸 ➡ $C_2H_4O_2$ 全体を ÷2 ➡ CH_2O
$C_2H_4O_2$ のままでは
組成式とは
いえないぞぃ

でも，分子式や組成式だけでは不十分

分子式：C_5H_{12}

```
  H H H H H
  | | | | |
H-C-C-C-C-C-H
  | | | | |
  H H H H H
```

```
       H
       |
   H H-C-H H
    \  |  /
  H-C--C--C-H
    /  |  \
   H H-C-H H
       |
       H
```

どちらも分子式は C_5H_{12}

同じ分子式でも
結合のしかたによって
違う物質になる
こともあるんだね

そこで，分子式や組成式よりもくわしく，原子どうしの結びつきかたまで書き表したのが，構造式と示性式(しせいしき)です。

最もくわしく構造を書き表したのが，**構造式**です。
構造式とは，元素とその結合を1本の線（この線を価標ということもあります）で表した式です。

$$
\begin{array}{ccccccc}
 & & \mathrm{H} & & & & \\
 & & | & & & & \\
\mathrm{H} & - & \mathrm{C} & - & \mathrm{C} & - \mathrm{O} - & \mathrm{H} \\
 & & | & & \| & & \\
 & & \mathrm{H} & & \mathrm{O} & &
\end{array}
$$

酢酸の場合では上のようになります。
ただし，すべての結合を1本の線で表すのは大変です。
そこで，右ページのように構造式を簡略化して表すこともできます。

また，**示性式**という式で書き表すこともあります。
示性式というのは，官能基という特別な性質をもった原子団を明示した式です。
（くわしくはp.40で説明します）
酢酸の場合ではCH_3COOHとなります。
官能基によって特徴的な性質を示すため，どんな官能基をもっているかを一目でわかるようにしているのですね。

例えば，エタノール（分子式C_2H_6O）にはヒドロキシ基-OHという官能基があるので，示性式はCH_3CH_2OH（またはC_2H_5OH）となるのです。

組成式と分子式，構造式と示性式はそれぞれまったく関係のないものではなく，
「元素の分析から組成式と分子式を決め，そこから構造式（示性式）を決める」
という流れで有機化合物を決めていく際に，それぞれ使われます。

「分子式を求めよ」，「組成式を求めよ」，「構造式を答えよ」，「示性式で表せ」などと問われたら，それぞれ何を答えたらよいのか，区別しておいてくださいね。

では，続いて構造式や示性式を書くときに必要となる，官能基について見ていきましょう。

1

構造式 …最もくわしく構造を書き表した式

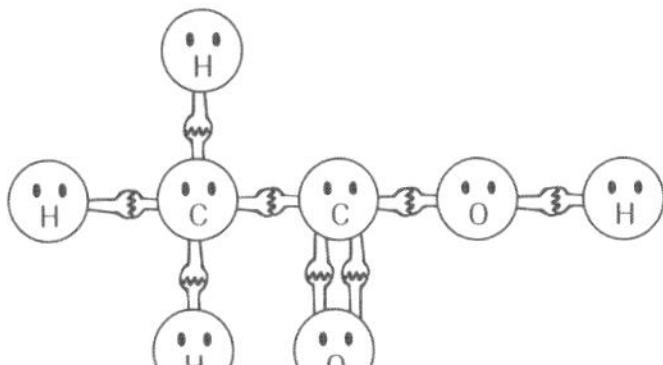

1つの握手を
1本の線で表す

$$\begin{array}{c} \quad H \\ \quad | \\ H-C-C-O-H \\ \quad | \quad \| \\ \quad H \quad O \end{array}$$

すべて1本の線で表すと
大変なので…

構造式の簡略化

$$CH_3-\underset{\underset{O}{\|}}{C}-OH \qquad CH_3-COOH \qquad CH_3COOH$$

示性式 …官能基という特別な性質をもった原子団を
明示した式

 **エタノール**

C_2H_6O

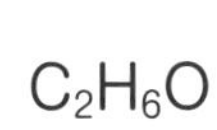

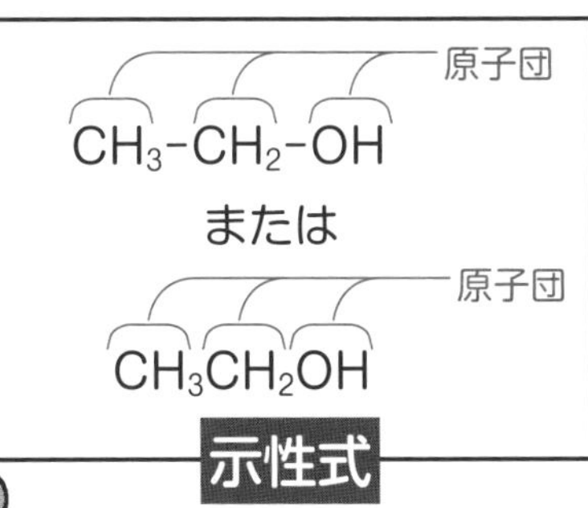

炭素骨格に結合している水素Hと置き換わることで，化合物に特定の性質をもたせる原子または原子団を，**官能基**といいます。
官能基を見ることで，その化合物の性質をある程度，把握することができます。

例えば，エタンCH_3CH_3の水素H1つを，ヒドロキシ基-OHで置き換えて付加させると，エタノールCH_3CH_2OHと呼ばれるアルコールの物質となります。このように，炭化水素にヒドロキシ基-OHを付加させると，どれもアルコールになります。アルコールは，水に溶かすと中性を示すなど，特徴的な性質を示します。

官能基は，化合物の特徴を知るのに大事な指標となるため，示性式では，どんな官能基をもっているのかを一目でわかるように書き表すのです。

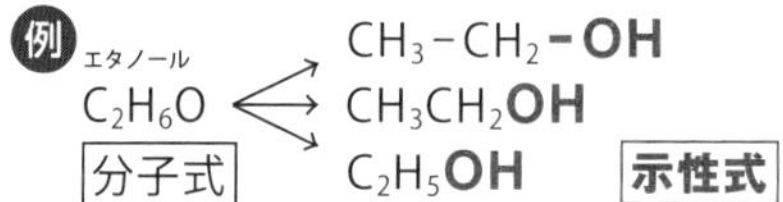

下の表に官能基をまとめておきました。これらの官能基をもつ有機化合物の特徴については，Chapter 6以降でくわしく説明します。

官能基		化合物の分類名	化合物の例	
			名称	示性式
ヒドロキシ基	-OH	アルコール	エタノール	C_2H_5OH
		フェノール類	フェノール	C_6H_5OH
エーテル結合	-O-	エーテル	ジエチルエーテル	$C_2H_5OC_2H_5$
ホルミル基*(アルデヒド基)	-C(=O)-H	アルデヒド	アセトアルデヒド	CH_3CHO
カルボニル基(ケトン基)	>C=O	ケトン	アセトン	CH_3COCH_3
カルボキシ基*	-C(=O)-OH	カルボン酸	酢酸	CH_3COOH
エステル結合*	-C(=O)-O-	エステル	酢酸メチル	CH_3COOCH_3
ニトロ基	$-NO_2$	ニトロ化合物	ニトロベンゼン	$C_6H_5NO_2$
アミノ基	$-NH_2$	アミン	アニリン	$C_6H_5NH_2$
アミド結合	-C(=O)-N(-H)-	アミド	アセトアニリド	$C_6H_5NHCOCH_3$

＊ホルミル基，カルボキシ基，エステル結合の -C(=O)- もカルボニル基と呼ぶことがある。

1

官能基 …化合物に特定の性質をもたせる原子または原子団のこと

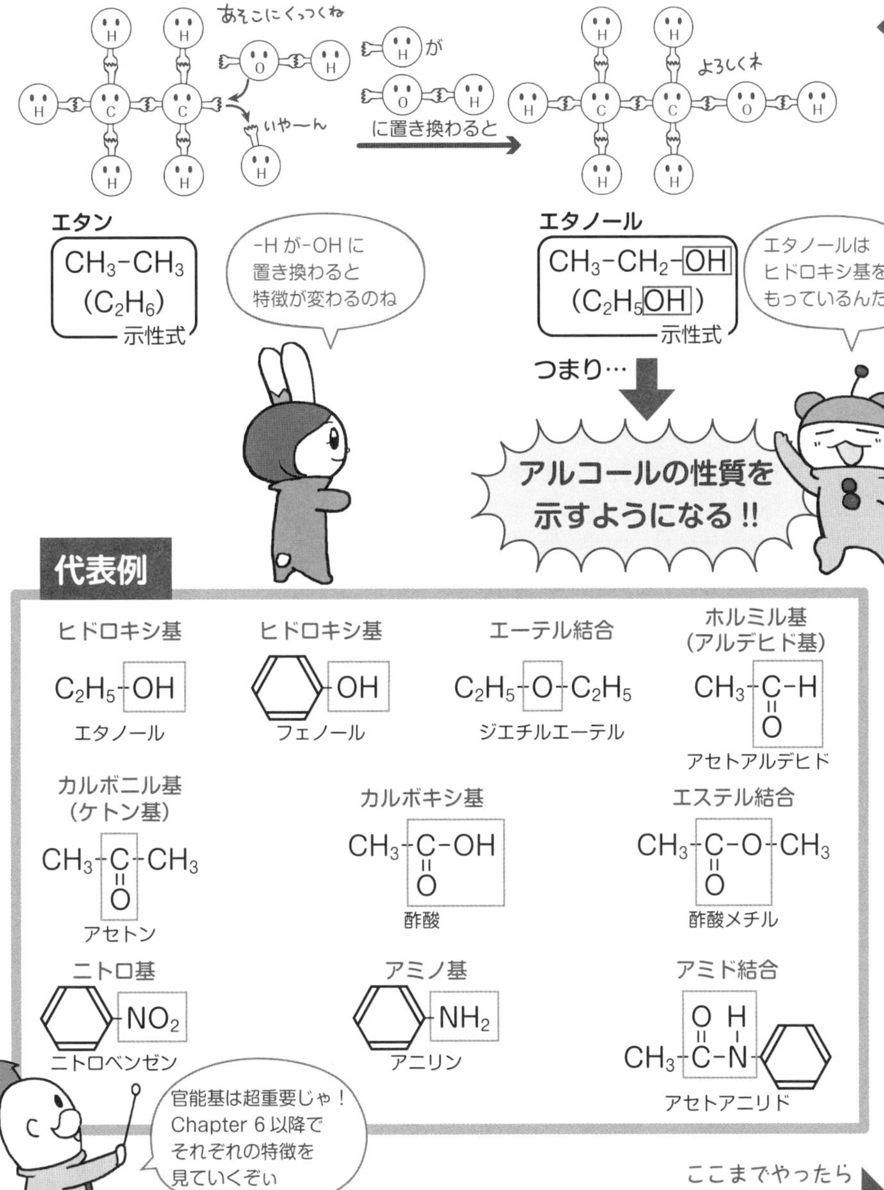

ここまでやったら
別冊 p. 3へ

理解できたものに，☑チェックをつけよう。

- □ 有機化合物とは，炭素を含む化合物のことである。ただし，CO，CO_2，炭酸塩（$CaCO_3$など），シアン化物（KCNなど）は例外的に有機化合物ではない。
- □ 有機化合物中の結合の大部分は共有結合からなるため，無機物質に比べて反応速度が遅い。
- □ 有機化合物の分子どうしは，分子間力により弱く結びついているので，無機物質に比べて沸点や融点が低い。
- □ 有機化合物は極性をほとんどもたないため，水に溶けにくく，有機溶媒に溶けやすい。
- □ 炭素原子は不対電子を4つもっており，正四面体の配置をしている。
- □ 有機化合物内での原子どうしの結合を，1本の線を使って表すのが構造式，官能基を使って表すのが示性式である。

Chapter

2

分子式の決定

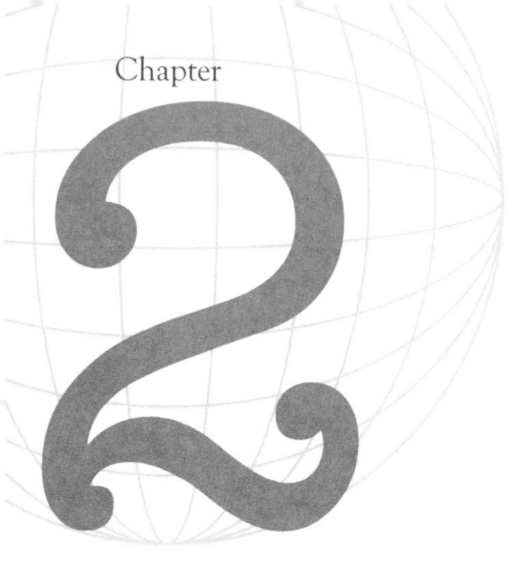

分子式の決定

はじめに

Chapter1では有機化合物の基礎について学びましたが，
Chapter2からは有機化合物の決定をしていきます。

「そ，それじゃあ分析を始めるぞぃ」
希少なルナー燃料を無駄にしないよう，ハカセは慎重に分析を始めました。

有機化合物を決定するには，次のような順番で進める必要があります。
❶ 分子式の決定（Chapter 2）
❷ 名前のつけかたを勉強する（Chapter 3）
❸ 可能性のある構造をすべて洗い出す（Chapter 4）
❹ 1つの構造に絞り込む（Chapter 5 ～）

ということで，Chapter 2では「分子式の決定」を行います。
具体的には，次の2つの段階を踏んで勉強していきますよ。
1 元素分析をして組成式を決定する
2 分子式を決定する

この章で勉強すること

Chapter 2では，分子式を決定する方法について勉強します。
「元素分析をして組成式を決定→分子式の決定」
という2つのステップができるようになる必要があります。

宇宙一
わかりやすい
ハカセの
Introduction

そ，それじゃあ，
ルナー燃料の分析を
はじめるぞぃ
はっ…はい
ゴクリ…

そーっとな…

有機化合物を決定
するには，
❶分子式の決定
❷名前のつけかたを
勉強する
❸可能性のある構造を
すべて洗い出す
❹1つの構造に絞り込む
過程を順番に踏んで
いく必要があるんですね
その通りじゃ!!
おふざけは
ヤメいっ
じゃ〜ん
けん
ポイッ

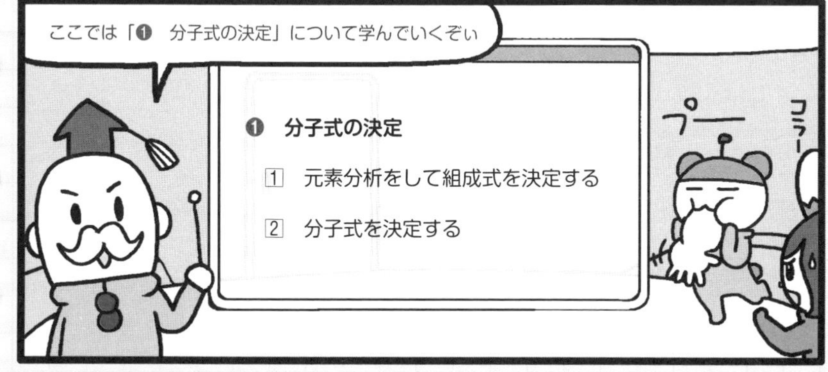
ここでは「❶　分子式の決定」について学んでいくぞぃ
❶　分子式の決定
1　元素分析をして組成式を決定する
2　分子式を決定する
プー
コラー

2-1 組成式とは？

ココをおさえよう！

組成式とは「分子に含まれている**元素の原子の個数比**」。

分子式を求めるには，

1 **元素分析をして組成式を決定する**

2 **分子式を決定する**

という，2つの段階を踏む必要があります。

と，その前に，組成式とは何か，覚えていますか？
組成式とは，「**物質を構成している元素の原子が，どんな割合で含まれているのか**」を，最も簡単な整数比で表した式のことでしたね（p.36）。
そして，「**組成式に含まれる元素の原子量の和**」を**式量**といいます。

財布の中に入っている硬貨が，
「50円玉：2つ，10円玉：2つ，5円玉：4つ，1円玉：8つ」のとき，
この財布を構成している硬貨「50円玉，10円玉，5円玉，1円玉」の割合は，
「1：1：2：4」ですね。そんなイメージです。

グルコースという有機化合物を例にすると
分子式は$C_6H_{12}O_6$ですが，組成式はCH_2Oです。
組成式を見れば，「Cが1個に対し，Hが2個，Oが1個含まれている化合物なんだな」ということがわかるのです。

分子式を求めるには，まず最初に，この組成式を知る必要があるのです。

1 【元素分析をして組成式の決定をする】

2 【分子式を決定する】

2

組成式とは…

「物質を構成している元素の原子が，どんな割合で含まれているのか」を表した式

式量とは…

「組成式に含まれる元素の原子量の和」

例えば CH_2 なら，12＋1×2＝14

12：C 原子の原子量
1：H 原子の原子量
2：2 個

イメージ

50 50 10 10 5 5 5 5
1 1 1 1 1 1 1 1

分子式：50₂ 10₂ 5₄ 1₈

2：2：4：8 は 1：1：2：4 なので

組成式：50₁ 10₁ 5₂ 1₄

例 グルコース

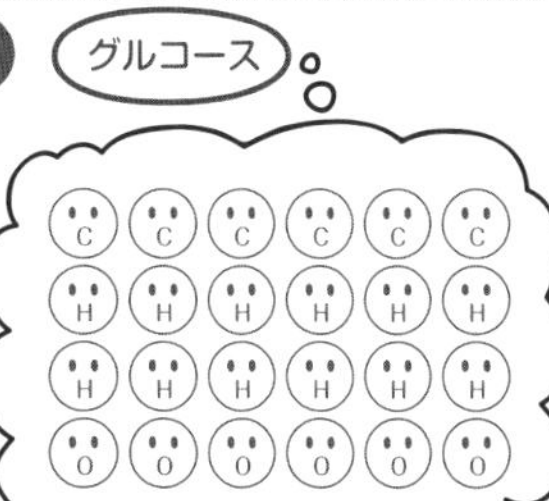

分子式：C_6 H_{12} O_6

6：12：6 は 1：2：1 なので

組成式：C H_2 O

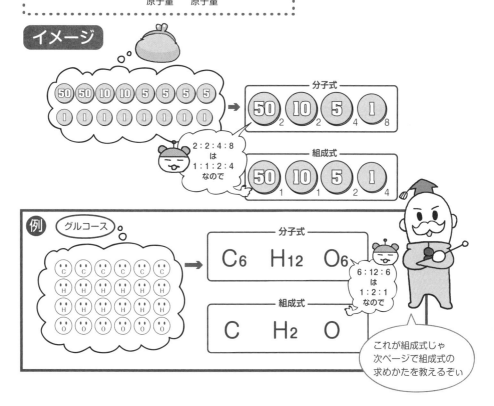

これが組成式じゃ
次ページで組成式の
求めかたを教えるぞい

2-2 元素分析→組成式の決定(1) 試料の質量をチェックする

ココをおさえよう！

試料の質量をチェックしよう。

組成式の決定をするには，次のようなステップを踏む必要があります。
これが**元素分析**です。
ここからは，炭素C，水素H，酸素Oからなる
有機化合物の元素分析を流れに沿って見ていきましょう。

【元素分析】
❶ 試料の質量をチェックする
❷ H，Cの質量を求める（H_2OとCO_2の質量から）
❸ Oの質量を求める（❶，❷を使う）
❹ H，C，Oのmol比を求める（❷，❸を使う）

元素分析❶ 試料の質量をチェックする

問題文ではよく，次のような文章が出てきます。

「炭素C，水素H，酸素Oからなる有機化合物★mgを完全に燃焼させ……」

このときの「★mg」というのが，
試料（分析や検査の対象となる物質）の質量です。
問題文を読むだけなので，簡単ですね。

2

組成式の決定

元素分析

❶　試料の質量をチェックする

❷　H，C の質量を求める

H_2O，CO_2 の質量から

❸　O の質量を求める

❶，❷を使って

❹　H，C，O の mol 比を求める

❷，❸を使って…

組成式の決定

元素分析❶　試料の質量をチェックする

「炭素，水素，酸素からなる有機化合物★mg を完全に燃焼させ…」

コレが試料　　コレが質量

質量がわかったぞい
試料
さっきドーナツ
食べたから増えてる……
ボクの質量…
げっ!!
これは脂肪を
完全燃焼
しなきゃね…

2-3 元素分析→組成式の決定(2)　H，Cの質量を求める

ココをおさえよう！

H_2Oの質量$\times\frac{2}{18}$＝Hの質量，CO_2の質量$\times\frac{12}{44}$＝Cの質量

さて，試料全体の質量が与えられても（p.48），C，H，Oがそれぞれどれくらいの割合で含まれているかはわかりません。
ここからは，C，H，Oがそれぞれどれだけ含まれているかを調べていきましょう。

元素分析❷　H，Cの質量を求める（H_2OとCO_2の質量から）

右ページの元素分析装置を使って，質量がわかった試料を**完全燃焼**させると，
試料に含まれている**HはH_2Oに，CはCO_2になります。**
このH_2OとCO_2を捕集して，試料である有機化合物に含まれていたHとCの質量を求めるのです。

【H_2Oは何g生成したか？】
H_2Oは**塩化カルシウム$CaCl_2$**に吸収させます。
$CaCl_2$の質量が完全燃焼前後でどれだけ増えたかを調べることで，**H_2Oの生成量（g）**を知ることができます。

【CO_2は何g生成したか？】
CO_2は**ソーダ石灰**に吸収させます。
ソーダ石灰の質量が完全燃焼前後でどれだけ増えたかを調べることで，**CO_2の生成量（g）**を知ることができます。

注意　**ソーダ石灰はCO_2だけでなくH_2Oも吸収してしまう**ため，
先に塩化カルシウム$CaCl_2$でH_2Oを吸収したあと，
ソーダ石灰ではCO_2のみが吸収されるようにする必要があります。

しかし，知りたいのは「**どれだけの質量のH，Cが含まれているか**」ということですから，次は，生成したH_2O，CO_2の質量から，有機化合物に含まれていたHとCの質量を求めます。

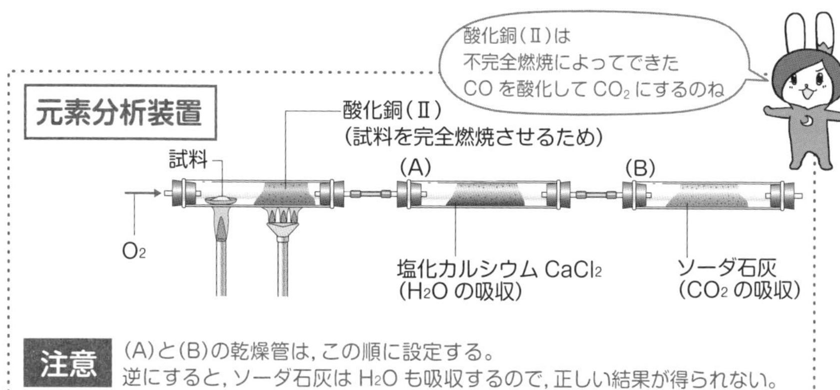

元素分析❷　H，C の質量を求める

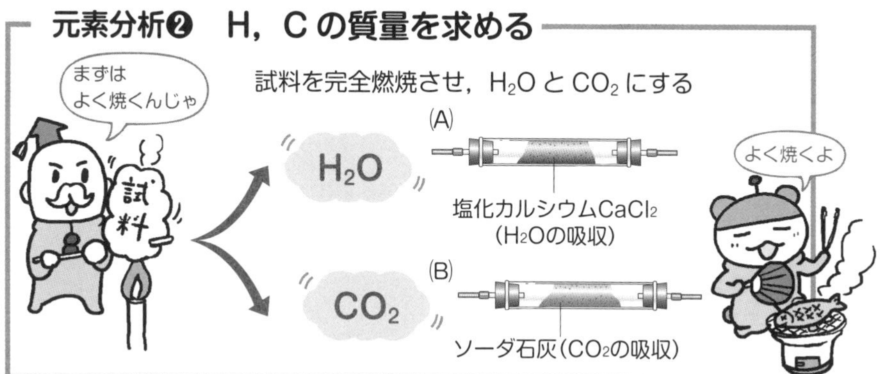

H_2O は何 g 生成したか

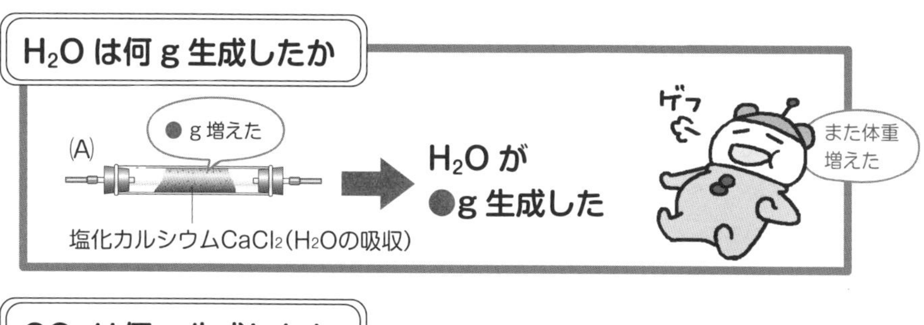

CO_2 は何 g 生成したか

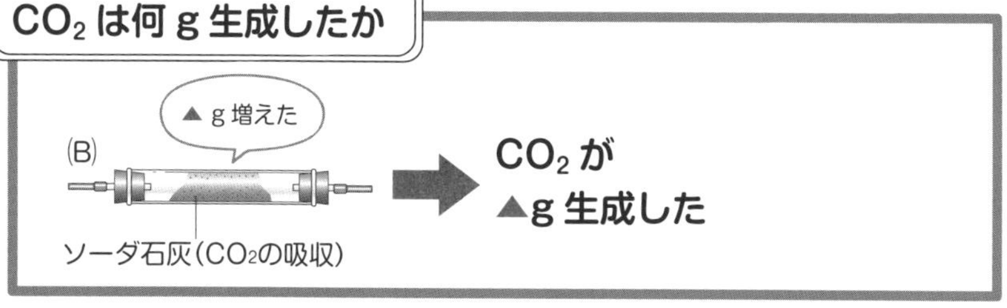

【Hは何g含まれていたか？】

「H_2Oが●g生成した」と書きましたが，その中に何gの水素Hがあったかを考えてみましょう。

ここで必要となるのが，H_2Oの分子量とH_2Oを構成する原子の原子量です。
H原子の原子量は1，O原子の原子量は16です。また，H_2O分子の分子量は

$$\underset{\text{H原子の原子量}}{\underline{1}} \times \underset{\text{2個}}{2} + \underset{\text{O原子の原子量}}{\underline{16}} = 18$$ です。

H_2O分子はH原子2個，O原子1個からなるので，H_2O中のHの質量の割合は

$$\frac{2\times\text{Hの原子量}}{H_2O\text{の分子量}}=\frac{2\times 1}{18}=\frac{2}{18}$$

これを用いると，生成したH_2O●g中には

●$\times\frac{2}{18}$ gの水素Hが含まれていることがわかります。

【Cは何g含まれていたか？】

Hの質量を求めたときと同じように考えます。
CO_2の生成量を▲gとしましょう。その中に何gの炭素Cがあったかを考えます。

先ほどと同様に，CO_2の分子量とC原子とO原子の原子量を用います。
C原子の原子量は12，O原子の原子量は16ですね。また，CO_2分子の分子量は

$$\underset{\text{C原子の原子量}}{\underline{12}} + \underset{\text{O原子の原子量}}{\underline{16}} \times \underset{\text{2個}}{2} = 44$$ です。

CO_2分子はC原子1個，O原子2個からなるので，CO_2中のCの質量の割合は

$$\frac{\text{Cの原子量}}{CO_2\text{の分子量}}=\frac{12}{44}$$

これを用いると，生成したCO_2▲g中には

▲$\times\frac{12}{44}$ gの炭素Cが含まれていることがわかります。

これで，試料である有機化合物に含まれるHとCの質量が求められました。

Hは何g含まれていたか？

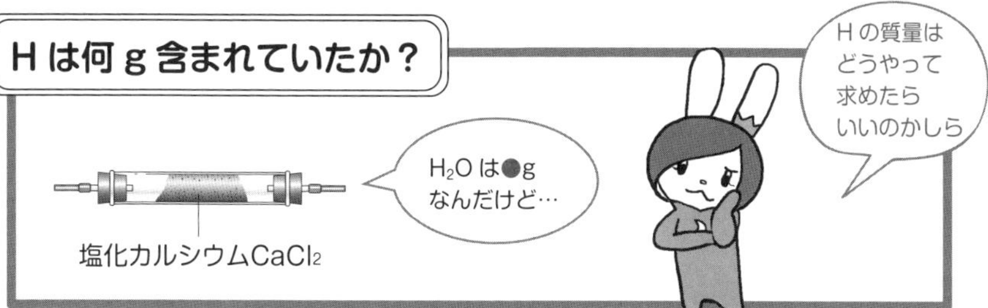
塩化カルシウムCaCl2
H_2Oは●g
なんだけど…
Hの質量は
どうやって
求めたら
いいのかしら

H_2Oに含まれるHの質量は？

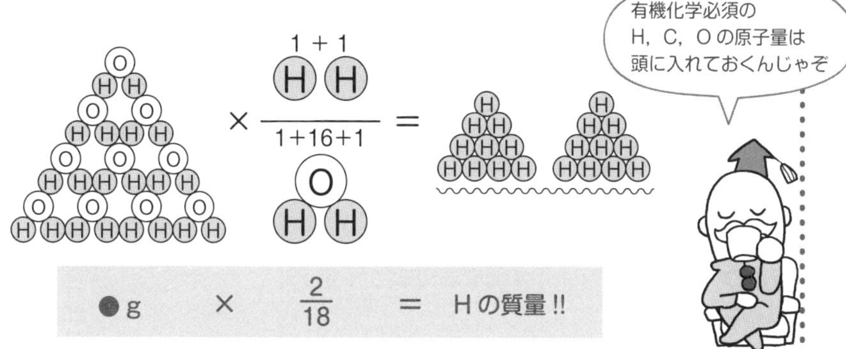
1＋1
1＋16＋1
有機化学必須の
H，C，Oの原子量は
頭に入れておくんじゃぞ

$$●\text{g} \times \frac{2}{18} = \text{Hの質量!!}$$

Cは何g含まれていたか？

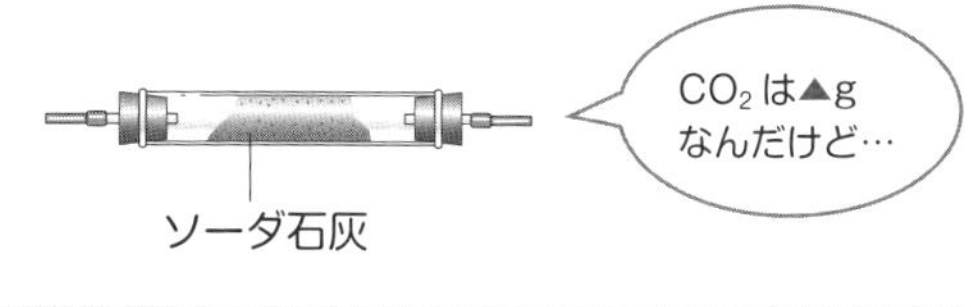
ソーダ石灰
CO_2は▲g
なんだけど…

HとCの質量が
わかったね
あとはOの質量が
わかればいいのか

CO_2に含まれるCの質量は？

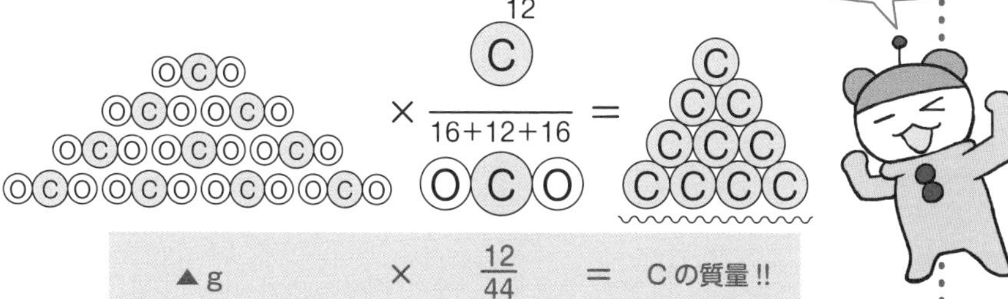
12
16＋12＋16

$$▲\text{g} \times \frac{12}{44} = \text{Cの質量!!}$$

2-4　元素分析→組成式の決定(3)　Oの質量とH, C, Oのmol比を求める

ココをおさえよう！

Oの質量＝試料の質量－Cの質量－Hの質量

元素分析❸　Oの質量を求める

試料は「H，C，Oの有機化合物」でしたね。
だから，Oの質量は，試料の質量から，HとCの質量を引けば求められます。
（単なる引き算なので簡単ですね）

試料の質量を★g，Hの質量を●g，Cの質量を▲gとすると，Oの質量□gは

□g＝★g－●g－▲g

となります。これで，C，H，Oの質量を求めることができましたね。

元素分析❹　H，C，Oのmol比を求める

あとは**質量を原子量で割れば，mol（≒個数）が求められます**。
mol（≒個数）が決まれば，C，H，Oがどういう個数の比率でできているかを求めることができますね。

具体的には，H，C，Oの原子量はそれぞれ1，12，16なので

$$\text{Hのmol}:\text{Cのmol}:\text{Oのmol}=\frac{●\text{g}}{1}:\frac{▲\text{g}}{12}:\frac{□\text{g}}{16}$$

組成式の決定

あとは，$\frac{●\text{g}}{1}:\frac{▲\text{g}}{12}:\frac{□\text{g}}{16}$ を最も簡単な整数比に直すことで，組成式が求められます。
右ページの例のように計算して，物質量（mol）の比を求めましょう。

元素分析❸ O の質量を求める

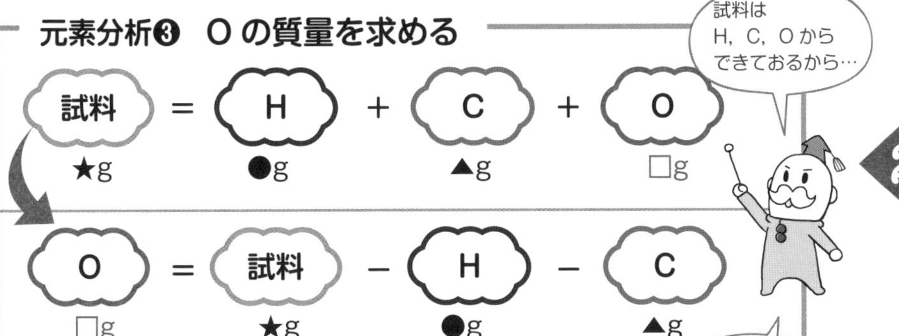
試料 = H + C + O
★g ●g ▲g □g
O = 試料 − H − C
□g ★g ●g ▲g
試料は
H，C，O から
できておるから…
試料から
H，C を引くと
O になるぞい

質量

H：● g，C：▲ g，O：□ g

↓ ÷ 原子量

元素分析❹ H，C，O の mol 比を求める

mol (≒個数)　H：$\frac{\bullet g}{1}$〔mol〕，C：$\frac{\blacktriangle g}{12}$〔mol〕，O：$\frac{\square g}{16}$〔mol〕

つまり…

構成比　H ： C ： O ＝ $\frac{\bullet g}{1}$: $\frac{\blacktriangle g}{12}$: $\frac{\square g}{16}$

mol 比は原子の
構成比を
表すのよね

例　H：8 mg，　C：36 mg，　O：16 mg

↓ ÷ 原子量

H：$\frac{8\times10^{-3}}{1}$〔mol〕，　C：$\frac{36\times10^{-3}}{12}$〔mol〕，　O：$\frac{16\times10^{-3}}{16}$〔mol〕

↓ つまり…

H：C：O＝$\frac{8\times10^{-3}}{1}$: $\frac{36\times10^{-3}}{12}$: $\frac{16\times10^{-3}}{16}$＝8：3：1

よって，組成式は C_3H_8O であることがわかる

(H，C，O をアルファベット順に並びかえて，C，H，O の順)

単位は mg じゃから
「×10⁻³」して
mol を求めるんじゃ

できた〜!!

ここまでやったら 別冊 P. 4 へ

2-5　分子式の決定(1)　分子量を求める

ココをおさえよう！

分子量は問題文で与えられることが多い。
与えられない場合は，理論化学の知識を使う。

p.48 ～ 55で組成式の決定方法を説明しました。
組成式を決定できたら，次の段階です。

2　分子式を決定する
分子式を決定するためには，次の2ステップが必要です。
(1)　分子量を求める
(2)　分子式を求める

ここでは，分子量についてお話ししましょう。

分子量は問題文に
「分子量を測定したところ，○○でした」
というような文章で書かれていることが多いです。

しかし，分子量を自力で求めるように要求してくる問題もあります。
その場合は，たいてい次の3つの方法のどれかを用いて分子量を求めます。

・気体の状態方程式から求める（※1）
・浸透圧から求める（※2）
・沸点上昇，凝固点降下から求める（※3）

これらの式に値を代入することによって，分子量が求められます。

※1　『宇宙一わかりやすい高校化学　理論化学　改訂版』 p.276
※2　『宇宙一わかりやすい高校化学　理論化学　改訂版』 p.326
※3　『宇宙一わかりやすい高校化学　理論化学　改訂版』 p.322

分子式の決定(1)　分子量を求める

「分子量を測定したところ，○○でした」
と与えられることが多い

2

または…

・気体の状態方程式から求める　$PV=\frac{w}{M}RT$

・浸透圧から求める　$\Pi V=\frac{w}{M}RT$

・沸点上昇，凝固点降下から求める

$$\Delta t=Km=K\times\frac{w}{M}\times\frac{1000}{W}$$

（M：分子量，w：質量，R：気体定数，T：絶対温度
P：圧力，V：体積，Π：浸透圧，K：モル沸点上昇（凝固点降下），
m：溶質の質量モル濃度，W：溶媒の質量，
Δt：沸点上昇（凝固点降下)）

組成式と分子量がわかれば，分子式が求められる !!

2-6 分子式の決定(2)　分子式を求める

ココをおさえよう！

式量をn倍すると分子量になるということは，組成式をn倍すればば分子式になる。

最後は，「組成式」と「分子量」を使って，「分子式」を求めるだけです。

「組成式」は，「分子式」の最小構成比を表したものなので，
「組成式」を何倍したら「分子式」になるのか，がわかればよいのです。

そのためには，「分子式の"体重"」が「組成式の"体重"」の何倍になっているかがわかればよいですね。
そして，それぞれの"体重"が「分子量」と「式量」なのです。

例えば，組成式がCH_2Oと判明し，分子量が180とわかっている分子の分子式を求める手順は以下のようになります。

① 式量を求める

式量は，組成式に含まれる元素の原子量を足し合わせたものでしたね(p.46)。
組成式がCH_2Oなので，式量は　$12+1\times2+16=30$

② 分子量は式量（組成式の原子量の和）の何倍か？

分子量を式量（組成式の原子量の和）で割ると，組成式を何倍すればよいかがわかります。

$$180\div30=6$$

ということで，分子式は$(CH_2O)_6=C_6H_{12}O_6$であることがわかりました。

これで無事，有機化合物の分子式を求めることができましたね。

2

分子式の決定⑵　分子式を求める

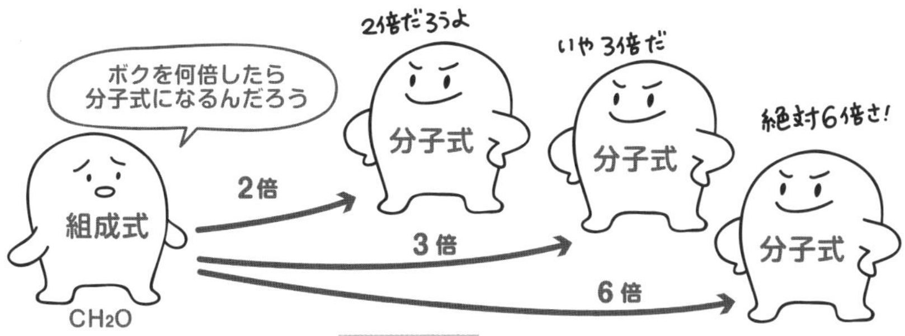

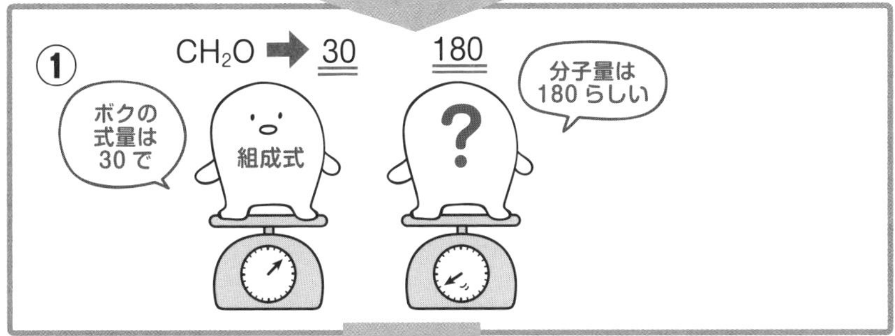

$$(CH_2O)_6 = C_6H_{12}O_6$$

分子式の決定

ここまでやったら
別冊 P.6へ

ハカセの
宇宙一キビしい
チェック!!

理解できたものに，☑チェックをつけよう。

- [ ] 組成式は「含まれている元素の原子の個数比」を表している。

- [ ] 元素分析装置を使って試料を完全燃焼させたとき，$CaCl_2$の質量が完全燃焼の前後でどれだけ増えたかを調べることで，H_2Oの生成量(g)を知ることができる。

- [ ] 試料に含まれている水素原子の質量は，H_2Oの生成量をx〔g〕とすると，$x \times \frac{2}{18}$〔g〕で計算できる。

- [ ] ソーダ石灰の質量が完全燃焼の前後でどれだけ増えたかを調べることで，CO_2の生成量を知ることができる。

- [ ] 試料に含まれている炭素原子の質量は，CO_2の生成量をy〔g〕とすると，$y \times \frac{12}{44}$〔g〕で計算できる。

- [ ] 試料に含まれている酸素原子の質量は，試料の全質量がz〔g〕だとすると，$z - x \times \frac{2}{18} - y \times \frac{12}{44}$〔g〕である。

- [ ] 試料に含まれている原子数の比率は，
$$\text{Cのmol : Hのmol : Oのmol} = \frac{x\text{〔g〕}}{12} : \frac{y\text{〔g〕}}{1} : \frac{z - x \times \frac{2}{18} - y \times \frac{12}{44}\text{〔g〕}}{16}$$
である。

- [ ] 式量をn倍すると分子量になる場合，組成式をn倍すれば分子式になる。

やめて～
食べすぎて
巨大化するからじゃ
あぶるとやせる
なんて…?!

Chapter

3

炭化水素の分類と名前のつけかた

Chapter 3

炭化水素の分類と名前のつけかた

はじめに

右ページでは，ルナー燃料の分子式が判明したようです。
$C_{12345}H_{24690}$と複雑ではありますが，ルナー燃料はCとHだけからなる有機化合物のようです。
このように，炭素Cと水素Hだけからなる有機化合物を**炭化水素**といいます。
Chapter 3では，この「炭化水素」の名前のつけかたについて勉強しましょう。

❶ 分子式の決定（Chapter 2）
❷ 名前のつけかた（のルール）を勉強する（Chapter 3）
❸ 構造をすべて洗い出す（Chapter 4）
❹ 1つの構造に絞り込むため，性質を覚える（Chapter 5～）

名前をつけるために大事なのは次の2点です。

1 有機化合物を分類する
2 分類ごとのルールにしたがって名前をつける

この章で勉強すること

Chapter 3では，炭化水素に名前をつける方法について勉強します。
どの炭化水素がどこに分類されるのかを理解し，分類ごとのルールにしたがって名前をつけていきます。特に，アルカン，アルケン，アルキンの名前のつけかたは必ず習得してくださいね。

炭化水素の分類と名前のつけかた

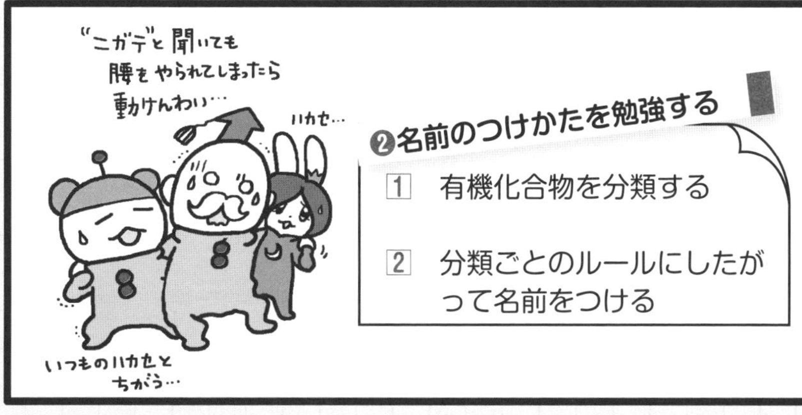

3-1　炭化水素の分類

ココをおさえよう！

炭化水素は，炭素骨格の結合のしかたで4つに分類できる。

ルナー燃料は，CとHだけからなる有機化合物，つまり**炭化水素**であると判明しました。
ここでは，炭化水素に名前をつける方法について見ていきましょう。

まずは，**炭化水素を分類する必要があります。**
（動物や植物が分類ごとに命名されているのと同じですね）同じ物質群に分類された炭化水素は，共通点をもっています。

では，具体的にどのように炭化水素を分類するかといいますと，次の2つについて考えます。

❶　**炭素骨格の構造**
❷　**二重結合や三重結合が含まれているか**

恐竜を分類するときも，骨格や，共通の遺伝子を含むかどうか，などで分類しているように（もちろん，それだけではありませんが），炭化水素もこの2つの観点から分類していき，名前をつけていくのです。

Chapter 3では炭化水素の名前のつけかたについて見ていきますが，炭化水素の名前のつけかたがわかれば，他の有機化合物の名前もすぐにつけられるようになりますよ。

炭化水素に名前をつける

CH_3CH_3　$CH_3C{\equiv}CH$

$CH{\equiv}CH$　$CH_3CH{=}CH_2$

$CH_2{=}CH_2$　$CH_3CH_2CH_3$

分類

CH_3CH_3 $CH_3CH_2CH_3$	$CH_2{=}CH_2$ $CH_3CH{=}CH_2$	$CH{\equiv}CH$ $CH_3C{\equiv}CH$
ーane（アン）	ーene（エン）	ーyne（イン）

恐竜に名前をつける

分類

首長竜類

翼竜類

共通点によって
名前がつくんじゃよ

プロピン $CH_3C{\equiv}CH$　(propyne)

（≡：共通部分）

炭化水素の分類のしかた

❶ 炭素骨格の構造

❷ 二重結合や三重結合が含まれているか

恐竜も，骨格や共通する
遺伝子を含むかどうかなどを
もとに分類されてるもんね

❶ 炭素骨格の構造で分類

まずは有機化合物の中心的な役割を担う，炭素の構造(炭素骨格)に注目して，炭化水素を分類していきましょう。

炭素骨格に注目した1つ目の分類方法は，
「その化合物が輪っかの形をしているか，していないか」という分類です。
炭素骨格がグルッと１周していない(炭素原子が鎖状につながっている)ものを**鎖式炭化水素**，または**脂肪族炭化水素**と呼びます。
炭素骨格がグルッと１周しているものを**環式炭化水素**といい，環式炭化水素の中で，ベンゼン環 ⬡ をもたないものを**脂環式炭化水素**といいます。

❷ 二重結合や三重結合が含まれているかで分類

もう1つの分類方法は，「その化合物に含まれている炭素は，
すべての炭素どうしが１本の“手”で握手(単結合)しているか，
２本の手(二重結合)や３本の手(三重結合)で握手しているものがあるか」
という分類です。

単結合のみの炭化水素を**飽和炭化水素**，二重結合や三重結合を含む炭化水素を**不飽和炭化水素**といいます。

さて，❶と❷の両方の分類を合わせてみると，すべての炭化水素は右ページのまとめのように，4つのどこかに属することになります。

(ただし，ベンゼン環をもつ芳香族化合物はChapter 7でくわしくお話ししますので，ここでは考えませんよ)

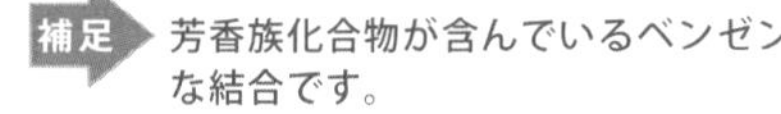

補足 芳香族化合物が含んでいるベンゼン環 ⬡ は，単結合と二重結合の中間にあるような結合です。

3

❶ 炭素骨格の構造で分類

鎖式炭化水素（輪っかじゃない）	環式炭化水素（輪っかになっている）
$CH_3-CH_2-CH_3$　$CH_2=CH_2$ $CH_3-CH(CH_3)-CH_3$　$CH\equiv CH$	シクロヘキセン（CH, HC, CH_2, H_2C, CH_2, CH_2） シクロペンタン（CH_2, H_2C, CH_2, H_2C-CH_2） トルエン（ベンゼン環−CH_3）

❷ 二重結合や三重結合が含まれているか，で分類

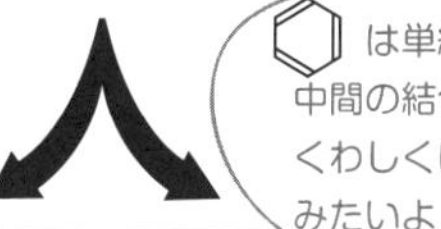

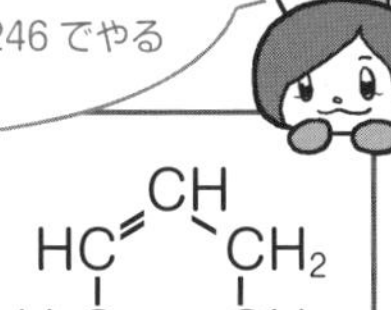
は単結合と二重結合の中間の結合なんだって くわしくは p.246 でやるみたいよ

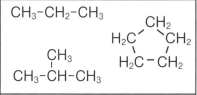

飽和炭化水素（単結合のみ）	不飽和炭化水素（二重結合や三重結合あり）
$CH_3-CH_2-CH_3$ $CH_3-CH(CH_3)-CH_3$ シクロペンタン（CH_2, H_2C, CH_2, H_2C-CH_2）	$CH_2=CH_2$ $CH\equiv CH$ シクロヘキセン（CH, HC, CH_2, H_2C, CH_2, CH_2）

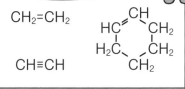

まとめ

	飽和	不飽和
鎖式	$CH_3-CH_2-CH_3$ $CH_3-CH(CH_3)-CH_3$	$CH_2=CH_2$ $CH\equiv CH$
	鎖式飽和炭化水素	鎖式不飽和炭化水素
環式	シクロペンタン（CH_2, H_2C, CH_2, H_2C-CH_2）	シクロヘキセン（CH, HC, CH_2, H_2C, CH_2, CH_2）
	脂環式飽和炭化水素	脂環式不飽和炭化水素

ベンゼン環をもつ芳香族化合物については Chapter 7 で扱うぞぃ

ここまでやったら 別冊 P. 7へ

3-2 炭化水素の名称(1) アルカン

ココをおさえよう！

アルカンの名称は「接頭語＋ane」

ここからは，p.67でまとめた炭化水素の分類について，順に説明していきますよ。

右ページで赤くなっているところに属する炭化水素に名前をつけていきましょう。
この炭化水素は，**鎖式飽和炭化水素**(さしきほうわ)というのでした。
炭素が輪っかにはなっておらず，炭素間が単結合のみ（二重結合や三重結合が1つもない）の炭化水素のことでしたね。

この化合物群は，メタンCH_4やエタンC_2H_6，プロパンC_3H_8のように，
どれも化学式$\mathbf{C}_n\mathbf{H}_{2n+2}$で表すことができ，これらをまとめて**アルカン**と呼びます。
（$n=1$を代入するとCH_4，$n=2$を代入するとC_2H_6，$n=3$を代入するとC_3H_8となりますね）

このように，共通の一般式で表される一群の化合物を**同族体**と呼びます。
つまり，アルカンであるメタンCH_4やエタンC_2H_6は，
互いに同族体ということです。

肝心のアルカンの名称ですが，右ページにまとめたように，
語尾はすべて-ane（アン）をつけたものになります。
Cが1～10個のアルカンの名称は覚えるようにしましょう。

鎖式飽和炭化水素に名前をつける

鎖式飽和炭化水素	鎖式不飽和炭化水素
$CH_3-CH_2-CH_3$ $CH_3-CH(CH_3)-CH_3$	$CH_2=CH_2$　$CH\equiv CH$

脂環式飽和炭化水素	脂環式不飽和炭化水素
CH_2, H_2C, CH_2, H_2C-CH_2（五員環）	CH, $HC=$, CH_2, H_2C, CH_2, CH_2（六員環）

n=1, 2, 3 を代入して確かめてみるといいわ

例 CH_4, C_2H_6, C_3H_8 → C_nH_{2n+2}
メタン エタン プロパン

C_nH_{2n+2} で表される鎖式飽和炭化水素を**アルカン**という。

同族体 …共通の一般式（C_nH_{2n+2} など）で表される化合物

炭素の数	アルカンの名前	炭素の数	アルカンの名前
1	CH_4 メタン (methane)	6	C_6H_{14} ヘキサン (hexane)
2	C_2H_6 エタン (ethane)	7	C_7H_{16} ヘプタン (heptane)
3	C_3H_8 プロパン (propane)	8	C_8H_{18} オクタン (octane)
4	C_4H_{10} ブタン (butane)	9	C_9H_{20} ノナン (nonane)
5	C_5H_{12} ペンタン (pentane)	10	$C_{10}H_{22}$ デカン (decane)

メタン CH_4 とエタン C_2H_6 は同族体ってことだね

語尾はすべて-aneになるんじゃ

注意点

炭素骨格に枝分かれがある場合は，5ステップで名前をつける

p.68で紹介したアルカンC_nH_{2n+2}ですが，名前をつけるときに注意しなければいけない場合があります。
それは，**炭素骨格が枝分かれしている場合**です。

例えば　$CH_3-CH(CH_3)-CH_2-CH_3$ のような場合です。

このような場合は，次のような5ステップで名前をつけていきます。

ステップ①：最も長い炭素鎖(たんそさ)の名前をつける。

炭素鎖を引き延ばしたとき，いちばん長くなる炭素鎖に注目して名前をつけます(p.69の表を参照してください)。右ページの場合，Cが4つなので**ブタン**ですね。

最初の見た目に惑わされないようにしてくださいね。
右ページの 補足 の例のように書かれた化合物も，自分なりに書き直していちばん長い炭素鎖を見つけるようにしましょう。

ステップ②：枝分かれした炭素鎖(側鎖(そくさ))の位置が小さい数字になるように，端から順に番号を振る。

枝分かれした炭素鎖を**側鎖**といいます。
側鎖のついた炭素の番号が最も小さくなるように，**ステップ①**で見つけた最も長い炭素鎖の左端または右端から順に，番号を振ります。

もし枝分かれが複数ある場合は，いちばんはじめに枝分かれする番号が小さくなるほうを選びます。

3

注意点 炭素骨格が枝分かれしている場合の名前のつけかた

ステップ① 【最も長い炭素鎖の名前をつける】

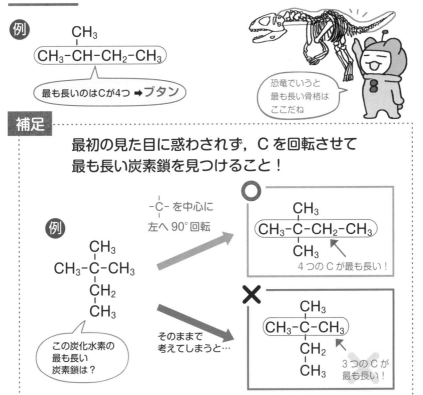

例

$$\begin{array}{c} \quad CH_3 \\ CH_3\text{-}CH\text{-}CH_2\text{-}CH_3 \end{array}$$

最も長いのはCが4つ ➡ブタン

恐竜でいうと
最も長い骨格は
ここだね

補足

最初の見た目に惑わされず，C を回転させて
最も長い炭素鎖を見つけること！

例

$$\begin{array}{c} CH_3 \\ CH_3\text{-}C\text{-}CH_3 \\ CH_2 \\ CH_3 \end{array}$$

この炭化水素の
最も長い
炭素鎖は？

-C- を中心に
左へ 90° 回転

○

$$\begin{array}{c} CH_3 \\ CH_3\text{-}C\text{-}CH_2\text{-}CH_3 \\ CH_3 \end{array}$$

4 つの C が最も長い！

そのままで
考えてしまうと…

×

$$\begin{array}{c} CH_3 \\ CH_3\text{-}C\text{-}CH_3 \\ CH_2 \\ CH_3 \end{array}$$

3 つの C が
最も長い！

ステップ② 【枝分かれした炭素鎖の位置が小さい数字になるように，ステップ①で見つけた炭素鎖の端から番号を振る】

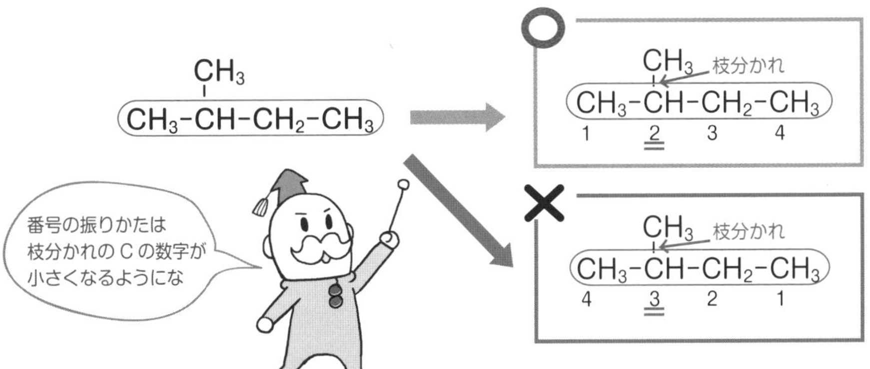

ステップ③：側鎖の名称をつけ加える。

側鎖があるときは，側鎖の名称もつけ加えないといけません。
主な側鎖の名称を右ページに挙げました。この4つは覚えてください。
p.69でCが1～10個のアルカンの名称を覚えましたね。その語尾を変えたのが側鎖の名前です。イソプロピル基は特殊な例なので丸暗記しましょう。
このようにCとHだけからなる側鎖を，**炭化水素基**といい，**R－**と表すことがあります。
アルカンからHが1つとれた炭化水素基を**アルキル基**といい，
メチル基，エチル基，プロピル基，イソプロピル基は，すべてアルキル基です。

また，水素原子Hのあるところが，他の原子や原子団に置き換わることがあります。
置き換わった原子や原子団を置換基といい，有名なものに**クロロ基Cl－**，**ブロモ基Br－**があります。
この2つも，4つの炭化水素基と合わせて覚えておきましょう。

ステップ④：（同じ側鎖が複数ある場合は）側鎖の数を数詞で表す。

同じ側鎖が複数ある場合は，その数を側鎖の名称の前に数詞でつけ加えます。
数詞は次のようになっています。

数詞
2＝**ジ**，3＝**トリ**，4＝**テトラ**，5＝**ペンタ**，6＝**ヘキサ**，7＝**ヘプタ**，
8＝**オクタ**，9＝**ノナ**，10＝**デカ**

ステップ⑤：最後に，「側鎖の位置の番号」→「数詞」→「側鎖の名称」→「アルカンの名称」の順に名前をつけて完了。

名前のつけかたのステップがわかってもらえたでしょうか？　右ページの例を見て1つひとつ理解してくださいね。

ステップ③【側鎖の名称をつけ加える】

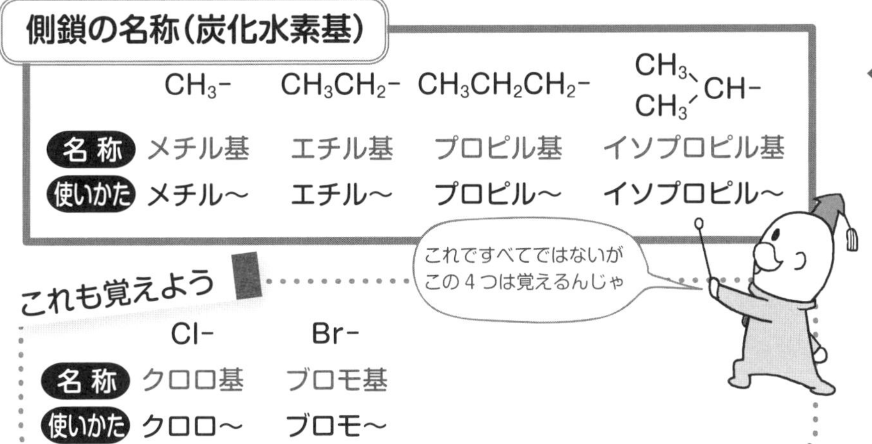

側鎖の名称(炭化水素基)
CH3-
CH3CH2-
CH3CH2CH2-
CH3 CH3 CH-
名称 メチル基 エチル基 プロピル基 イソプロピル基
使いかた メチル～ エチル～ プロピル～ イソプロピル～
これですべてではないが
この4つは覚えるんじゃ
これも覚えよう
Cl-
Br-
名称 クロロ基 ブロモ基
使いかた クロロ～ ブロモ～

ステップ④【(同じ側鎖が複数ある場合)側鎖の数を数詞で表す】

数詞

2＝ジ，3＝トリ，4＝テトラ，5＝ペンタ

6＝ヘキサ，7＝ヘプタ，8＝オクタ，9＝ノナ，10＝デカ

ステップ⑤【「側鎖の位置の番号」→「数詞」→「側鎖の名称」→「アルカンの名称」の順に名前をつける】

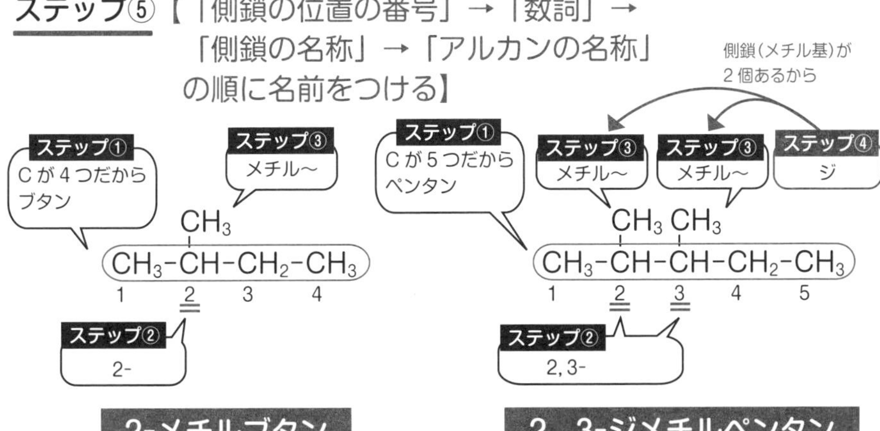

ここまでやったら
別冊 P. 8 へ

3-3 炭化水素の名称(2) アルケン，アルキン

ココをおさえよう！

アルケンの名称は「接頭語＋ene」
アルキンの名称は「接頭語＋yne」

さて，p.67でも出てきた4つの分類を再び扱います。
今度は，右ページの4つのワクの右上，**鎖式不飽和炭化水素**(さしきふほうわ)の名前をつけましょう。
炭素が輪っかにはなっておらず，炭素間の結合に，二重結合や三重結合を含むものでした。

二重結合を1つもつ鎖式不飽和炭化水素は，化学式C_nH_{2n}で表され，
アルケンと呼ばれています。
アルケンの名称は，語尾はすべて-ene（エン）になります。

一方，三重結合を1つもつ鎖式不飽和炭化水素は，化学式C_nH_{2n-2}で表され，
アルキンと呼ばれています。
アルキンの名称は，語尾はすべて-yne（イン）になります。

アルカンがC_nH_{2n+2}，アルケンがC_nH_{2n}，アルキンがC_nH_{2n-2}というように，Hが2つずつ減っていくのはどうしてでしょうか？
それは，Hとの結合に使われていた“手”が炭素どうしの結合に使われることにより，二重結合，三重結合をつくっているからです。

$CH_3-CH_2-CH_3$ $CH_3-CH(CH_3)-CH_3$	$CH_2=CH_2$　　$CH\equiv CH$
鎖式飽和炭化水素	鎖式不飽和炭化水素
H_2C–CH_2–CH_2–CH_2–H_2C（環）	$HC=CH$–CH_2–CH_2–CH_2–H_2C（環）
脂環式飽和炭化水素	**脂環式不飽和炭化水素**

今度は，鎖状で二重結合や三重結合のある炭化水素よ

p.69 のアルカンの -ane を -ene や -yne に変えればいいんだね

アルケン：C_nH_{2n}　例 C_2H_4，C_3H_6，C_4H_8

アルキン：C_nH_{2n-2}　例 C_2H_2，C_3H_4，C_4H_6

炭素の数	アルケンの名前	アルキンの名前
2	C_2H_4　エテン（ethene）	C_2H_2　エチン（ethyne）
3	C_3H_6　プロペン（propene）	C_3H_4　プロピン（propyne）
4	C_4H_8　ブテン（butene）	C_4H_6　ブチン（butyne）
5	C_5H_{10}　ペンテン（pentene）	C_5H_8　ペンチン（pentyne）
⋮	⋮	⋮

補足

Hが2つずつ減っていくのはなぜ？
⇒結合が二重，三重になり，Hと手をつなげなくなるから！

アルカン：C_nH_{2n+2}　アルケン：C_nH_{2n}　アルキン：C_nH_{2n-2}

例 エタン：C_2H_6　例 エチレン：C_2H_4（エテン）　例 アセチレン：C_2H_2（エチン）

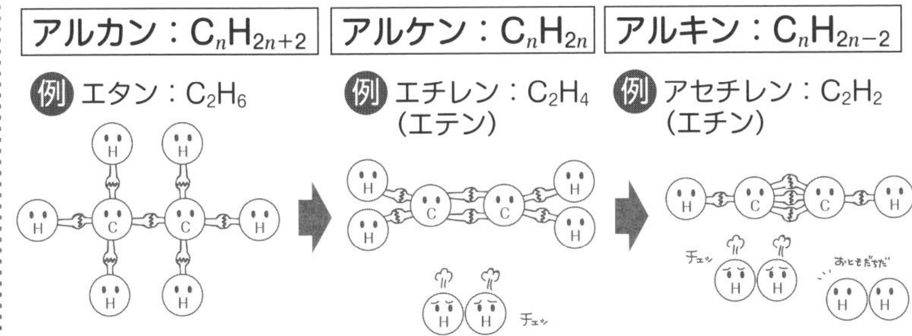

それでは，アルケン，アルキンの名前のつけかたについて勉強しましょう。
注意点は2つあります。

注意点①

慣用名が使われる

実は，アルケンやアルキンには，名称に例外があります。
代表的なのは次の3つです。
昔から慣れ親しんだ呼びかた（慣用名）が使われているのです。
以下の3つはよく使うので，覚えておきましょう。

$H_2C=CH_2$	△エテン	⇒	◯エチレン
$H_2C=CHCH_3$	△プロペン	⇒	◯プロピレン
$HC\equiv CH$	△エチン	⇒	◯アセチレン

実は，アルケンやアルキンに限らず，有機化合物は慣用名が用いられることがあります。
今後いくつか出てきますが，そういった物質名は覚えるようにしましょう。

例えば，「自分の弱点に触れられて聞くのがつらい」ということを「耳が痛い」といったり，「技術が上達する」ことを「腕が上がる」と表現したりしますね。これらは慣用句です。
「昔から使われているので，定着している」というところが共通していますね。

アルケン，アルキンの名前のつけかたについての注意点

注意点① 慣用名が使われる

$H_2C{=}CH_2$	$H_2C{=}CHCH_3$	$HC{\equiv}CH$
エテン → **エチレン**	プロペン → **プロピレン**	エチン → **アセチレン**

学名は p.75 の
呼びかただけど
上の 3 つは慣用名を
よく使うのね

慣用名なんて
なんで使うの？

昔から慣れ親しんだ
呼び名じゃからよ
日本語にも下のような
慣用句というのがあるじゃろ
それと同じじゃ

身近な慣用句

[耳が痛い]

ちゃんと
勉強しなよ
聞きたくない！

[腕が上がる]

ドーナツづくり
うまくなったよ
!
すごく
美味しい

注意点②

枝分かれがある場合は5ステップで名前をつける

アルカンの場合と同様に，アルケンやアルキンも，枝分かれしている際には注意が必要です。次の5ステップで名前をつけていきますよ。

ステップ①：二重結合や三重結合を含む，最も長い炭素鎖に注目し，そのアルケン，アルキンの名前をつける。

二重結合(または三重結合)を含む炭素鎖に注目し，その中で最も長い炭素鎖に対し，アルケン(またはアルキン)の名前をつけます。

補足 アルカンの場合は，ただ長い炭素鎖を見つければよかったのですが，アルケンやアルキンの場合は二重結合や三重結合が含まれている炭素鎖に注目するのです。

ステップ②：二重結合，または三重結合の位置が最も小さな番号になるように，端から順に番号を振り，ステップ①でつけた名前の前におく。

2本の手や3本の手で握手をしている炭素の通し番号が小さくなるように，端から順に番号を振っていきます。

今回の例では，二重結合が端から1番目の位置にあるので，**1-ブテン**と表されます。

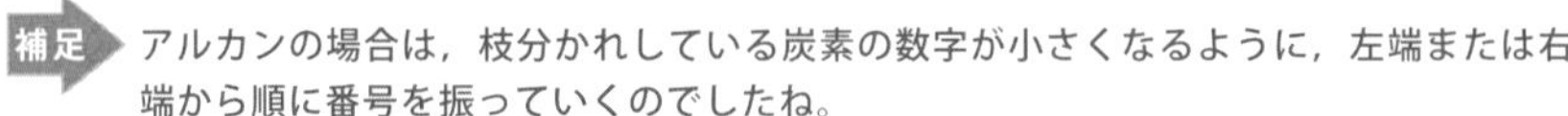

補足 アルカンの場合は，枝分かれしている炭素の数字が小さくなるように，左端または右端から順に番号を振っていくのでしたね。

注意点② 枝分かれがある場合

次の5ステップで名前をつけていきます。

ステップ①【二重結合，または三重結合を含む，最も長い炭素鎖の名前をつける】

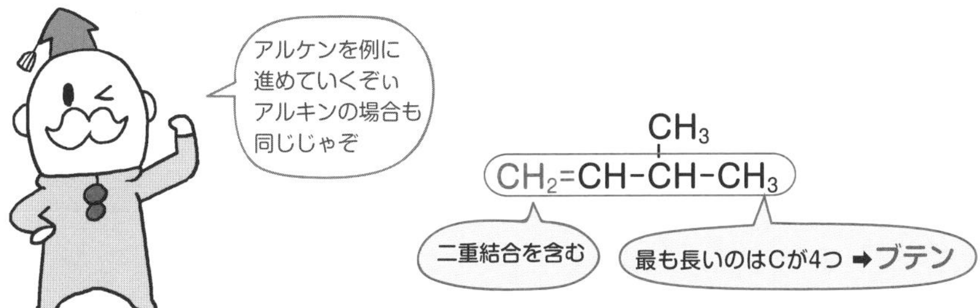

アルケンを例に進めていくぞい アルキンの場合も同じじゃぞ
CH3
CH2=CH-CH-CH3
二重結合を含む
最も長いのはCが4つ ➡ブテン

ステップ②【二重結合，または三重結合の位置が小さい番号になるように，端から順に番号を振り，ステップ①でつけた名前の前におく】

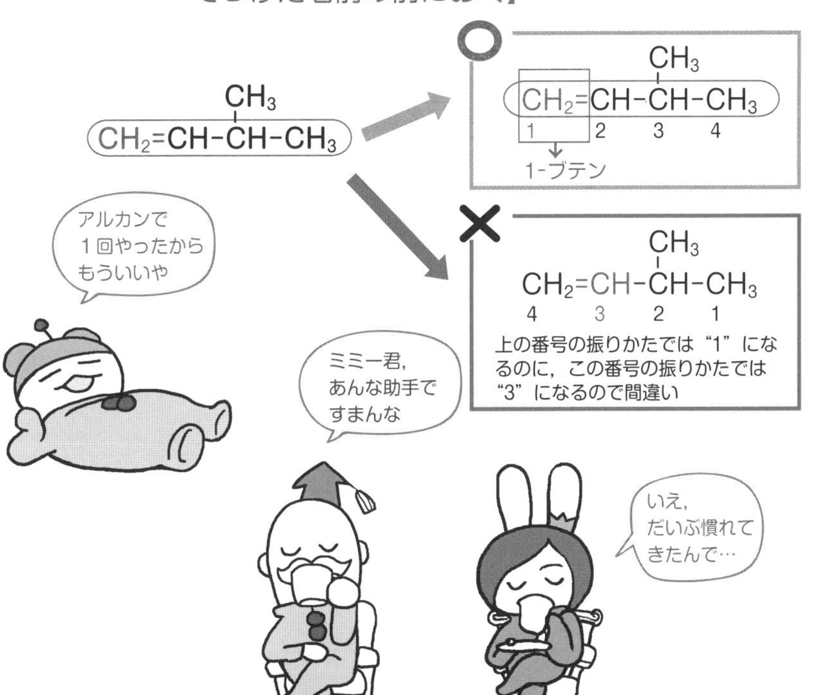

CH3
CH2=CH-CH-CH3
○
CH3
CH2=CH-CH-CH3
1 2 3 4
1-ブテン
×
CH3
CH2=CH-CH-CH3
4 3 2 1
上の番号の振りかたでは“1”になるのに，この番号の振りかたでは“3”になるので間違い
アルカンで 1回やったから もういいや
ミミー君，あんな助手ですまんな
いえ，だいぶ慣れてきたんで…

では，右ページのいくつかの例でも確認してみましょう。

例1では，C（炭素）が5つつながっているアルケンだから，名前はペンテン。
また，二重結合が端から1番目の位置にあるので，
1-ペンテンになります。

例2では，Cが5つつながっているアルケンだから，名前はペンテン。
また，二重結合が右端から2番目の位置にあるので，
2-ペンテンとなります。
左端から数えて「3-ペンテン」にならないように注意してくださいね。

例3のアルキンの場合も同様に，
Cが4つつながっているアルキンだから，名前はブチン。
三重結合は，端から1番目の位置にあるので，
1-ブチンとなります。

では，例4の場合はどうでしょうか。

Cが4つつながっているアルケンだから，名前はブテンになります。
次に，どちらの端から番号を振っていっても，
二重結合は端から2番目のCのあとについているので，
2-ブテンとなります。

補足 例2の2-ペンテンと例4の2-ブテンには，シス形とトランス形があります。
くわしくはp.132で説明します。

二重結合，または三重結合の位置の表しかたについて理解できましたか？
それでは，**ステップ③**に進みましょう！

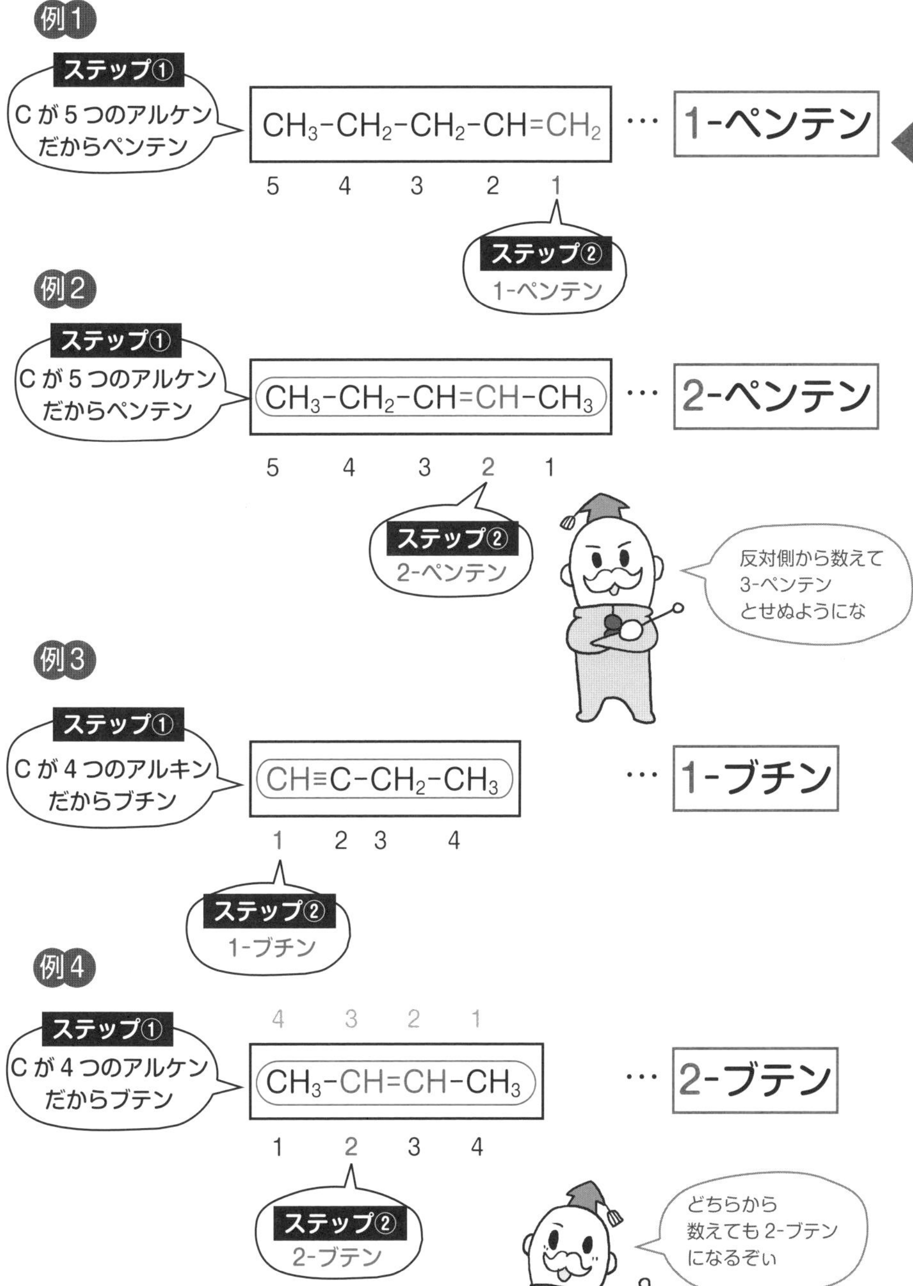

例1
ステップ①
C が 5 つのアルケン
だからペンテン
$CH_3-CH_2-CH_2-CH=CH_2$
… 1-ペンテン
5 4 3 2 1
ステップ②
1-ペンテン
例2
ステップ①
C が 5 つのアルケン
だからペンテン
$CH_3-CH_2-CH=CH-CH_3$
… 2-ペンテン
5 4 3 2 1
ステップ②
2-ペンテン
反対側から数えて
3-ペンテン
とせぬようにな
例3
ステップ①
C が 4 つのアルキン
だからブチン
$CH \equiv C-CH_2-CH_3$
… 1-ブチン
1 2 3 4
ステップ②
1-ブチン
例4
ステップ①
C が 4 つのアルケン
だからブテン
4 3 2 1
$CH_3-CH=CH-CH_3$
… 2-ブテン
1 2 3 4
ステップ②
2-ブテン
どちらから
数えても 2-ブテン
になるぞい

3

これ以降は，アルカンのときと同じです。

ステップ③：側鎖の名称をつけ加える。

側鎖があるときは，側鎖の名称をつけ加えます。
側鎖の名称は，アルカンのときに出てきたものと同じですよ（p.73参照）。

ステップ④：（同じ側鎖が複数ある場合は）側鎖の数を数詞で表す。

同じ側鎖が複数あるときは，その数を側鎖の名称の前に数詞でつけ加えます。
p.72で出てきたように，数詞は次のようになっていますよ。

数詞
2＝**ジ**，3＝**トリ**，4＝**テトラ**，5＝**ペンタ**，6＝**ヘキサ**，7＝**ヘプタ**，
8＝**オクタ**，9＝**ノナ**，10＝**デカ**

ステップ⑤：最後に，「側鎖の位置の番号」→「数詞」→「側鎖の名称」→「番号をつけたアルケン（またはアルキン）の名称」の順に名前をつけて完了。

最後に，「側鎖の位置の番号」→「数詞」→「側鎖の名称」→「アルケン（またはアルキン）の名称」の順に名前をつけて完成です。
なかなか複雑ではありますが，とにかくこの5ステップで考えていけばOKです。
あとは，練習あるのみです。クマのように怠けないようにしましょうね。

では，いくつかの例で確認してみましょう。

例1は，Cが4つつながっているアルケンなので，ブテンです。
また，二重結合は端から1番目の位置にあるので，
1-ブテンになります。
そして，メチル基（CH_3-）が端から3番目のCについているので，
3-メチル-1-ブテンとなります。

ステップ③【側鎖の名称をつけ加える】

側鎖の名称（炭化水素基）

	CH_3-	CH_3CH_2-	$CH_3CH_2CH_2$-	CH_3＼CH- / CH_3／
名称	メチル基	エチル基	プロピル基	イソプロピル基
使いかた	メチル～	エチル～	プロピル～	イソプロピル～

この４つは
覚えるんじゃったな

ステップ④【（同じ側鎖が複数ある場合）側鎖の数を数詞で表す】

数詞

2＝ジ，3＝トリ，4＝テトラ，5＝ペンタ
6＝ヘキサ，7＝ヘプタ，8＝オクタ，9＝ノナ，10＝デカ

ステップ⑤【最後に，「側鎖の位置の番号」→「数詞」→「側鎖の名称」→「番号をつけたアルケン（またはアルキン）の名称」の順に名前をつける】

例1

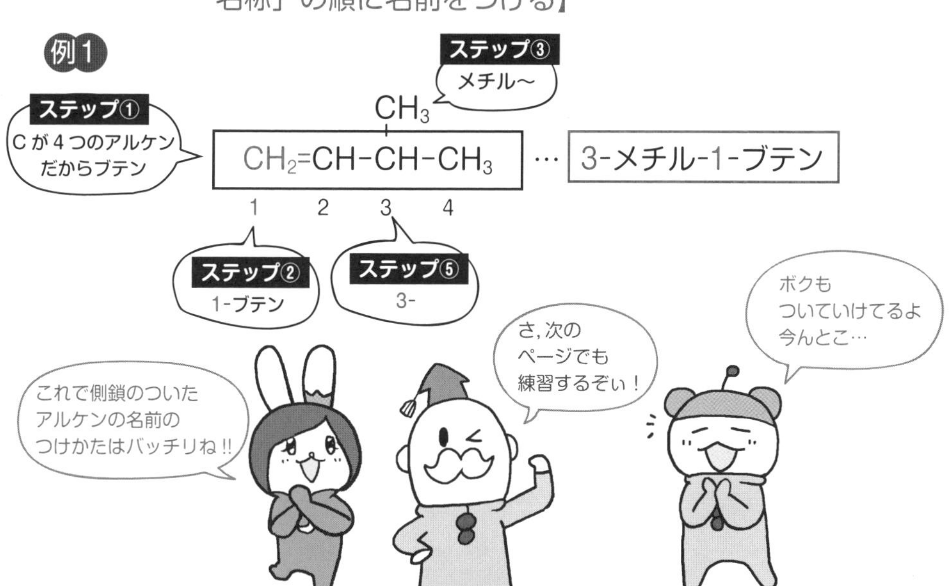
ステップ③
メチル～
ステップ①
C が４つのアルケン
だからブテン
CH3
CH2=CH-CH-CH3
1 2 3 4
… 3-メチル-1-ブテン
ステップ②
1-ブテン
ステップ⑤
3-
これで側鎖のついた
アルケンの名前の
つけかたはバッチリね!!
さ，次の
ページでも
練習するぞい！
ボクも
ついていけてるよ
今んとこ…

例2 は，Cが6つつながっているアルケンなので，ヘキセンです。
また，二重結合は端から1番目の位置にあるので，
1-ヘキセンになります。
そして，メチル基（CH_3-）が端から4番目のCについているので，
4-メチル-1-ヘキセンとなります。

例3 は，Cが4つつながっているアルケンなので，ブテンです。
また，二重結合は端から1番目の位置にあるので，
1-ブテンになります。
次に，メチル基（CH_3-）が2個あるので，「2つ」を表す数詞「ジ」をつけて，
ジメチルとなります。
メチル基（CH_3-）は，端から2番目と3番目のCについているので，
2,3-ジメチル-1-ブテンとなります。

例4 は，Cが4つつながっているアルケンなので，ブテンです。
次に，どちらの端から番号を振っていっても，
二重結合は端から2番目のCのあとについているので，
2-ブテンとなります。
このように，どちらの端から数えても二重結合の位置が同じになる場合は，
側鎖のついた炭素（C）の番号が，より小さい数になるように番号を振ります。
よってメチル基（CH_3-）の位置は端から2番目となり，
2-メチル-2-ブテンとなります。

これで側鎖のついたアルケン，アルキンの命名法についてひと通り練習できましたよ。
ここまで理解すれば大丈夫です。ここまでのルールを覚えておけば，炭化水素だけに限らず，ほとんどの有機化合物の名前を答えられますよ。

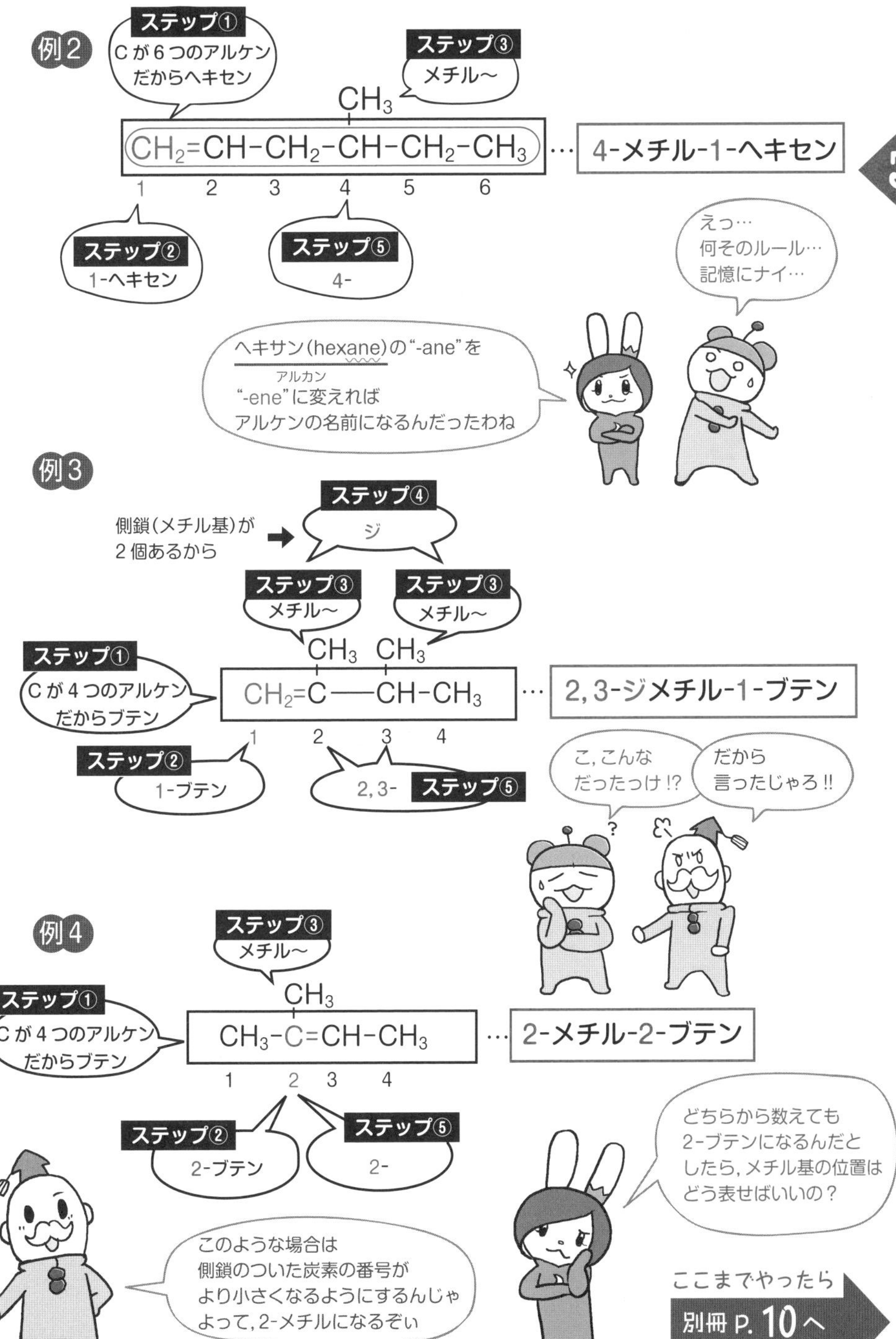

ここまでやったら
別冊 P.10へ

3-4 炭化水素の名称(3) 脂環式飽和炭化水素

ココをおさえよう！

シクロアルカンは，同じ炭素数のアルカンの名称の前に「シクロ」をつける。

続いて，右ページの4つのワクの左下，**脂環式飽和炭化水素**(しかんしきほうわ)について見てみましょう。
（炭素が輪っかになっていて，すべての炭素が1つの炭素に対して1本の手で握手している〔単結合の〕炭化水素のことでしたね）

これは化学式 C_nH_{2n} ($n \geqq 3$) で表され，**シクロアルカン**と呼ばれます。
$n \geqq 3$ なのは，Cが3つ以上ないと炭素が輪っかの形にならないからです。

シクロアルカンとアルケンは，ともに C_nH_{2n} と表されますが，同族体(p.68)ではありません。構造異性体(p.122)の関係です。

シクロアルカンの名称は，
同じ炭素数のアルカンの名称の前に，「シクロ」をつけて表すだけでOKです。
簡単ですね！

シクロアルカンが C_nH_{2n} と表されるのは
（つまりアルカン (C_nH_{2n+2}) に対してHが2つ少ないのは），
アルケンの場合と同じく，Hと結合するはずの"手"どうしで，炭素どうしが結合しているからです。

脂環式飽和炭化水素の名前のつけかた

鎖式飽和炭化水素	鎖式不飽和炭化水素
$CH_3-CH_2-CH_3$ $CH_3-CH(CH_3)-CH_3$	$CH_2=CH_2$　$CH\equiv CH$
脂環式飽和炭化水素	脂環式不飽和炭化水素
五員環（CH_2 × 5）	六員環（$CH=CH$ の二重結合を1つ含む：HC=CH, CH_2 × 4）

次は
左下のものに
ついてじゃ

3

シクロアルカン

シクロブタン	シクロペンタン	シクロヘキサン
CH_2-CH_2 / CH_2-CH_2（四員環）	CH_2 × 5（五員環）	CH_2 × 6（六員環）
炭素の数：4	5	6

→ C_nH_{2n}

このように，単結合のみでできている環式炭化水素を**シクロアルカン**という。

名前のつくり

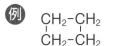

シクロブタン　(シクロ＋ブタン)
シクロペンタン　(シクロ＋ペンタン)
シクロヘキサン　(シクロ＋ヘキサン)
…シクロ＋アルカンの名称

シクロアルカンの構造

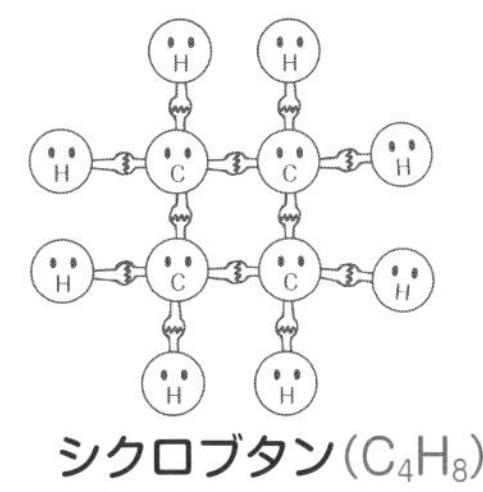
H
C
シクロブタン(C_4H_8)

頭にシクロを
つけるだけなら
簡単ね！

ここまでやったら
別冊 P. 12へ

3-5 炭化水素の名称(4) 脂環式不飽和炭化水素

ココをおさえよう！

二重結合，三重結合のある脂環式不飽和炭化水素は，それぞれシクロアルケン，シクロアルキンという。

最後に，右ページの4つのワクの右下，**脂環式不飽和炭化水素**の名前のつけかたです。
（炭素が輪っかになっていて，1つの炭素に対し，2本の手の握手〔二重結合〕や3本の手の握手〔三重結合〕をする炭素を含む炭化水素のことでしたね）

それぞれ**シクロアルケン**，**シクロアルキン**と呼ばれています。
一般式はそれぞれ，C_nH_{2n-2}，C_nH_{2n-4} $(n \geqq 3)$ で表されます。

名前のつけかたは，それぞれ「シクロ」＋「アルケン」，「シクロ」＋「アルキン」となります。
それぞれの化合物の名前については，ほとんど出題されないので省略することにします。

環状の構造をもつ有機化合物には，ベンゼン環をもつ物質群（芳香族炭化水素）もありますが，こちらはChapter 7でくわしく勉強します。

以上が，炭化水素の名前のつけかたです。

p.86～89は，オマケみたいなものです。
p.68～85の，**ステップ①～⑤**にしたがって名前をつける方法は，とても大事ですのでしっかり復習してくださいね。

3

脂環式不飽和炭化水素の名前のつけかた

$CH_3-CH_2-CH_3$ $CH_3-CH(CH_3)-CH_3$	$CH_2=CH_2$　$CH\equiv CH$
鎖式飽和炭化水素	**鎖式不飽和炭化水素**
シクロブタン（$H_2C-CH_2-CH_2-CH_2$ の環状構造）	シクロヘキセン（$HC=CH-CH_2-CH_2-CH_2-CH_2$ の環状構造）
脂環式飽和炭化水素	脂環式不飽和炭化水素

シクロアルケン

（$HC=CH-CH_2-CH_2-CH_2-CH_2$ の六員環構造）

環状 & 二重結合
シクロ　アルケン

シクロアルキン

（$C\equiv C-CH_2-CH_2-CH_2-CH_2-CH_2-CH_2$ の八員環構造）

環状 & 三重結合
シクロ　アルキン

それぞれの名前
については
お休みしますね

環状構造をもつ有機化合物には，
芳香族化合物もあるが，
これはあとで
くわしくやるぞぃ

OH　CH_3

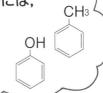

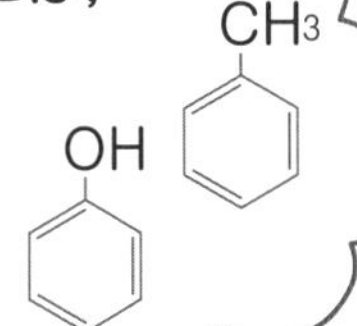

名前のつけかたといえば
ボクの名前ってなんで
“クマ”なんだろう…
テキトーだな…

ここまでやったら
別冊 P. 13 へ

3-6 飽和・不飽和の定義

ココをおさえよう！

飽和とは，炭素の結合の手が余っていないこと。
不飽和とは，炭素の結合の手が余っていること。

炭化水素の分類の中で，飽和・不飽和という言葉が出てきましたが(p.66)，その意味を確認しておきましょう。

飽和とは，**分子内の炭素の手の数が余っていない状態**を表します。
反対に，**不飽和**は**分子内の炭素の手が余っている状態**を表します。

右ページのプロパンC_3H_8のイラストを見てください。
飽和のときは，炭素から出る結合に使える手が，1本ずつすべて結合(単結合)に使われています。つまり，結合でいっぱいいっぱいだということで，飽和というのですね。

次に，不飽和のときはどうでしょう。
右ページのプロピレンC_3H_6やアセチレンC_2H_2のイラストを見てください。
不飽和のときは，炭素から出ている結合に使える手が余っているため，**炭素どうしでさらに結合をつくります。**
つまり，不飽和の有機化合物は，**二重結合や三重結合をもっている**ということになります。
だから，二重結合や三重結合をもっている炭化水素を不飽和炭化水素といったのですね。

また，不飽和炭化水素には分類されませんが，右ページのシクロブタンC_4H_8のイラストのように，炭素の手が余っているときに，炭素どうしが環状構造をつくる場合もあります。

この「飽和」,「不飽和」の概念は，有機化合物の特徴を知るうえで大切なので，よく覚えておいてくださいね。

飽和 …炭素の手が余っていない状態＝結合は単結合のみ

例 プロパン C_3H_8（アルカン）

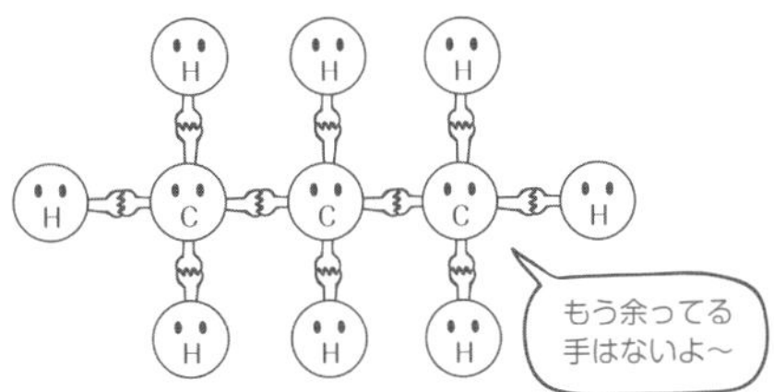

不飽和 …余った手を使って，炭素どうしが結合している状態
＝二重結合や三重結合をもっている

例 プロピレン C_3H_6（アルケン）

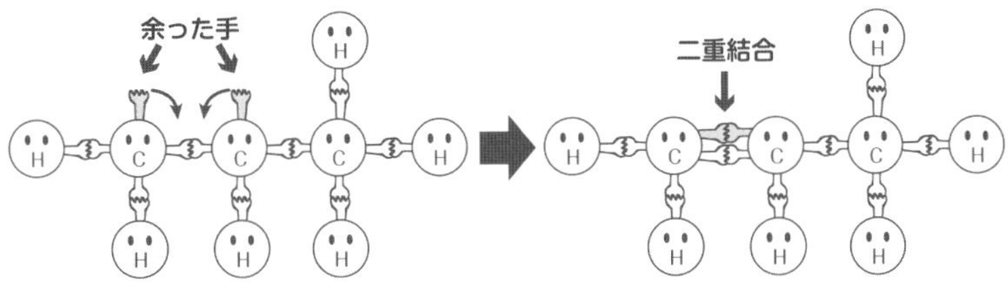

例 アセチレン C_2H_2（アルキン）

補足

例 シクロブタン C_4H_8（シクロアルカン）

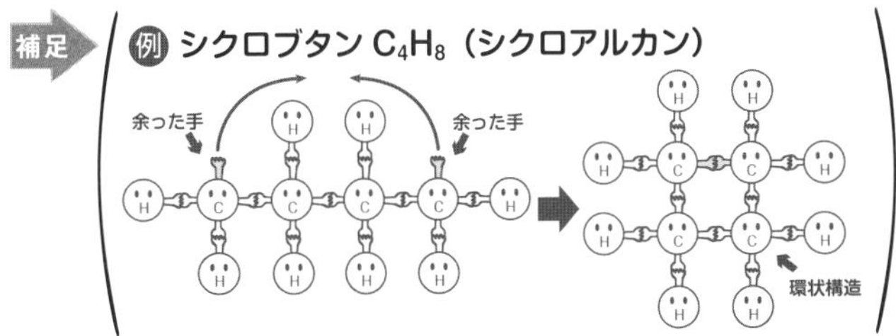

理解できたものに，☑チェックをつけよう。

- [ ] 鎖式飽和炭化水素はすべて単結合からなり，分子式C_nH_{2n+2}で表すことができる。これらをまとめてアルカンと呼ぶ。
- [ ] 共通の一般式で表される一群の化合物を同族体と呼ぶ。
- [ ] 名前をつける際に用いる側鎖には，メチル基(CH_3-)，エチル基(CH_3CH_2-)，プロピル基($CH_3CH_2CH_2-$)などがある。
- [ ] 名前をつける際に用いる数詞には，ジ(2)，トリ(3)，テトラ(4)，……，デカ(10)などがある。
- [ ] 鎖式不飽和炭化水素には，アルケンC_nH_{2n}やアルキンC_nH_{2n-2}などがある。
- [ ] 脂環式飽和炭化水素には，シクロアルカンC_nH_{2n}などがある。
- [ ] 脂環式不飽和炭化水素には，シクロアルケンC_nH_{2n-2}，シクロアルキンC_nH_{2n-4}などがある。
- [ ] 飽和とは炭素の結合の手がすべてつながれている状態，不飽和とは炭素の結合の手が余っている状態である。

Chapter

4

構造の洗い出しかた

4-1　アルカンの異性体～構造異性体～
4-2　結合の立体構造
4-3　アルケンの異性体～構造異性体～
4-4　アルケンの異性体～シス-トランス異性体～
4-5　その他の異性体～鏡像異性体～
4-6　鏡像異性体の特徴

Chapter 4 構造の洗い出しかた

はじめに

Chapter 4では，分子式から構造式をすべて洗い出す作業を行います。

❶ 分子式の決定（Chapter 2）
❷ 名前のつけかた（のルール）を勉強する（Chapter 3）
❸ **構造をすべて洗い出す（Chapter 4）**
❹ 1つの構造に絞り込むため，性質を覚える（Chapter 5 ～）

右ページでは，腰の調子もよくなったハカセが，助手のクマを鍛えるべく，試練を課したようです。
ただ，$C_{12345}H_{24690}$というルナー燃料の構造をいきなりすべて洗い出せるはずはありません。キホンからしっかり教えてくれるようですよ。
（厳しくも優しい師弟愛ですね）

最初にお話ししたように，有機化合物は原子どうしの組合せのしかたでさまざまな構造になります。このChapterでは，可能性のある構造をすべて，過不足なく，数え上げる方法について勉強します。

この章で勉強すること

Chapter 4では，分子式をもとに可能性のある構造をすべて洗い出していきます。よく出題される問題であり，構造を決定するために避けては通れない道です。過不足なくすべてを洗い出すにはどうしたらよいか，ステップを踏んで理解しましょう。

宇宙一
わかりやすい
ハカセの
Introduction

構造の洗い出しかた

カイロプラク
少しはよく
なってきたようじゃ
わーい！

今の段階でルナー燃料の
分子式がわかっておるな
やれやれ
C12345H24690
だよね
はい

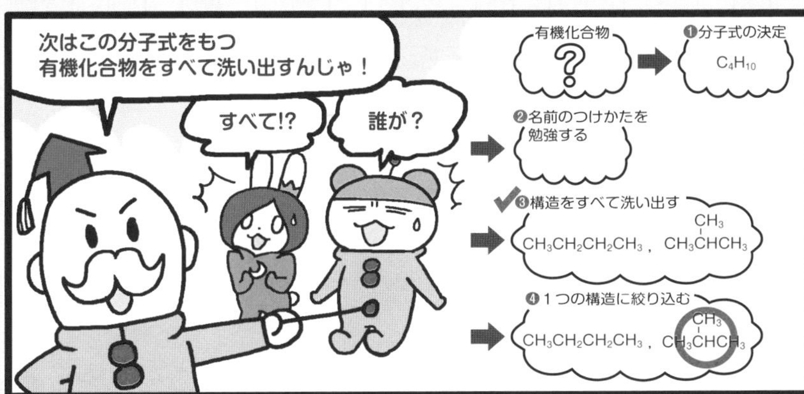
次はこの分子式をもつ
有機化合物をすべて洗い出すんじゃ！
すべて!?
誰が？
有機化合物
?
❶分子式の決定
C_4H_{10}
❷名前のつけかたを
勉強する
❸構造をすべて洗い出す
$CH_3CH_2CH_2CH_3$, $CH_3CH(CH_3)CH_3$
❹１つの構造に絞り込む
$CH_3CH_2CH_2CH_3$, $CH_3CH(CH_3)CH_3$

可能性のある構造式を
すべて　クマが
洗い出すんじゃぞ！
過不足なく
じゃ!!
ギク

キホンから
教えてやるぞい
今度はボクが
ギックリ腰に
なったみたい…

4-1 アルカンの異性体～構造異性体～

ココをおさえよう！

構造異性体は，最も長い炭素鎖（たんそさ）に側鎖（そくさ）をつけていく。

有機化合物は，同じ分子式でも原子の結びつきかたが違えば，違う物質になります。そのため，1つの分子式に対して，とりうる構造が複数の場合が考えられます。
右ページでは，C_5H_{12}という分子式で表される，異なる3つの構造の物質が示されていますね。

このように，同じ分子式で違った構造をもつ（構造式が異なる）化合物を**構造異性体**といいます。

なぜ，分子式から，その分子式でなりうるすべての構造式の洗い出しをするのかといいますと，有機化学の最終的なゴールである「その有機化合物は何か？」を知るために必要なステップだからです。
構造が異なれば，まったく別の性質の物質になりますからね。

【有機化合物を特定するためのステップ】

有機化合物 ⇒ 分子式の決定 ⇒ 可能性のある構造をすべて洗い出す ⇒ 1つの構造に絞り込む

以上の作業をたとえるなら，

ネコ ⇒ シルエットの決定 ⇒ 可能性のあるネコをすべて洗い出す ⇒ 1つのネコに絞り込む

というようなイメージです。

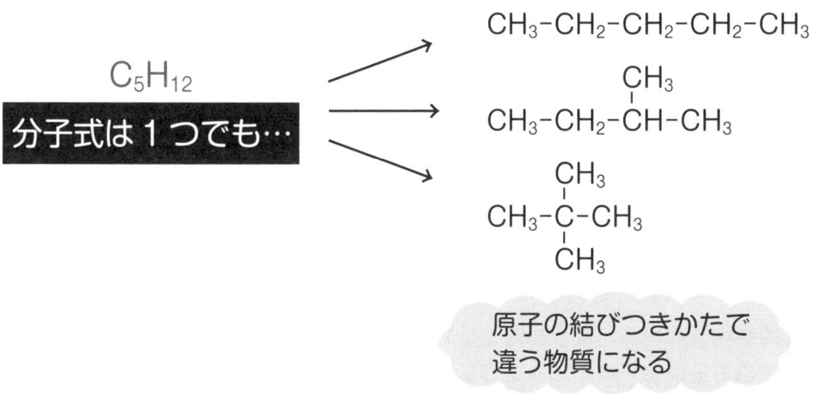

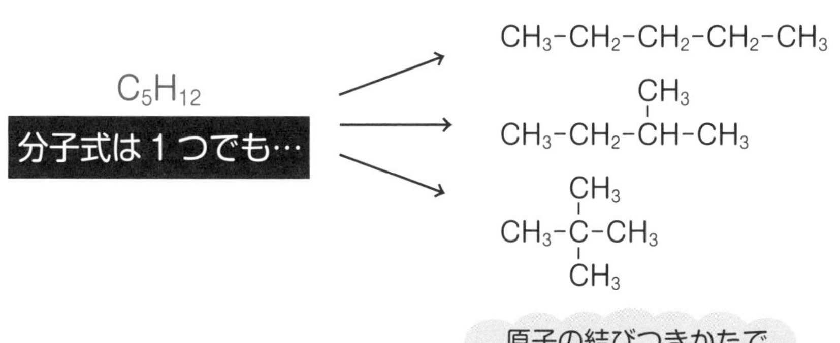

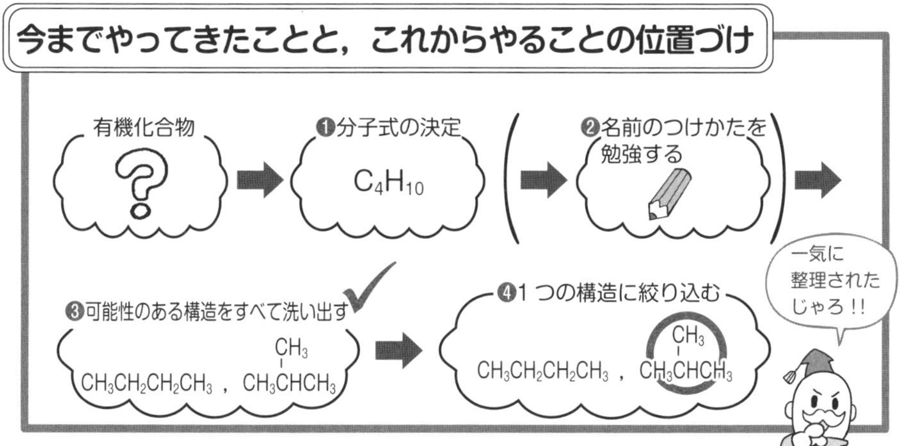

今までやってきたことと，これからやることの位置づけ

有機化合物 ？ → ❶分子式の決定 C_4H_{10} → （❷名前のつけかたを勉強する） →

❸可能性のある構造をすべて洗い出す ✓
$CH_3CH_2CH_2CH_3$，$CH_3CH(CH_3)CH_3$

→ ❹１つの構造に絞り込む
$CH_3CH_2CH_2CH_3$，$CH_3CH(CH_3)CH_3$

一気に
整理された
じゃろ!!

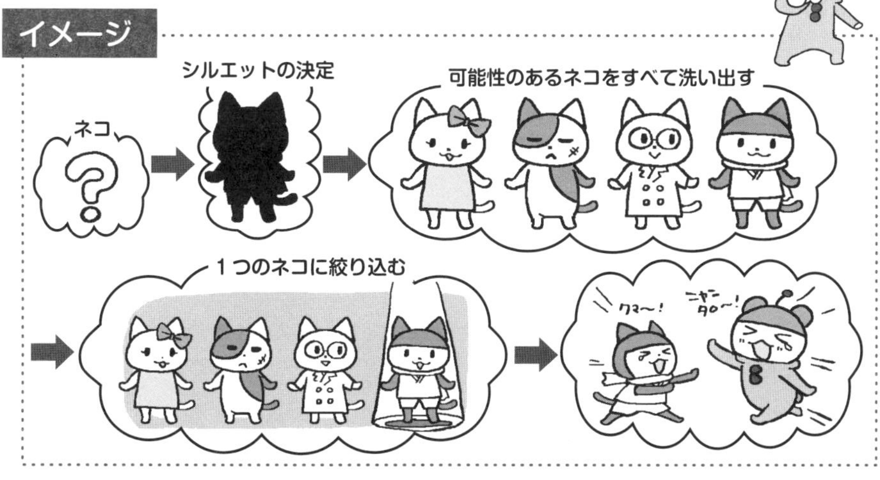

イメージ

ネコ ？ → シルエットの決定 → 可能性のあるネコをすべて洗い出す

→ １つのネコに絞り込む →

クマ〜!
ニャンタロ〜!

さて，ルナー燃料のことは少し忘れて，現実的なお話をしましょう。
構造異性体に関しては，次のような問題がよく出題されます。

「分子式C_7H_{16}をもつ有機化合物の構造異性体をすべて答えなさい」

その際には，
・実は同じ物質なのに，違う物質として数えてしまったり
・可能性のある構造を数え忘れてしまったり
しないように，1つひとつていねいに数えていく必要があります。

何度もいいますが，分子式が同じでも原子どうしの結びつきかたが違ったら異なる物質になるので，しっかり構造異性体を洗い出せるようになりましょうね。

ということで，まずはアルカンC_nH_{2n+2}の構造異性体から見ていきましょう。
例として，分子式がC_7H_{16}となる有機化合物の構造異性体を洗い出してみます。
p.98～117と，少し長くなりますが，しっかりついてきてくださいね。

以下の2ステップを繰り返していくと，環状構造以外の構造式をすべて洗い出すことができますよ。

ステップ①：炭素鎖の長いもの（主鎖）から考えていく。
炭素数の長い部分を**主鎖**といいます。
主鎖の長いもの→短いものと考えていきましょう。

ステップ②：主鎖が決まったら，残った炭素を側鎖としてつけていく。
（**※ただし，端からX番目の炭素につけられる側鎖は，炭素の数が$X-1$個以下のもの**）

そして，**主鎖の炭素の数が，全体の炭素の数の半分より減ったら洗い出しは終了**です。
「側鎖の炭素のほうが多い」なんてことはないですからね（その時点で側鎖だと思っていたものは主鎖になっています）。

可能性のあるすべての構造を洗い出す

よく出題される問題

分子式 C_7H_{16} の構造異性体をすべて答えなさい

頭に入れておこう

✓ 同じ物質を違う物質として数えてはダメ

✓ 可能性のある構造を数え忘れてはダメ

アルカンの場合

ステップ①，ステップ②を繰り返していくんだね

ステップ①

炭素鎖の長いものから考える  **主鎖**

ステップ②

残った炭素を側鎖としてつける

※ただし，端からX番目の炭素につけられる側鎖は，炭素の数が$X-1$個以下のもの

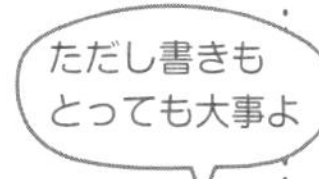

ただし書きもとっても大事よ

～ C_7H_{16} の構造の洗い出し　1周目～
ステップ①：炭素鎖の数が長いものから考えていく。

C_7H_{16} の場合，Cが7つ連なったものから，
Cが6つ，Cが5つ……と順々に考えていきます。

まずは，主鎖のCが7つの場合を考えます。

ステップ②：主鎖が決まったら，残った炭素を側鎖としてつけていく。

C_7H_{16} の主鎖が7つの炭素でできている場合，
すべての炭素を使っているので，これで終わりです（**1つ目**の C_7H_{16}）。
これはヘプタンそのものですね。

これで，1周目が終わりました。続いて2周目に入ります。
2周目からは，主鎖のCが減っていくので，
ヘプタンの構造異性体になります。
再び**ステップ①**に戻りますよ。

～ C_7H_{16} の構造の洗い出し　1周目～

最も長い7つから始めよう

ステップ①【炭素鎖の長いものを考える】

ヘプタン C_7H_{16}

主鎖

7つ C-C-C-C-C-C-C

6つ C-C-C-C-C-C

⋮　⋮

ステップ②【残った炭素を側鎖としてつける】

残っている炭素はないので…

完成！ C-C-C-C-C-C-C

1つ目

1周目終了

ここからが大変じゃぞ
ミミー君…サポートをよろしくな…
ヘンッ
これくらい
簡単だもん
わ…
わかっております
ハカセ…

～ C_7H_{16}の構造の洗い出し　2周目～
ステップ①：炭素鎖の数が長いものから考えていく。

続いて，主鎖が6つの炭素Cでできている場合について考えます。

ステップ②：主鎖が決まったら，残った炭素を側鎖としてつけていく。

主鎖が6つの炭素でできている場合，1つの炭素が余っているので，
これを側鎖としてくっつける必要があります。

ここで，ただし書きが役に立ちます。

※端からX番目の炭素につけられる側鎖は，炭素の数が$X-1$個以下のもの。

つまり，
・端から1つ目の炭素には，炭素の数が0個以下の側鎖しかつけられない
　（つまり，つけられない）
・端から2つ目の炭素には，炭素の数が1個以下の側鎖しかつけられない
のです。
このただし書きのルールを破ってしまった場合，
できた炭素鎖は，すでにその前の段階で数えているはずの炭素鎖になってしまいます。

右のように，主鎖が6つの炭素でできている場合に，端から1つ目の炭素に側鎖をくっつけると，**～1周目～**で考えた主鎖が7つの炭素でできている場合と同じになってしまいます。
これでは，重複して数えることになってしまいますね。絶対にくっつけてはいけません。

〜 C_7H_{16} の構造の洗い出し　2 周目〜

ステップ① 【炭素鎖の長いものを考える】

6 つ C−C−C−C−C−C

ステップ② 【残った炭素を側鎖としてつける】

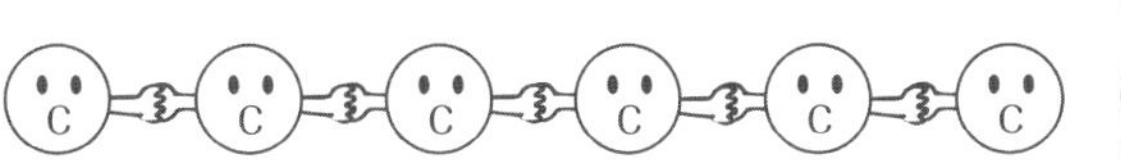

迷う必要はない！ただし書きを参考にするんじゃ!!

端から…1 つ目	2 つ目	3 つ目	3 つ目	2 つ目	1 つ目
×	1 つ以下 OK	2 つ以下 OK	2 つ以下 OK	1 つ以下 OK	×

ボクは炭素 1 つだから
この 4 つのどこかに
くっつけるな…

ただし書きにしたがわないと…

あらよっと

ここにくっつこう！

あれ？これは最初に
数えたのと同じだ…

ヘプタンに
なっちゃった

これは〜1 周目〜で
数えた構造と同じね

つづく

ここで，**ステップ②**を続ける前に，Cの結合についての注意点を2つ整理しておきますね。

❶ 炭素を回転させると一致するもの や，
❷ 化合物自体を回転させると一致するもの
は，どれも同じ物質になるので，違う物質として数えないようにする，というものです。

❶ 炭素を回転させると一致するもの とは，具体的にはどのようなものを指すのでしょうか。

右ページを見てください。
単結合は自由に回転することができます。
上にある炭素Cが左にきても，上にある炭素が下にきても同じ物質です。
つまり，右ページの真ん中の図のように，側鎖のCが上にあっても下にあっても，炭素を回転させると一致するものは，どれも同じ物質ということですね。

では，**❷ 化合物自体を回転させると一致するもの** とは，どのようなものを指すのでしょうか。

❶では，側鎖が単結合でくっついた部分を回転させていたのですが，
今度は物質全体を回転させてみます。

すると，右ページのいちばん下の図のようになります。
これを見ると，化合物自体を回転させると一致する化合物どうしは，
同じ物質であることがわかりますね。

同じ物質なのか，それとも違う物質になるのか，名探偵になったつもりで見破りましょうね。

4

❶ 炭素を回転させると一致するもの

(ヘプタン)
アルカン  単結合のみで結びついている

単結合は自由に回転することができる

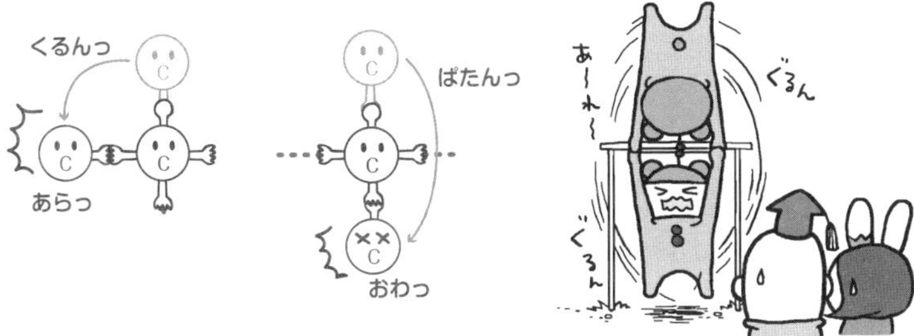

よって，
単結合で側鎖が結びついた部分は自由に回転することができる

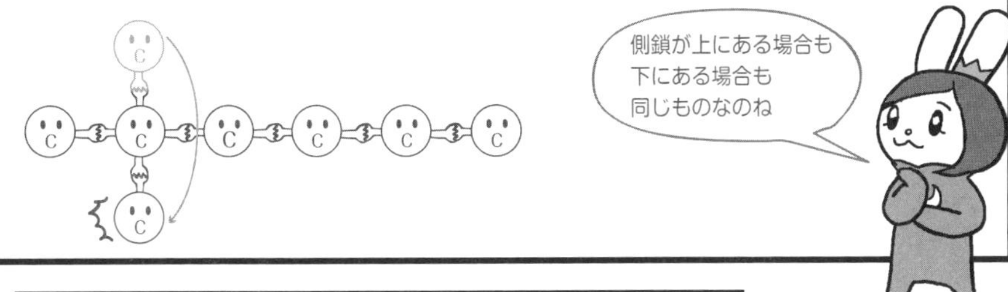

❷ 化合物自体を回転させると一致するもの

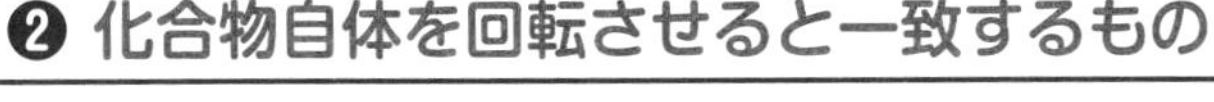

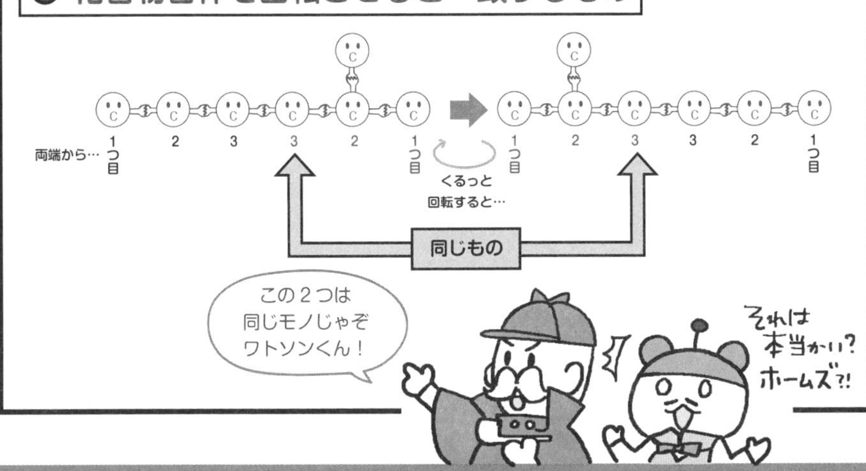

それでは，**ステップ②**の続き，「C_7H_{16}の主鎖のCが6つの場合の側鎖のつけかた」の話に戻りましょう。

この場合，側鎖が1個の炭素Cからできているので，端から2つ目，3つ目の炭素につけていきます。

端から2つ目の炭素に側鎖をつける場合と，端から3つ目の炭素に側鎖をつける場合と，場合分けして考えてみましょう！

[1] 端から2つ目の炭素に側鎖をつける場合

2つの化合物があるようですが，化合物自体を回転させると……
同じものでした！

よって，端から2つ目の炭素に側鎖をつける場合，
構造異性体は1つだけ見つかりました（**2つ目**のC_7H_{16}）。

[2] 端から3つ目の炭素に側鎖をつける場合

これも2つの化合物があるように見えますが，化合物自体を回転させると……
同じものでした！

よって，端から3つ目の炭素に側鎖をつける場合にも，
構造異性体は1つだけ見つかりました（**3つ目**のC_7H_{16}）。

主鎖の炭素が6つの場合には，**[1]**，**[2]**をあわせて，2つの構造異性体が見つかりましたね。
p.100の主鎖の炭素が7つの場合（つまり，ヘプタンそのもの）とあわせると，現時点で分子式がC_7H_{16}である有機化合物には，合計3つの構造異性体があることがわかりました。

これで，**～2周目～**の終了です。続いて，**～3周目～**に入りましょう。

ステップ②（続き）【残った炭素を側鎖としてつける】

[1] 端から2つ目の炭素に側鎖をつける場合

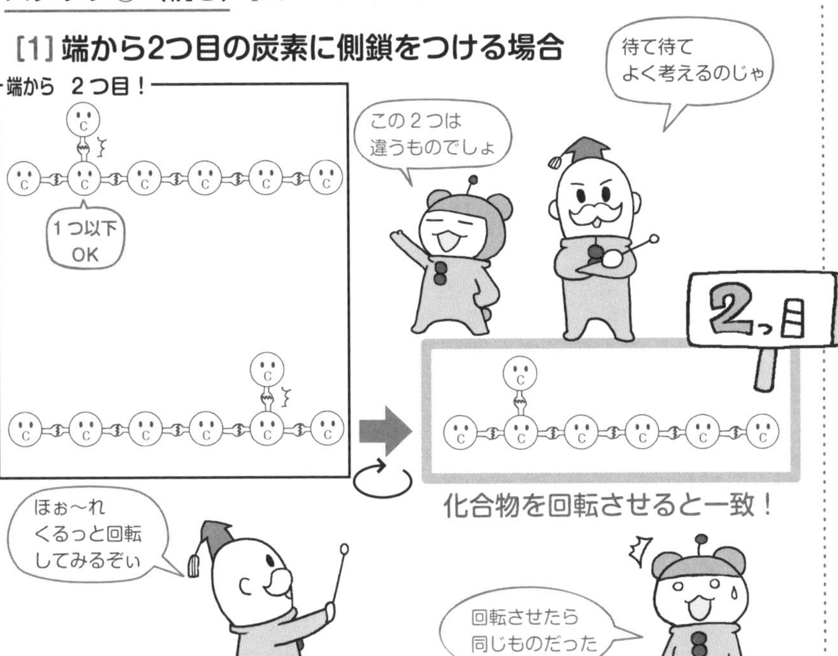

[2] 端から3つ目の炭素に側鎖をつける場合

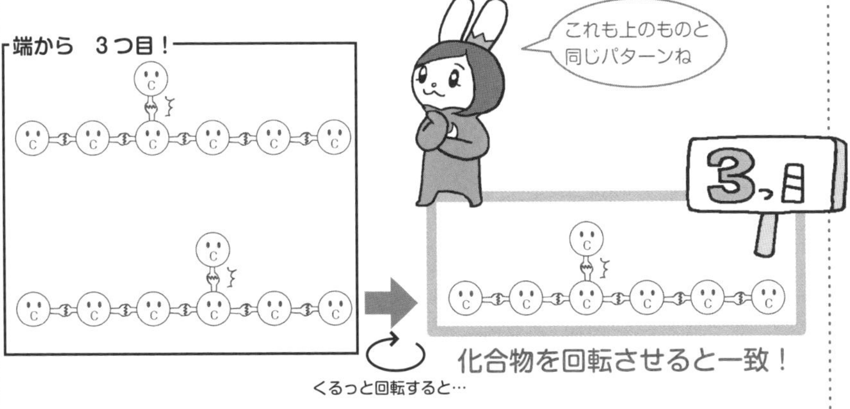

2周目終了

～ C_7H_{16} の構造の洗い出し　3周目～
ステップ①：炭素鎖の数が長いものから考えていく。

続いて，主鎖が炭素5つでできている場合を考えましょう。

ステップ②：主鎖が決まったら，残った炭素を側鎖としてつけていく。

ここでもただし書きの「※**端から X 番目の炭素につけられる側鎖は，炭素の数が $X-1$ 個以下のもの**」を念頭において側鎖をつけていきます。

側鎖の炭素数が2個以上のときは，
残った炭素を長くつなげた場合から考えていくとよいでしょう。

まずは側鎖の炭素を2個つなげたとき，端から3つ目のCのところにつけられますね（**4つ目**の C_7H_{16}）。

ステップ① 【炭素鎖の長いものを考える】

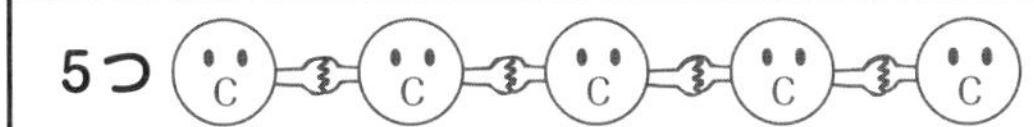

ステップ② 【残った炭素を側鎖としてつける】

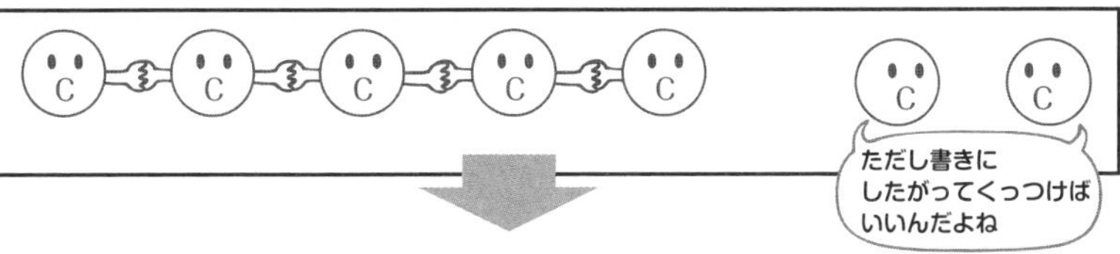

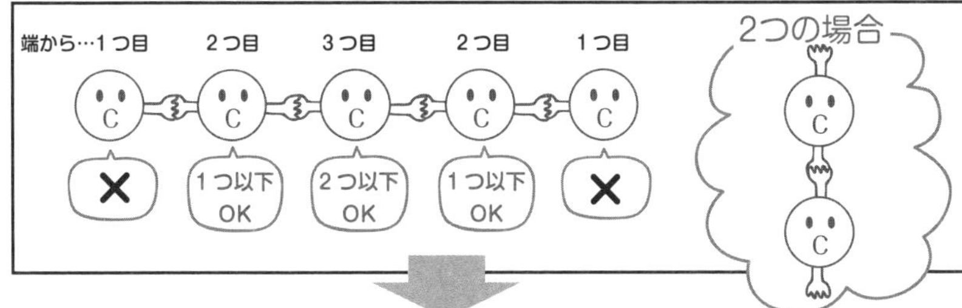

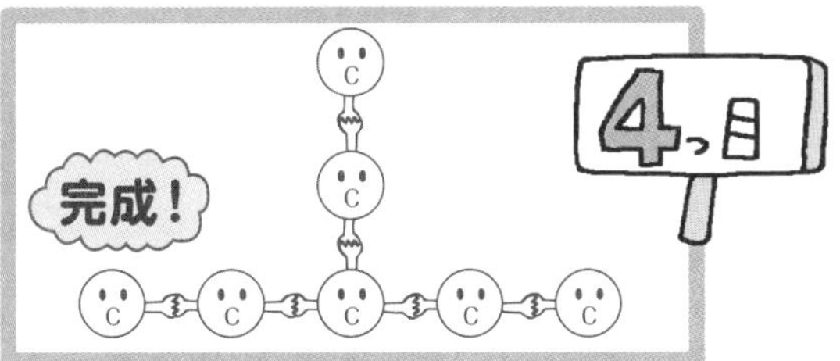

続いて，側鎖の2つの炭素をバラバラにして1つずつつけていきます。
このとき，p.104の**ステップ②**で確認したように，
・炭素を回転させると一致するもの
・化合物自体を回転させると一致するもの
は，同じ物質なので，違う物質として数えないようにする必要があります。

右ページのいちばん上の図を見てください。
端から1つ目の炭素Cのところには，側鎖はつけてはいけないのでしたね。

よって，端から2つ目の炭素に側鎖をつける場合と，
端から3つ目の炭素に側鎖をつける場合と，場合分けして調べていきます。

［1］　端から2つ目の炭素に側鎖をつける場合

側鎖としてくっつける炭素は2個あるので，
右ページの真ん中の図のように，主鎖の端から2つ目の炭素の上に側鎖を1つくっつけると，同じように**主鎖の下にも側鎖をくっつけることができます**。

構造異性体がまた1つ見つかりました（**5つ目**のC_7H_{16}）。
このとき，**化合物を回転させると一致するもの**を数えないようにしてくださいね。

さて，ここで1つ注意してほしいことは，
くっつける側鎖が2個あるので，**一方の端から2つ目の炭素に側鎖をつけたら，もう一方の端から2つ目の炭素にも側鎖をつけることができる**ということです。

すると，構造異性体がまた1つ見つかりました（**6つ目**のC_7H_{16}）。
ここでも，**炭素を回転させると一致するもの**を数えないようにしてくださいね。

ステップ②（続き）

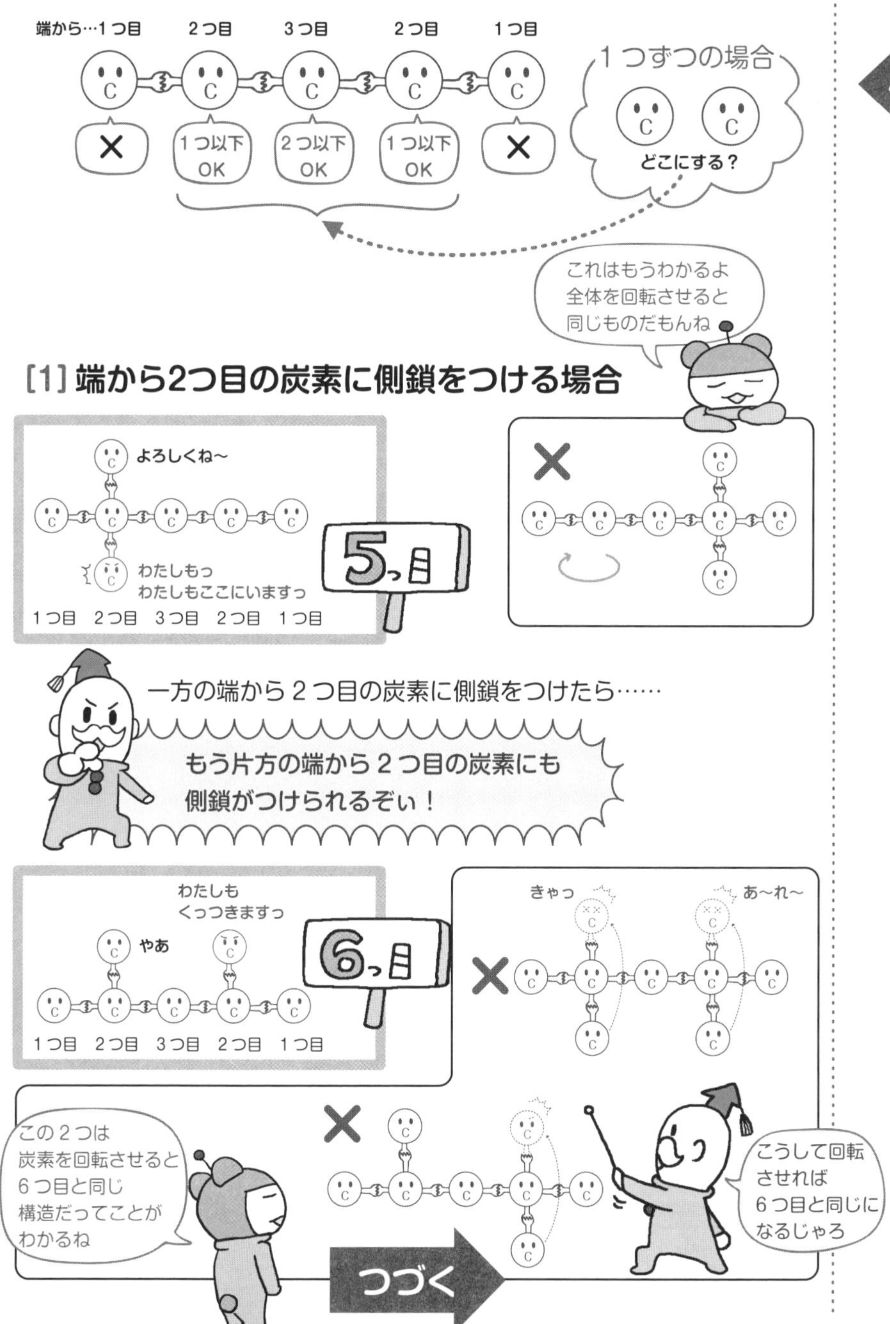
端から…1つ目
2つ目
3つ目
2つ目
1つ目
✕
1つ以下 OK
2つ以下 OK
1つ以下 OK
✕
1つずつの場合
どこにする？
これはもうわかるよ
全体を回転させると
同じものだもんね
[1] 端から2つ目の炭素に側鎖をつける場合
よろしくね～
わたしもっ
わたしもここにいますっ
1つ目 2つ目 3つ目 2つ目 1つ目
5っ目
✕
一方の端から２つ目の炭素に側鎖をつけたら……
もう片方の端から２つ目の炭素にも
側鎖がつけられるぞい！
わたしも
くっつきますっ
やあ
1つ目 2つ目 3つ目 2つ目 1つ目
6っ目
✕
きゃっ
あ～れ～
✕
この２つは
炭素を回転させると
６つ目と同じ
構造だってことが
わかるね
こうして回転
させれば
６つ目と同じに
なるじゃろ
つづく

[2] 端から3つ目の炭素Cに側鎖をつける場合

p.110の**[1]**と同様に，側鎖としてくっつける炭素は2個あるので，
右ページのいちばん上の図のように，
主鎖の端から3つ目の炭素の上下に側鎖をつけるのです。

構造異性体が1つ見つかりましたね（**7つ目**のC_7H_{16}）。

[3] 端から2つ目と3つ目の炭素Cの両方に側鎖をつける場合

側鎖としてくっつける炭素は2個あるので，右ページの真ん中の図のように，端から2つ目と3つ目の炭素の両方に側鎖をつけると，
構造異性体がまた1つ見つかりました（**8つ目**のC_7H_{16}）。
ここでも，**炭素を回転させると一致するもの**や**化合物を回転させると一致するもの**を数えないように注意してくださいね。

以上で，主鎖が5つの炭素でできている場合は，5つの構造異性体があることがわかりましたね。

これで3周目は終わりです。ここまでで，合計で，8つの構造異性体が見つかりました。

さぁ，あと少しです！

ステップ②（続き）

[2] 端から3つ目の炭素に側鎖をつける場合

1つ目 2つ目 3つ目 2つ目 1つ目
7っ目
これは側鎖を回転させても
化合物全体を回転させても
同じものになるぞい
ここは
1つだけに
なるのね

[3] 端から2つ目と3つ目の炭素の両方に側鎖をつける場合

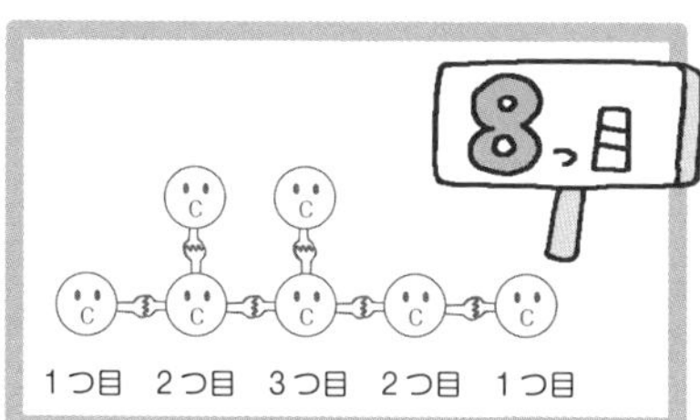

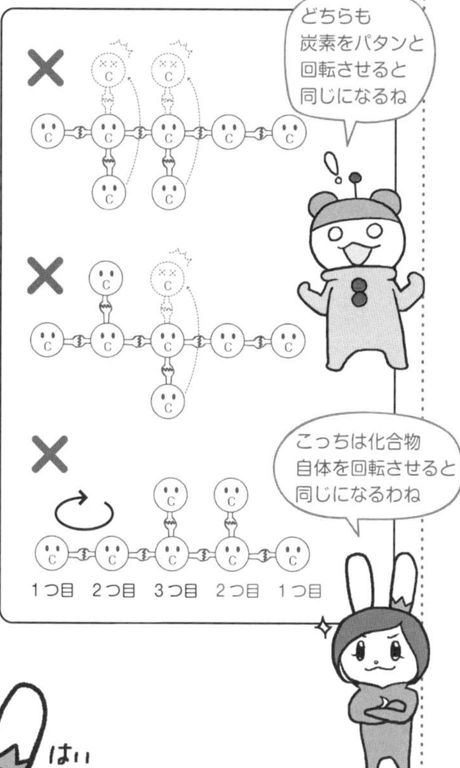

どちらも
炭素をパタンと
回転させると
同じになるね
こっちは化合物
自体を回転させると
同じになるわね
1つ目 2つ目 3つ目 2つ目 1つ目

3周目終了

ちょっと
自信がついた
ようじゃな
はい
よかったです
あと少し
ですね！

～ C_7H_{16}の構造の洗い出し　4周目～
ステップ①：炭素鎖の数が長いものから考えていく。

続いて，主鎖が4つの炭素でできている場合を考えましょう。

ステップ②：主鎖が決まったら，残った炭素を側鎖としてつけていく。

❶ まずは，側鎖が最も長い場合，つまり3つの炭素が連なって1本の側鎖ができている場合について考えましょう。

……と思いましたが，どこにもくっつけそうにありませんね。

❷ それでは，3つの炭素を2つと1つに分けてくっつけるのはどうでしょうか。

……2つの炭素が連なった側鎖をつけられる場所はないので，どうやらこれもダメそうです。

❸ ということで，側鎖の3つの炭素をバラバラにして1つずつくっつけていきましょう。

繰り返しになりますが，このときも同じ物質を違う物質として数えないようにしましょうね。もちろん数え忘れもなくしましょう。

すると，右ページのように，主鎖が4つの炭素でできている場合は，1つの構造異性体があることがわかります（**9つ目**のC_7H_{16}）。
これで，合計9つになりました。

～ C_7H_{16} の構造の洗い出し　4 周目～

ステップ① 【炭素鎖の長いものを考える】

主鎖

4 つ 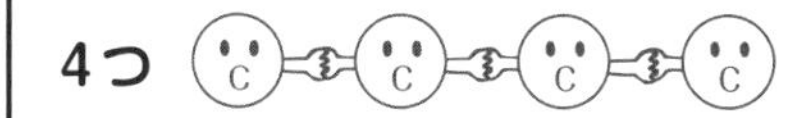

ステップ② 【残った炭素を側鎖としてつける】

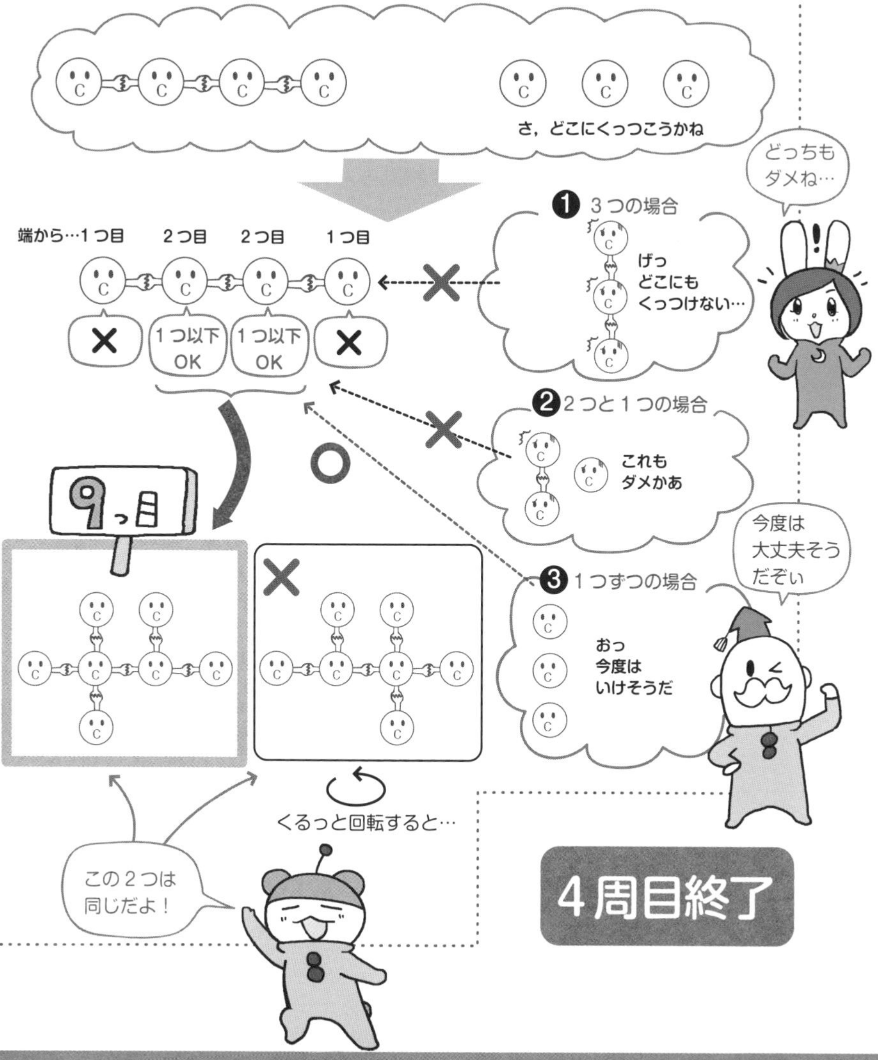

さ，どこにくっつこうかね

端から…1 つ目　2 つ目　2 つ目　1 つ目

×　1 つ以下 OK　1 つ以下 OK　×

❶ 3 つの場合

げっ
どこにも
くっつけない…

どっちも
ダメね…

❷ 2 つと 1 つの場合

これも
ダメかあ

❸ 1 つずつの場合

おっ
今度は
いけそうだ

今度は
大丈夫そう
だぞい

9 っ目

くるっと回転すると…

この 2 つは
同じだよ！

4 周目終了

～ C_7H_{16}の構造の洗い出し 5周目～
続いて，主鎖が3つの炭素Cでできている場合を考えましょう。

……と思いましたが，**主鎖の炭素が3つになると，側鎖の炭素の数のほうが多くなってしまうので，ここで終了**です。

よって，C_7H_{16}には，合計で9種類の構造異性体があるということがわかりました。
右ページに，炭素骨格だけまとめておいたので確認してくださいね。

このC_7H_{16}の構造異性体の洗い出しの流れをひと通りマスターすれば，構造異性体の数を求める問題で一定の点数が取れますよ！
n＝8以上のものはなかなか出題されませんからね。

ちなみに，Cが4～8個のアルカンの構造異性体の数は，以下のようになります。

- C_4H_{10} ⟶ 2種類
- C_5H_{12} ⟶ 3種類
- C_6H_{14} ⟶ 5種類
- C_7H_{16} ⟶ 9種類
- C_8H_{18} ⟶ 18種類

もちろん自力で構造式を書けるようになる必要はありますが，念のためにゴロで次のように覚えておくとよいでしょう。

アルカンの(炭素の数，構造異性体の数)は

(4，**2**)	(5，**3**)	(6，**5**)	(7，**9**)	(8，**18**)
夜に	**誤算。**	**婿**	**泣く**	**「ヤイヤー！」**

～ C_7H_{16} の構造の洗い出し　5 周目～

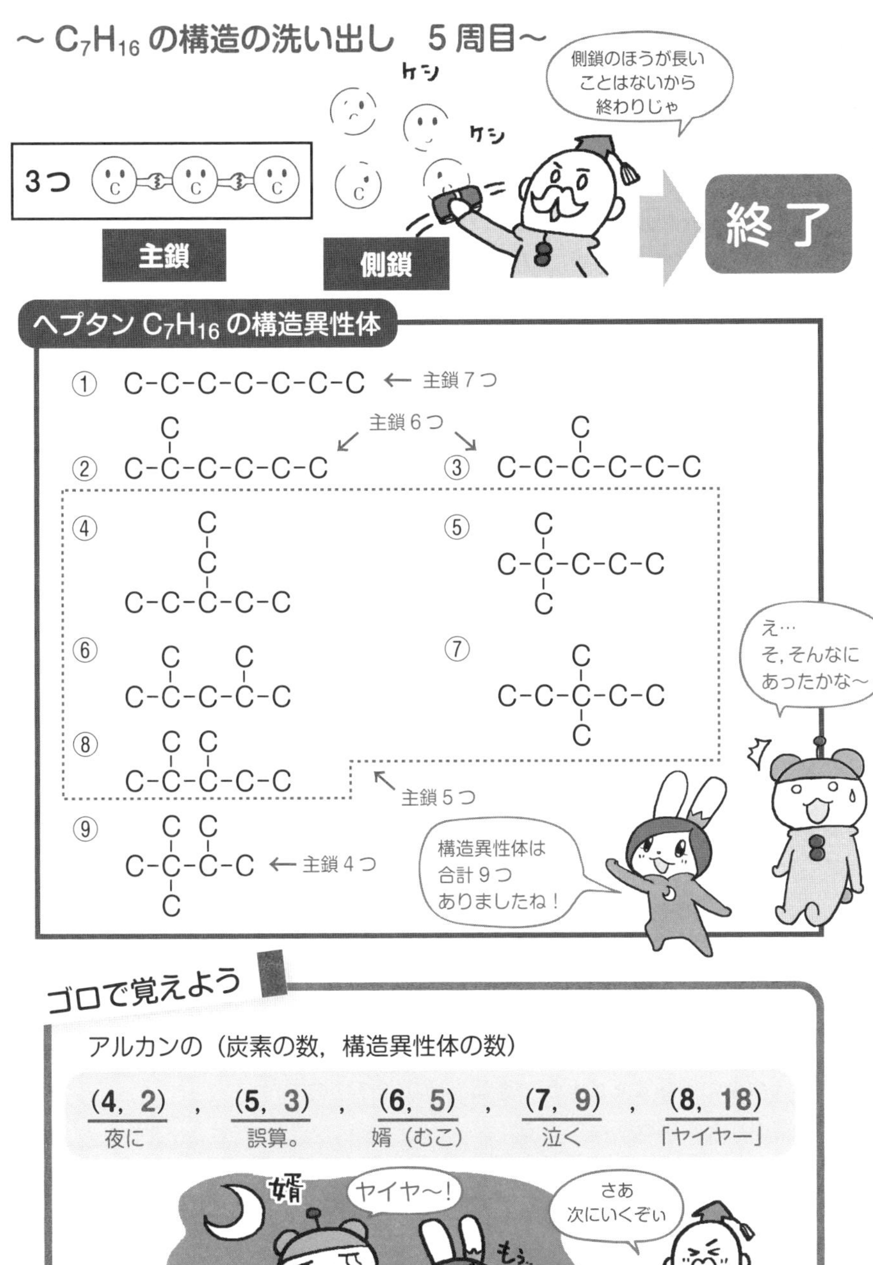

側鎖のほうが長いことはないから終わりじゃ
ケシ
ケシ
3つ
主鎖
側鎖
終了
え…そ, そんなにあったかな～
構造異性体は合計９つありましたね！

ヘプタン C_7H_{16} の構造異性体

① C-C-C-C-C-C-C ← 主鎖７つ

主鎖６つ

② C-C(C)-C-C-C-C

③ C-C-C(C)-C-C-C

主鎖５つ

④ C-C-C(C-C)-C-C

⑤ C-C(C)(C)-C-C-C

⑥ C-C(C)-C-C(C)-C

⑦ C-C-C(C)(C)-C-C

⑧ C-C(C)-C(C)-C-C

⑨ C-C(C)(C)-C(C)-C ← 主鎖４つ

ゴロで覚えよう

アルカンの（炭素の数，構造異性体の数）

(4, 2)	(5, 3)	(6, 5)	(7, 9)	(8, 18)
夜に	誤算。	婿（むこ）	泣く	「ヤイヤー」

婿
ヤイヤ～！
もう…
さあ次にいくぞぃ
こわいよー というか おなか へったよー

4-2 結合の立体構造

ココをおさえよう！

炭素原子Cを中心とした結合では，
・単結合は正四面体構造をとり，
・二重結合をつくる6つの原子は同一平面上にあり，
・三重結合をつくる4つの原子は同一直線上にある。

これまで，炭素どうしが結合するときに，
　1本の手で握手をして結びつく単結合
　2本の手で握手をして結びつく二重結合
　3本の手で握手をして結びつく三重結合
について学んできました。
今度は，これらの構造を立体的に見ていきましょう。

まずは，単結合の立体構造を見ていきましょう。
単結合を立体的に見てみると，
炭素原子Cを中心とした分子の場合，炭素原子を中心に4つの原子が正四面体の各頂点に位置する**正四面体構造**をとっています。

例えば，メタンCH_4の場合，C原子が正四面体の中心に位置し，
4つのH原子が正四面体の各頂点に位置しています。

続いて，Cが2つ単結合で連結した場合です。
エタンC_2H_6のHの1つをClにしたクロロエタンC_2H_5Clを例に見ていきましょう。
クロロエタンC_2H_5Clの炭素原子間は，単結合C−Cで結合していますので，
正四面体が2個連結した構造をとります。
単結合は自由に回転することができる（p.104参照）ので，
C−Cがくるくると回転することで，
C原子にくっついているCl原子（1個）とH原子（2個）の位置もくるくると自由に回転することができます。右ページで確認しておきましょう。

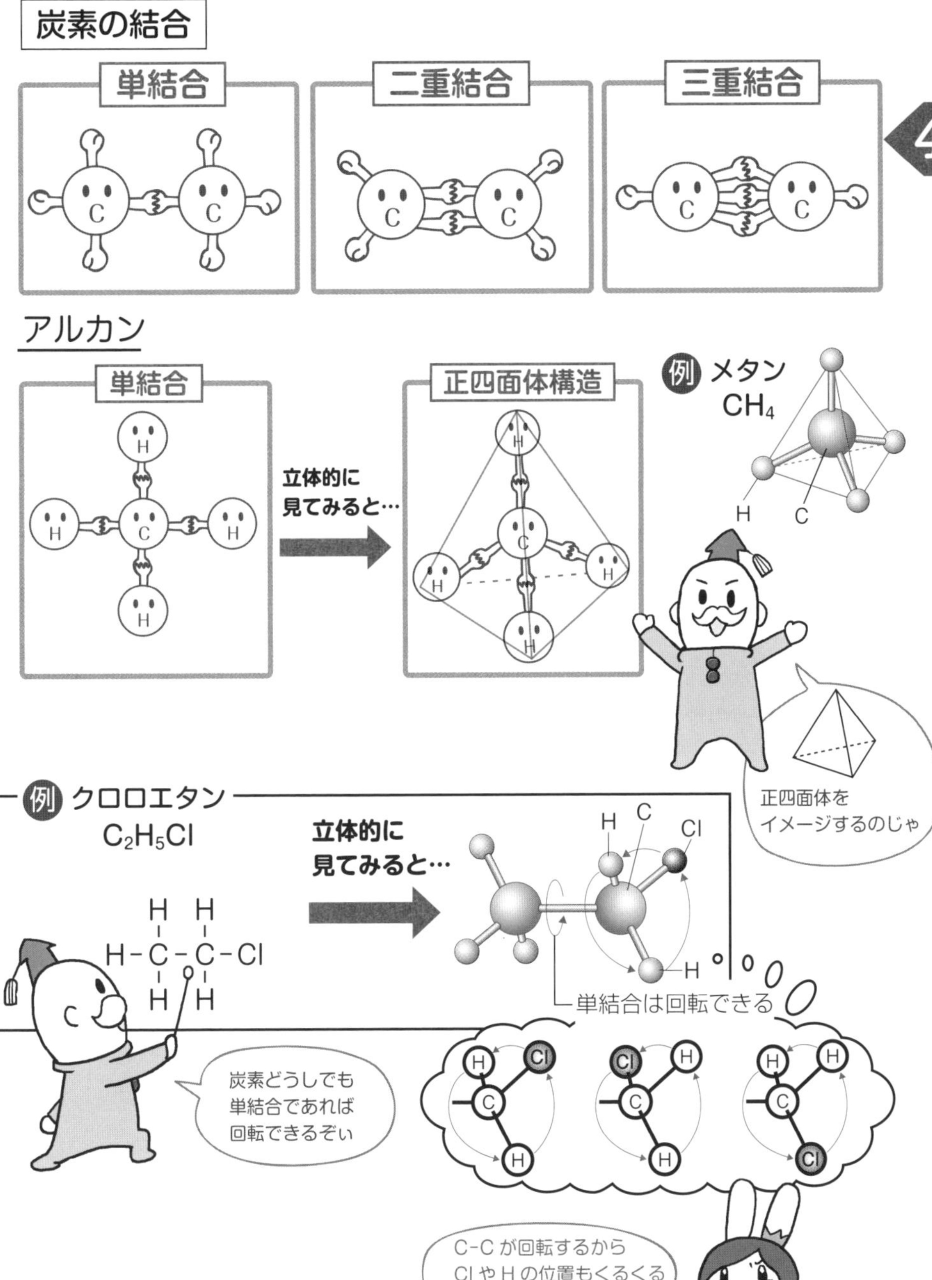
炭素の結合
単結合
二重結合
三重結合
C
4
アルカン
単結合
立体的に
見てみると…
正四面体構造
H
C
例 メタン
CH4
H
C
正四面体を
イメージするのじゃ
例 クロロエタン
C2H5Cl
立体的に
見てみると…
H C Cl
H
単結合は回転できる
炭素どうしでも
単結合であれば
回転できるぞぃ
C-C が回転するから
Cl や H の位置もくるくる
回転できるのね！

次に，二重結合の立体構造を見ていきましょう。

二重結合を立体的に見てみると，二重結合をつくっている2つの炭素原子Cと，
それに結合する4つの原子の，合わせて**6つの原子は同一平面上にあります。**
また，炭素原子間の**二重結合**（C=C）**は，自由に回転することはできません。**

例えば，エチレン$CH_2=CH_2$の場合，構造は右のようになります。

最後に，三重結合の立体構造を見ていきましょう。

三重結合を立体的に見てみると，三重結合をつくっている2つの炭素原子Cと，
それに結合する２つの原子は**すべて同一直線上にあります。**
また，**三重結合も回転することはできません。**

以上，アルカン，アルケン，アルキンの立体構造について理解できましたか？
この立体構造の考えかたは，今後の学習内容に深く関係してきますので，イメージできるようにしておいてくださいね。

次は，アルケンの構造異性体について見ていきましょう！

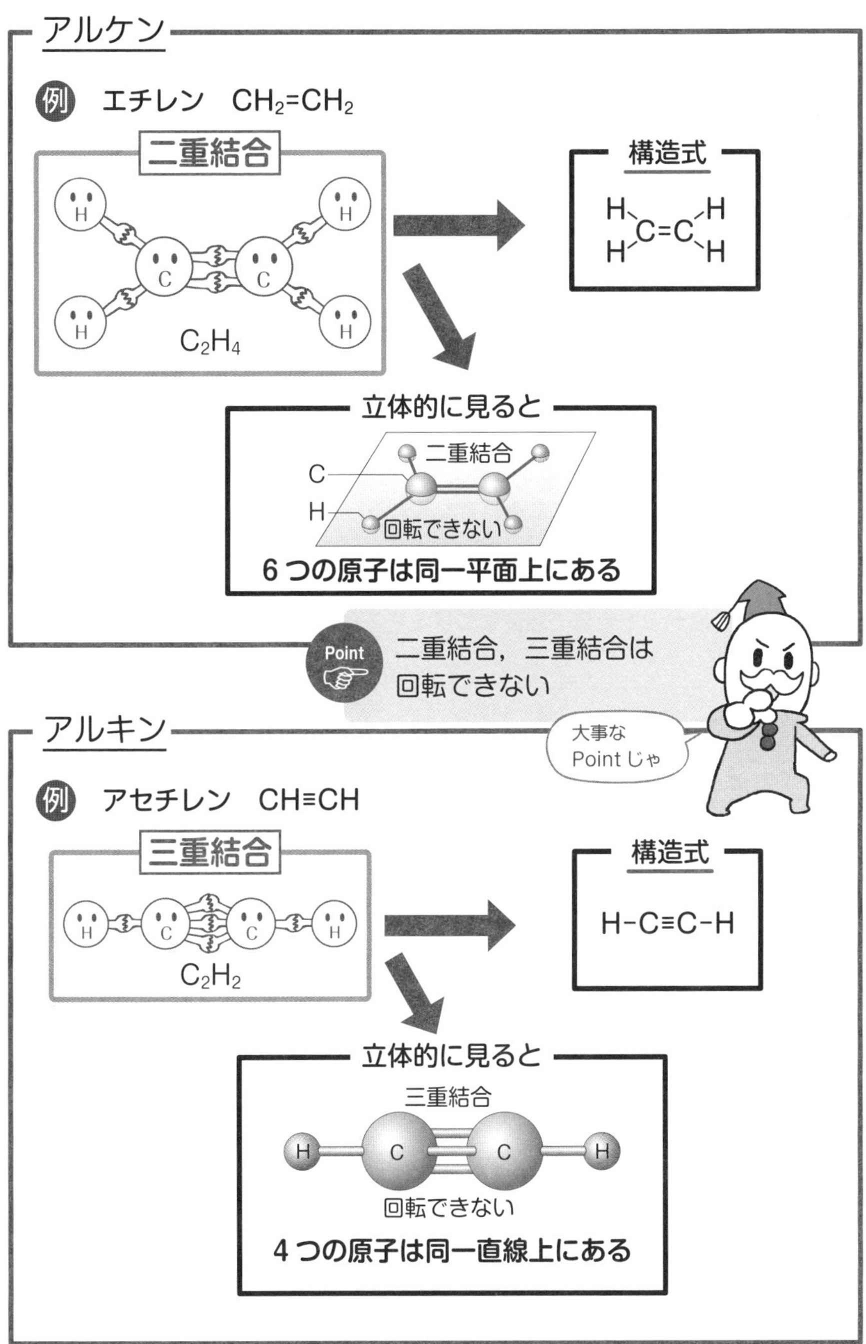
アルケン
例 エチレン CH_2=CH_2
二重結合
H
H
C
C
H
H
C_2H_4
構造式
H H
C=C
H H
立体的に見ると
二重結合
C
H
回転できない
6 つの原子は同一平面上にある
Point
二重結合，三重結合は
回転できない
大事な
Point じゃ
アルキン
例 アセチレン CH≡CH
三重結合
H C C H
C_2H_2
構造式
H−C≡C−H
立体的に見ると
三重結合
H C C H
回転できない
4 つの原子は同一直線上にある

4

4-3 アルケンの異性体～構造異性体～

ココをおさえよう！

二重結合の場所が変わることによって，物質も変わる。

さて，アルカンの構造式をすべて洗い出したように，
アルケンの構造異性体について考えてみます。

アルケンの場合も，アルカンの場合とほぼ同じステップで構造異性体を求めることができます※。

ステップ①：炭素鎖が長いものから考えていく。
（※ただし，主鎖のどこかに二重結合を入れる）

ステップ②：主鎖が決まったら，残った炭素を側鎖としてつけていく。
（※ただし，端からX番目の炭素につけられる側鎖は，炭素の数が$X-1$個以下のもの）

アルカンと違うところは，**ステップ①**に，**「※ただし，主鎖のどこかに二重結合を入れる」**というただし書きがついていることです。

右ページでは，ハカセの心に火がついてしまったようですね。
それでは，C_4H_8を例に，構造異性体を洗い出してみましょう！

※環状構造の構造異性体に関しての解説は省きますが，
アルケンの場合はシクロアルカンと一般式（C_nH_{2n}）が同じなので
環状構造も加わることを忘れないでくださいね。

可能性のあるすべての構造を洗い出す アルケン編

アルケン

ステップ①

炭素鎖の長いものから考える

※ただし，主鎖のどこかに二重結合を入れる

ステップ②

残った炭素を側鎖としてつける

※ただし，端から X 番目の炭素につけられる側鎖は，炭素の数が $X-1$ 個以下のもの

もうニガテは克服したぞ
ニガテ!?
ワシがそのニガテ克服させてみせるぞい!!
ハ…ハイ…
もうニガテじゃないって…

ブテン C_4H_8 を使って，洗い出してみよう

では，C_4H_8の構造異性体を見ていきましょう。

～C_4H_8の構造異性体の洗い出し　1周目～
ステップ①：炭素鎖の数が長いものから考えていく。
（※ただし，主鎖のどこかに二重結合を入れる）

まずは，主鎖が4つの炭素Cでできている場合を考えてみましょう。
アルカンと違うのは，二重結合の位置によって物質自体も変わってしまうことです。

主鎖の左側から二重結合の位置を設定していくと，
二重結合の位置は，右ページのように，
2つの場合がありますね（**1つ目・2つ目**のC_4H_8）。

あれ？　3つ目は？　と思うかもしれませんが，
化合物自体を回転させると1つ目の構造異性体と同じになってしまうため，
カウントしてはいけませんよ。

ステップ②：主鎖が決まったら，残った炭素を側鎖としてつけていく。

すでに，C_4H_8の4つの炭素はすべて使ってしまっているので，側鎖として使う炭素はありません。
主鎖が4つの炭素でできている場合は，これで終わりです。

～ C_4H_8 の構造異性体の洗い出し　1周目～

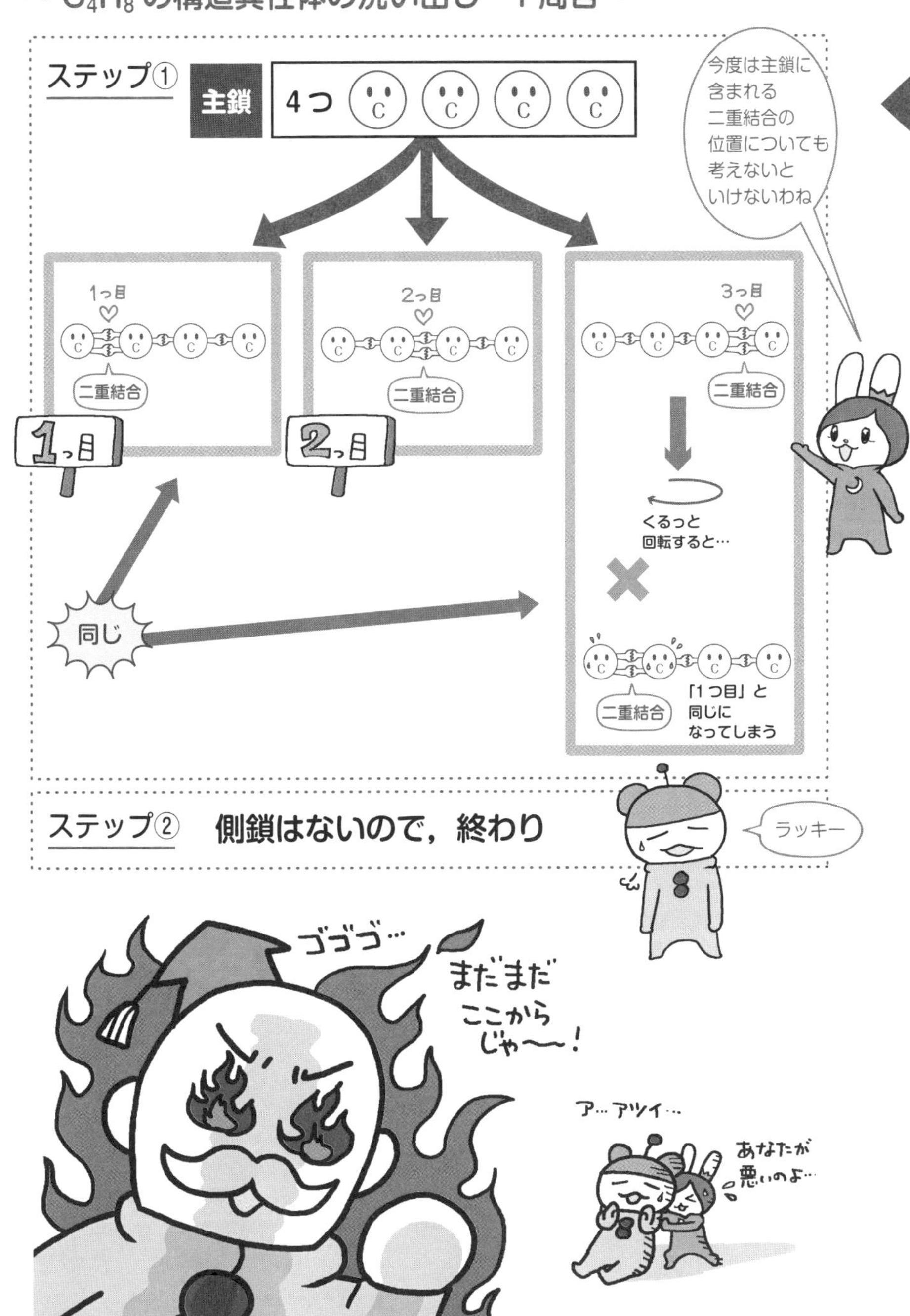

4

続いて，主鎖が3つの炭素でできているC_4H_8の構造異性体を洗い出していきましょう。

～C_4H_8の構造異性体の洗い出し　2周目～

ステップ①：炭素鎖の数が長いものから考えていく。

主鎖が3つの炭素でできている場合，二重結合の位置は，くるっと回転させると同じになるので，1種類しかありませんね。
この主鎖についてだけ考えればよさそうです。

ステップ②：主鎖が決まったら，残った炭素を側鎖としてつけていく。

残った炭素をつけようと思うのですが，端からX番目の炭素につけられる側鎖は，炭素の数が$X-1$個以下のものでしたね。
今回は，真ん中の炭素にしかくっつけることができません（**3つ目**のC_4H_8）。

続いては，主鎖が2つの炭素でできている場合を考えますが，主鎖の炭素が2つの場合，どちらの炭素も端から1番目の炭素となります。
$1-1=0$（個）で側鎖をつけることはできないので，ここで洗い出しは終了です。

こうして，C_4H_8には合計3つの構造異性体があることがわかりました。

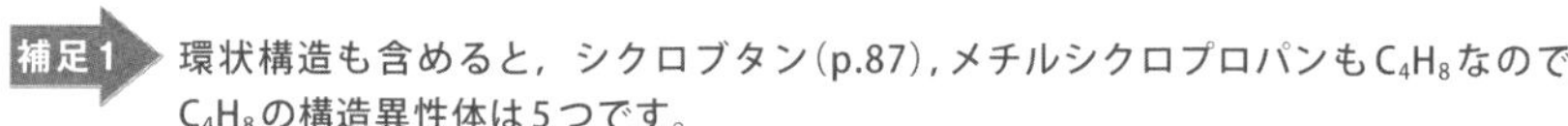

補足1　環状構造も含めると，シクロブタン（p.87），メチルシクロプロパンもC_4H_8なので，C_4H_8の構造異性体は5つです。

補足2　アルキンにも構造異性体が存在します。進めかたはアルケンと同様です。

～ C_4H_8 の構造異性体の洗い出し　2周目～

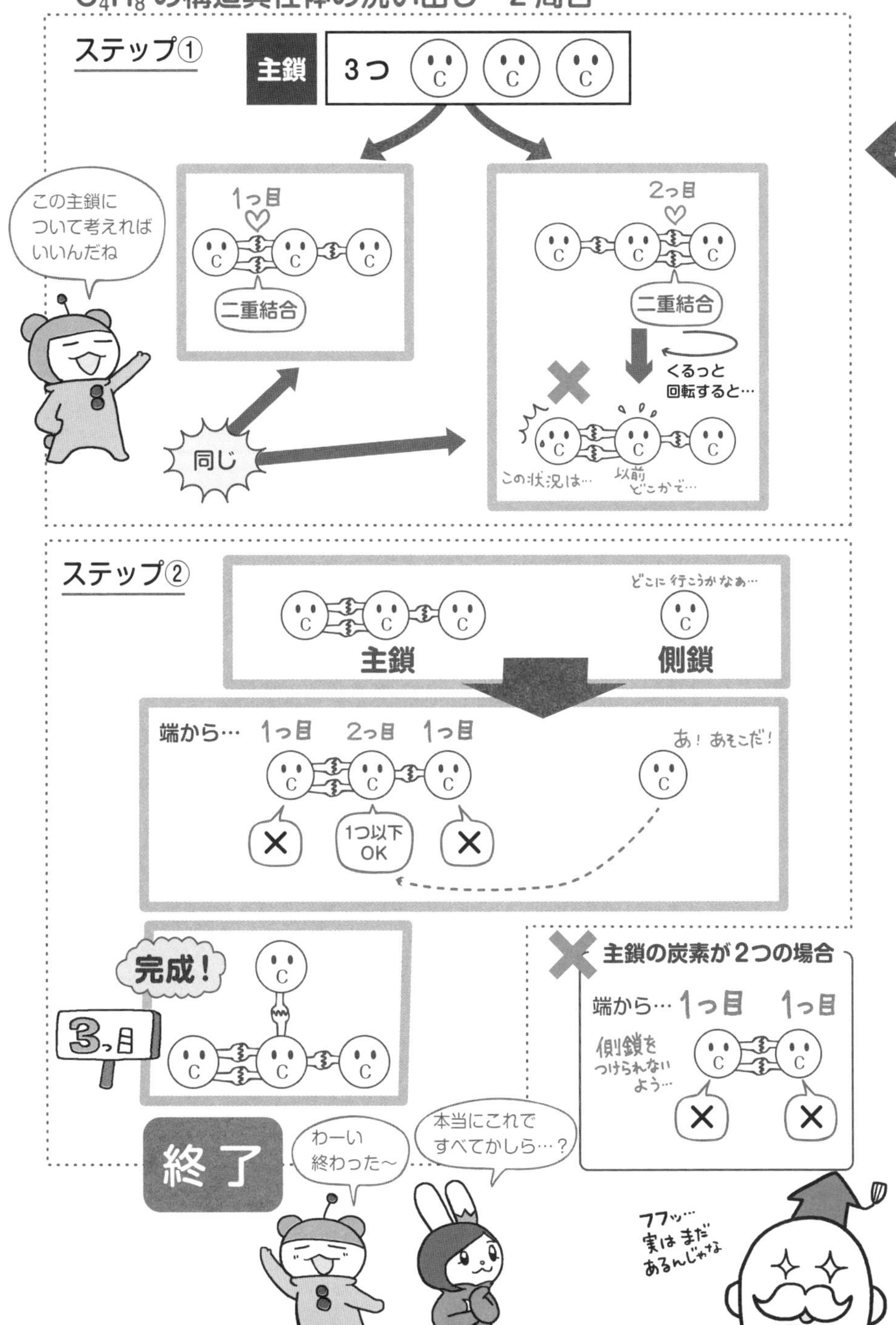

4-4 アルケンの異性体～シス-トランス異性体～

ココをおさえよう！

二重結合をもつ化合物では，シス-トランス異性体に注意する！

p.124 ～ 127 でC_4H_8の構造異性体も洗い出すことができるようになりました。
しかし，1つ見落としてはいけないことがあります。
アルケンの場合，**構造が同じでも，違った物質になることもある**のです。
先ほど洗い出したブテン（C_4H_8）の3つの構造異性体を示性式で表してみます。

構造異性体

	1つ目	2つ目	3つ目
	C=C−C−C	C−C=C−C	$\begin{matrix} C \\ \vert \\ C=C-C \end{matrix}$
（示性式）	$CH_2=CH-CH_2-CH_3$	$CH_3-CH=CH-CH_3$	$\begin{matrix} CH_3 \\ \vert \\ CH_2=C-CH_3 \end{matrix}$

さて，Chapter 3で学んだ名前のつけかたを復習してみましょう。
1つ目の構造異性体は，Cが4つつながっているアルケンだから，名前はブテン。
また，二重結合が端から1番目の位置にあるので，名称は，
1-ブテンです。

2つ目の構造異性体は，Cが4つつながっているアルケンだから，名前はブテン。
また，二重結合が端から2番目の位置にあるので，名称は，
2-ブテンです。

3つ目の構造異性体は，Cが3つつながっているアルケンだから，名前はプロペン。
そして，メチル基（CH_3-）が端から2番目のCについているので，名称は，
2-メチルプロペンです。

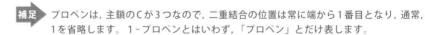

プロペンは，主鎖のCが3つなので，二重結合の位置は常に端から1番目となり，通常，1を省略します。1-プロペンとはいわず，「プロペン」とだけ表します。

ブテン（C_4H_8）の構造異性体

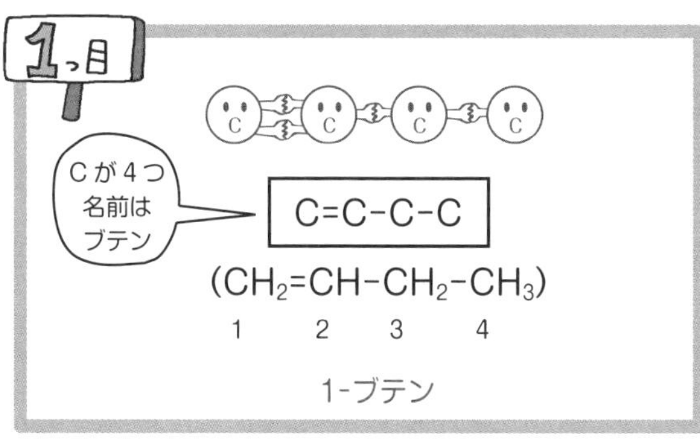
1つ目
C
C
C
C
Cが4つ
名前は
ブテン
C=C-C-C
(CH2=CH-CH2-CH3)
1 2 3 4
1-ブテン

Chapter 3 で学んだことを
よく思い出してみて！

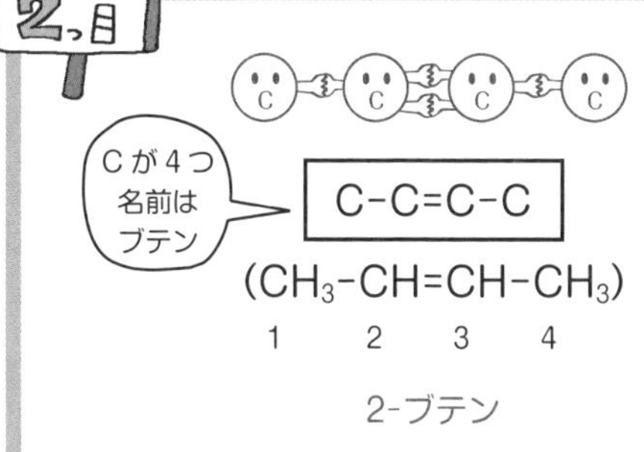
2つ目
C
C
C
C
Cが4つ
名前は
ブテン
C-C=C-C
(CH3-CH=CH-CH3)
1 2 3 4
2-ブテン

あ，そういえば
こんなのやったかも…

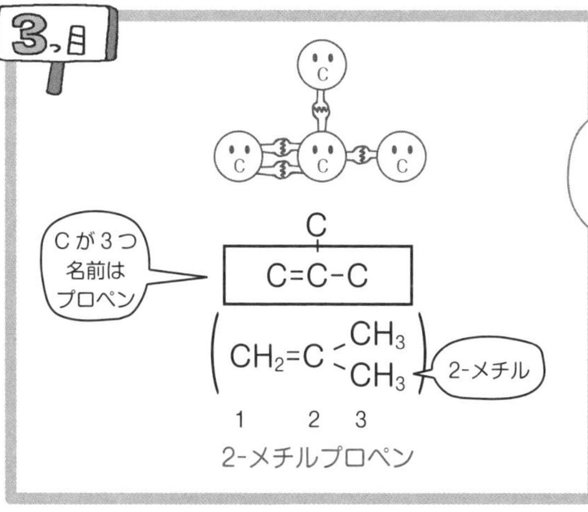
3つ目
C
C
C
C
Cが3つ
名前は
プロペン
C
C=C-C
CH2=C
CH3
CH3
2-メチル
1 2 3
2-メチルプロペン

主鎖のCが3つじゃから
C=C-C か C-C=C
1 2 3 3 2 1
しかなかったんじゃな

2-ブテンは，右ページの示性式のようにかくと，1つに決まるように見えますが，
4-2「結合の立体構造」で学習したように，
炭素原子間の二重結合（C=C）は回転することができないため，
立体図でかいてみると，２つの異性体であることがわかります。

もし真ん中にある二重結合が自由に回転することができるのなら，
この2つの異性体は同じ物質になりますが，
二重結合は自由に回転できないため，この２つの異性体は，２種類の異なる化合物になります。

このように，原子の配列（構造式）は同じであるが，原子の立体的配置の異なる異性体を**立体異性体**といいます。
また，立体異性体のうち，二重結合の左右での原子・原子団の配置が，右ページの❶と❷のように異なる異性体を**シス-トランス異性体**（**幾何異性体**）といいます。
異性体の種類を下にまとめておきます。

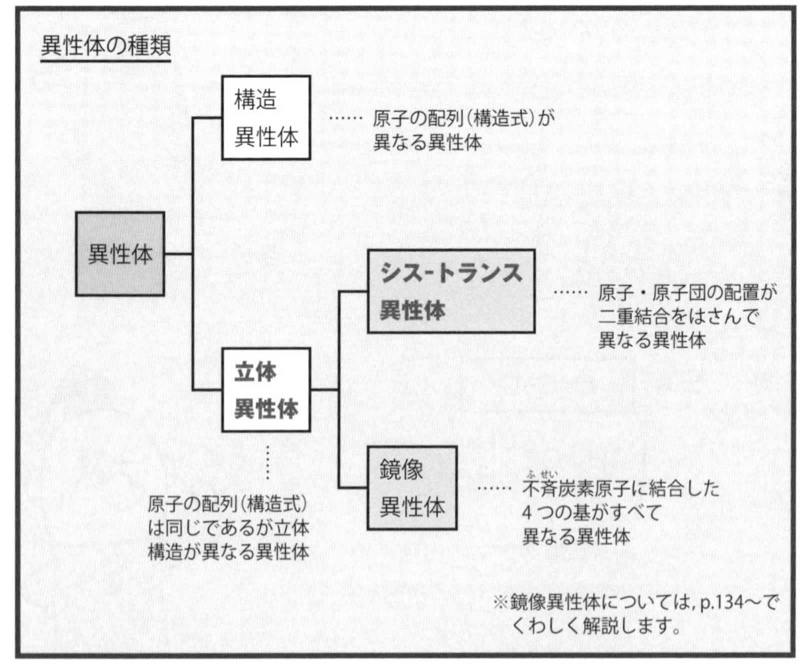

2-ブテンは，これ以上区別できないだろうか？
いや，できるんじゃ !!

2-ブテン

C-C=C-C

CH_3-CH=CH-CH_3

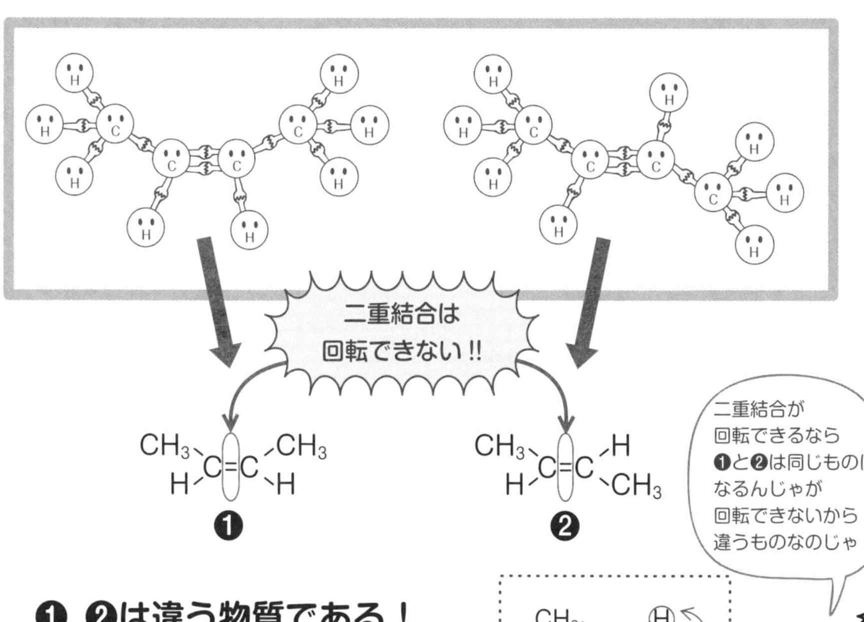

❶ CH_3，H / C=C / CH_3，H

❷ CH_3，H / C=C / H，CH_3

二重結合が
回転できるなら
❶と❷は同じものに
なるんじゃが
回転できないから
違うものなのじゃ

❶，❷は違う物質である！

この２つは立体異性体のうちの
シス-トランス異性体ってことね！

【シス-トランス異性体が存在する条件】
炭素原子Cに結合する原子・原子団をR^1～R^4とおきましょう。

シス-トランス異性体が存在するときの条件は，
$R^1 \neq R^2$，$R^3 \neq R^4$が両方とも成り立っているときです。
つまり，左側のCについているものが異なり（$R^1 \neq R^2$），右側のCについているものも異なる（$R^3 \neq R^4$）ということです。

Rは炭化水素基またはHを表します。

「両手の手袋・両足の靴も違う，おっちょこちょいな人」をイメージしましょう。

シス-トランス異性体のうち，同じ原子・原子団が，二重結合をはさんで
上下の同じ側にあるものを**シス形**，
上下の反対側にあるものを**トランス形**といいます。
（ラテン語で「cis（シス）」は「同じ側」，「trans（トランス）」は「横切る」という意味がありますよ）

【シス-トランス異性体の名前のつけかた】
シス形のシス-トランス異性体には，名前の頭に**「*cis*（シス）-」**を加えます。

***cis*-2-ブテン**（シス-2-ブテン）

トランス形のシス-トランス異性体には，名前の頭に**「*trans*（トランス）-」**を加えます。

***trans*-2-ブテン**（トランス-2-ブテン）

最後に，これまでに洗い出したブテンC_4H_8の異性体（構造異性体とシス-トランス異性体）を合計すると，1-ブテン，*cis*-2-ブテン，*trans*-2-ブテン，2-メチルプロペンの４つになります。

環状構造であるシクロブタンと，メチルシクロプロパンを含めると，C_4H_8の異性体の数は全部で６つです。

```
CH2 - CH2              CH2
 |     |              /   \
CH2 - CH2          CH2 - CH - CH3
```

シクロブタン　　メチルシクロプロパン

シス-トランス異性体が存在する条件

4

シス-トランス異性体の名前のつけかた

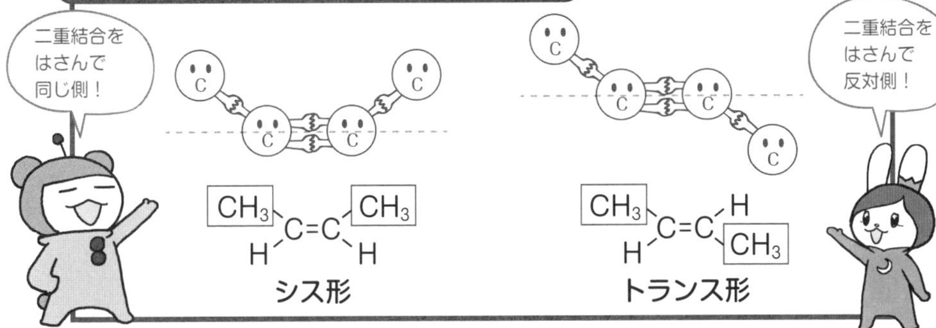

ブテン C_4H_8 の異性体

※環状構造を除く

❶ H, $CH_2{-}CH_3$ / C=C / H, H
(1-ブテン)

❷ CH_3, CH_3 / C=C / H, H
(*cis*-2-ブテン)

❸ CH_3, H / C=C / H, CH_3
(*trans*-2-ブテン)

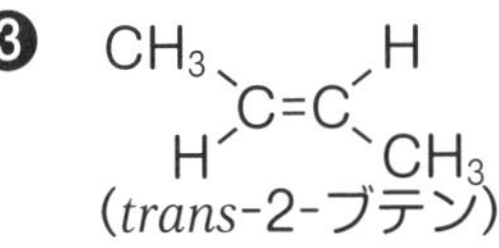

❹ H, CH_3 / C=C / H, CH_3
(2-メチルプロペン)

❶，❹は，両手の原子が
Hで同じなので
シス-トランス異性体はないんじゃ

ここまでやったら
別冊 P. 14 へ

4-5 その他の異性体～鏡像異性体～

ココをおさえよう！

鏡像異性体どうしは，互いに違う物質ではあるが，
鏡に映したときにもう一方の異性体になるような関係がある。

すでにみなさんは，「分子式が同じでも，さまざまな構造異性体がある」ということはわかっていますね。

また，アルケンの場合，「立体的に考えて，区別しないといけない異性体(**シス-トランス異性体**)がある」ということもわかったと思います。

最後に，もう1つ。アルケンのシス-トランス異性体と同様に，「立体的に考えて，区別しないといけない異性体がある」のです。

それが，**鏡像異性体**（光学的な性質が異なることから**光学異性体**とも呼びます）です。
鏡像異性体とはどんなものなのか，p.136からくわしく見ていきましょう。

→ さまざまな構造異性体が存在することがある

→ アルケンの場合…
立体的に考えて，区別しないといけない異性体（**シス-トランス異性体**）がある

→ 立体的に考えて，区別しないといけない異性体（**鏡像異性体**）がある

4

なぜ鏡像異性体を考えるのか？

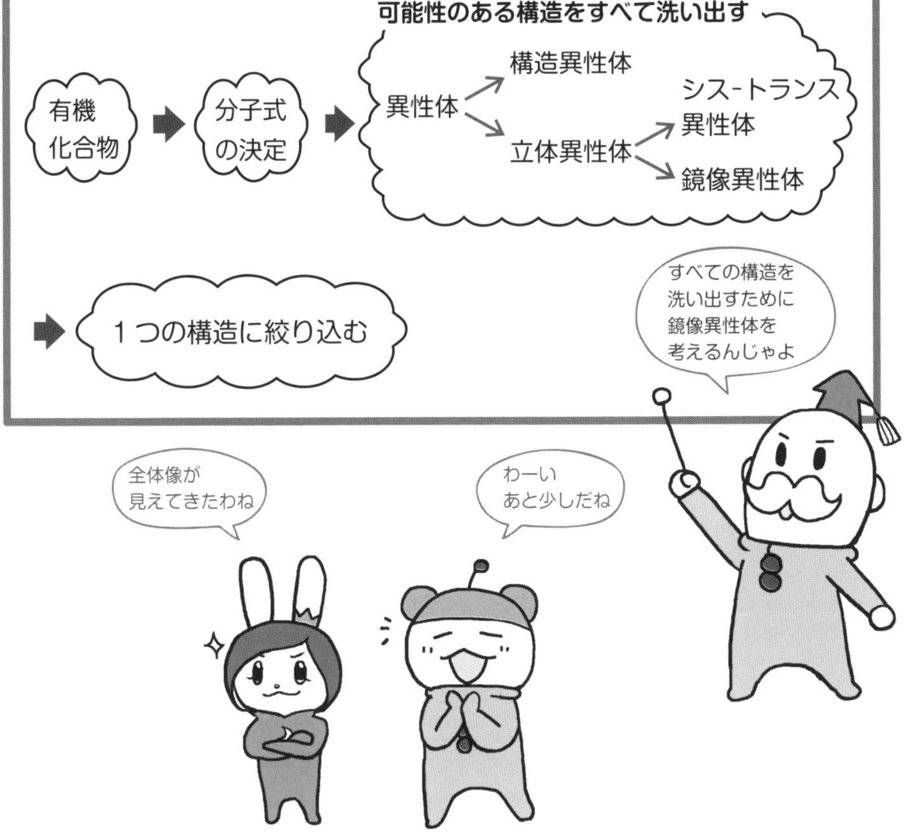

有機化合物 ➡ 分子式の決定 ➡ 可能性のある構造をすべて洗い出す

- 異性体
  - 構造異性体
  - 立体異性体
    - シス-トランス異性体
    - 鏡像異性体

➡ 1つの構造に絞り込む

すべての構造を洗い出すために鏡像異性体を考えるんじゃよ

全体像が見えてきたわね

わーい あと少しだね

鏡像異性体について，わかりやすく説明するために，
例として，乳酸$CH_3CH(OH)COOH$についてお話しします。
（乳酸はOが入っている有機化合物なので，炭化水素ではないですが……）

$CH_3CH(OH)COOH$と構造式でかくと，1種類の化合物しかできないような気がします。

しかし，右ページ下の2つの図のように立体図でかくと，
実は2つの構造をとり，重ねることができないのです。

重ね合わせることができないので，この2つは違う物質となるのです。
（ただし，鏡像異性体どうしはとても似た性質を示します）

「本当に重ねることができないの？」
と納得できない人もいるかもしれませんので，次でくわしくお話ししましょう。

4

例 乳酸

構造式 $CH_3CH(OH)COOH$ または

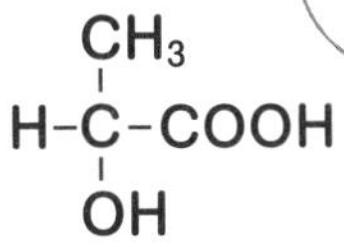

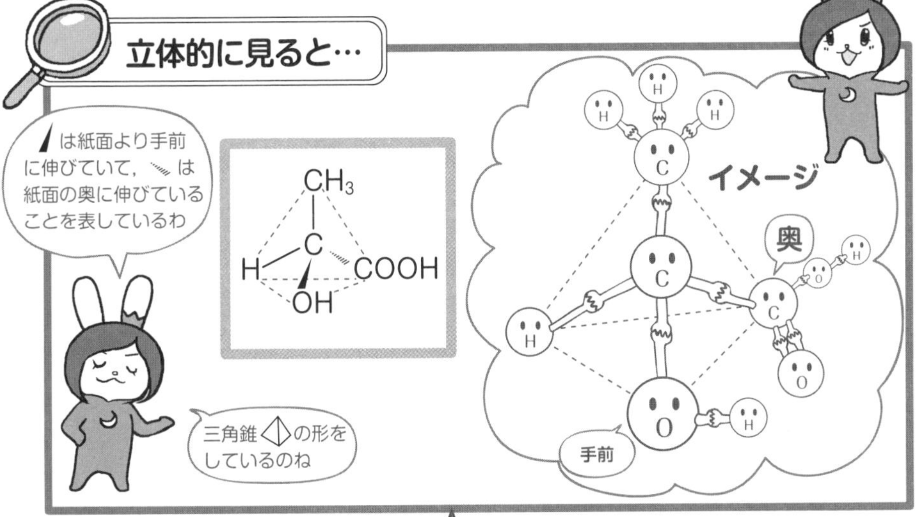

$$\begin{array}{c} CH_3 \\ | \\ H-C-COOH \\ | \\ OH \end{array}$$

一見，特に
区別するべき
異性体があるように
見えないのよね

立体的に見ると…

は紙面より手前
に伸びていて，は
紙面の奥に伸びている
ことを表しているわ
三角錐の形を
しているのね
イメージ
奥
手前

するとこのような
2つの可能性が考えられる

本当かなぁ？
納得いかないいん
だよなぁ
この2つは
重ね合わせることが
できんのじゃ
いろんな参考書で
そう書かれている
けど…

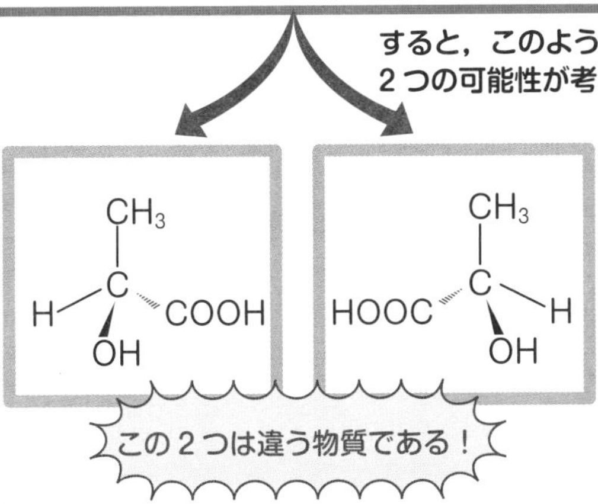

この2つは違う物質である！

次ページでくわしくお話ししましょう

「鏡像異性体どうしは，本当に違う物質なのか」，
つまり，「**重ね合わせることができないのか**」ということについてですが，
ここでは，乳酸を「サーカスのテント」に例えて解説しましょう。

右ページのような2つのサーカスのテントがあるとします。
てっぺんには旗があり，残りの頂点にはA～Cの異なる入り口があるようなテントです。
この2つのテントは，はたして同じテントでしょうか？

答えは，“No”です。

なぜなら，**この2つのテントをどのように移動（回転）させても，もう片方のテントと同じにはならない**からです。
例えば，ウサギサーカス団のテントの入り口Aをクマサーカス団のテントの入り口Aと同じ場所に移動したとしても，BとCの場所はどうしても同じになりません。

しかし，この2つのテントは特別な関係にあります。
どのような関係かといいますと，**クマサーカス団のテントを鏡に映すとウサギサーカス団のテントと同じになる**という関係です。
逆も同様に，ウサギサーカス団のテントを鏡に映すと，クマサーカス団のテントと同じになる関係にあります。

よって，このような異性体は**鏡像異性体**と呼ばれます。

Q 鏡像異性体どうしは，本当に違う物質なのか？

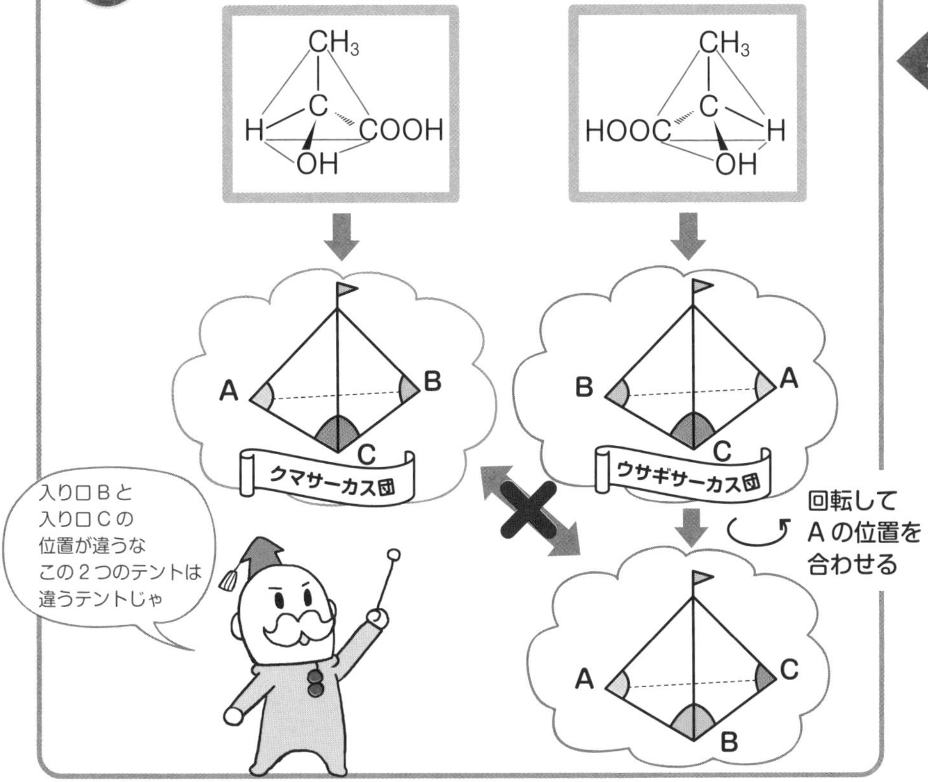

CH_3
C
H
COOH
OH

CH_3
C
HOOC
H
OH

A
B
C
クマサーカス団

B
A
C
ウサギサーカス団

回転して
Aの位置を
合わせる

A
C
B

入り口Bと
入り口Cの
位置が違うな
この2つのテントは
違うテントじゃ

ただし，特別な関係がある

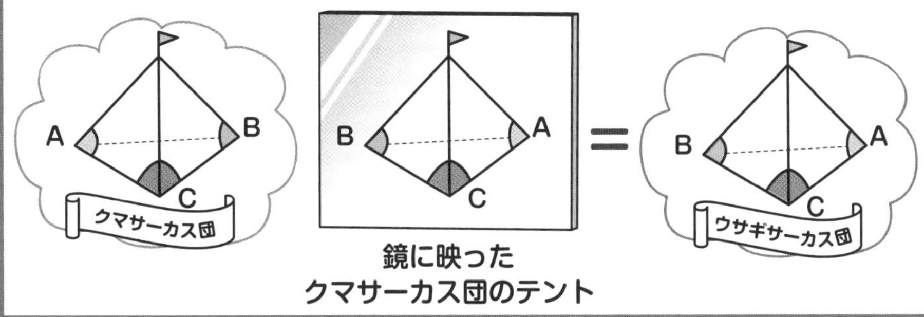

鏡に映った
クマサーカス団のテント

鏡に映すともう一方の異性体になるような関係にあるので，
鏡像異性体と呼ぶ

このように，**鏡像異性体どうしは，お互いに鏡に映すともう一方の鏡像異性体の構造になる**のです。
よって，鏡像異性体をかくときは，鏡に映した像をかけばいいのです。

といっても，なかなか鏡に映る像を想像するのは難しいですし，頭がこんがらがる可能性がありますね。

そこで，かくときのコツをお教えしましょう。
右ページの練習の答え にあるように，コツは，
「**真ん中に引いた線に対し，すべての点や線が同じ距離にあるようにかくこと**」
です。

そうすると，特に迷うことなくかくことができます。

ここまでの内容をまとめると，
鏡像異性体どうしは重ねることができないので，まったく違った物質なのですが，
鏡に映すともう一方の異性体になるような関係にあるということです。

鏡像異性体のかきかた

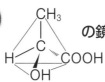

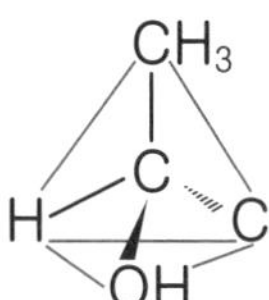

の鏡像異性体の構造をかきなさい

練習

ハカセの
鏡像異性体をかきなさい

練習の答え

鏡像異性体どうしは，**鏡に映した関係**にある。つまり，

真ん中の線に対して，すべての点や線が同じ距離になるようにかけばよい

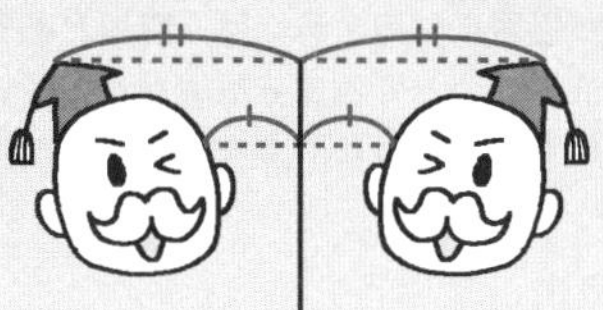

A

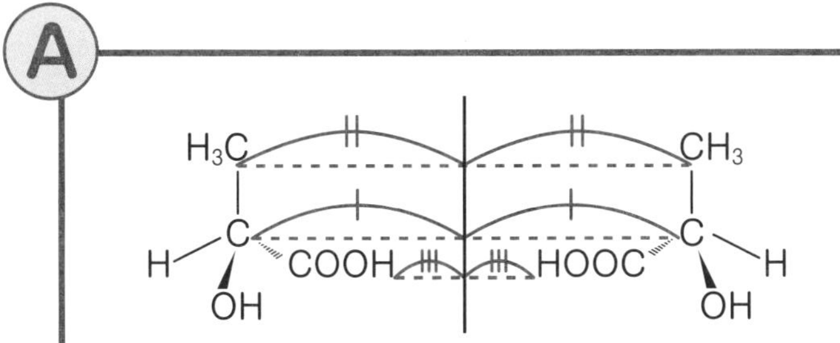

4-6 鏡像異性体の特徴

ココをおさえよう！

中心となる炭素原子（不斉炭素原子）に結合する4つの基の種類がすべて違う場合，鏡像異性体を生じる。

4-5に引き続き，鏡像異性体のお話を続けます。
鏡像異性体どうしは違う物質ということですが，それではどのように違うのでしょうか？

【鏡像異性体の特徴】

違う物質とはいえ，実は鏡像異性体どうしの性質はとても似ていて，**物理的・化学的性質はほとんど同じ**です。
異なる点は，においや味，そして**生理作用や旋光性**です。
「生理作用や旋光性」といわれてもよくわかりませんよね。
補足として記しておくので，軽くながめておいてもらえれば大丈夫です。

補足　**生理作用**
酵素（p.394）は，特定の物質に対してのみ，その作用を発揮します。
酵素が作用する物質を基質といいます。**酵素が基質に作用するには，酵素と基質の立体構造が合致する必要があります**が，鏡像異性体どうしでは立体構造が違っているので，互いに鏡像異性体の関係にある酵素Aと酵素Bがあるとすると，酵素Aが作用する基質に対し，酵素Bは作用しません。

旋光性
旋光性というのは，一方向にのみ振動する光（平面偏光）を物質に当てたとき，入れた光の振動面（偏光面）に対して，出てくる光の振動面（偏光面）が回転する性質のことをいいます。
例えば，鏡像異性体Aを含む液体に入れた光が右に回転して出てきた場合，鏡像異性体Bを含む液体に入れた光は左に回転して出てくるというように，鏡像異性体どうしで異なった結果になります（**鏡像異性体どうしで必ず逆になって出てきます**）。

・鏡像異性体の置換基の立体的な配置に応じて，D，Lの記号で区別して表す。

鏡像異性体の特徴

・物理的，化学的特徴…ほぼ同じ

➡ 融点，沸点，密度，溶解度など

・におい，味，生理作用，旋光性…異なる

生理作用

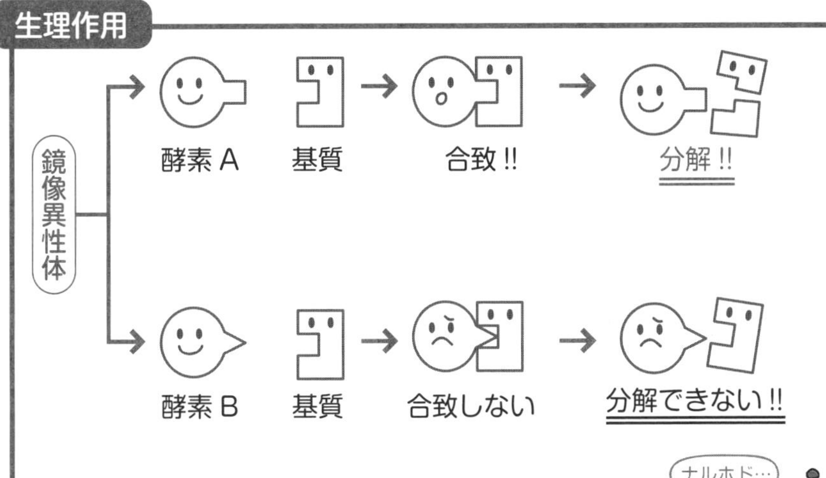

旋光性

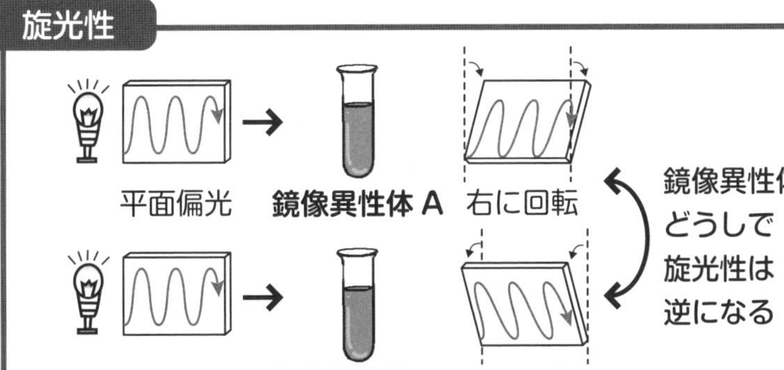

【鏡像異性体を生じる条件】
鏡像異性体は，右ページのように，**真ん中の炭素原子に結合した4つの基がすべて異なるとき**に存在します。
乳酸$CH_3CH(OH)COOH$は，真ん中の炭素Cに，4つの異なる原子(団)，H，CH_3，OH，COOHが結合していましたね。
この真ん中の炭素原子を**不斉炭素原子**（ふせい）といい，＊印をつけてC^*と表します。

まさに特別な炭素原子（“スター炭素”とでもいいましょうか）なので，右肩にアスタリスク（＊）をつけるのです。

【余談】
「アミノ酸」という単語を聞いたことがある人は多いと思います。
私たちの体もアミノ酸がつながった，タンパク質によってできています。

実は，そんなアミノ酸の多くが鏡像異性体をもつ構造をしています。
しかし，驚くことに，**自然界に存在しているほとんどのアミノ酸には片方の鏡像異性体しか存在しないのです**(不思議ですね)。

例えば，みなさんが毎朝飲んでいる牛乳に含まれているアミノ酸にも片方の鏡像異性体しか含まれていません。

もしもみなさんが鏡の国に行ったら，この世界のものとは逆の鏡像異性体が含まれた牛乳を飲まなくてはなりません。
鏡の国の牛乳は「自然界に存在するアミノ酸(＝うまみ成分)とは違う物質を含んだ牛乳」ということになるので，鏡の国の牛乳は飲めないか，飲めてもおいしくないということになりそうですね。

実際，うまみ成分であるアミノ酸（グルタミン酸ナトリウム）の鏡像異性体をなめてみると，うま味が感じられないどころか，苦く感じます。

この例からも，鏡像異性体は「違う物質」として区別しないといけないということがわかりますね。

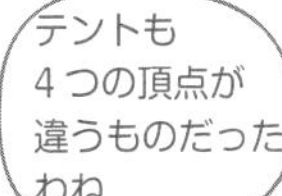

鏡像異性体を生じる条件

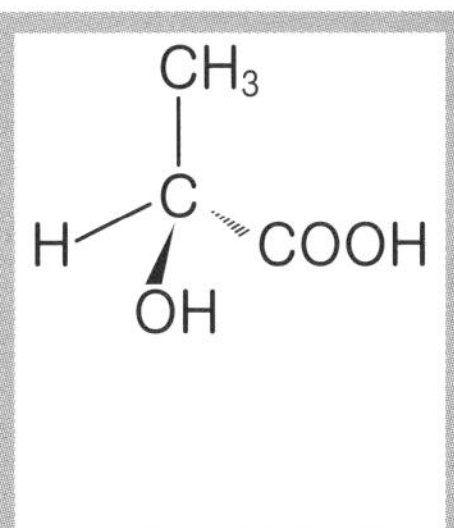

真ん中の炭素原子には…

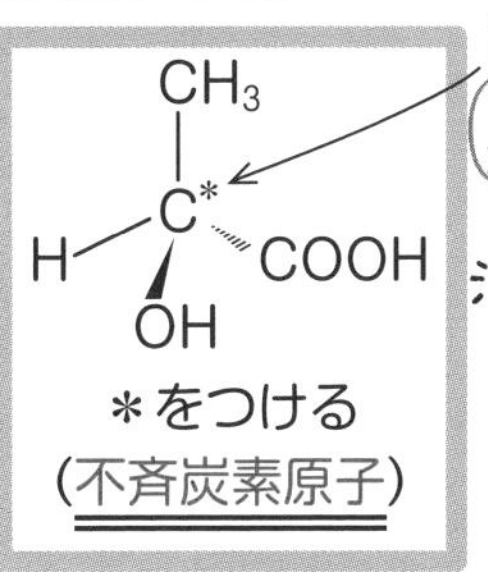

余談

→ 片方の鏡像異性体しか存在しない

→ 当然，片方の鏡像異性体しか存在しない

実際

うま味！

苦み！

ここまでやったら
別冊 p. 15へ

ハカセの宇宙一キビしいチェック!!

理解できたものに，☑チェックをつけよう。

- [ ] 構造を洗い出す際には，主鎖から考えていく。
- [ ] 構造を洗い出す際，主鎖が決まったら，残った炭素を側鎖としてつけていく（ただし，端からX番目の炭素につけられる側鎖は，炭素の数が$X-1$個以下のもの）。
- [ ] 二重結合にかかわる6つの原子は同一平面上にある。
- [ ] 三重結合にかかわる4つの原子は同一直線上にある。
- [ ] 同じ分子式の有機化合物でも，構造異性体，シス-トランス異性体，鏡像異性体がある場合がある。
- [ ] 鏡像異性体には，結合する4つの基がすべて異なる不斉炭素原子がある。
- [ ] C_7H_{16}の構造異性体がすべて書けるようになっている。
- [ ] C_4H_8の異性体（シス-トランス異性体を含む）がすべて書けるようになっている。

Chapter

5

炭素と水素からなる有機化合物（芳香族化合物は除く）

Chapter 5 炭素と水素からなる有機化合物（芳香族化合物は除く）

はじめに

さて，Chapter 1では「有機化学の基本事項」，Chapter 2では「分子式の決定方法」，Chapter 3では「（炭化水素の）名前のつけかた」，Chapter 4では「可能性のある構造の洗い出しかた」を学んできました。

Chapter 5～9では，何をやっていくか？
それは「可能性のあるすべての構造から，1つの構造に絞り込む」ということです。

有機化学の問題では，「こんな反応をした」とか，「こうするとこんな色になった」などと，さまざまなヒントが与えられます。
可能性のある構造を洗い出したあと，ヒントの性質を満たす1つの構造に絞り込むのです。
つまり，「どんな構造をしていると，どんな性質をもつのか」ということを知っておかなくては，答えが出せないのです。
Chapter 5～9では，いろいろな有機化合物の性質を紹介していくので，しっかり覚えてくださいね。

まずChapter 5では炭素Cと水素Hからなる有機化合物，つまり炭化水素の性質を見ていきましょう。

この章で勉強すること

アルカン，アルケン，アルキン，脂環式炭化水素の性質や特徴的な反応について勉強していきます。

宇宙一
わかりやすい
ハカセの
Introduction

この章でやること

ハカセ…分子式から
構造式をすべて
挙げることはできる
ようになりました
C4H10→

でもそこから1つ
選ばなきゃいけないん
ですよね…
困ったわ…
C4H10→

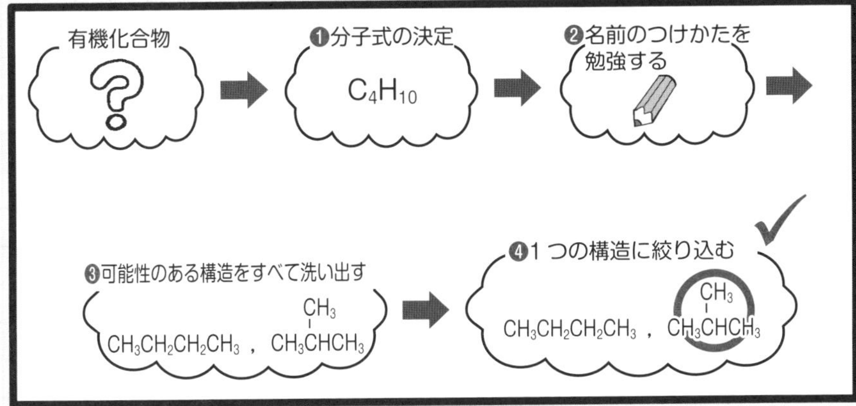
有機化合物
❶分子式の決定
C4H10
❷名前のつけかたを
勉強する
❸可能性のある構造をすべて洗い出す
CH3CH2CH2CH3 , CH3CHCH3 (CH3)
❹1 つの構造に絞り込む
CH3CH2CH2CH3 , CH3CHCH3 (CH3)

その通りじゃ！
可能性のあるすべての
構造の中から
1つに絞るぞぃ！

そのためには
それぞれの物質が示す
性質を知らねば！

5-1 アルカンC_nH_{2n+2}

ココをおさえよう!

アルカンは光を当てると，ハロゲンと置換反応をする。

Chapter 5では，炭化水素の特徴を紹介していきます。

まずは，アルカンの性質について見ていきましょう。
(そのあと，アルケン，アルキン，脂環式炭化水素と見ていきますよ)

アルカンの性質としては，以下の3つがあります。

1) 分子式がC_nH_{2n+2}で表される

C_nH_{2n+2}で表されるのは，アルカンだけです。

2) 分子量が大きくなるほど沸点や融点が高くなる。

分子量が大きくなるほど，分子の間にはたらく引力(分子間力)が強くなります。
そして，分子間力が強いほど，分子どうしをバラバラにするために必要なエネルギーが増えます。

沸点や融点は，分子どうしをバラバラにする温度ですので，
分子量が大きくなることで分子間力が強くなると，より温度を上げてエネルギーを加えないといけません。つまり，沸点や融点が高くなるということですね。

3) 光を当てると塩素Cl_2や臭素Br_2などのハロゲンと反応する。

光を当てると，塩素原子Clや臭素原子Brが**分子中の水素原子Hと置き換わります**。
これを**置換反応**と呼びます。
Clがくっつくと“クロロ”，Brがくっつくと，“ブロモ”となります。
p.72でも軽く触れましたね。しっかり覚えておきましょう。

アルカンの性質

1) 分子式が C_nH_{2n+2} で表される

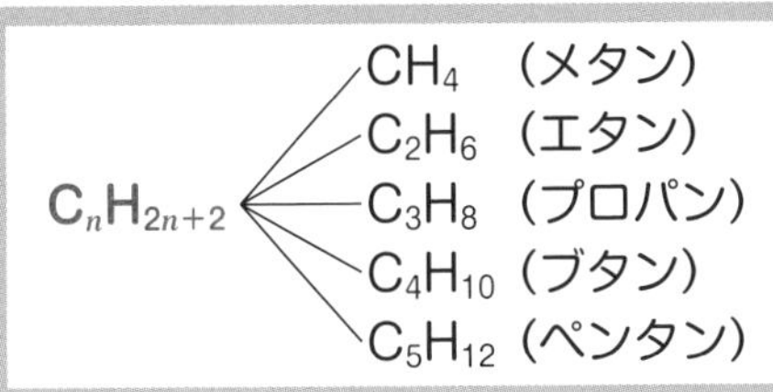

C_nH_{2n+2}
CH_4 （メタン）
C_2H_6 （エタン）
C_3H_8 （プロパン）
C_4H_{10} （ブタン）
C_5H_{12} （ペンタン）

これはp.69でやったことじゃ

2) 分子量が大きくなるほど沸点や融点が高くなる

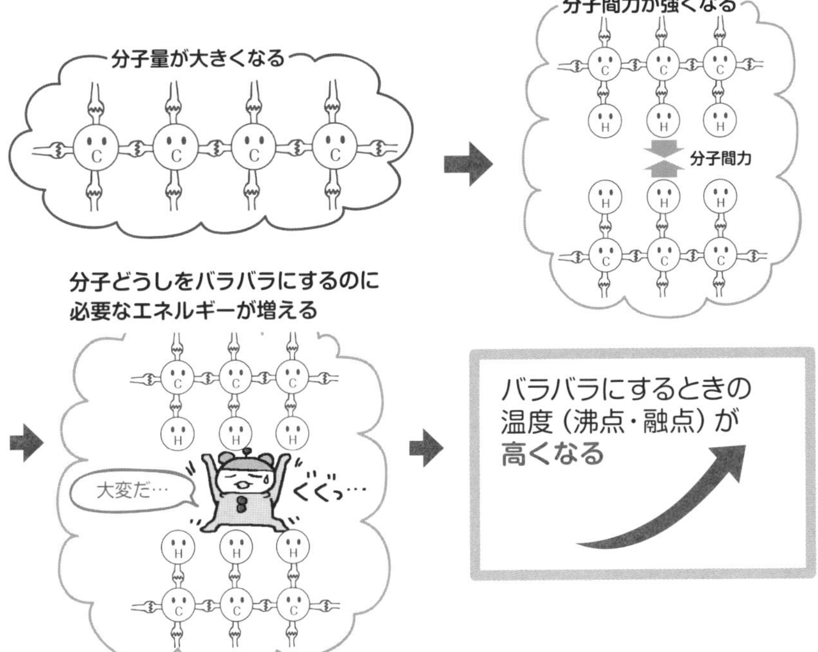

分子量が大きくなる
分子間力が強くなる
分子間力
分子どうしをバラバラにするのに
必要なエネルギーが増える
大変だ…
ぐぐっ…
バラバラにするときの
温度（沸点・融点）が
高くなる

3) 光を当てると塩素 Cl_2 や臭素 Br_2 と反応する

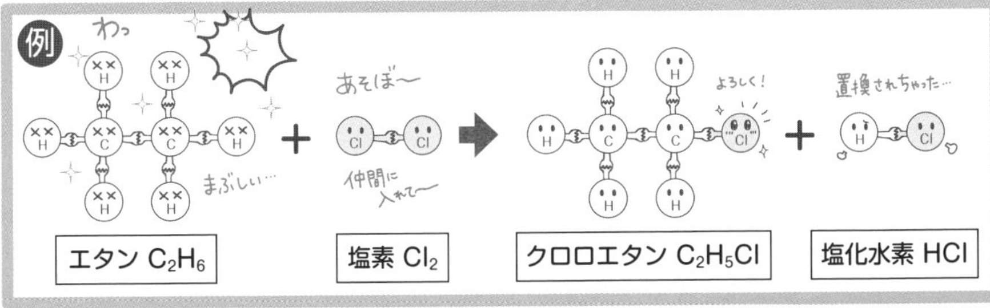

例
わっ
まぶしい…
あそぼ〜
仲間に入れて〜
よろしく！
置換されちゃった…
エタン C_2H_6
塩素 Cl_2
クロロエタン C_2H_5Cl
塩化水素 HCl

5-2 アルケンC_nH_{2n}

ココをおさえよう！

エチレンは，エタノールと濃硫酸の混合物を160 ～ 170℃で加熱して生成される。

続いてアルケンについてです。
アルケンの分子式は**C_nH_{2n}**で表されるのでしたね（p.74）。
まずは，製法について見てみましょう。

【アルケンの製法】
アルケンは，アルコールに濃硫酸を加えて熱すると，
分子内で**脱水反応**が起きて生成されます。

例えば，アルケンの1つである**エチレンC_2H_4**は，
エタノールC_2H_5OHと濃硫酸H_2SO_4の混合物を**160 ～ 170℃**で加熱することで得られます。

分子の中のHとOHがH_2O（水）になって外れるかわりに，
分子内で結んでいた“手”どうしが結びついて，炭素どうしの結合（二重結合）ができるのです。

一方，エタノールC_2H_5OHと濃硫酸の混合物を**130 ～ 140℃**で加熱すると，
2つの分子間で脱水反応が起きて，**ジエチルエーテル$C_4H_{10}O$**になります。
このように，分子間で水のような簡単な分子がとれて，新しい1つの分子ができる反応を**縮合**といいます。
（アルコール，エーテルのところでも出てきますよ（p.190 ～ 193））。

これを，勝手に“アルコールのファイト一発効果”と名づけましょう。

アルケン C_nH_{2n}

製法 …アルコールに濃硫酸を加えて加熱し，分子内で**脱水反応**させる

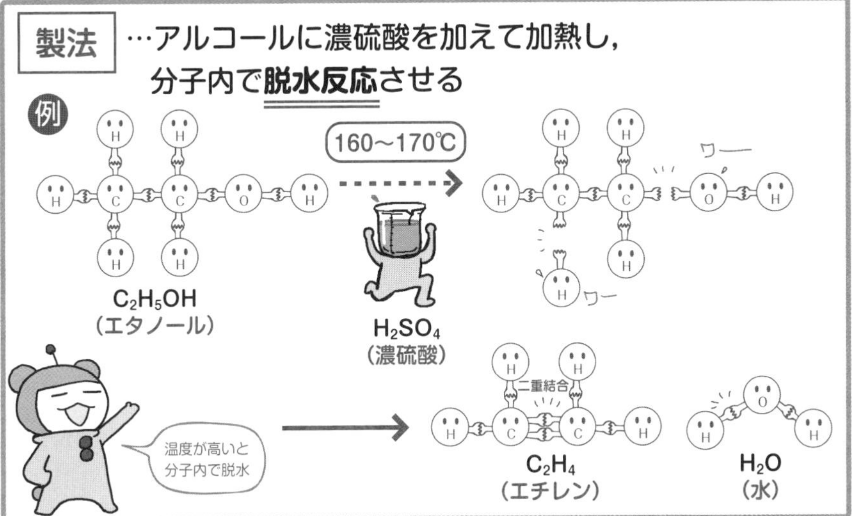

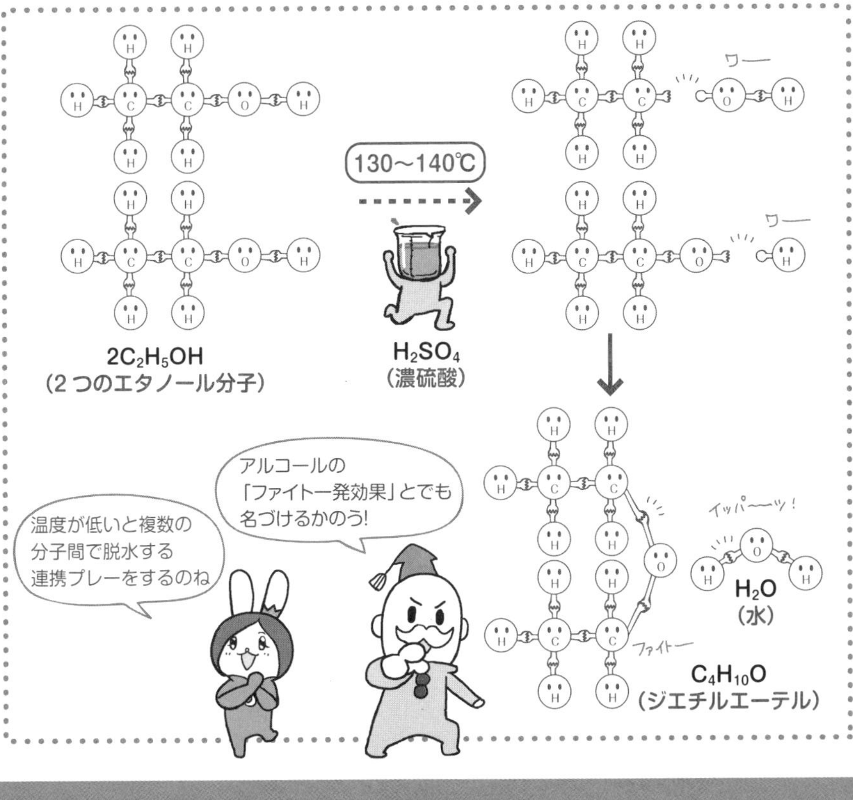

130～140℃

ワー

$2C_2H_5OH$
（2 つのエタノール分子）

H_2SO_4
（濃硫酸）

アルコールの
「ファイトー発効果」とでも
名づけるかのう!

温度が低いと複数の
分子間で脱水する
連携プレーをするのね

イッパ～～ツ！

ファイトー

H_2O
（水）

$C_4H_{10}O$
（ジエチルエーテル）

5

5-3 アルケン C_nH_{2n} の反応～付加反応～

ココをおさえよう！

アルケンは，臭素 Br_2 や水素 H_2，水 H_2O と付加反応する。
臭素が脱色したら，二重結合や三重結合が含まれているということがわかる。

次は，アルケン C_nH_{2n} の反応について見てみましょう。
アルケンは「リーダータイプ」というイメージです。
主に，**1) 付加反応**，**2) 付加重合**，**3) 酸化反応**　の3つの反応をします。

1)　付加反応

二重結合または三重結合が切れ，その部分に他の原子や原子団が結合する反応を**付加反応**といいます。

付加反応には，アルケンの特徴（チャームポイント？）である**二重結合**が関係します。
というのも，アルケンに含まれる二重結合のうち，**片方の結合は，結合が切れやすくなっているからです。**
この片方の結合はすぐに“手”を離し，臭素 Br_2 や水素 H_2，水 H_2O と手を結びます。
右ページでは，エチレンが困っている臭素を助けて1,2-ジブロモエタンになっていますね（名前のつけかたは，p.73を復習しておきましょう）。

例えば，アルケンの近くに臭素 Br_2（赤褐色の液体）があった場合，臭素は切れやすい結合のほうと“手”を結び，結合します。
そのとき，Br_2 がバラバラのBr原子2つに分かれるので，赤褐色の色が消え，無色透明になります。
「**臭素を加えて，臭素の赤褐色が消えた**」という文言が出てきたら，
それは「二重結合や三重結合などの**不飽和結合**をもった化合物と反応した」ということを表していると考えられるのですね。

補足　ちなみに，カルボニル基 >C=O（p.194）の二重結合には臭素 Br_2 は付加しません。

付加反応としては，他に次の2つがあります。
・ニッケルNiや白金Ptなどの触媒を用いると，水素 H_2 が付加してアルカンになる。
・リン酸などの触媒を使うと，水 H_2O が付加してアルコールになる。

反応 …「リーダータイプ」というイメージ

1) 付加反応

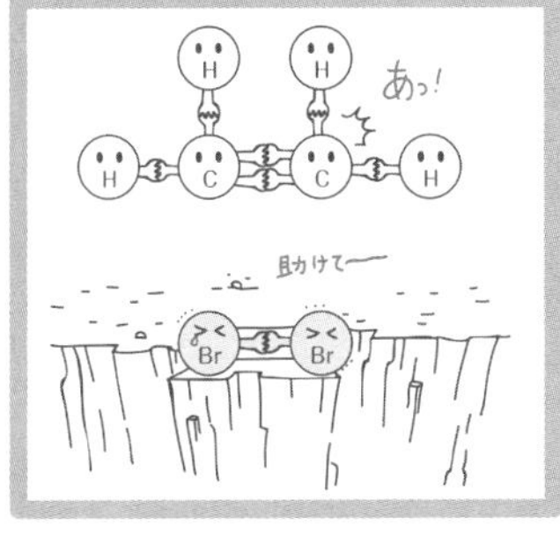

付 加

$CH_2{=}CH_2$ + Br_2 ⟶ $\underset{Br}{CH_2}-\underset{Br}{CH_2}$

エチレン　臭素　　1,2-ジブロモエタン

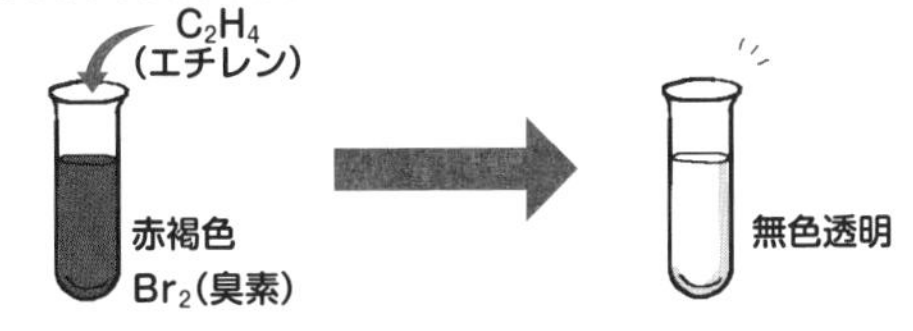

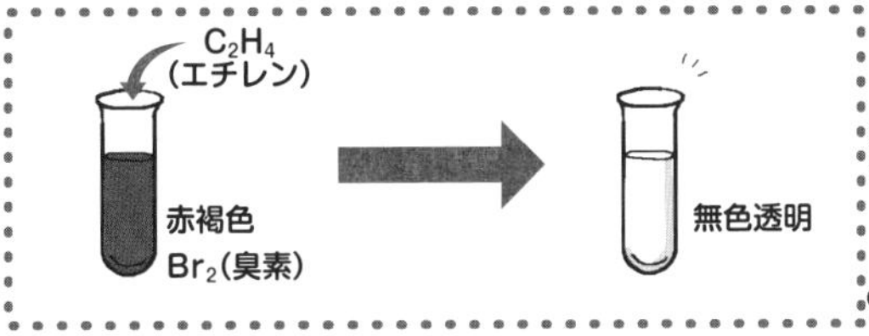

反応後に臭素の
赤褐色が消えたということは,
不飽和結合（二重結合,
三重結合）があるという
ことじゃ

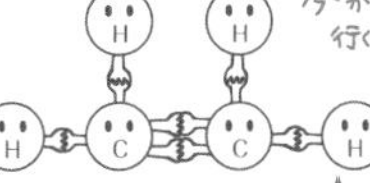

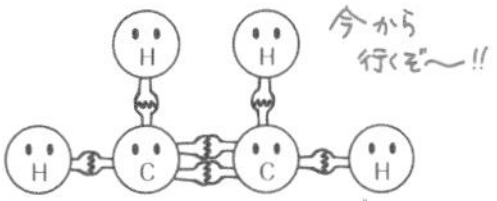

C_2H_4
エチレン
(アルケン)

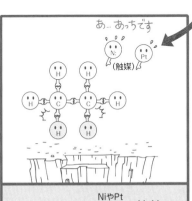

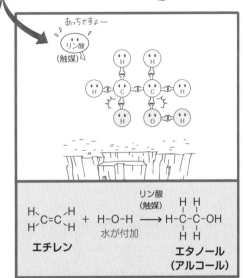

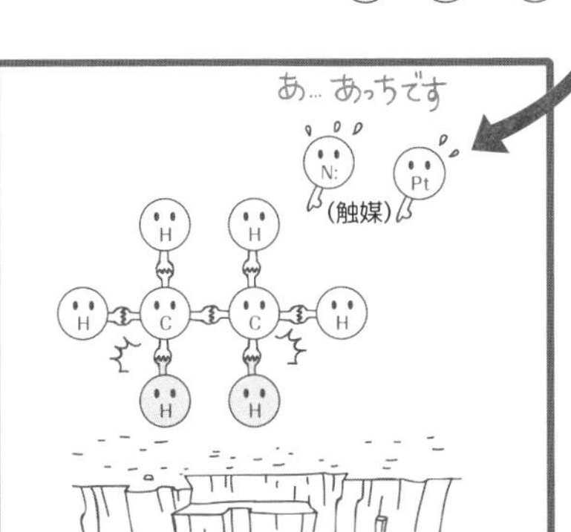

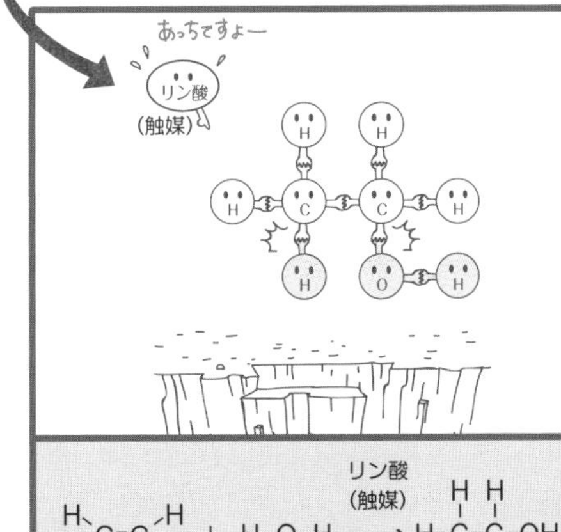

$$\underset{H}{\overset{H}{}}\!\!>C{=}C<\!\!\underset{H}{\overset{H}{}} + H{-}H \xrightarrow[]{\text{NiやPt（触媒）}} H{-}\underset{H}{\overset{H}{C}}{-}\underset{H}{\overset{H}{C}}{-}H$$

水素が付加

エチレン　　エタン（アルカン）

$$\underset{H}{\overset{H}{}}\!\!>C{=}C<\!\!\underset{H}{\overset{H}{}} + H{-}O{-}H \xrightarrow[]{\text{リン酸（触媒）}} H{-}\underset{H}{\overset{H}{C}}{-}\underset{H}{\overset{H}{C}}{-}OH$$

水が付加

エチレン　　エタノール（アルコール）

5-4 アルケンC_nH_{2n}の反応～付加重合～

ココをおさえよう!

付加反応によって多数の分子が結合することを，付加重合という。

続いて，**2)付加重合**についてです。

2) 付加重合

アルケンは「リーダータイプ」といいましたが，
臭素Br_2や水素H_2，水H_2Oと手を結ぶだけでなく，同じ物質どうしで集まって手を結ぶこともあるのです。とても結束が強いのですね。

このようにして，**分子どうしが多数結合する反応**を**重合**といい，
特に，**付加反応による重合**を**付加重合**といいます。

ちなみに，重合には，付加重合の他に**縮合重合**や**開環重合**があります(くわしくはp.322でお話しします)。

また，このようにして，分子量の小さい原料＝**単量体**(**モノマー**)が結合して生じた高分子化合物を**重合体**(**ポリマー**)と呼んでいます。
(モノマーからポリマーができる反応は，Chapter 8でくわしくお話しします)

例えばエチレンに注目したとき，

エチレン：**単量体(モノマー)**
　↓ **付加重合**
ポリエチレン：**重合体(ポリマー)**

という関係があるのです。

2) 付加重合…アルケンは同じ物質どうしで高分子化合物をつくる

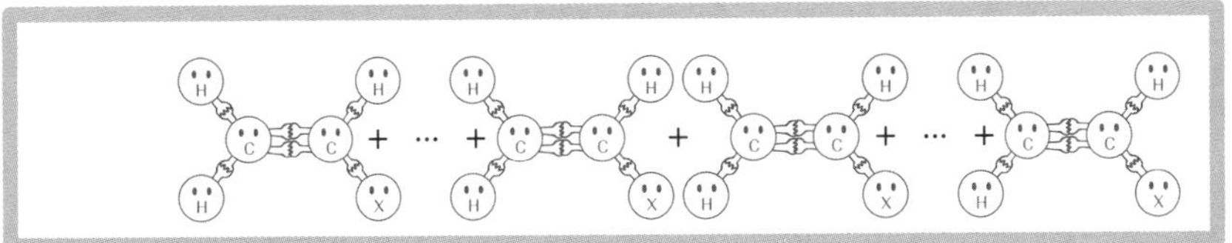

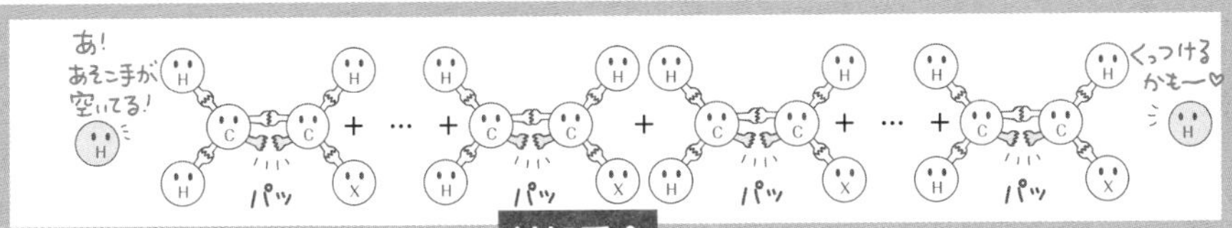

付加重合

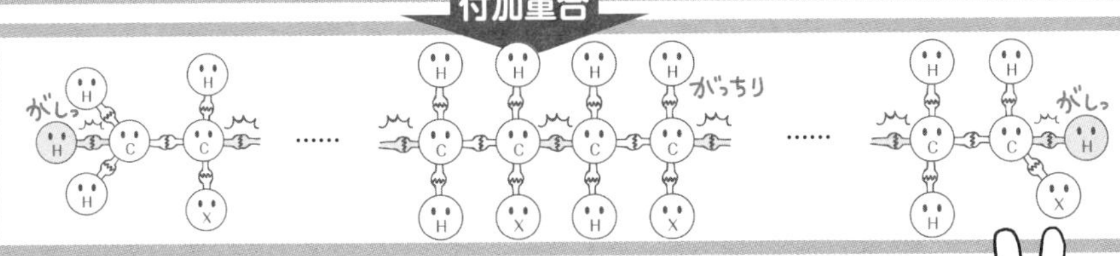

化学式で書くと…

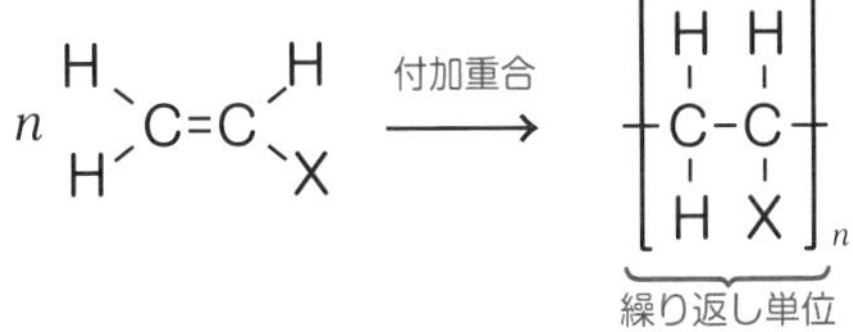

$$n\ \mathrm{CH_2{=}CHX} \xrightarrow{\text{付加重合}} \left[\mathrm{CH_2{-}CHX}\right]_n$$

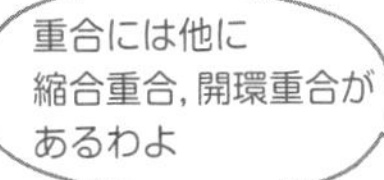

モノマーからポリマーへ

モノマー + … + モノマー + モノマー + … + モノマー → ポリマー

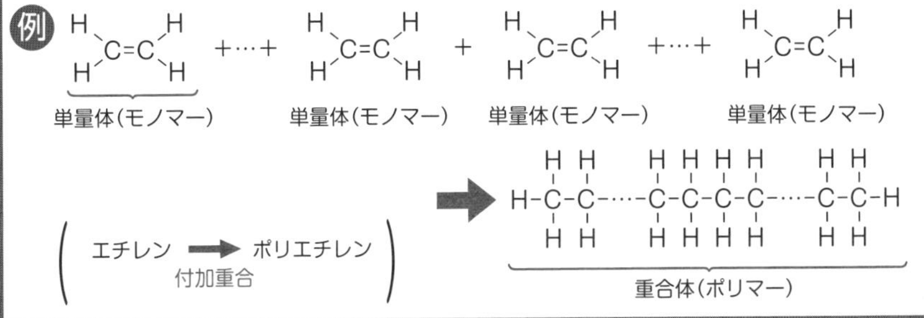

5-5 アルケンC_nH_{2n}の反応～酸化反応～

ココをおさえよう！

二重結合はオゾンによって開裂され，カルボニル基 >C=O になる。

最後に，**3）酸化反応**です。

3） 酸化反応

アルケンが「今度は誰と手を結ぼうかなぁ」なんて思っているところに，オゾンO_3がやってきました。

すると，オゾンはおもむろに，アルケンの二重結合を切ってしまいます。
このように，共有結合を切断することを**開裂**（かいれつ）といいます。

つまり，**アルケンにオゾンを反応させるとアルケンの二重結合が開裂し，カルボニル基 >C=O（p.194）を生成**するのです。

これによって，アルケンは他の物質と手を結ぶことができなくなってしまいます。というのも，p.154の補足でも少し触れましたが，**カルボニル基 >C=O の二重結合は他の物質と手を結ぶのには使えない**からです。

この一連の反応を**オゾン分解**といいます。

例えば，「オゾンを加えたら反応してカルボニル基 >C=O が生成した」
といわれたら，そこにはもともとアルケンの二重結合があったということがわかり，アルケンの構造を決定するヒントになるのです。

また，最終的に酸素Oが分子にくっついたので，この反応は「酸化反応」ということになりますね。

3) 酸化反応…アルケンとオゾンの反応（**オゾン分解**）

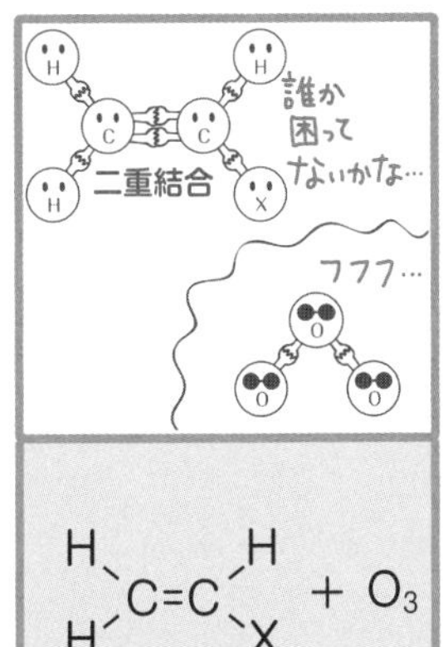

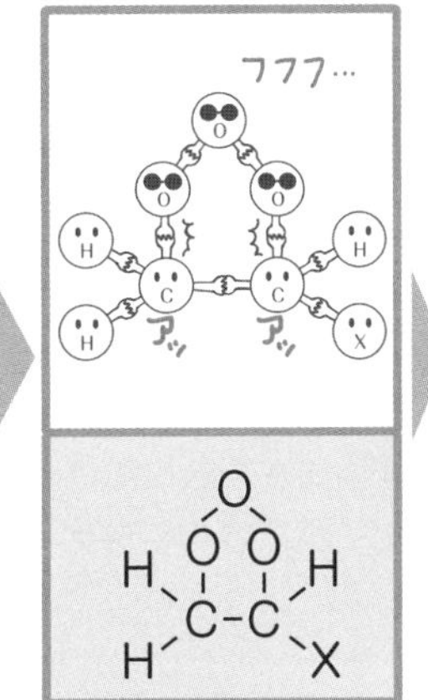

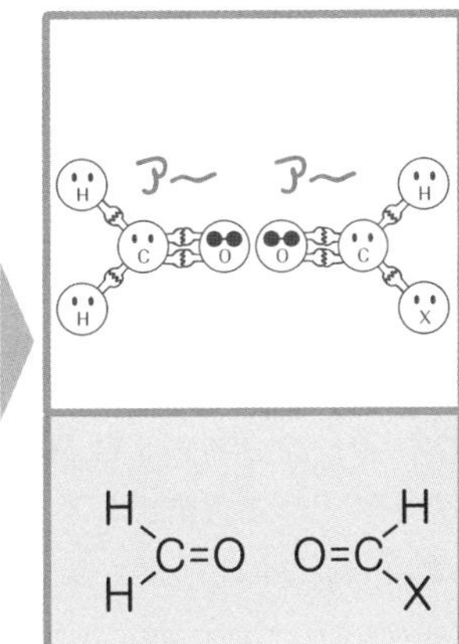

つまり…

オゾンを加えたら，反応してカルボニル基 >C=O を生成した

➡ オゾンと反応したのはアルケンであったとわかる

例 オゾンを加えたら，$H_2C=O$，$\text{Br}(\text{H})C=O$ ができた

➡ オゾンと反応したのは，$H_2C=CH\text{Br}$ であったとわかる

なるほど〜!!

ここまでやったら 別冊 P. 16 へ

5-6 アルキンC_nH_{2n-2}の反応～付加反応を繰り返してアルカンC_nH_{2n+2}へ～

ココをおさえよう！

アルキンは水素H_2と付加反応を繰り返してアルカンになることがある。

今度は，アルキンの性質について見ていきましょう。
アルキンの分子式はC_nH_{2n-2}で表されるのでしたね（p.74）。
アルキンは三重結合の3つの手のうち，2つの手を他の物質との結合に使うことができるようになっています。

【アルキンの性質】
アルキンは三重結合をもっていて，そのうちの2つは切れやすい結合なので，
アルケンと同じく**付加反応**が起きます。

アセチレンC_2H_2に水素H_2を付加させると，
1段階目では二重結合をもつエチレンC_2H_4となり，
2段階目では単結合のみのエタンC_2H_6となります。
付加反応によってアルキン→アルケン→アルカンの順に
変化するということですね。
同様に，臭素Br_2の付加も2段階で起こります（右ページで確認してください）。

【アルキンの製法】
続いて，アルキンの製法について見てみましょう。

ここでは，アルキンの中でも最もポピュラーなアセチレンC_2H_2の製法をご紹介します。
炭化カルシウム*CaC_2に水を加えて生成しますよ。

＊工業分野では「カーバイド」と呼ばれる。

$$\underset{\text{炭化カルシウム}}{CaC_2} + 2H_2O \longrightarrow Ca(OH)_2 + \underset{\text{アセチレン}}{CH{\equiv}CH}$$

これは，丸暗記で覚えましょう。

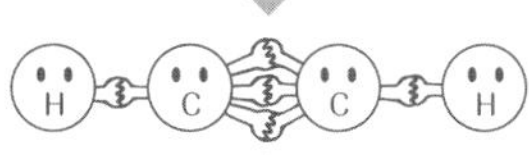

三重結合の 3 つの“手”のうち，
2 つが他の結合に使われる

アルキンの性質

アルキンの付加反応は，触媒を用いて行われることが一般的みたいよ

2 段階で反応してるね

付加反応する

水素を付加

アセチレン CH≡CH（アルキン） ＋ 水素 H_2 $\xrightarrow{付加}$ エチレン C_2H_4（アルケン） 1 段階目

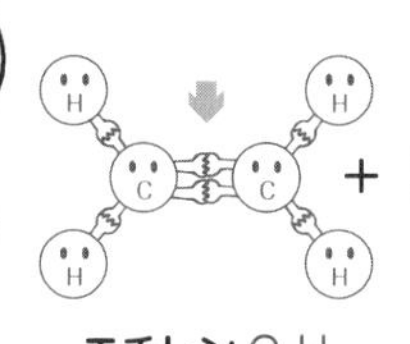

エチレン C_2H_4 ＋ 水素 H_2 ⟶ エタン C_2H_6（アルカン） 2 段階目

臭素を付加

$$\underset{アセチレン}{CH{\equiv}CH} + \underset{臭素}{Br_2} \xrightarrow{付加} \underset{1,2\text{-}ジブロモエチレン}{CHBr{=}CHBr}$$ 1 段階目

$$\underset{1,2\text{-}ジブロモエチレン}{CHBr{=}CHBr} + Br_2 \xrightarrow{付加} \underset{1,1,2,2\text{-}テトラブロモエタン}{CHBr_2\text{-}CHBr_2}$$ 2 段階目

アセチレンの製法

炭化カルシウムに水を加える

$$\underset{炭化カルシウム}{CaC_2} + 2H_2O \longrightarrow Ca(OH)_2 + \underset{アセチレン}{CH{\equiv}CH}$$

5-7 アルキンC_nH_{2n-2}の反応～付加反応をしたあと付加重合へ～

ココをおさえよう！

アセチレンC_2H_2に水H_2Oを付加させると，不安定なビニルアルコールを経て，すぐアセトアルデヒドCH_3CHOに変化する。

続いて，アルキンの付加反応とアルケンの付加重合の性質(p.156)を使って，新しい物質をつくってみましょう。

アルキンは，付加反応をすることにより，三重結合が解けて二重結合になります。つまり，アルキンに**塩化水素HClなどを付加すると，新しい二重結合の化合物が生成されます。**
このようにして生成された二重結合の化合物が単量体(モノマー)となり，付加重合することで高分子化合物がつくられます。

例えば，アセチレンC_2H_2に塩化水素HClを付加させる反応を見てみましょう。

アセチレンC_2H_2に塩化水素HClを付加させる反応：
アセチレンC_2H_2は炭素間が三重結合をしていますが，塩化水素を付加させると炭素間が二重結合となり，**塩化ビニルCH_2CHCl**となります。
この塩化ビニルを触媒を用いて付加重合させると，**ポリ塩化ビニル**になります(p.428)。

同様に，酢酸(さくさん)CH_3COOH, シアン化水素HCNの付加反応を見てみましょう。

アセチレンC_2H_2に酢酸CH_3COOHを付加させる反応：
アセチレンに触媒を用いて酢酸を付加させると，**酢酸ビニル**になります。
この酢酸ビニルを触媒を用いて付加重合させると，**ポリ酢酸ビニル**になります(p.428)。

アセチレンC_2H_2にシアン化水素HCNを付加させる反応：
アセチレンに触媒を用いてシアン化水素を付加させると，**アクリロニトリル**になります。このアクリロニトリルを触媒を用いて付加重合させると，**ポリアクリロニトリル**(アクリル)になります(p.422)。

$CH_2=CH-$を特に**ビニル基**といいます。

これは p.160 の復習だね

復習① アルキンは，付加反応させると二重結合の化合物になる

アルキン $\xrightarrow{\text{付加反応}}$ 二重結合の化合物

単量体(モノマー)が付加重合して重合体(ポリマー)になるのね

復習② 単量体（モノマー）は，付加重合して高分子化合物になる

モノマー ＋ モノマー ＋…＋ モノマー $\xrightarrow[\text{付加重合}]{}$ 高分子化合物

付加反応

この組合せで高分子化合物をつくる

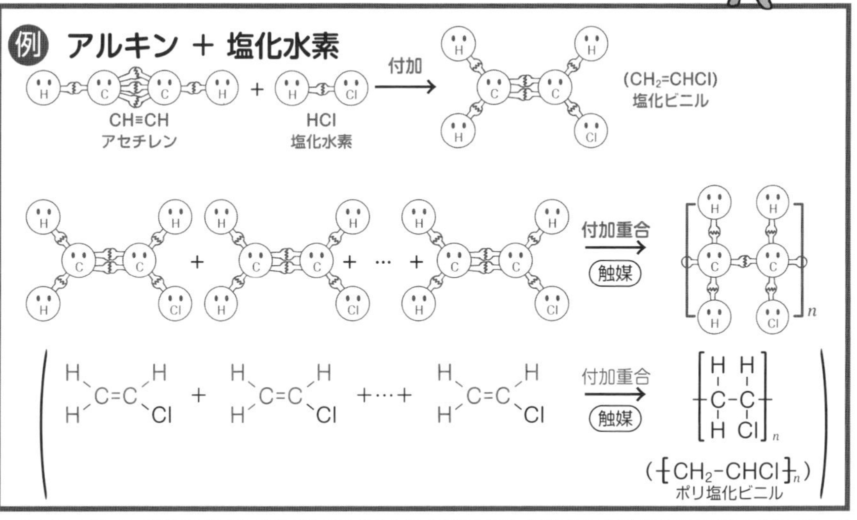

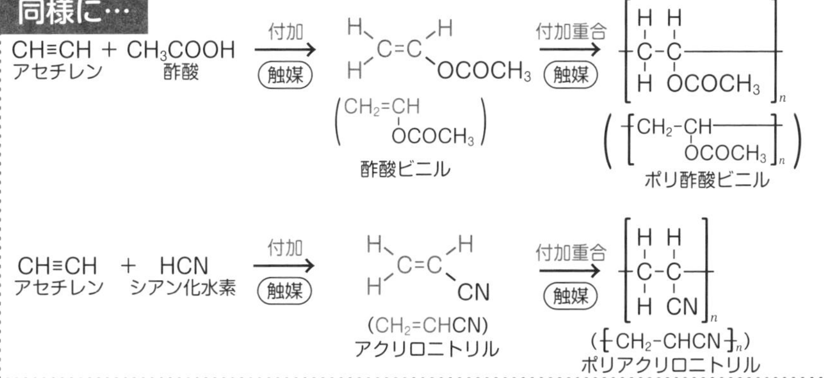

CH_2=CH−を，ビニル基という。

アルキンの代表格であるアセチレンC_2H_2の重要な反応や，アルキンの特徴についてお話ししておきましょう。

【アセチレンの重要な反応①】

p.160〜163で，アセチレンに水素や臭素，塩化水素，酢酸，シアン化水素を付加すると，三重結合が解けて新しい二重結合の化合物になることを学習しました。

では，アセチレンに水を付加するとどうなるでしょうか？
実は，水を付加した場合は少し注意が必要です。

p.160〜163で説明したアルキンの付加反応のように，
アセチレンC_2H_2に触媒を用いて水H_2Oを付加すると，ビニル基$CH_2=CH-$をもつビニルアルコールCH_2CHOHが生成されるのですが，このビニルアルコール，とても不安定なのです。
よって，すぐに**アセトアルデヒド**CH_3CHOとなってしまいます。

なぜこのような現象が起きるかといいますと，
二重結合した炭素に直接-OH基がつくのはとても不安定だからです。

炭素原子間の二重結合C=Cにヒドロキシ基（-OH基）が直接結合した構造は，不安定な構造です。
よって，右ページにあるように，-OH基のH原子が，二重結合を構成しているもう片方のC原子にすぐにくっついてしまうのです。

【アセチレンの重要な反応②】

鉄触媒を用いてアセチレン3分子を重合させると，ベンゼンC_6H_6が生じます。

$$3CH\equiv CH \longrightarrow C_6H_6$$

【その他，アルキンの重要な特徴（2つ）】

・アルキンの三重結合をつくる2つの炭素原子とそれらに直接結合する2つの原子は**直線形**（p.120）。

・炭素-炭素間の距離は，**単結合＞二重結合＞三重結合**の順になっていて，
三重結合は，炭素結合の中では最も短い結合である。

アセチレンの重要な反応① 水が付加してアセトアルデヒドになる

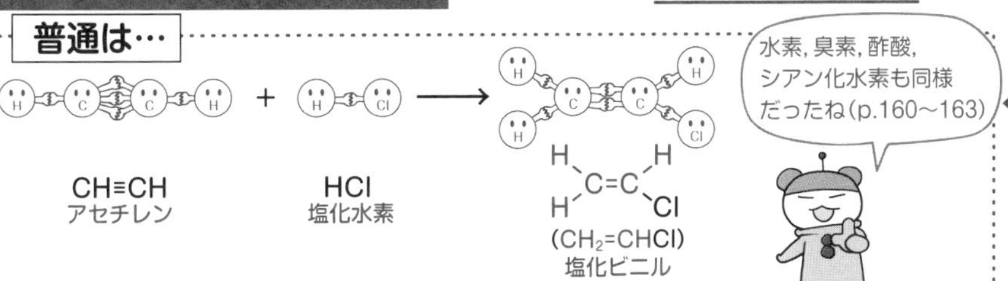

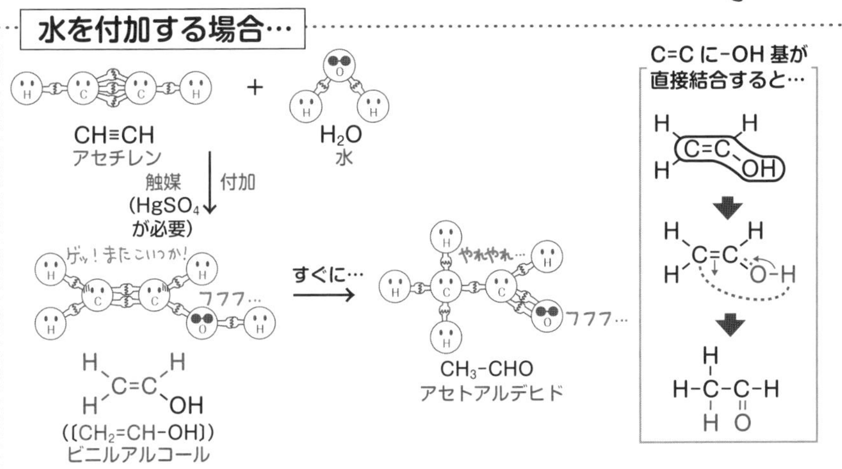

アセチレンの重要な反応②

アセチレン 3 分子が
重合すると,
ベンゼン C_6H_6 を生じる

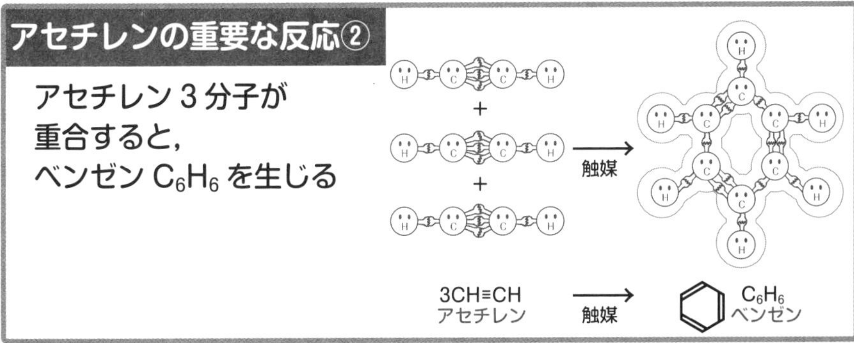

その他

直線形をしている

炭素間の距離の長さ

ここまでやったら
別冊 P. 17へ

5-8 脂環式炭化水素～シクロアルカンとアルケン～

ココをおさえよう！

シクロアルカンはC_nH_{2n}というアルケンと同じ分子式をもつが，二重結合をもたないため，臭素と反応しない。

アルカン，アルケン，アルキンときたら，環状になっているシクロアルカンですが，特にご紹介するような性質はありません(ちょっと可哀想ですね)。

重要なことといえば，アルケンとの比較です。
シクロアルカンは，p.86に出てきたように，一般式がC_nH_{2n}と表されるので，**アルケンの一般式と同じ**です。

アルケンのもつ二重結合は結合が切れやすいので臭素Br_2と反応しますが(p.154)，**シクロアルカンは，環状の単結合が切れにくく，反応しません**。

よって，分子式がC_nH_{2n}のとき，
それがアルケンなのかシクロアルカンなのかは，
臭素Br_2を加えたときに脱色するかどうかで判定することができるのです。

もし，**臭素Br_2を加えて，臭素の赤褐色が消えたならば，**
それは二重結合をもつアルケンと反応したことになるからです。

また，水素H_2や水H_2Oと付加するかどうか(付加反応を起こすかどうか)でも判断することができますね。
臭素Br_2，水素H_2や水H_2Oと付加反応を起こすならアルケン(p.154)，**付加反応を起こさなければシクロアルカン**ということになります。

Point…

分子式がC_nH_{2n}のとき，
◎ 付加反応を起こすなら…アルケン
◎ 付加反応を起こさないなら…シクロアルカン
で判断することができる。

シクロアルカン(C_nH_{2n})の性質

・光を当てると塩素や臭素と反応。

・付加反応する。
・付加重合する。
・酸化反応する。(オゾン分解)

・付加反応する。
・水と反応してアセトアルデヒドになる。
・3分子が重合してベンゼンになる。

特になし!!

シクロアルカンとアルケンの比較

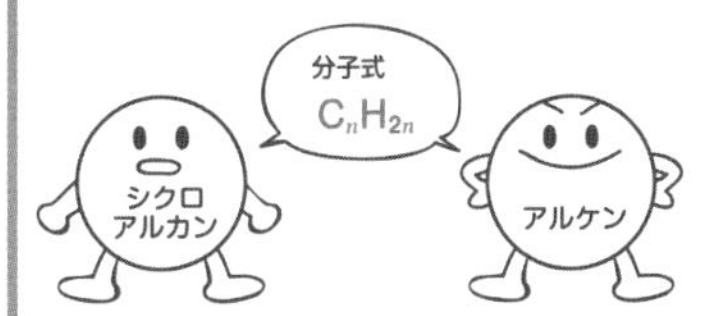

例

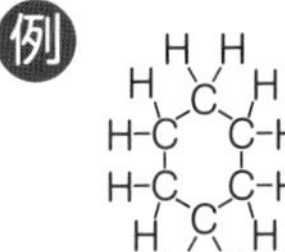

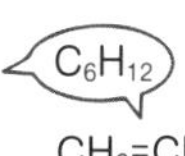

$CH_2=CHCH_2CH_2CH_2CH_3$

分子式が同じ

シクロアルカンとアルケンの違い

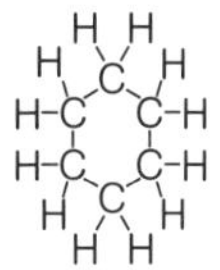

＋ Br_2 反応しない

アルケン $CH_2=CHCH_2CH_2CH_2CH_3$ ＋ Br_2 ⟶ $CH_2(Br)-CH(Br)-CH_2-CH_2-CH_2-CH_3$

よって…

臭素の色が消えた ＝ アルケン
(反応した)

臭素の色が不変 ＝ シクロアルカン
(反応しない)

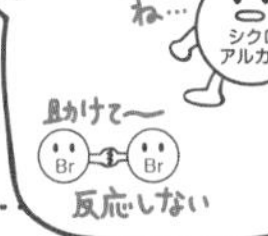

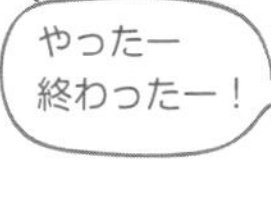

練習問題が終わるまで気を抜いたらいかんぞ！

ここまでやったら
別冊 P. 18 へ

ハカセの宇宙一キビしいチェック!!

理解できたものに，☑チェックをつけよう。

- ☐ アルカンは分子量が大きくなるほど沸点や融点が高くなり，光を当てると塩素や臭素と置換反応をする。
- ☐ エタノールと濃硫酸の混合物を160～170℃で加熱すると，分子内で脱水反応が起こり，エチレンが生成する。
- ☐ エタノールと濃硫酸の混合物を130～140℃で加熱すると，分子間で脱水反応が起こり，ジエチルエーテルが生成する。
- ☐ アルケンは付加反応や，付加重合や，酸化反応をする。
- ☐ アセチレンは炭化カルシウムCaC_2に水を加えて生成する。
- ☐ アセチレンに水を付加すると，不安定なビニルアルコールを経て，アセトアルデヒドに変化する。
- ☐ アセチレン3分子を重合させると，ベンゼンが生じる。
- ☐ アルキンに含まれる三重結合は直線形で，炭素-炭素間の距離は，単結合＞二重結合＞三重結合の順になっている。
- ☐ シクロアルカンは，一般式がC_nH_{2n}と表されるので，アルケンの一般式と同じである。

今まで分析していた物質はルナー燃料じゃないわ！
どこで変わっちゃったのかしら？
まぜちゃえ～
p.42 参照
ルナー燃料

Chapter

6

炭素と水素と酸素からなる有機化合物（芳香族化合物は除く）

Chapter 6 炭素と水素と酸素からなる有機化合物（芳香族化合物は除く）

はじめに

右ページでは，ルナー燃料の分析がどうやら間違っていた様子です。
$C_{12345}H_{24690}$ではなく，どうやらOも含まれていたとのこと。分析はやり直しですね。

Chapter 5では，「炭素Cと水素Hだけでできる有機化合物（炭化水素）」を紹介しましたが，Chapter 6では，そこに酸素Oも加えた「CとHとOからできる有機化合物」を紹介していきます。
Oが含まれている有機化合物には，次の6つがあります。

- **アルコールと，その構造異性体であるエーテル**
- **アルデヒドと，その構造異性体であるケトン**
- **カルボン酸と，その構造異性体であるエステル**

「Oが入っただけで，6種類も分類が増えちゃうの？」と驚くかもしれません。
でも，これが有機化学なのです。
構成する元素の種類は少ないけど，“組合せ”や“結びつきかた”まで考えるので，化合物の数が多くなってしまうのでしたね（p.20）。
大変ですが，それぞれの特徴や反応をおさえていきましょう。

この章で勉強すること

ここでは「アルコール，エーテル，アルデヒド，ケトン，カルボン酸，エステル」について，それぞれの性質や反応，区別のしかたについて勉強していきます。また，油脂やセッケンについても軽く触れます。

宇宙一
わかりやすい
ハカセの
Introduction

ウィーン
フムフム
zzzzz

ハカセ！
分析にミスが
あったようです！
おや

どうやら
ルナー燃料には
酸素原子Oが
含まれていた
ようなのです

なんじゃと？
とすると
もっとたくさんの
候補が考えられる
じゃないか
ほらちゃんと
起きて！
ムニャムニャ

酸素が含まれているとなるとルナー燃料は……
・アルコールと，その構造異性体であるエーテル
・アルデヒドと，その構造異性体であるケトン
・カルボン酸と，その構造異性体であるエステル
の6つの化合物のどれかである可能性が
あるようです
その通りじゃ
この6つの
化合物の
性質や反応を
勉強しないと…

もう一度
分析し直して
みますね！
たのもしいのう

6-1 不飽和度の定義

ココをおさえよう！

不飽和度は，その有機化合物が，二重結合や三重結合をどれだけもっているかを表している。

さて，CとHとOからなる有機化合物の説明の前に，有機化学の問題を解くときに，かなり使える道具を紹介しましょう。
それは不飽和度の式です。
「不飽和」というのは，p.90で学習しましたね。
不飽和度とは，**その物質がどれだけ二重結合や三重結合をもっているかを表した度合い**のことで，次の式で表されます。

$$\textbf{不飽和度} = \frac{(2C+2)-H}{2}$$ （Cは炭素原子の数，Hは水素原子の数）

では，この式の意味を順を追って説明していきましょう。

❶ 他の原子と結合できる炭素の手の数 ⟶ 2C＋2
右ページの❶のように，いくつか炭素鎖をかいてみると，
炭素鎖が結合に使える手の数の合計は，2C＋2とわかります。

❷ 結合する水素Hの数だけ，使える手の数が減る ⟶ (2C＋2)－H
Hが2つ結合すると，使える手の数が2本減り，余った手の数は4本になります。
Hが4つ結合すると，使える手の数は4本減り，余った手の数は2本になります。
つまり，**(2C＋2)－Hで余った結合の手の数がわかります。**

❸ 余った手2本で，新しい結合が1つできる ⟶ $\frac{(2C+2)-H}{2}$
4本の余った手どうしが握手して，新たに2つの結合ができました。
また，2本の余った手どうしが握手して，新たに1つの結合ができました。
つまり，**(2C＋2)－Hを2で割ると，余った手でできる結合の数がわかる**ということです。

よって，不飽和度の式が意味するところは，「**余った炭素の結合の手からできる結合の数**」ということです。

不飽和度 …二重結合や三重結合，環状構造をもつ度合い

$$\text{不飽和度} = \frac{(2C+2)-H}{2}$$

(ただし，C は炭素原子の数，H は水素原子の数)

げっ，
難しそう…
そうでも
ないわよ

この式の意味

❶

C＝2 のとき，6 本の手　C＝3 のとき，8 本の手　C＝4 のとき，10 本の手

(2C＋2)本の手が他の原子との結合に使える。

結合に使える手の数＝(2C＋2)

❷

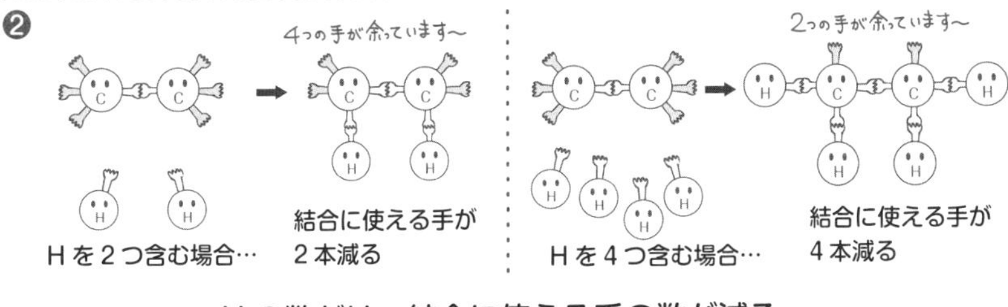
4つの手が余っています～
Hを2つ含む場合…
結合に使える手が
2本減る
2つの手が余っています～
Hを4つ含む場合…
結合に使える手が
4本減る

Hの数だけ，結合に使える手の数が減る。

結合に使える手の数＝(2C＋2)－H

❸

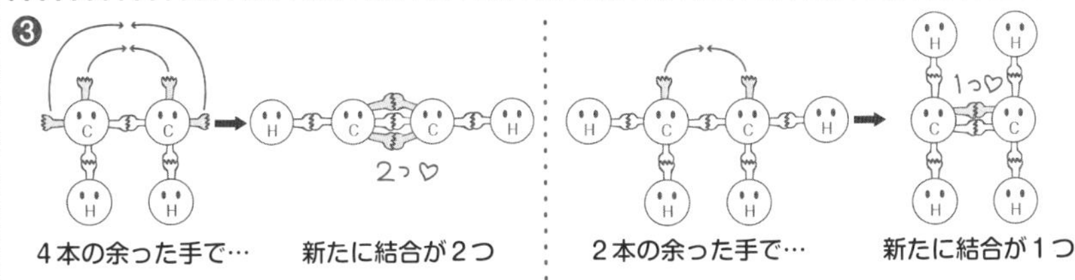
2つ♡
4本の余った手で…
新たに結合が2つ
1つ♡
2本の余った手で…
新たに結合が1つ

$$\text{余った手からできる結合の数} = \frac{(2C+2)-H}{2}$$

これでなにが
わかるのか，次で
説明していくぞい

つまり，不飽和度 ＝ 余った手からできる結合の数

実際に分子式から不飽和度を計算し，不飽和度からわかることを考えましょう。

例 C_4H_{10}

C_4H_{10}の不飽和度は，$\dfrac{(2\times4+2)-10}{2}=\mathbf{0}$です。

つまり，余った手がない＝**単結合のみでできている（飽和している）**ことがわかります。

よって，C_4H_{10}の構造として考えられるのは，右ページの通りです。

例 C_4H_8

C_4H_8の不飽和度は，$\dfrac{(2\times4+2)-8}{2}=\mathbf{1}$です。

これより，C_4H_8には余った手からできた結合が1つあることがわかります。

p.90で学習した「飽和・不飽和の定義」を思い出してください。余った手からできた結合が1つあるということは，どこかに，**二重結合1つか環状構造1つがある**ことがわかります。

つまり，C_4H_8の構造として考えられるのは，右ページのようになります。

例 C_4H_6

C_4H_6の不飽和度は，$\dfrac{(2\times4+2)-6}{2}=\mathbf{2}$です。

これより，C_4H_6には余った手からできた結合が2つあることがわかります。

ということは，どこかに，**三重結合が1つある**ことがわかります。

もしくは，**二重結合が2つ，または環状構造が2つ，または二重結合と環状構造が1つずつ含まれる**ということも考えられます。

これを踏まえると，C_4H_6の構造として考えられるのは，右ページのようになります。

3つの例からわかるように，**不飽和度は，「二重結合，環状構造を1」，「三重結合を2」とカウントした，有機化合物の構造を知る大きな手がかり**になるものです。

分子式から不飽和度を計算すれば，それだけで有機化合物の構造を絞ることができるという強力な考えかたですね。

不飽和度からなにがわかるのか？

→ **有機化合物の構造がわかる**

 C_4H_{10}

不飽和度は $\dfrac{(2\times4+2)-10}{2}=0$ ⇒ 単結合のみ（飽和している）

考えられる構造は

```
 H H H H          H H H
 | | | |          | | |
H-C-C-C-C-H      H-C-C-C-H
 | | | |          | | |
 H H H H          H C H
                   /|\
                  H H H
```

例 C_4H_8

不飽和度は $\dfrac{(2\times4+2)-8}{2}=1$ ⇒ 余った手からできた結合が１つ

考えられる構造は

```
H H H H        H H H H          H H H
| | | |        | | | |           \|/
C=C-C-C-H    H-C-C=C-C-H          C H
|   | |        |     |            |/
H   H H        H     H         H  C  H
                                \/ \/
                                C-C
                                | |
                    など        H H  など
```

二重結合を１つ含む　環状構造を１つ含む

例 C_4H_6

不飽和度は $\dfrac{(2\times4+2)-6}{2}=2$ ⇒ 余った手からできた結合が２つ

考えられる構造は

```
           H H       H H H H          H   H
           | |       | | | |           \ /
H-C≡C-C-C-H       H-C=C-C=C-H          C
           | |                          ‖
           H H             など     H   C   H
                                     \ / \ /
              など                    C-C
                                     /   \
                                    H     H  など
```

三重結合を１つ含む　二重結合を２つ含む　二重結合を１つと環状構造を１つ含む

不飽和度は，有機化合物に含まれる二重結合，環状構造を１つ，三重結合を２つとカウントした，構造の手がかりになるもの

6-2 不飽和度の補正式

ココをおさえよう！

ハロゲン,N,O,Sを含めると　$不飽和度=\dfrac{(2C+2)-H-X+N}{2}$

実際，多くの有機化合物には，ハロゲン原子X（F，Cl，Br，I），窒素原子N，酸素原子O，硫黄原子Sなど，C，H以外の元素が含まれます。
C，H以外の元素を考慮したときの不飽和度は，次の式で表されます。

$$不飽和度=\frac{(2C+2)-H-X+N}{2}$$
（ただし，Xはハロゲン原子の数，Nは窒素原子の数）

酸素原子O，硫黄原子Sは不飽和度に影響を与えません。

これも，炭素の手の数を考えましょう。

❶ Hについて

分子内の炭素鎖が結合に使える手の数の合計は2C＋2です。そして，Hとの結合で手を使うので，**－H**でしたね。ここまでは前と同じです。

❷ ハロゲン原子X（F，Cl，Br，I）が含まれている場合

XもHと同じように，結合するのにCの手を1本使うので，Hと同様に，**－X**を❶の式に書き加えましょう。

❸ 窒素原子Nが含まれている場合

Nは3本の手をもっているので，Cとの結合に手を1本使っても，2本の手が新たに使えるため，手の数が1本増えることになります。よって，**＋N**です。

❹ 酸素原子O，硫黄原子Sが含まれている場合

O，Sは手を2本もっています。Cとの結合に手を1本使っても，新たに手が1本ずつ使えるようになるので，結局，結合に使える手の数は±0ですね。
ですから，OやSは不飽和度を考えるときは計算には加えなくてよいです。

ただし，Oが含まれている場合，ホルミル基（アルデヒド基）$-C{\lesssim}^{O}_{H}$，カルボニル基（ケトン基）$>C=O$，カルボキシ基$-C{\lesssim}^{O}_{OH}$，エステル結合$-C{\lesssim}^{O}_{O-}$など，Oのところに二重結合が使われる構造が考えられるので，注意しましょう。

ハロゲン原子X(F, Cl, Br, I), 窒素N, 酸素O, 硫黄Sが含まれていたら…

$$\text{不飽和度} = \frac{(2C+2)-H-X+N}{2}$$

(ただし, X はハロゲン原子の数, N は窒素原子の数)

❶ H について

炭素が結合に使える手の数が 2C+2 で,
H との結合で手を 1 本使うので −H

結合に使える手の数＝(2C+2)−H

❷ ハロゲン原子 X(F, Cl, Br, I)が含まれている場合

X も H と同様に, 炭素の手を 1 本使って結合するので −X

結合に使える手の数＝(2C+2)−H−X

❸ 窒素原子 N が含まれている場合

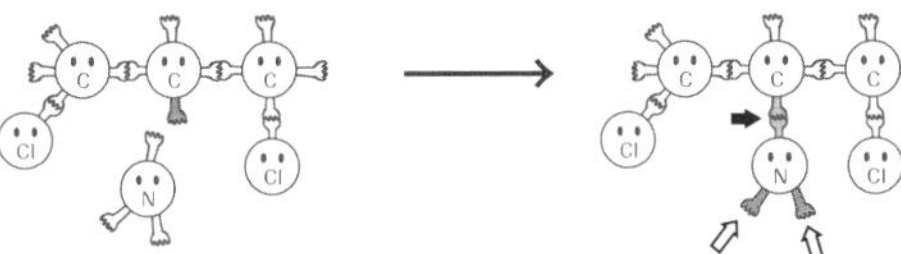

N が結合すると…　　手が 1 本増えるので +N

結合に使える手の数＝(2C+2)−H−X+N

窒素原子 N は
結合に使える
手が 3 本
あるものね

❹ 酸素原子 O や硫黄原子 S が含まれている場合

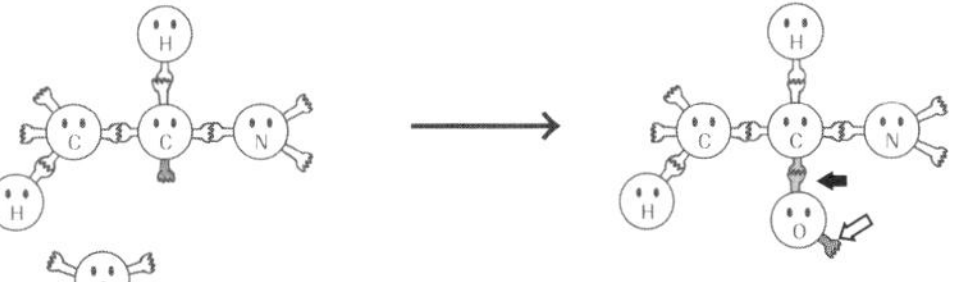

O や S が結合しても…　　手の数は変わらない

結合に使える手の数＝(2C+2)−H−X+N

難しそうに見えた
けど, 手の数を
数えただけ
だったんだ

よって, 不飽和度は $\frac{(2C+2)-H-X+N}{2}$ で表せる。

ここまでやったら
別冊 P. 19へ

6-3　Oを含む6つの有機化合物

ココをおさえよう！

構造異性体が区別できるようになろう！

Chapter 6では，酸素Oを含む6つの有機化合物（芳香族化合物以外）について，その性質や反応を見ていきます。
ここでは，互いに構造異性体の関係にある有機化合物を，「そっくりさん」と呼ぶことにします。なぜなら，それぞれの**官能基がとても似ている**からです。

構造異性体とは，**分子式は同じ（CやHやOの数が同じ）だけど構造式が異なり，性質の異なる化合物**のことでしたね（p.96）。

官能基とは，化合物に特定の性質をもたせる原子団のことでしたね。官能基の一覧はp.40にあるので確認してください。
右ページを見ると，3組のそっくりさんでは，一方の化合物の官能基でHと結合しているところが，もう一方では"H以外の元素と結合"とあります。

有機化合物が何なのかを決定する際には，
「可能性のある構造をすべて洗い出す」⇒「1つの構造に絞り込む」
という手順を踏みますが，それぞれの構造異性体の性質を知らないと1つの構造に絞り込めません。

よって，そっくりさんどうしのそれぞれの特徴を理解し，2つの構造異性体が区別できるようにならねばなりません。

特に，構造異性体を区別する際には，**官能基の性質が違うこと**を用います。
よって，**「どんな官能基をもっていたら，どんな性質を示すのか」**を，きちんと頭に入れていきましょうね。

Oを含む6つの有機化合物（3組は互いに構造異性体）

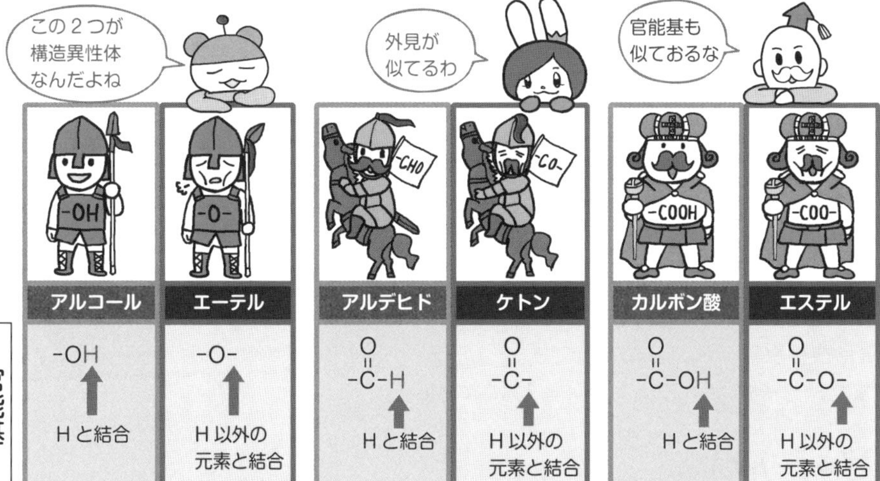

今までやってきたことと，これからやることの位置づけ

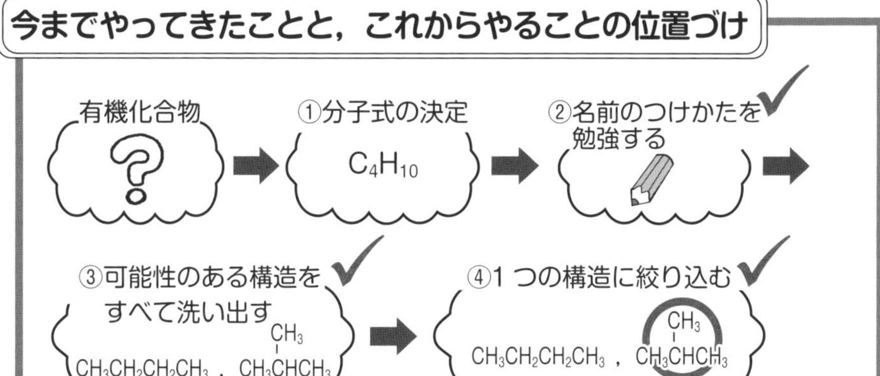

イメージ 分子式は同じだが官能基が違う

官能基の性質の違いで，区別する

6-4 アルコール

ココをおさえよう！

炭素の多いアルコール（高級アルコール）ほど，水に溶けにくい！

それでは，さっそく「酸素を含む有機化合物」の1つ目の候補，
アルコールについて見ていきましょう。

アルコールとは，炭化水素の水素原子を**ヒドロキシ基-OH**で置き換えた化合物のことをいい，一般式**R-OH**で表されます。
Rは炭化水素基（p.72）のことです。
また，分子式は，$C_nH_{2n+2}O$（$n \geqq 1$）になります。

【アルコールの製法】
まずはアルコールの製法について見ていきましょう。
アルコールは，p.154でやったように，**アルケンに水H_2Oを付加して生成**されます。

例えば，アルコールの一種であるエタノールCH_3CH_2OHは，
次のようにエチレン$CH_2=CH_2$に水H_2Oが付加することによってつくられます。

$$\underset{\text{エチレン}}{CH_2=CH_2} + H_2O \longrightarrow \underset{\text{エタノール}}{CH_3CH_2OH}$$

【アルコールの名称】
続いて，アルコールの名前のつけかたです。
アルコールは，「-OH基の位置の番号」＋「アルカンの名称」＋「数詞」＋「オール（-ol）」という形式で名称がつけられます。
側鎖がある場合は，その前に「側鎖の位置の番号」＋「数詞」＋「側鎖の名称」をつけます。基本は炭化水素の名前のつけかたと同じです。アルカンやアルケン，アルキンの名前のつけかたを思い出してみましょう（p.68～85）。

①-OH基が2つあるときは-diol（ジオール），3つあるときは-triol（トリオール）をつけます。
②-OH基の位置を表す番号は，二重結合C=Cや他の基より優先して小さな数字になるように，主鎖の端から番号を振っていきます。

アルコール

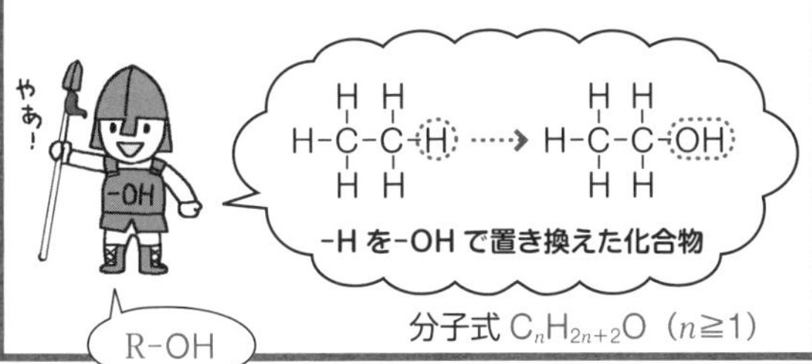

$$H-\overset{H}{\underset{H}{C}}-\overset{H}{\underset{H}{C}}-H \cdots\rightarrow H-\overset{H}{\underset{H}{C}}-\overset{H}{\underset{H}{C}}-OH$$

分子式 $C_nH_{2n+2}O$ ($n\geqq1$)

お酒に含まれている
アルコールは
エタノールじゃ
お酒でわかるように，
アルコールと水は溶け
やすいんじゃぞ

アルコールの製法 …アルケンに水H_2Oを付加する

例 $CH_2=CH_2$ （エチレン） ＋ H_2O （水） $\longrightarrow$ CH_3CH_2OH （エタノール）

うぃ〜
水でも飲みなさい…

イメージ

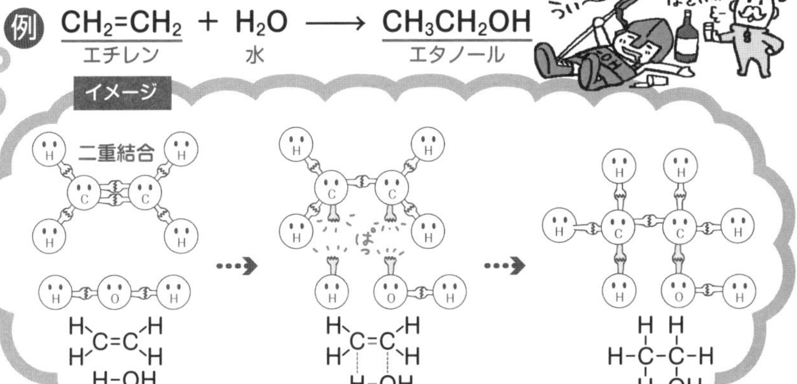

アルコールの名称

CH_3OH	CH_3CH_2OH	$CH_3CH_2CH_2OH$	$CH_3CH_2CH_2CH_2OH$
メタノール	エタノール	1-プロパノール	1-ブタノール
(methanol)	(ethanol)	(propanol)	(butanol)
接頭語			

-OH が複数の場合…

$$HO-\overset{H}{\underset{H}{C}}-\overset{H}{\underset{H}{C}}-OH$$

1, 2-エタンジオール

$$\begin{array}{l} CH_2-OH \\ CH-OH \\ CH_2-OH \end{array}$$

1, 2, 3-プロパントリオール（グリセリン）

【アルコールの分類】
次に，アルコールの分類をしてみましょう。

アルコールの特徴である-OH基に注目して分類します。
分類のしかたには，次の2つの方法があります。

1)　-OH基の数による分類
2)　-OH基の結合したCに結合している，Cの数による分類

1)　**-OH基の数による分類**

これは単純に，分子についている**-OH基の数による分類**です。
　1個ついたものを**1価アルコール**，
　2個ついたものを**2価アルコール**，
　3個ついたものを**3価アルコール**　といいます。

2価以上のものを**多価アルコール**といいます。

また，有機化合物の多くは水に溶けにくいと話しましたが（p.26），
-OH基は水に溶けやすい性質の官能基なのでアルコールは水に溶けます。
-OH基が多いほど水に溶けやすくなります。
つまり，炭素数の同じアルコールで比べた場合，
1価アルコールよりも2価アルコール，3価アルコールのほうが水に溶けやすいということです。
逆に炭化水素は水に溶けにくいので，炭化水素基の割合が大きいほど水に溶けにくくなります。
メタノールCH_3OH，エタノールC_2H_5OH，プロパノールC_3H_7OHあたりはよく溶けますが，それ以上炭化水素基の割合が大きくなると，溶けにくくなります。

分子量の小さいアルコールを**低級アルコール**，
分子量の大きいアルコールを**高級アルコール**といいます。

アルコールの分類

1) −OH基の数による分類
2) −OH基の結合したCに結合している，Cの数による分類

1) −OH 基の数による分類

1価アルコール	2価アルコール	3価アルコール
CH_3-CH_2-OH（1コ）	$CH_3-CH(OH)_2$（2コ）	$CH_3-C(OH)_3$（3コ）

水に溶けやすいのは……

CH_3-CH_2-OH < $CH_3-CH(OH)_2$ < $CH_3-C(OH)_3$
極性をもつ−OHが
多いほど水に
溶けやすいんじゃ
わーい

補足

分子量の小さいアルコール…低級アルコール　例 CH_3OH

分子量の大きいアルコール…高級アルコール

例 $CH_3CH_2CH_2CH_2CH_2CH_2CH_2OH$

2)　-OH基の結合したCに結合している，Cの数による分類

今度は，-OH基のついた炭素Cに注目して分類していきます。

この，-OH基の結合した炭素原子Cは特別で（“選ばれし炭素”と呼びましょう），そんな“選ばれし炭素”に結合している炭素の数で分類するのです。

具体的には，“選ばれし炭素”に，
　1つの炭素がついたアルコールを**第一級アルコール**，
　2つの炭素がついたアルコールを**第二級アルコール**，
　3つの炭素がついたアルコールを**第三級アルコール**　といいます。

この分類によって，異なる特徴が2つあります。

①　酸化したときにそれぞれ特有の反応をする

それぞれを酸化させると，次のような反応をします。

この反応はとても大事なので，勝手に“アルコールの階級別変化”と名づけます。
今後，何度も出てきますので，しっかりマスターしましょう。

「階級別変化①」……**第一級アルコール** $\xrightarrow[(-2H)]{\text{酸化}}$ **アルデヒド** $\xrightarrow[(+O)]{\text{酸化}}$ **カルボン酸**
第一級アルコールを酸化するとアルデヒド-CHOになります。
さらに酸化すると，アルデヒド-CHOはカルボン酸-COOHになります。

「階級別変化②」……**第二級アルコール** $\xrightarrow[(-2H)]{\text{酸化}}$ **ケトン**
第二級アルコールを酸化するとケトン-CO-になります。

「階級別変化③」……**第三級アルコール** ⟶ 変化なし
第三級アルコールは，酸化されにくいため，変化しません。

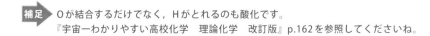

Oが結合するだけでなく，Hがとれるのも酸化です。
『宇宙一わかりやすい高校化学　理論化学　改訂版』p.162を参照してくださいね。

2) -OH 基の結合した C に結合している，C の数による分類

例

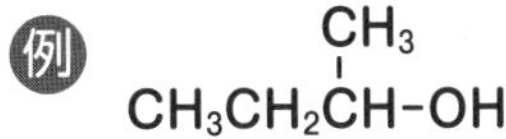

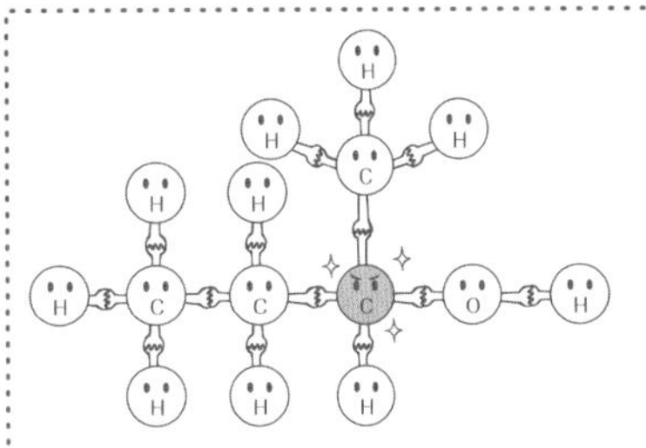

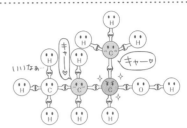

-OH 基の結合した炭素 ➡ 選ばれし炭素

選ばれし炭素に結合している炭素の数 

 …第一級アルコール

 …第二級アルコール

 …第三級アルコール

ということは，
上の有機化合物は
第二級アルコール
だね

◎ 分類別の特徴①… 酸化したときに特有の反応をする

O が結合すること
だけじゃなく，
H がとれることも
酸化というのよね

アルコールの階級別変化

第一級アルコール

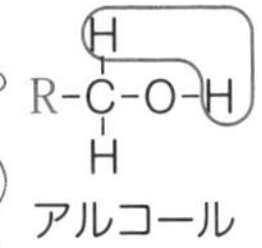

アルコール

酸化 (−2H) →

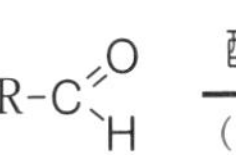

アルデヒド

酸化 (+O) →

R-C(=O)-OH

カルボン酸

第二級アルコール

R^1-C(H)(R^2)-O-H

アルコール

酸化 (−2H) →

R^1R^2C=O

ケトン

※ Rは炭化水素基

第三級アルコール

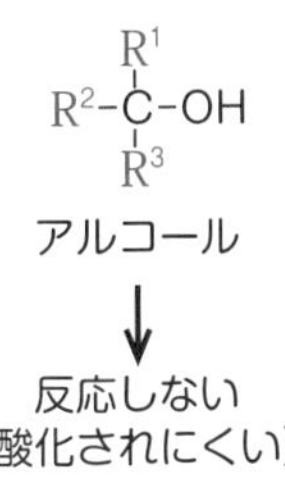

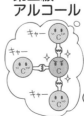

② 第一級〜第三級アルコールは沸点が違う

アルコールを“選ばれし炭素”に注目して分類する2つ目の理由は，
第一級，第二級，第三級アルコールの沸点に違いがあるからです。

もともと**アルコールは，分子間のヒドロキシ基で水素結合を形成する**ので，
同じ炭素数のアルカンに比べて沸点が高くなっています。

「アルコールが何級であろうと，－OH基の数が同じなのだから，分子間の結合は変わらないのではないか」と思うかもしれませんが，そうではありません。

第二級アルコール，第三級アルコールとなるごとに，
立体構造の炭化水素基Rが増えるため，－OH基の周りが込みあい，
水素結合がつくられにくくなるのです。

よって，第一級，第二級，第三級アルコールの間の沸点の高さには，次のような関係があります。

「**第一級アルコール＞第二級アルコール＞第三級アルコール**」

水素結合がきちんと形成される第一級アルコールが，分子間の結びつきが強いので，沸点がいちばん高いのですね。

水H_2Oやフッ化水素HFのように，電気陰性度の大きな原子と水素原子でできた水素化合物が，分子間でつくる結合を**水素結合**といいます。

◎ 分類別の特徴②…第一級～第三級アルコールは沸点が違う

水素結合がある ➡ 沸点が上昇する

水素結合があると，分子をバラバラにするのにより多くのエネルギー（熱エネルギー）が必要なのじゃ

だからアルカンより沸点が高いのね

6

でも，-OH 基の位置によって水素結合のしやすさが異なる！

第一級アルコール	第二級アルコール	第三級アルコール
水素結合（・・・・・）が形成されやすい。	R が立体的な障害になり，水素結合が形成されにくい。	一段と水素結合が形成されにくい。

沸点の高さ

第一級アルコール ＞ 第二級アルコール ＞ 第三級アルコール

水素結合とは

フッ化水素HF，水H_2O，アンモニアNH_3など，電気陰性度が大きい原子（F，O，N）とHが分子間でつくる結合。

ここまでやったら
別冊 P. 20 へ

6-5 アルコールの反応

ココをおさえよう！

1) アルコールのもつ-OH基（ヒドロキシ基）は，金属Naと反応する。
2) アルコールは酸化される。
3) アルコールは，濃硫酸とともに加熱するとエーテルやアルケンになる。

【アルコールの反応】

続いて，アルコールの反応について見ていきましょう。
アルコールには，3つの特徴的な反応があります。

1) 金属Naとの反応

アルコールの-OH基（ヒドロキシ基）は，金属Naと反応して水素H_2を発生します。

アルコールの他にも，水，フェノール類（p.260～），カルボン酸（p.204）は**-OH基をもって**おり，**金属Naと反応**して水素H_2を発生します。

よって，この-OH基を，有機化合物の"金属探知機"とでも名づけましょう。

※有機化合物が-OH基をもっていることを判定するために，金属Naがよく使われます。

6

アルコールの反応

3つあるよ
どれも重要！

1) 金属Naとの反応

$$2\mathrm{R{-}OH} + 2\mathrm{Na} \rightarrow 2\mathrm{R{-}ONa} + \mathrm{H_2}$$

-OH 基が金属 Na
と反応する，これは
超重要じゃぞ！

アルコールの他にも…

水(H_2O)，フェノール（OH付きベンゼン環），カルボン酸(R-COOH)

RCOOH

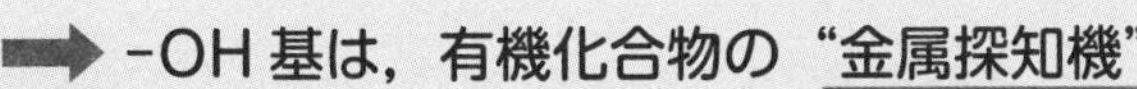
→ -OH 基は，有機化合物の“金属探知機”

2) アルコールの酸化

p.184でも説明した“アルコールの階級別変化”とは，
アルコールの酸化反応のことです。何度もいいますが，これはすごく大事です。

「階級別変化①」……第一級アルコール $\xrightarrow[(-2H)]{\text{酸化}}$ **アルデヒド** $\xrightarrow[(+O)]{\text{酸化}}$ **カルボン酸**

「階級別変化②」……第二級アルコール $\xrightarrow[(-2H)]{\text{酸化}}$ **ケトン**

「階級別変化③」……第三級アルコール ⟶ 変化なし

3) 濃硫酸と加熱すると，比較的低温でエーテル，比較的高温でアルケンになる。

アルコールに濃硫酸を混ぜて，比較的低温で加熱すると，
分子間で脱水反応（H_2Oがとれる反応）が起こり，**エーテル**になります。
このように，**分子間でH_2Oのような簡単な分子がとれる反応を縮合（しゅくごう）**といいます。

$$\underset{\text{エタノール}}{2C_2H_5OH} \xrightarrow[\text{濃硫酸}]{130\sim140^\circ C} \underset{\text{ジエチルエーテル}}{C_2H_5OC_2H_5} + H_2O$$

また，比較的高温では，**分子内で**脱水反応が起こり，アルケンになります。
p.152でエチレンの製法として触れましたね。

$$\underset{\text{エタノール}}{C_2H_5OH} \xrightarrow[\text{濃硫酸}]{160\sim170^\circ C} \underset{\text{エチレン}}{C_2H_4} + H_2O$$

温度による脱水のしかたの違いを覚えておきましょう。

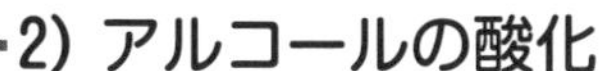

2) アルコールの酸化

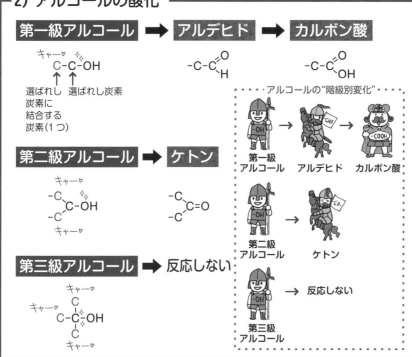

第一級アルコール ➡ アルデヒド ➡ カルボン酸

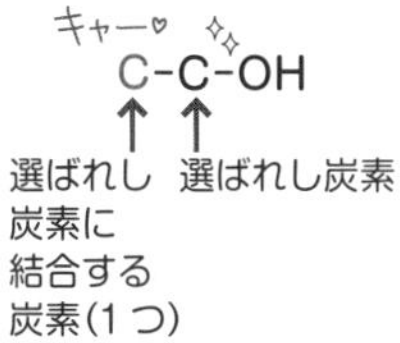

キャー♡ ✧✧
C-C-OH
↑ ↑
選ばれし炭素に結合する炭素(1つ)　選ばれし炭素

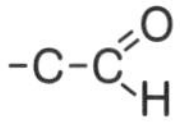

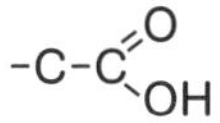

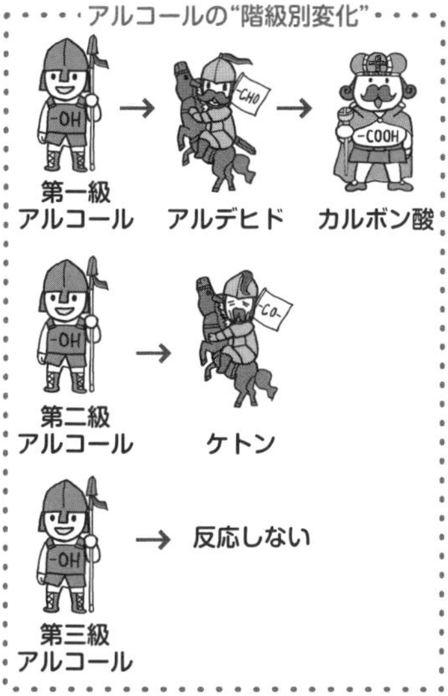

-C-C(=O)H

-C-C(=O)OH

第二級アルコール ➡ ケトン

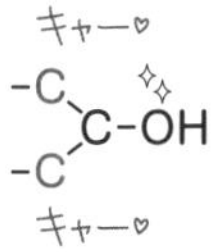

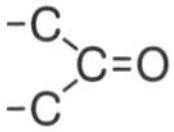

キャー♡
-C
 C-OH ✧✧
-C
キャー♡

-C
 C=O
-C

第三級アルコール ➡ 反応しない

キャー♡
C
キャー♡ C-C-OH ✧✧
C
キャー♡

アルコールの"階級別変化"

第一級アルコール → アルデヒド → カルボン酸
-OH → -CHO → -COOH

第二級アルコール → ケトン
-OH → -CO-

第三級アルコール → 反応しない
-OH

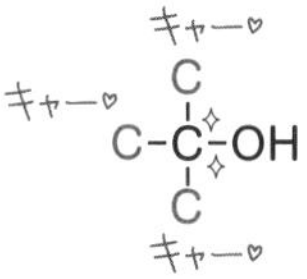

3) 濃硫酸と加熱すると，比較的低温でエーテル，比較的高温でアルケンになる

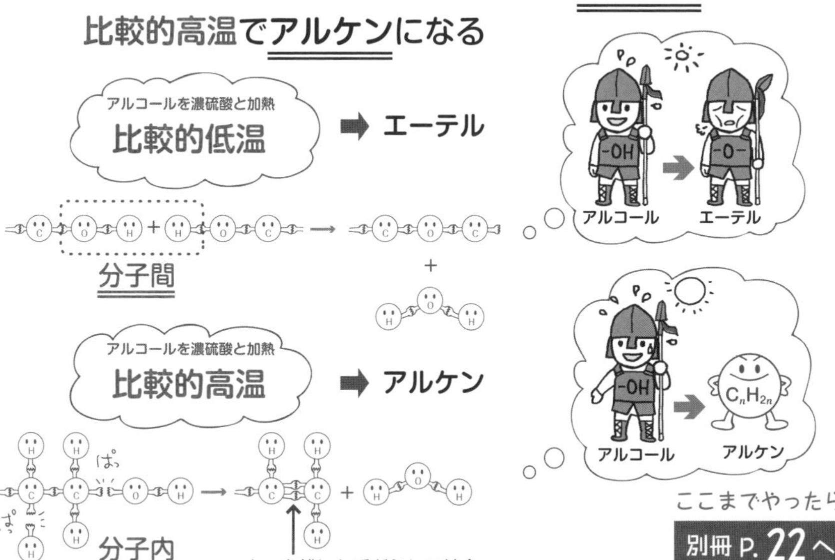

ここまでやったら
別冊 P. 22 へ

6-6 エーテル

ココをおさえよう！

アルコールは，“金属探知機”である-OH基をもち，金属Naと反応するが，エーテルは，-OH基をもたないので，金属Naと反応しない。

次に，アルコールのそっくりさん（構造異性体）であるエーテルについて見てみましょう。

エーテルとは，どんな物質のことかといいますと，
酸素Oに2個の炭化水素基（R，R′）がくっついた化合物のことです。
そして，この**R-O-R′**を**エーテル結合**といいます。
また，エーテルは，アルコールと構造異性体の関係にあり，
分子式は，アルコールと同じ**$C_nH_{2n+2}O$ ($n \geqq 2$)** になります。

【エーテルの製法】
エーテルの中でも，特に有名なジエチルエーテルに注目してみましょう。
この物質は，エタノールと濃硫酸を混ぜて，130～140℃に加熱し，分子間で脱水させて（縮合），生成することができます（p.152，190）。

$$\underset{\text{エタノール}}{2C_2H_5OH} \xrightarrow[130\sim140℃]{\text{濃硫酸}} \underset{\text{ジエチルエーテル}}{C_2H_5OC_2H_5} + H_2O$$

【エーテルの性質】
アルコールには-OH基（有機化合物の“金属探知機”）があり，金属Naと反応しますが，**エーテルには-OH基がないので金属Naとは反応しません。**

例えば，ある有機化合物の分子式がC_2H_6Oである場合，考えられる化合物はCH_3CH_2OH（エタノール）かCH_3-O-CH_3（ジメチルエーテル）です。
この2つは，次の方法で判別します。

- 金属Naを加える ⇒ 水素を発生した……**アルコール** CH_3CH_2OH（エタノール）
- 金属Naを加える ⇒ 何も起こらない……**エーテル** CH_3-O-CH_3（ジメチルエーテル）

エーテル

分子式　$C_nH_{2n+2}O\,(n \geqq 2)$

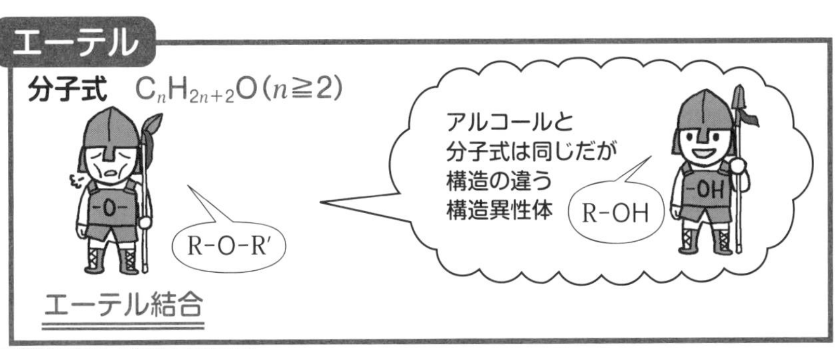
R-O-R′
アルコールと
分子式は同じだが
構造の違う
構造異性体
R-OH
-O-
-OH

エーテル結合

エーテルの製法

アルコール —比較的低温／濃硫酸→ エーテル

…金属Naと反応しない

エーテルの性質　…金属Naと反応しない

エーテル
R O R'
しーん…
Na

アルコール
R OH
Na

金属 Na とは反応しない　　金属 Na と反応する

例 分子式が C_2H_6O

➡ 考えられるのは，CH_3CH_2OH（アルコール）か $CH_3\text{-}O\text{-}CH_3$（エーテル）

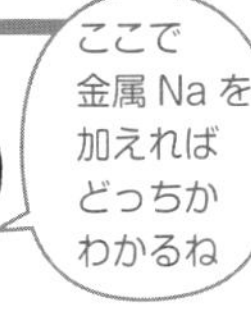
ここで
金属 Na を
加えれば
どっちか
わかるね

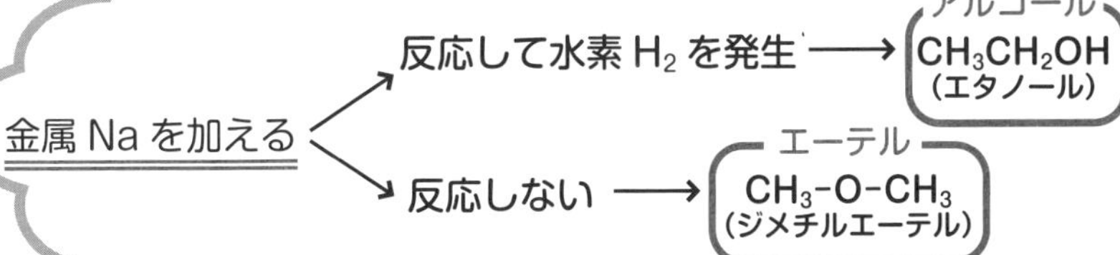
金属 Na を加える
反応して水素 H_2 を発生 ⟶ アルコール CH_3CH_2OH（エタノール）
反応しない ⟶ エーテル $CH_3\text{-}O\text{-}CH_3$（ジメチルエーテル）

ここまでやったら
別冊 P. 24 へ

6-7 アルデヒド

ココをおさえよう！

第一級アルコールを酸化させると，アルデヒドができる。
アルデヒドの還元性によって，銀鏡反応やフェーリング液の還元が起きる。

続いて，アルデヒドについて見ていきましょう。

ホルミル基（アルデヒド基） -C(=O)-H（-CHO）をもつ化合物を**アルデヒド**といいます。

炭素Cと酸素Oが二重結合した官能基 >C=O を**カルボニル基**といいます。
この**カルボニル基 >C=O に水素原子Hが結合した官能基がアルデヒド基**です。

（H>C=O と -C(=O)-H は同じですからね）

カルボニル基のもつ=Oの部分は，水のもつO-H結合と水素結合をつくりやすいので，炭化水素基の割合が小さいアルデヒド（とケトン）は水に溶けやすいです。ホルムアルデヒド，アセトアルデヒドは水によく溶けます。

【アルデヒドの製法】

「アルコールの階級別変化①」を利用します。
第一級アルコールを酸化することでアルデヒドを生成します。
例えば，ホルムアルデヒドHCHOは，メタノールCH_3OHを酸化するとできて，
アセトアルデヒドCH_3CHOは，エタノールCH_3CH_2OHを酸化するとできます。

【主なアルデヒド】

アルデヒドでは，**ホルムアルデヒドHCHO**や**アセトアルデヒドCH_3CHO**が有名です。この2つの名前は覚えておきましょう。
（ホルムアルデヒドを酸化するとギ酸，アセトアルデヒドを酸化すると酢酸になりますよ）

ちなみに，アセトアルデヒドCH_3CHOはp.164の【アセチレンの重要な反応①】に出てきたように，アセチレンC_2H_2に水を加えても生成します。

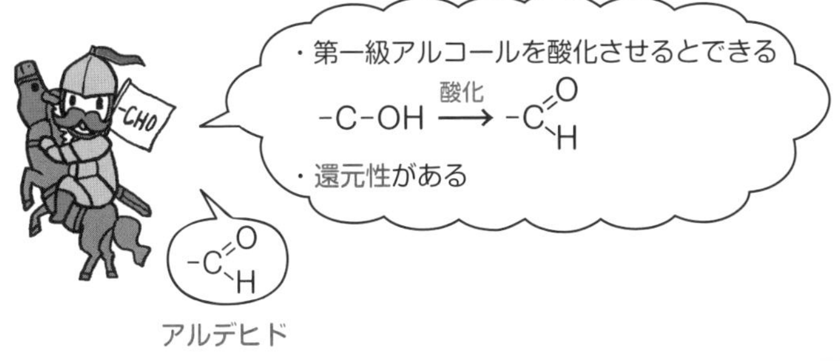

・第一級アルコールを酸化させるとできる
−C−OH —酸化→ −CHO
・還元性がある
-CHO
−CHO
アルデヒド

アルデヒドの製法

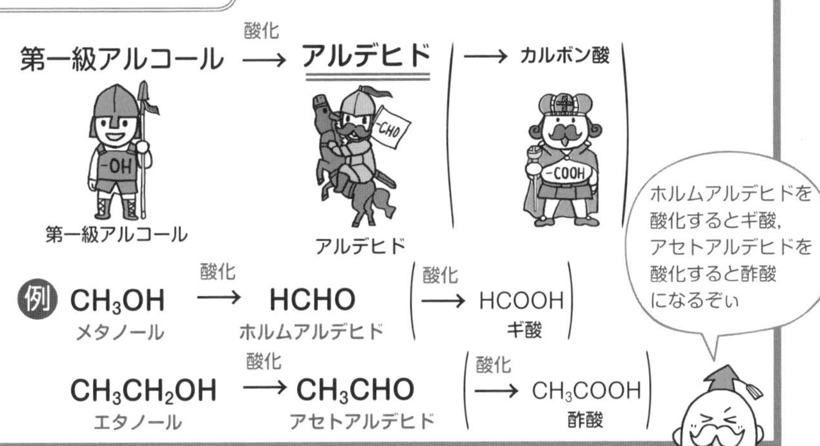

主なアルデヒド

$$\mathrm{H{-}C{\overset{\displaystyle O}{\underset{\displaystyle H}{\lessgtr}}}}\quad(\mathrm{HCHO})$$

ホルムアルデヒド

$$\mathrm{CH_3{-}C{\overset{\displaystyle O}{\underset{\displaystyle H}{\lessgtr}}}}\quad(\mathrm{CH_3CHO})$$

アセトアルデヒド

アセトアルデヒドは，アセチレンに水を加えることでも生成！

$$\mathrm{H{-}C{\equiv}C{-}H} + \mathrm{H_2O} \longrightarrow \left[\begin{matrix}\mathrm{H} & & & \mathrm{H}\\ & \mathrm{C{=}C} & & \\ \mathrm{H} & & & \mathrm{OH}\end{matrix}\right] \longrightarrow \mathrm{CH_3{-}C{\overset{\displaystyle O}{\underset{\displaystyle H}{\lessgtr}}}}$$

アセチレン　　ビニルアルコール　　アセトアルデヒド

【アルデヒドの性質】
アルデヒドの最も特徴的な性質は，**還元性**（相手を還元する性質）があることです。還元性があることで，次のような反応を示します。

①　銀鏡反応（ぎんきょう）
アンモニア性硝酸銀水溶液にアルデヒドを加えて温めると，**銀が析出**し，試験管が鏡のようになります。

このとき，アルデヒドは還元剤としてはたらいて，銀を還元しますが，自分自身は酸化されてカルボン酸となります。

②　フェーリング液の還元
フェーリング液にアルデヒドを加えて熱すると，酸化銅(Ⅰ)Cu_2Oの**赤色沈殿**（せきしょくちんでん）を生じます。

このとき，フェーリング液に含まれている**Cu^{2+}（Cuの酸化数は＋2）**は，アルデヒドの還元性により，還元されて**Cu_2O（Cuの酸化数は＋1）**になります。また還元剤であるアルデヒド自身は酸化されてカルボン酸となります。

フェーリング液はCu^{2+}を含むから青色で，生成した酸化銅(Ⅰ)Cu_2Oの色が赤色であるということは，とても重要ですので，しっかり頭に入れましょう。

銀鏡反応やフェーリング液の還元は，アルデヒドに還元性があることを利用した，ホルミル基（アルデヒド基）（-CHO）をもつ化合物の検出反応です。

アルデヒドの性質 …還元性がある

① 銀鏡反応

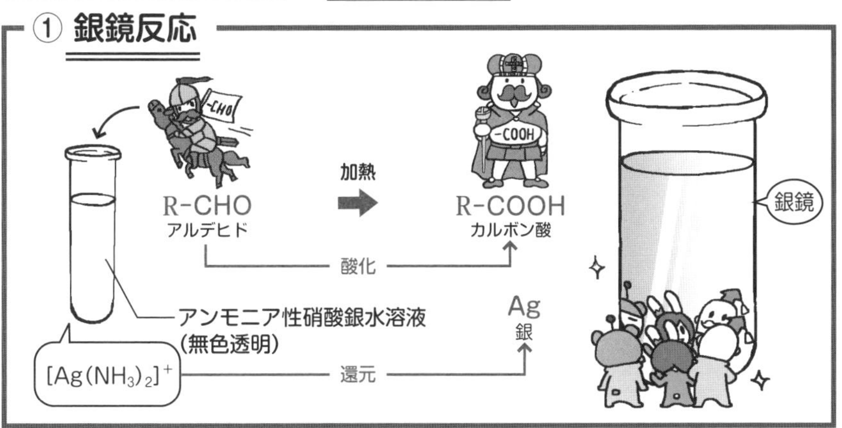

②フェーリング液の還元

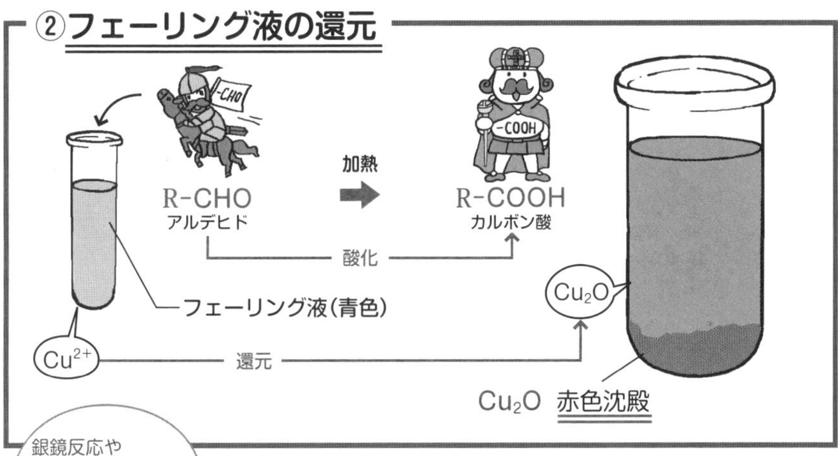

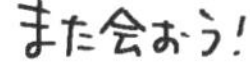

Cu_2O 赤色沈殿

銀鏡反応や
フェーリング液の
還元とあったら
アルデヒドであると
すぐわかるぞぃ

ここまでやったら
別冊 P. 24 へ

6-8 ケトン

ココをおさえよう！

第二級アルコールを酸化させるとケトンができる。還元性はない。

アルコールのそっくりさん，エーテルについて考えたように（p.192），
アルデヒドのそっくりさん，ケトンについても見てみましょう。

ケトンというのは，「**カルボニル基** $>C=O$ の炭素原子Cに，
2個の炭化水素基R，R′が直接結合した化合物 $\left(\begin{matrix}R\\R'\end{matrix}>C=O\right)$ のこと」です。
p.194で説明した通り，炭化水素基の割合が小さいケトン（アセトン CH_3COCH_3 など）は水によく溶けます。

【ケトンの製法】
ケトンは，「アルコールの階級別変化②（p.184）」に出てきたように，
第二級アルコールを酸化することによってつくられます。

【ケトンの性質】
アルデヒドの特徴だった還元性が，ケトンにはありません。
よって，**「還元性がない」**というのが，ケトンについて覚えるべき性質です。

例えば，「分子式が C_3H_6O」の有機化合物があり，それがアルコールやエーテルではないとわかった場合，その物質は，アルデヒドのプロピオンアルデヒド C_2H_5CHO か，またはケトンのアセトン CH_3COCH_3 のどちらかになります。

そこで，銀鏡反応またはフェーリング反応を調べることで，

・反応した（還元性あり）　⇒　**アルデヒド**　C_2H_5CHO（プロピオンアルデヒド）
・反応しない（還元性なし）　⇒　**ケトン**　CH_3COCH_3（アセトン）

であるとわかります。

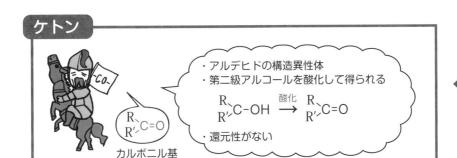

- アルデヒドの構造異性体
- 第二級アルコールを酸化して得られる

$$\mathrm{R,R'{-}C{-}OH} \xrightarrow{\text{酸化}} \mathrm{R,R'{-}C{=}O}$$

- 還元性がない

ケトンの製法 … 第二級アルコールを酸化する

酸化

第二級アルコール → ケトン

ケトンの性質 … 還元性がない

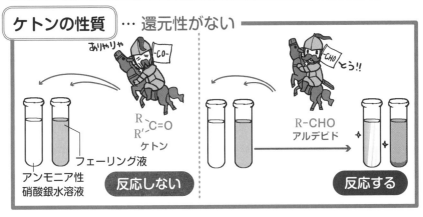

反応しない

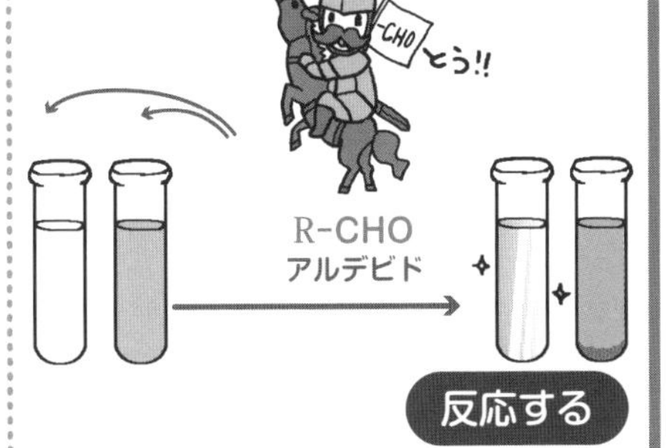

反応する

例 分子式が C_3H_6O でアルコールやエーテルではない

➡ 可能性としては，C_2H_5CHO（アルデヒド）（プロピオンアルデヒド），CH_3COCH_3（ケトン）（アセトン）

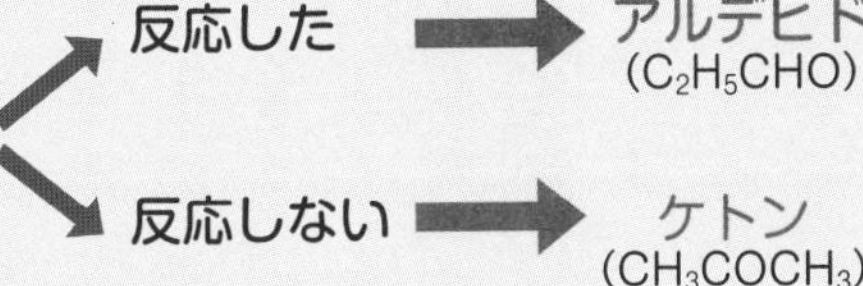

還元性があるか調べる
（アンモニア性硝酸銀水溶液 or フェーリング液）

- 反応した ➡ アルデヒド（C_2H_5CHO）
- 反応しない ➡ ケトン（CH_3COCH_3）

6-9 ケトン〜アセトン〜

ココをおさえよう！

アセトンは，酢酸(さくさん)カルシウムを乾留(かんりゅう)したり，クメン法で副生物としてつくられる。

ケトンの中でも最も有名な**アセトンCH_3COCH_3**の特徴を見てみましょう。

【アセトンの製法】

① アセトンはケトンなので，「アルコールの階級別変化②」を適用して，第二級アルコールの**2-プロパノールを酸化する**ことで得られます。

$$\underset{\text{2-プロパノール}}{CH_3CH(OH)CH_3} \xrightarrow[(-2H)]{\text{酸化}} \underset{\text{アセトン}}{CH_3COCH_3}$$

② また，**酢酸カルシウム$(CH_3COO)_2Ca$を乾留する**ことでも得られます。

$$\underset{\text{酢酸カルシウム}}{(CH_3COO)_2Ca} \longrightarrow \underset{\text{アセトン}}{CH_3COCH_3} + \underset{\text{炭酸カルシウム}}{CaCO_3}$$

補足 **乾留**とは，試験管の中で空気を遮断して加熱する操作のことをいいます。

③ さらに，**クメン法**でフェノールをつくるときの副生物としても得ることができます。くわしくはp.268で説明しますので，今のところは製法の流れを見るに留めておいてください。

<クメン法>

ベンゼン $+$ $CH_2{=}CH{-}CH_3$ $\xrightarrow[\text{触媒}]{AlCl_3}$ クメン（C_6H_5-$CH(CH_3)_2$） $\xrightarrow{+O_2}$ クメンヒドロペルオキシド（C_6H_5-$C(OOH)(CH_3)_2$） $\xrightarrow[\text{分解}]{\text{希硫酸}}$ フェノール（C_6H_5OH） $+$ CH_3COCH_3

ベンゼン　プロペン（プロピレン）　クメン（イソプロピルベンゼン）　クメンヒドロペルオキシド　フェノール　**アセトン**

アセトン CH_3COCH_3

ケトンの中でいちばん有名だよ

アセトンの製法

① 2-プロパノールを酸化する

$$\underset{\text{2-プロパノール}}{CH_3-\underset{\large OH}{\underset{|}{C}H}-CH_3} \xrightarrow[(-2H)]{\text{酸化}} \underset{\text{アセトン}}{CH_3-\underset{\large O}{\underset{\|}{C}}-CH_3}$$

② 酢酸カルシウムを乾留する

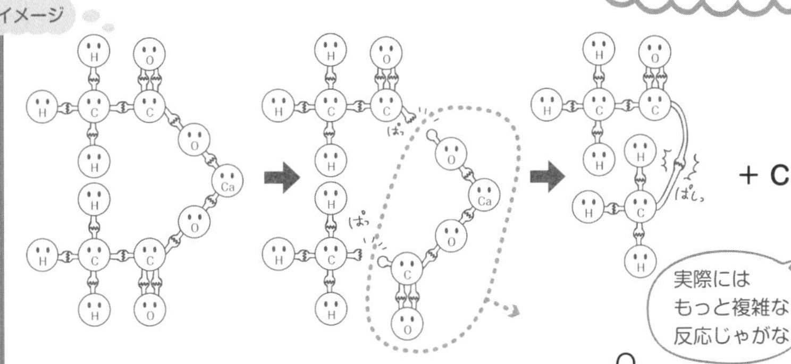

実際にはもっと複雑な反応じゃがな

$$\underset{\text{酢酸カルシウム}}{(CH_3COO)_2Ca} \xrightarrow[\text{乾留}]{} \underset{\text{アセトン}}{CH_3-\overset{\large O}{\overset{\|}{C}}-CH_3} + \underset{\text{炭酸カルシウム}}{CaCO_3}$$

③ クメン法で，副生物として得られる

+ $CH_2=CH-CH_3$（プロペン） $\xrightarrow[\text{触媒}]{AlCl_3}$

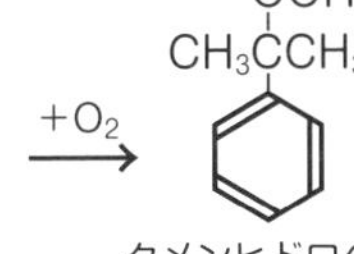

$\xrightarrow{+O_2}$

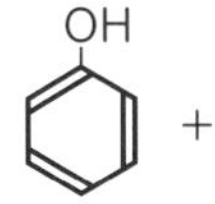

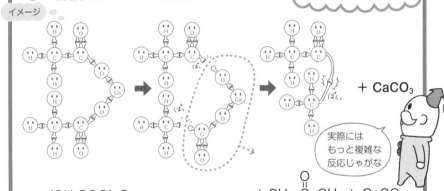

$\xrightarrow[\text{(分解)}]{\text{希硫酸}}$ フェノール（OH） + CH_3COCH_3（アセトン）

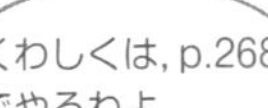

このページは暗記するしかないね……

くわしくは，p.268でやるわよ

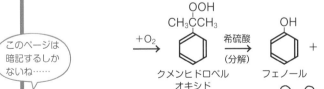

【ヨードホルム反応】

$CH_3-\overset{O}{\overset{\|}{C}}-$の構造をもつ**アルデヒド**や**ケトン**，また，$CH_3-\underset{H}{\overset{OH}{C}}-$ の構造をもつ**アルコール**では，**ヨードホルム反応**という反応を示します。

補足 $CH_3-\overset{O}{\overset{\|}{C}}-$の構造をもつ場合，**水素原子Hが結合するとアルデヒド，炭化水素基が結合するとケトン**になります。

ヨードホルム反応とは，ヨウ素と水酸化ナトリウム水溶液を加えると，特有のにおいをもつ黄色沈殿のヨードホルムCHI_3を生じる反応です。

アセトンCH_3COCH_3には，$CH_3-\overset{O}{\overset{\|}{C}}-$の構造があり，**ヨードホルム反応**を示します。

もし「ヨードホルム反応を示した」という記述があれば，有機化合物がCH_3CO-か$CH_3CH(OH)-$のどちらかの構造をもっていることがわかります。
まるで，「左手の薬指に指輪」をしていたら「結婚している」ことを表しているかのようですね。このCH_3CO-の構造や$CH_3CH(OH)-$の構造の部分を，有機化合物の“結婚指輪”とでも名づけましょうか。

例えば，ある環状構造をもたない有機化合物の分子式がC_3H_6Oであるとわかった場合，

・アリルアルコール$CH_2=CH-CH_2-OH$
・アセトンCH_3COCH_3
・プロピオンアルデヒドCH_3CH_2CHO　の3つの可能性が考えられます。

ここで「ヨードホルム反応を示した」という追加の要素が入ってきた場合は，その物質はアセトンCH_3COCH_3に決定します。

ヨードホルム反応の反応式は覚えなくてよいですが
「特有のにおいをもつ黄色沈殿」という表現があったら
ヨードホルム反応のことだ，と瞬時に思い出せるようにしましょう。

補足 ヨードホルム反応の反応式は以下の通りです。
$3I_2 + 4NaOH + CH_3COCH_3 \longrightarrow CHI_3\downarrow + CH_3COONa + 3NaI + 3H_2O$

なお，**酢酸はヨードホルム反応をしません。**理由は右ページの注意を見てください。

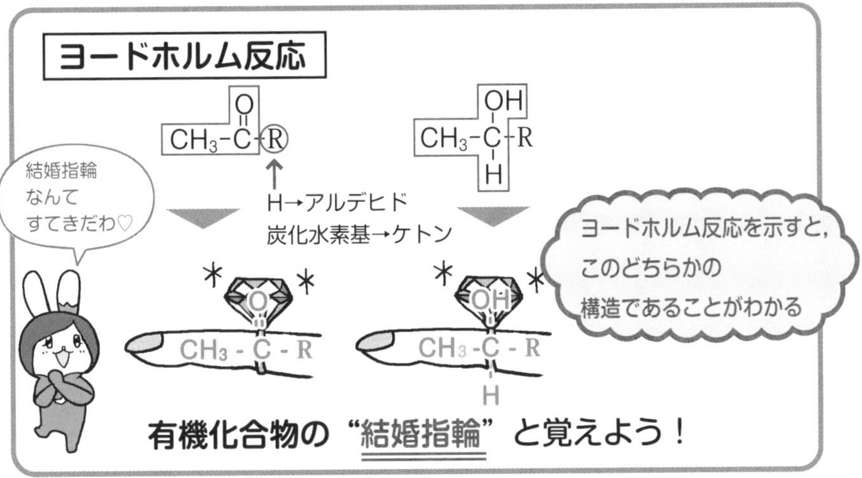

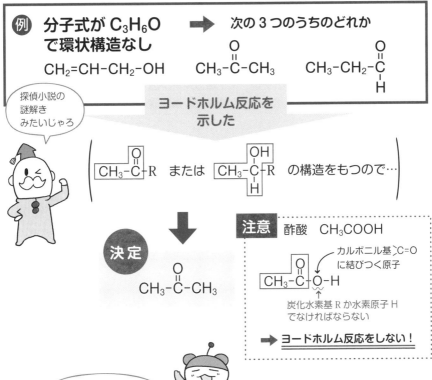

例 **分子式が C_3H_6O で環状構造なし** ➡ **次の 3 つのうちのどれか**

$CH_2=CH-CH_2-OH$　　$CH_3-\overset{\displaystyle O}{\overset{\|}{C}}-CH_3$　　$CH_3-CH_2-\overset{\displaystyle O}{\overset{\|}{C}}-H$

探偵小説の
謎解き
みたいじゃろ

ヨードホルム反応を示した

（$CH_3-\overset{\displaystyle O}{\overset{\|}{C}}-R$　または　$CH_3-\underset{\displaystyle H}{\overset{\displaystyle OH}{C}}-R$　の構造をもつので…）

⬇

決定

$CH_3-\overset{\displaystyle O}{\overset{\|}{C}}-CH_3$

注意　酢酸　CH_3COOH

$CH_3-\overset{\displaystyle O}{\overset{\|}{C}}-O-H$

カルボニル基 >C=O に結びつく原子

炭化水素基 R か水素原子 H でなければならない

➡ **ヨードホルム反応をしない！**

黄色の CHI_3 が生成する
というのは大事！

ここまでやったら
別冊 P. 26 へ

6-10 カルボン酸

ココをおさえよう！

第一級アルコール $\xrightarrow{\text{酸化}}$ アルデヒド $\xrightarrow{\text{酸化}}$ カルボン酸
カルボン酸は酸性を示す。

カルボン酸について見ていきましょう。
カルボン酸とは，分子中に**カルボキシ基-COOH**をもつ化合物のことです。

-COOHは-OHと同様に，水に溶けやすい官能基です（$-\overset{\displaystyle O}{\overset{\|}{C}}-\underset{\sim\sim}{OH}$ なので）。
アルコール（とカルボニル化合物）と同様に，炭化水素基の割合が小さいカルボン酸（ギ酸や酢酸）は水によく溶けます。

【カルボン酸の分類】
アルコールを-OH基の数で分類したように（p.182），
カルボン酸も-COOH基の数で分類します。つまり，
-COOH基を1つもつカルボン酸を，**1価カルボン酸（モノカルボン酸）**，
-COOH基を2つもつカルボン酸を，**2価カルボン酸（ジカルボン酸）**，
と分類します。

また，鎖式の（環状になっていない）炭化水素基に-COOH基1つが結合したカルボン酸を，ギ酸も含めて**脂肪酸**といい，
炭素数の多い脂肪酸を**高級脂肪酸**，
炭素数の少ない脂肪酸を**低級脂肪酸**といいます。

さらに，カルボキシ基-COOHの結合している炭素骨格に，二重結合を含むか含まないかでも分類することができます。
二重結合を含む脂肪酸を**不飽和脂肪酸**，
単結合のみの脂肪酸を**飽和脂肪酸**といいます。

…とはいえ，これらの分類はそれほど重要ではありませんので，
「こうやって分類できるんだな」という理解でOKです。

カルボン酸

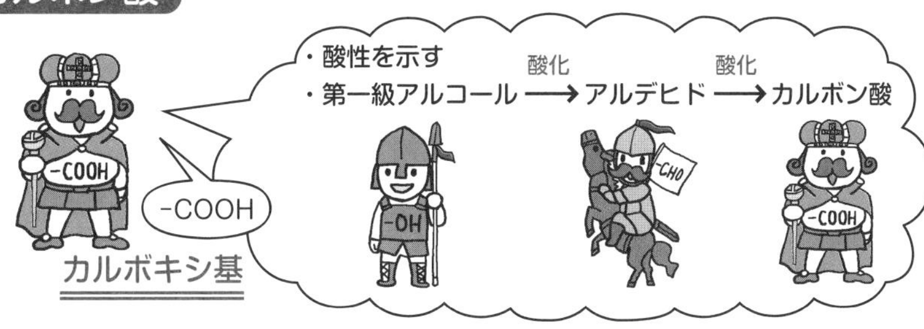
-COOH
-COOH
カルボキシ基
・酸性を示す
・第一級アルコール 酸化⟶ アルデヒド 酸化⟶ カルボン酸
-OH
-CHO
-COOH

カルボン酸の分類

-COOH基が1つ…（1価カルボン酸）モノカルボン酸 …… CH_3-COOH など 酢酸

-COOH基が2つ…（2価カルボン酸）ジカルボン酸 …… H-C-COOH = H-C-COOH など マレイン酸

炭素数の多い脂肪酸 … **高級脂肪酸** …… $C_{17}H_{35}-COOH$ ステアリン酸 など

炭素数の少ない脂肪酸 … **低級脂肪酸** …… CH_3-COOH 酢酸 など

炭素骨格に二重結合を含む … **不飽和脂肪酸** …… $CH_2=CH-COOH$ アクリル酸 など

二重結合を含まない … **飽和脂肪酸** …… CH_3-CH_2-COOH プロピオン酸 など

二重結合や三重結合を不飽和結合って言ってたもんね

クマは得意気だが

そんなに重要じゃなかったり……

飽和脂肪酸，不飽和脂肪酸を一般式で表してみましょう。

飽和脂肪酸を一般式で表すと，**$C_nH_{2n+1}COOH$**になります。

飽和脂肪酸は，炭素Cが単結合のみで結びついているので，
アルカンの一般式C_nH_{2n+2}（p.68）から導き出すことができます。
アルカンから水素原子Hを1つとると，アルキル基C_nH_{2n+1}-になります。
これにカルボキシ基-COOHが結合すれば，飽和脂肪酸$C_nH_{2n+1}COOH$になります。

また，アルケンの一般式はC_nH_{2n}，アルキンの一般式はC_nH_{2n-2}と，水素原子が2つずつ減っていきましたね（p.74）。
その理由は，水素原子Hとの結合に使われていた“手”が，炭素原子Cとの結合に使われたからでした（→それにより，二重結合や三重結合がつくられます）。

ということは，二重結合を1つ含む不飽和脂肪酸の一般式も，アルケンの一般式のときと同様に，$C_nH_{2n+1}COOH$から水素原子Hを2つ減らして，
$C_nH_{2n-1}COOH$と表せます。

また，不飽和脂肪酸が二重結合を2つ含むときは，H原子が4つ減るので，
$C_nH_{2n-3}COOH$と表すことができますね。

こちらは重要ですので，しっかり覚えておきましょう。

飽和脂肪酸，不飽和脂肪酸の一般式

飽和脂肪酸 …炭素原子間が単結合のみで結びついている

例 $HCOOH$　ギ酸（$n=0$）
CH_3COOH　酢酸（$n=1$）
$C_{17}H_{35}COOH$　ステアリン酸（$n=17$）

ホントだ
式の通りに
なっているね

不飽和脂肪酸 …炭素原子間に二重結合を含む

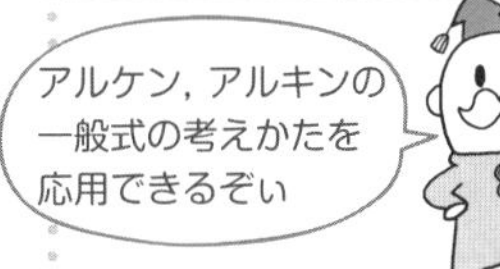

・二重結合を１つ含む場合

$C_nH_{2n+1}COOH$

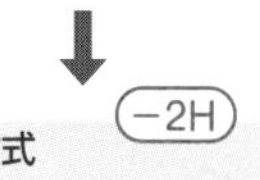

$C_nH_{2n-1}COOH$

例 C_2H_3COOH　アクリル酸（$n=2$）
C_3H_5COOH　メタクリル酸（$n=3$）
$C_{17}H_{33}COOH$　オレイン酸（$n=17$）

・二重結合を２つ含む場合

$C_nH_{2n+1}COOH$

$C_nH_{2n-3}COOH$

例 $C_{17}H_{31}COOH$　リノール酸（$n=17$）

ステアリン酸
→オレイン酸
→リノール酸
でＨが２つずつ
減っているわ

【カルボン酸の性質】
さて，そんなカルボン酸の最も大事な性質は，水に溶けて**弱酸性**を示すということです。

カルボン酸は，次のような反応でH^+を放出して酸性を示します。

$$\underset{\text{カルボン酸}}{R-COOH} \rightleftarrows R-COO^- + H^+$$

酸なので，塩基と中和反応（H^+とOH^-からH_2Oができる反応）をします。

$$\underset{\text{酸}}{R-COOH} + \underset{\text{塩基}}{NaOH} \longrightarrow R-COONa + H_2O$$

カルボン酸の酸の強さは，他と比較すると次のような関係にあります。
これはとても重要なので，しっかり頭に入れましょうね。

HCl, H_2SO_4 > R-COOH > H_2CO_3（CO_2は，水に溶けて炭酸H_2CO_3になる）

この関係が頭に入っていないと，反応が起きるか起きないかが判定できません。
酸性が強いほうが，H^+を放出してイオンになりたがりますので，
「より弱い酸の塩（えん）」と「より強い酸」は反応しますが，
「より強い酸の塩」と「より弱い酸」は反応しないのです。
（この関係は『宇宙一わかりやすい高校化学　無機化学　改訂版』のp.188でも扱っていますので，持っている人は確認しておいてくださいね。）

例えば，炭酸H_2CO_3の塩である$NaHCO_3$とカルボン酸は反応します。

$$\underset{\text{炭酸水素ナトリウム}}{NaHCO_3} + R-COOH \longrightarrow R-COONa + H_2CO_3\ (\rightarrow H_2O + CO_2)$$

しかし，塩酸HClの塩であるNaClとカルボン酸は反応しないのです。

$$\underset{\text{塩化ナトリウム}}{NaCl} + R-COOH \not\longrightarrow \text{反応しない}$$

カルボン酸の性質 …弱酸性を示す

R-COOH ⇄ R-COO$^-$ ＋ H$^+$
カルボン酸

R-COOH ＋ NaOH ⟶ R-COONa ＋ H_2O（中和反応）
酸　塩基

酸の強さ

HCl, H_2SO_4＞R-COOH＞H_2CO_3（CO_2は，水に溶けて炭酸になる）

原則として……

「より弱い酸の塩」と「より強い酸」は反応する

「より強い酸の塩」と「より弱い酸」は反応しない

よって…

より弱い酸の塩　より強い酸

$NaHCO_3$ ＋R-COOH ⟶ R-COONa ＋ H_2CO_3
炭酸水素ナトリウム

（→H_2O＋CO_2）

より強い酸の塩　より弱い酸

NaCl ＋ R-COOH ⟶（×）反応しない
塩化ナトリウム

ここまでやったら
別冊 P. 28 へ

6-11 カルボン酸～ギ酸～

ココをおさえよう！

ギ酸は，酸性と還元性がある唯一の有機化合物。

6-11～6-13では，カルボン酸の化合物の代表的なものを見ていきましょう。

具体的には，**ギ酸，酢酸，マレイン酸とフマル酸**についてです。
ここではまず，ギ酸について見ていきましょう。

ギ酸は，カルボン酸の中では最も シンプルな構造をしています。
カルボン酸の一般式はR-COOHですが，ギ酸はRがHになっているものです。
示性式は**H-COOH**となっています。

【ギ酸の製法】
カルボン酸は，「アルコールの階級別変化①」にあるように，

$$\textbf{第一級アルコール} \xrightarrow{\text{酸化}} \textbf{アルデヒド} \xrightarrow{\text{酸化}} \textbf{カルボン酸}$$

でつくられます。特にメタノールを使った次のような反応でつくられます。

$$\underset{\text{メタノール}}{CH_3OH} \xrightarrow{\text{酸化}} \underset{\text{ホルムアルデヒド}}{HCHO} \xrightarrow{\text{酸化}} \underset{\text{ギ酸}}{HCOOH}$$

【ギ酸の性質】
ギ酸の性質としては"二重人格"が挙げられるでしょう。
どういうことかといいますと，見方を変えると，**ギ酸は-COOHの他に，アルデヒド基-CHOももっているため，カルボン酸としての性質（酸性）だけでなく，アルデヒドとしての性質（還元性）もある**ということです。

このような有機化合物は，ギ酸以外に出てこないため，
「酸性と還元性がある」といったら，ギ酸に決定します。

カルボン酸

R-COOHの
RがHの場合ってことだね

その通り！

代表例：ギ酸，酢酸，マレイン酸，フマル酸

ギ酸 H-COOH

ギ酸の製法

$$CH_3OH \xrightarrow{\text{酸化}} HCHO \xrightarrow{\text{酸化}} HCOOH$$

メタノール　ホルムアルデヒド　ギ酸

-OH

第一級アルコール

-CHO

アルデヒド

-COOH

カルボン酸

ギ酸の性質

```
   O
   ‖
H-C-OH
```

↗

```
   O
   ‖
H-C-OH
```
—アルデヒド

-CHO

↘

```
   O
   ‖
H-C-OH
```
—カルボン酸

-COOH

見方を変えると
アルデヒドにも
カルボン酸にも
なる！

天才！

よって…

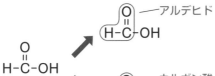

酸性がある　&　還元性がある ➡ ギ酸

還元性のある，なしは
銀鏡反応か
フェーリング液の還元で
調べられたね

なんか急に
ほめるように
なったね

いや…その…
お父さんが…
いや…
お父さんがこわい
とか…
そういうのは
関係ない
からね…
エヘヘ

ざぶとん
一枚！

6-12 カルボン酸～酢酸～

ココをおさえよう！

酢酸は，水によく溶け，弱酸性を示す。

次は**酢酸**についてです。
酢酸はカルボン酸の一般式R-COOHのRがCH_3のもので，**CH_3COOH**で表されます。
カルボン酸の中で，最もよく登場する物質です。

【酢酸の製法】
酢酸も，「アルコールの階級別変化①（p.184）」にしたがってつくられます。

$$\underset{\text{エタノール}}{CH_3CH_2OH} \xrightarrow{\text{酸化}} \underset{\text{アセトアルデヒド}}{CH_3CHO} \xrightarrow{\text{酸化}} \underset{\text{酢酸}}{\mathbf{CH_3COOH}}$$

【酢酸の性質】
酢酸の性質は，大きく2つに分かれます。

1）　水によく溶け，弱酸性を示す。
次のように，H^+を放出してイオン化します。

$$CH_3COOH \longrightarrow CH_3COO^- + H^+$$

2）　純粋な酢酸は，冬季に凍るので氷酢酸と呼ばれる。

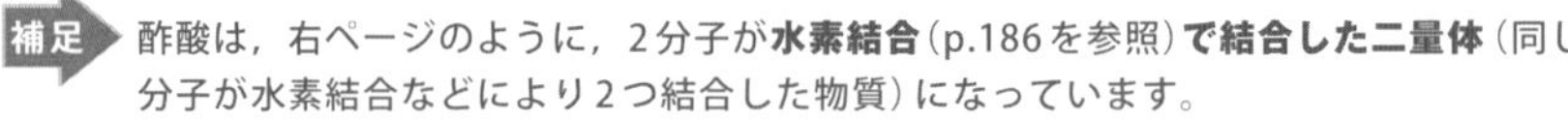

酢酸は，右ページのように，2分子が**水素結合**（p.186を参照）**で結合した二量体**（同じ分子が水素結合などにより2つ結合した物質）になっています。

酢酸（CH_3COOH）

酢酸の製法

$$CH_3CH_2OH \xrightarrow{\text{酸化}} CH_3CHO \xrightarrow{\text{酸化}} CH_3COOH$$

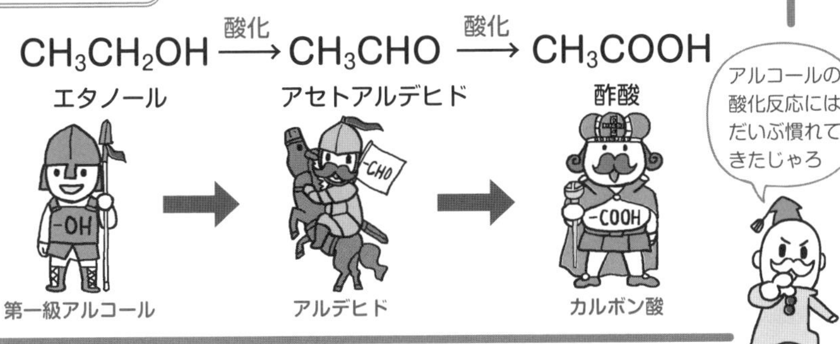

6

酢酸の性質

1) 水によく溶け，弱酸性を示す。

$$\underset{\text{酢酸}}{CH_3COOH} \longrightarrow \underset{\text{酢酸イオン}}{CH_3COO^-} + \underset{\text{水素イオン}}{H^+}$$

それお酢だよ…

2) 純粋な酢酸は，冬季に凍るので**氷酢酸**と呼ばれる。

酢酸の状態

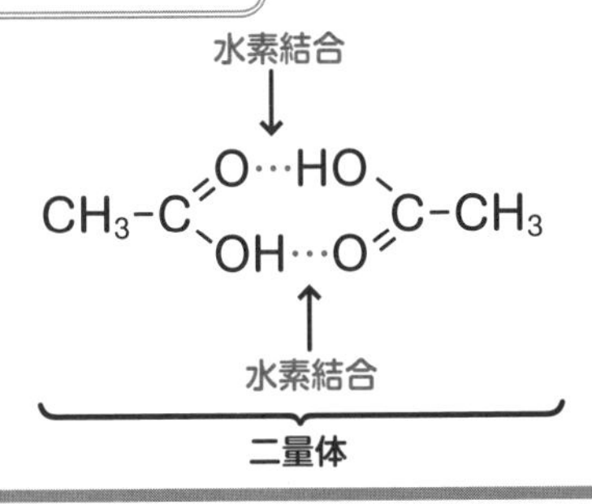

2つの分子が(水素結合で)結合しているから二量体というのね

6-13 カルボン酸～マレイン酸とフマル酸～

ココをおさえよう！

マレイン酸（シス形）は，脱水反応によって無水マレイン酸になる。

次は，**-COOH基が2つ結合したカルボン酸**について見てみましょう。
このようなカルボン酸を**ジカルボン酸**（**2価カルボン酸**）といい，
有名なものに，**マレイン酸**と**フマル酸**があります。
マレイン酸とフマル酸は，右ページのような構造をしています。
（不飽和脂肪酸で，ジカルボン酸なので，不飽和ジカルボン酸と分類されます。）
フマル酸とマレイン酸は互いに**シス-トランス異性体**（**幾何異性体**）の関係にありますよ（p.130～133）。

「どっちがシス形でどっちがトランス形か混乱しちゃう！」
という人もいるかと思いますので，次のようにして覚えるといいですよ。

フマル酸：トランス形，　マレイン酸：シス形
『踏むと，　　　　　まれに死す』

【ジカルボン酸の性質（重要）】

ジカルボン酸で特に大事なことは，2つのシス-トランス異性体の性質の違いです。
特に**マレイン酸はシス形ですので，-COOH基が同じ側に存在しています**。
-OHの位置が近いので，加熱をすると分子内で次のような**脱水反応**を起こします。

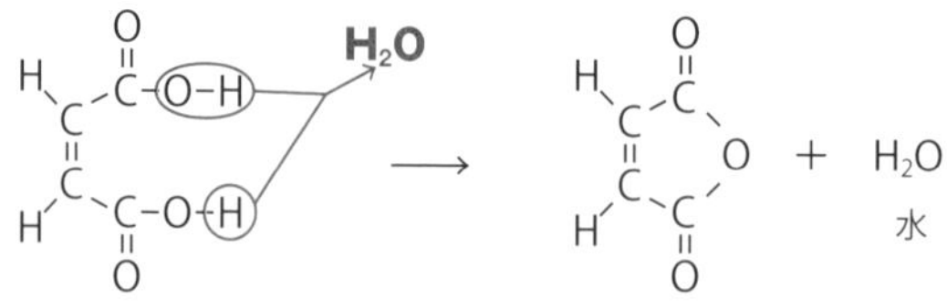

マレイン酸　　　　無水マレイン酸

これによってできるのが，**無水マレイン酸**です。

これに対して，トランス形のフマル酸は，-COOH基が二重結合をはさんで反対側にあり，-OHの位置が離れているので脱水反応は起きません。
よって，マレイン酸かフマル酸かがわからないとき，「脱水反応を示した」と書いてあったら，それはマレイン酸であると判断することができます。

-COOH 基が2つついたカルボン酸 … ジカルボン酸

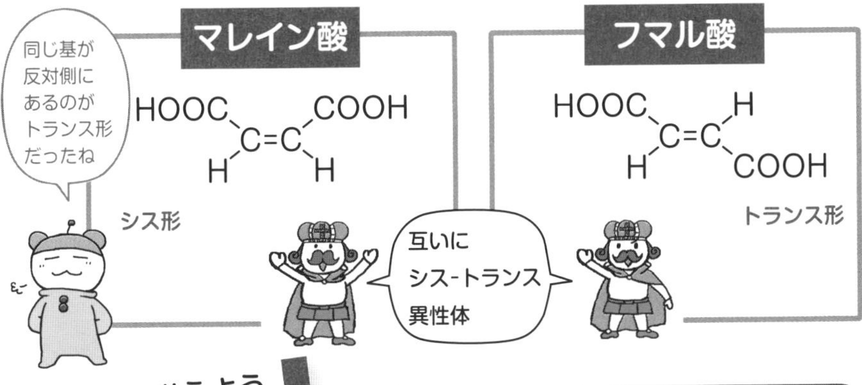

ゴロで覚えよう

フマル酸：トランス形，マレイン酸：シス形

『踏むと，まれに死す』
フマル酸 トランス マレイン酸 シス

ジカルボン酸の性質　重要！

マレイン酸（シス形）…脱水反応する。

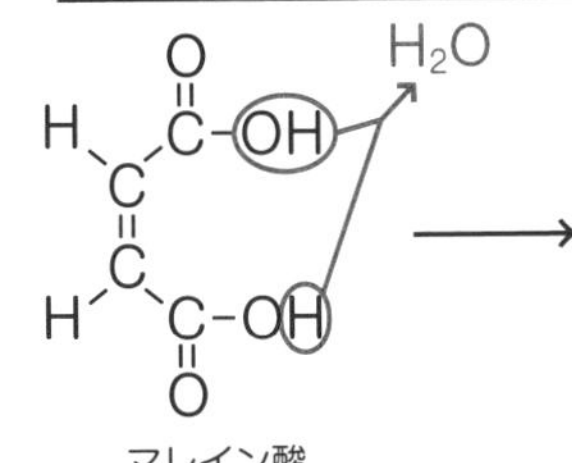

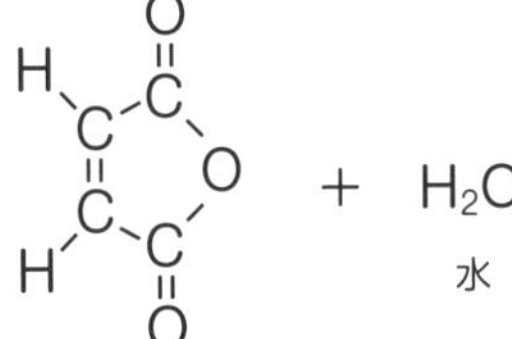

\+ H_2O
水

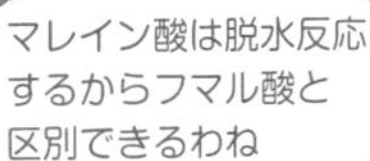

マレイン酸は脱水反応するからフマル酸と区別できるわね

シス形

トランス形

ここまでやったら
別冊 P. 29へ

6-14 エステル

ココをおさえよう!

カルボン酸とアルコールが縮合してエステルができ，加水分解してもとに戻る。

最後に，エステル(カルボン酸の“そっくりさん”)について見ていきましょう。
エステルは，カルボン酸と構造異性体の関係にあり，
$C_nH_{2n}O_2$ ($n \geqq 2$) で表される分子式は同じです。
よって，エステルの性質をよく知り，カルボン酸と見分けなくてはなりません。

【エステルの製法】

エステルは，**カルボン酸とアルコールから，水 H_2O がとれて縮合**(p.152，190)**した構造をもつ化合物**です。
「カルボン酸の-COOHからOHがとれ，アルコールの-OHからHがとれる」と理解しておきましょう。
こうしてできる結合**-CO-O-**を**エステル結合**といいます。

$$\underset{\text{カルボン酸}}{R-COOH} + \underset{\text{アルコール}}{R'-OH} \longrightarrow \underset{\text{エステル}}{R-CO-O-R'} + H_2O$$

例えば，酢酸エチルは，酢酸とエタノールに濃硫酸(触媒)を少量加えて加熱することでつくることができます。

$$\underset{\text{酢酸}}{CH_3COOH} + \underset{\text{エタノール}}{C_2H_5-OH} \xrightarrow[\text{エステル化}]{\text{濃硫酸}} \underset{\text{酢酸エチル}}{CH_3COOC_2H_5} + H_2O$$

また，このような**縮合**を**エステル化**といいます。

【エステルの名称】

エステルの名前は，“もとのカルボン酸＋くっついている炭化水素基”となります。
$HCOOCH_3$ ならもとのカルボン酸はギ酸で，CH_3 はメチル基なのでギ酸メチルという具合です。
$HCOOCH_3$ ギ酸メチル，$HCOOC_2H_5$ ギ酸エチル，CH_3COOCH_3 酢酸メチル，
$CH_3COOC_2H_5$ 酢酸エチルの4つがわかれば大丈夫です。

エステル

- 酸性は示さない
- カルボン酸とアルコールが縮合して生成
- 加水分解

-CO-O-
エステル結合

カルボン酸

-COOH

分子式
$C_nH_{2n}O_2$　($n \geqq 2$)

6

エステルの製法

$$\underset{\text{カルボン酸}}{R\text{-}COOH} + \underset{\text{アルコール}}{R'\text{-}OH} \longrightarrow \underset{\text{エステル}}{R\text{-}CO\text{-}O\text{-}R'} + H_2O$$

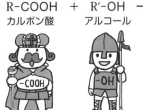

カルボン酸とアルコールが縮合してつくられるんじゃな

イメージ

$$R\text{-}\overset{\overset{\displaystyle O}{\|}}{C}\text{-}OH + H\text{-}O\text{-}R' \longrightarrow \underset{\text{エステル}}{R\text{-}\overset{\overset{\displaystyle O}{\|}}{C}\text{-}O\text{-}R'} + H_2O$$

これは簡単にしたイメージよ
くわしくは大学で学んでね

例

$$\underset{\text{酢酸}}{CH_3\text{-}COOH} + \underset{\text{エタノール}}{C_2H_5\text{-}OH} \xrightarrow[\text{エステル化}]{\text{濃硫酸}} \underset{\text{酢酸エチル}}{CH_3COOC_2H_5} + H_2O$$

【エステルの性質】

ここで，“そっくりさん”のカルボン酸と比較しながら，エステルの特徴を見ていきましょう。

1）　加水分解される

エステルは，もともとカルボン酸とアルコールが縮合（水がとれる反応）してつくられたものなので，水（と少量の酸）を加えて加熱すると，再び水と結合し，もとのカルボン酸とアルコールに戻ります。この反応を，**加水分解**といいます。

これがエステルにとって特徴的な性質の1つ目です。「カルボン酸とアルコールの縮合」と「エステルの加水分解」は，表裏一体の関係にあるのです。

$$\mathrm{R{-}COOH} \quad + \quad \mathrm{R'{-}OH} \quad \underset{\text{加水分解}}{\overset{\text{縮合}}{\rightleftarrows}} \quad \mathrm{R{-}CO{-}O{-}R'} \quad + \quad \mathrm{H_2O}$$

一方，カルボン酸では，このように「加熱して水と反応する」ことはありません。

また，エステルを水酸化ナトリウム水溶液中で加熱すると，
次のように反応して，カルボン酸の塩とアルコールが生じます。

$$\underset{\text{酢酸エチル}}{\mathrm{CH_3COOC_2H_5}} \quad + \quad \underset{\text{水酸化ナトリウム}}{\mathrm{NaOH}} \quad \longrightarrow \quad \underset{\text{酢酸ナトリウム}}{\mathrm{CH_3COONa}} \quad + \quad \underset{\text{エタノール}}{\mathrm{C_2H_5OH}}$$

このような，**塩基による加水分解をけん化**といいます。

「なぜ，H_2Oが加わっていないのに，けん化が加水分解の一種なの？」と疑問に思う人もいると思うので，解説しておきます。
水酸化ナトリウム水溶液中で，まず①のような加水分解の反応が起きて，酢酸エチルは酢酸とエタノールに分解されます。

$$\underset{\text{酢酸エチル}}{\mathrm{CH_3COOC_2H_5}} \quad + \quad \mathrm{H_2O} \quad \longrightarrow \quad \underset{\text{酢酸}}{\mathrm{CH_3COOH}} \quad + \quad \underset{\text{エタノール}}{\mathrm{C_2H_5OH}} \quad \cdots\cdots①$$

そして，そこに塩基である水酸化ナトリウムNaOHが作用し，酸である酢酸は酢酸ナトリウムになるのです（②）。

$$\underset{\text{酢酸}}{\mathrm{CH_3COOH}} \quad + \quad \mathrm{NaOH} \quad \longrightarrow \quad \underset{\text{酢酸ナトリウム}}{\mathrm{CH_3COONa}} \quad + \quad \mathrm{H_2O} \quad \cdots\cdots②$$

①と②を足すと

$$\begin{array}{llllll} & \mathrm{CH_3COOC_2H_5} + \cancel{\mathrm{H_2O}} & \longrightarrow & \cancel{\mathrm{CH_3COOH}} + \mathrm{C_2H_5OH} & \cdots\cdots① \\ +) & \cancel{\mathrm{CH_3COOH}} + \mathrm{NaOH} & \longrightarrow & \mathrm{CH_3COONa} + \cancel{\mathrm{H_2O}} & \cdots\cdots② \\ \hline & \mathrm{CH_3COOC_2H_5} + \mathrm{NaOH} & \longrightarrow & \mathrm{CH_3COONa} + \mathrm{C_2H_5OH} & \end{array}$$

となり，けん化の式になりましたね。つまり，加水分解と酸・塩基の中和反応が同時に起きているのが，けん化ということです。

エステルの性質

1) 加水分解される

2) 酸性は示さない（カルボン酸は酸性）

6

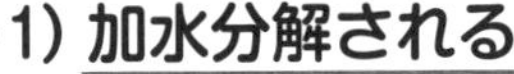

1) 加水分解される

$$R\text{-}CO\text{-}O\text{-}R' + H_2O \xrightarrow{\text{加水分解}} R\text{-}COOH + R'\text{-}OH$$

（カルボン酸）（アルコール）

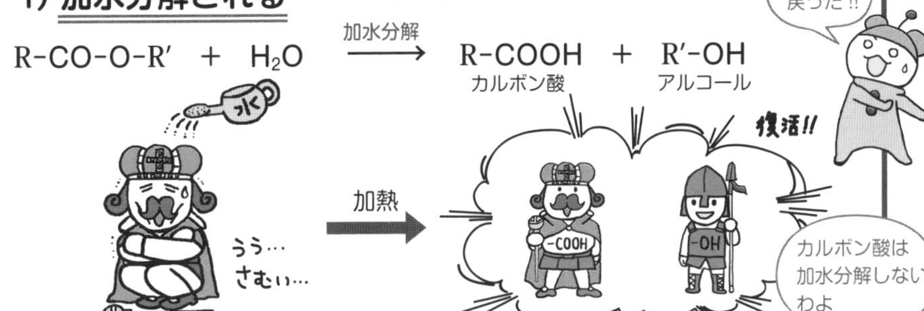

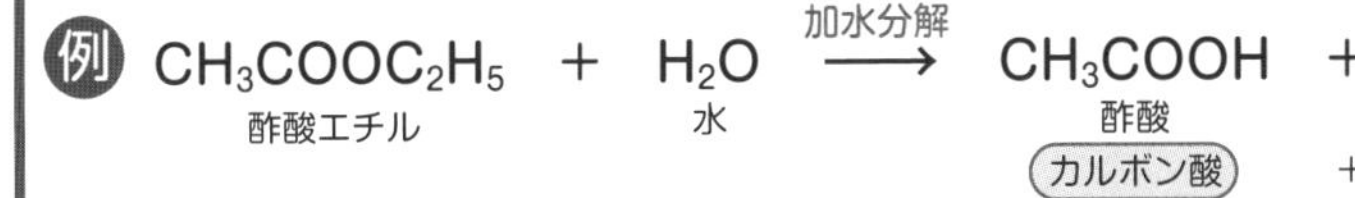

例 $CH_3COOC_2H_5 + H_2O \xrightarrow{\text{加水分解}} CH_3COOH + C_2H_5OH$

酢酸エチル　水　酢酸　エタノール

カルボン酸 ＋ アルコール

「カルボン酸とアルコールの縮合」と「エステルの加水分解」は表裏一体

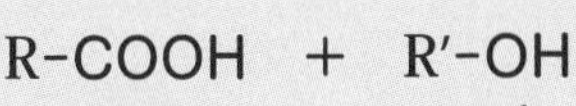

$$R\text{-}COOH + R'\text{-}OH \underset{\text{加水分解}}{\overset{\text{縮合}}{\rightleftarrows}} R\text{-}CO\text{-}O\text{-}R' + H_2O$$

まさに腐れ縁じゃな

エステルのけん化

例 $CH_3COOC_2H_5 + NaOH \xrightarrow{\text{けん化}} CH_3COONa + C_2H_5OH$

酢酸エチル　水酸化ナトリウム　酢酸ナトリウム　エタノール

カルボン酸の塩 ＋ アルコール

そのケンカじゃないよね……

酸による加水分解とけん化では生成物が違っておるぞ注意じゃ

あっ，ホントだ！けん化ではカルボン酸の塩（えん）ができるのね

2)　酸性は示さない（カルボン酸は酸性）

カルボン酸は酸性を示すというのはp.208でやりましたが，
“そっくりさん”である**エステルは酸性を示しません**。

というより，**エステルはそもそも水には溶けません。**
カルボン酸のもっていた−OH基は水に溶けやすいのでしたね（p.204）。
カルボン酸は，その−OH基のおかげで水に溶けていたのですが，
エステルの場合は，それが縮合（**エステル化**）によってなくなっているから
水に溶けにくいのです。ただし，ギ酸メチルは分子量が小さいため水に溶けます。

【カルボン酸とエステルのまとめ】
例えば，分子式が$C_3H_6O_2$で−COO−の構造をもつとわかっている場合，
その化合物は，プロピオン酸C_2H_5−COOH（カルボン酸），
またはギ酸エチルH−COO−C_2H_5，酢酸メチルCH_3−COO−CH_3（エステル）のどちらかになりますが，

・**水に溶かしたら，酸性を示した**……**カルボン酸**　プロピオン酸C_2H_5−COOH
・**水には溶けなかった**……**エステル**　ギ酸エチルH−COO−C_2H_5
酢酸メチルCH_3−COO−CH_3

ということがわかります。

または，**加水分解した ⇒ エステル**，という情報からも区別できます。

これで酸素と炭素と水素からなる有機化合物の，6種類の化合物の性質はすべて学習しました（芳香族化合物は除きます）。
どれもとても重要ですので，しっかり復習してくださいね。

2) 酸性は示さない（カルボン酸は酸性）

カルボン酸…酸性

エステル…水に溶けない

$$\underset{\text{酢酸}}{CH_3CO\boxed{OH}} + \underset{\text{エタノール}}{C_2H_5O\boxed{H}} \xrightarrow{\text{エステル化}} \underset{\text{酢酸エチル}}{CH_3COOC_2H_5} + H_2O$$

カルボン酸とエステルのまとめ

例 分子式が $C_2H_4O_2$ で－COO－の構造をもつ

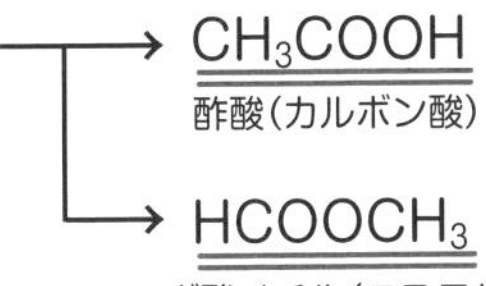

→ CH_3COOH
酢酸（カルボン酸）

→ $HCOOCH_3$
ギ酸メチル（エステル）

この他に「加水分解できたらエステル」っていう見分けかたもあるんだね

水に溶かしたら… → 酸性を示した ➡ カルボン酸
　　　　　　　　→ 溶けなかった ➡ エステル

これで酸素 O を含む 6 つの有機化合物は終わりね！

しっかり復習するんじゃぞ！

アルコール

エーテル

アルデヒド

ケトン

カルボン酸

エステル

ここまでやったら
別冊 P. 31 へ

6-15 油脂

ココをおさえよう！

油脂は，グリセリンと高級脂肪酸（カルボン酸）からなるエステル。

ここで，ハカセが何かに気がつきました。
『ぬぉ！　なんか抜けておると思ったが，油脂とセッケンも可能性としてあるんじゃった。まだ終わっとらんぞ』

【油脂の製法】

油脂というのは，右ページのように，
高級脂肪酸が3つ(-COOH基×3)と**グリセリン$C_3H_5(OH)_3$1つ(-OH基×3)**からできるエステルのことです。

【高級脂肪酸について】

油脂を構成している脂肪酸は，高級脂肪酸（炭素の数が多い脂肪酸）であることが多いです。
また，炭素原子間が単結合のみの脂肪酸を飽和脂肪酸，炭素原子間に二重結合（C=C）が含まれているものを不飽和脂肪酸といいましたが（p.204参照），**飽和脂肪酸からなる油脂は常温で固体のものが多く**（**脂肪**），**不飽和脂肪酸からなる油脂は常温で液体のものが多い**（**脂肪油**），という傾向があります。

というのも，飽和脂肪酸は直鎖状の分子なので，分子どうしが接近しやすく，分子間力が強くはたらくため，分子どうしをバラバラにしにくい，つまり融点が高くなります（p.150のアルカンの性質を参照）。
そのため，常温では主に固体となっています。
一方，不飽和脂肪酸の多くは二重結合を含み，かつ，シス形であるために，二重結合が多いほど折れ曲がり，分子間にはたらく分子間力が弱いため，融点が低くなります。そのため，常温では主に液体となっています。

6

油脂の製法

$$
\begin{array}{lcll}
R^1COOH & & HO-CH_2 & & R^1COO-CH_2 & \\
R^2COOH & + & HO-CH & \longrightarrow & R^2COO-CH & + \ 3H_2O \\
R^3COOH & & HO-CH_2 & & R^3COO-CH_2 &
\end{array}
$$

高級脂肪酸
（カルボン酸）

グリセリン
（アルコール）

油脂
（エステル）

高級脂肪酸について

・飽和脂肪酸
二重結合を含まない

融点が高い

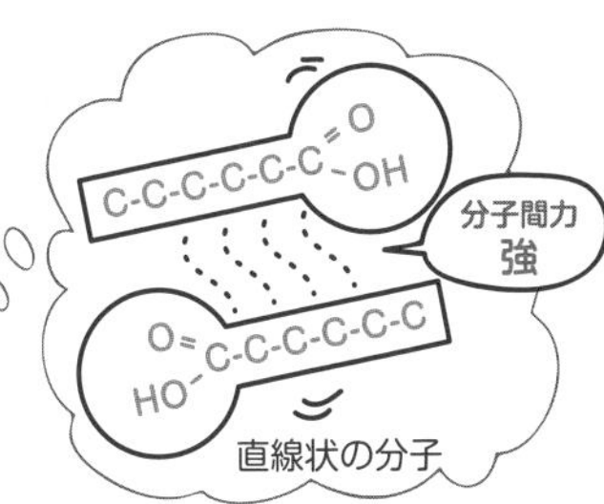

・不飽和脂肪酸
二重結合を含む

融点が低い

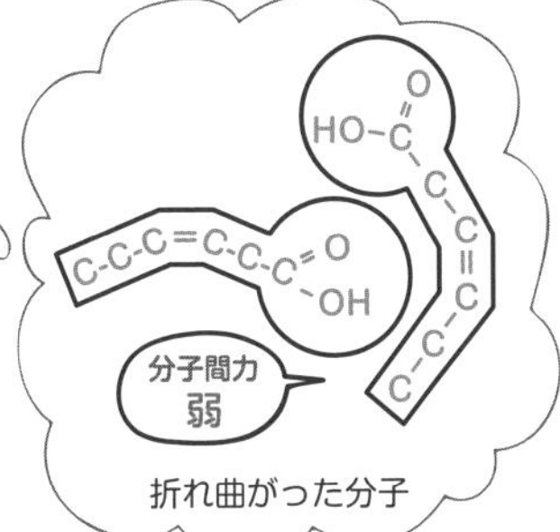

【油脂の性質】

油脂で大事な性質をp.224～227でまとめておきましょう。

1）　けん化する

油脂にはエステル結合があるため，水酸化ナトリウム水溶液NaOH，または水酸化カリウム水溶液KOHを加えて加熱すると，右ページのように脂肪酸の塩（**セッケン**）とグリセリンを生じます。

〈けん化価〉

油脂1 gをけん化するのに必要な水酸化カリウムKOHのmg数を，**けん化価**といいます。これにより，油脂の平均的な分子量が目安として測れます。
原子量はたいてい問題文で与えられますが，H＝1，O＝16，C＝12くらいは覚えておくといいでしょう。

【けん化価（＝Sとする）を求める】
油脂の分子量をMとすると，油脂1 gの物質量は　$\dfrac{1}{M}$〔mol〕
油脂1分子にはエステル結合が3つあるので，油脂1 molをけん化するには，3 molの水酸化カリウムKOHを必要とします。
油脂とKOHの単位をそろえて　S mg＝$S \times 10^{-3}$ g
KOHの式量は39＋16＋1＝56なので，
（K＝39，O＝16，H＝1）
油脂1 gと反応するKOHは　$\dfrac{S \times 10^{-3}}{56}$〔mol〕
よって，けん化価Sは次のように求められます。

$$\text{油脂：KOH}=1:3=\frac{1}{M}:\frac{S\times 10^{-3}}{56}$$

ゆえに　$\boldsymbol{S=\dfrac{3\times 56\times 10^{3}}{M}}$

〈練習問題〉　けん化価が200の油脂がある。この油脂の分子量Mを求めよ。ただし，原子量はH＝1，O＝16，K＝39とする。

〈解きかた〉　けん化価＝200なので，油脂1 gをけん化するのに必要な水酸化カリウムKOHは200 mgです。
けん化価Sの式を用いて　$200=\dfrac{3\times 56\times 10^{3}}{M}$
よって　M＝**840**…答

油脂の性質

エステル結合

$$\begin{array}{l} R^1COO-CH_2 \\ \quad\quad\quad\;\; | \\ R^2COO-CH \\ \quad\quad\quad\;\; | \\ R^3COO-CH_2 \end{array}$$

油脂

1) けん化する（エステル結合があるので）

エステル結合

$$\begin{array}{l} R^1COOCH_2 \\ R^2COOCH \\ R^3COOCH_2 \end{array} + 3NaOH \xrightarrow{\text{けん化}} \begin{array}{l} R^1COONa \\ R^2COONa \\ R^3COONa \end{array} + \begin{array}{l} CH_2-OH \\ CH-OH \\ CH_2-OH \end{array}$$

油脂　　水酸化ナトリウム水溶液　　セッケン　　グリセリン

けん化価

油脂 1 g をけん化するのに必要な水酸化カリウム KOH の mg 数のこと。

けん化価 S を求める

①油脂 1 g の物質量を求める

油脂の分子量を M とすると，油脂 1 g の物質量は $\frac{1}{M}$〔mol〕

②油脂 1 g と反応する KOH の物質量を求める

1 mol の油脂をけん化するには 3 mol の KOH が必要なので

油脂：KOH＝1：3

KOH の式量は 56 なので，油脂 1 g と反応する KOH は

$\frac{S\times10^{-3}}{56}$〔mol〕

③けん化価 S を求める

けん化価 S は，油脂：KOH＝1：3＝$\frac{1}{M}$：$\frac{S\times10^{-3}}{56}$

よって　$S=\frac{3\times56\times10^3}{M}$

1 mg＝0.001 g だから
S mg＝$S\times10^{-3}$ g に
なるわけね

2) 付加反応する（不飽和脂肪酸からなる場合）

油脂のRのところに二重結合（C=C）が含まれている場合，アルケンと同じく，他の分子（ヨウ素I_2がよく使われます）が付加します。

（エステル結合$-\overset{\displaystyle O}{\overset{\|}{C}}-O-$の二重結合は付加反応には関係ありません。）

1つの二重結合（C=C）に対して，2個のヨウ素原子Iが付加します。
ヨウ素分子I_2は，ヨウ素原子Iが2個でワンセットになっているので，
二重結合の数と付加するヨウ素分子I_2の数は同じになります。
では，練習問題をやってみましょう。
「油脂は3つの脂肪酸からなる」というのがポイントですよ。

練習問題 脂肪酸としてオレイン酸$C_{17}H_{33}COOH$のみを含む油脂100 gに付加するヨウ素の質量を求めよ。ただし，$I_2=254$，H=1，C=12，O=16とする。

解きかた オレイン酸は$C_{17}H_{33}COOH$で表されるので，$C_{17}H_{33}$のところにC=Cの二重結合を1つもちます。グリセリンは$C_3H_5(OH)_3$なので，油脂1分子は$C_3H_5(C_{17}H_{33}COO)_3$と表されます。
分子量を計算すると

$$\underbrace{12\times57}_{C}+\underbrace{16\times6}_{O}+\underbrace{1\times104}_{H}=884$$

この油脂はC=Cの二重結合を3つ含むので，油脂1分子にI_2は3分子付加します。
つまり，油脂884 gに254×3 gのI_2が付加するということです。
油脂100 gにx〔g〕のI_2が付加するとすると

$$884:254\times3=100:x$$

よって　$x=\dfrac{254\times3}{884}\times100\fallingdotseq$ **86〔g〕** …答

補足 **油脂100 gに付加するI_2のg数をヨウ素価**といいます。
これにより，油脂に含まれているC=C結合の多さが目安として測れます。

マーガリンやバターなどの身近な油脂が，-OH基と-COOH基からなるエステル結合-COO-によってできていたり，
油脂をけん化することでセッケンができるなんて，とても不思議ですね。

2) 付加反応する（不飽和脂肪酸からなる場合）

R のところに C=C があると I_2 が付加。

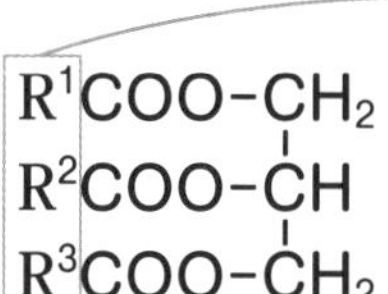

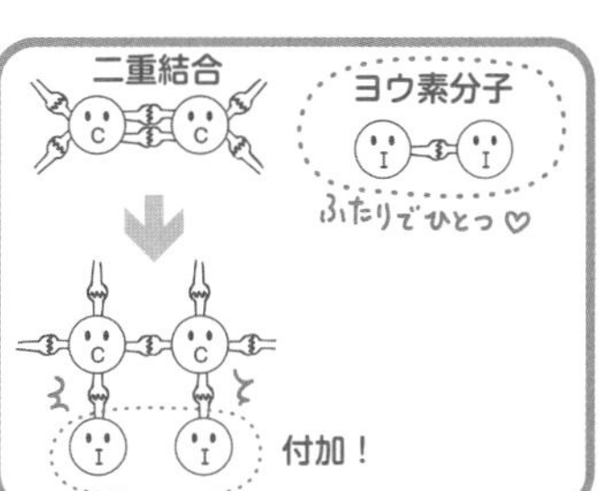

左ページの問題のポイント

- オレイン酸 $C_{17}H_{33}COOH$ は $C_nH_{2n-1}COOH$ なので，
  C=C の二重結合は 1 つ。
- （グリセリン $C_3H_5(OH)_3$ と）“オレイン酸 ×3”で油脂 1 分子。
- 油脂で付加反応に使える C=C の二重結合は，“オレイン酸 ×3”の 3 つ。
- 3 つの I_2 分子（3 mol の I_2）が，1 つの油脂（1 mol の油脂）に付加する。
- 油脂 100 g に付加する，I_2 の質量を求める。

ヨウ素価

油脂 100 g に付加する I_2 の g 数のこと。

$$\begin{matrix} R^1COOH \\ R^2COOH \\ R^3COOH \end{matrix} + \begin{matrix} HO-CH_2 \\ HO-CH \\ HO-CH_2 \end{matrix} \xrightarrow[\text{（エステル化）}]{\text{縮合}} \underset{\text{油脂}}{\begin{matrix} R^1COO-CH_2 \\ R^2COO-CH \\ R^3COO-CH_2 \end{matrix}} \xrightarrow{\text{けん化}} \underset{\text{セッケン}}{\begin{matrix} R^1COONa \\ R^2COONa \\ R^3COONa \end{matrix}}$$

バター　マーガリン　セッケン

油脂からセッケンができるなんて不思議

ここまでやったら 別冊 P. 35 へ

6-16 セッケン

ココをおさえよう！

セッケンは，高級脂肪酸のナトリウム塩で，弱塩基性を示す。

みなさんが手を洗う際に使う「セッケン」について，化学的に見てみましょう。

p.224で少し出てきましたが，
セッケンは油脂を**けん化**することでつくることができます。

【製法】
油脂に水酸化ナトリウム水溶液NaOHを加えて加熱すると，
油脂はけん化されてセッケンとグリセリンが生じます。

油汚れを落とすために使うセッケンが，
実は油からできているというのは不思議なものですね。

【セッケンの性質・特徴】
セッケンには，次のような性質があります。

1)　弱塩基性を示す。
セッケンは，水に溶かすと弱塩基性を示します。
なぜなら，セッケンは**弱酸と強塩基の塩**（えん）だからです。

弱酸と**強塩基**の反応によって得られる塩は，**弱塩基性**
強酸と**弱塩基**の反応によって得られる塩は，**弱酸性**を示します。

『宇宙一わかりやすい高校化学 理論化学　改訂版』p.136参照

セッケン

エステル結合

$$\begin{matrix} R^1COOCH_2 \\ R^2COOCH \\ R^3COOCH_2 \end{matrix} + 3NaOH \xrightarrow{けん化} \begin{matrix} R^1COONa \\ R^2COONa \\ R^3COONa \end{matrix} + \begin{matrix} CH_2\text{-}OH \\ CH\text{-}OH \\ CH_2\text{-}OH \end{matrix}$$

油脂　　水酸化ナトリウム　　セッケン　　グリセリン

ケンカするとセッケンになる
（けん化）

セッケンの性質・特徴

1) 弱塩基性を示す

R-COONa … R-COOH ＋ NaOH からできているため。

R-COOH：高級脂肪酸（弱酸）
NaOH：水酸化ナトリウム（強塩基）

補足

弱酸 ＋ 強塩基 ⟶ 弱塩基の塩（弱塩基性）

弱酸 ＋ 強塩基 ⟶ 弱塩基の塩

弱塩基 ＋ 強酸 ⟶ 弱酸の塩（弱酸性）

弱塩基 ＋ 強酸 ⟶ 弱酸の塩

2) セッケン分子の構造に，疎水性と親水性の両方の部分をもつ。

セッケン分子は，疎水性（水に溶けにくい）の炭化水素基の部分と，親水性（水に溶けやすい）のカルボキシ基のイオンの部分の両方の構造をもっています。
このように，**疎水性と親水性の両方の部分をもつ化合物**を，**界面活性剤**（かいめんかっせいざい）といいます。

水には水素結合による強い表面張力がはたらいています。
セッケンを水に溶かすと，右ページのように親水性部分を水中に，
疎水性部分を水面上に出して並びます。親水性のカルボキシ基のイオンの部分は，
水分子の水素結合の間に割り込み，水の表面張力を減少させます。
表面張力が小さくなると，泡立ちがよくなり，セッケン水が繊維と繊維の間に
行き渡るようになるのです。

3) ミセルをつくる。

セッケンは，水中では水となじみにくい疎水性部分を内側，水となじみやすい親水性部分を外側にして小さなコロイド粒子をつくります。
これを**ミセル**といいます。

コロイド粒子とは，直径が10^{-7}～10^{-5} cmほどの粒子のことです。

右ページの図のように，試験管に水と油を入れると，水と油は混ざり合わずに分離してしまいます。
次に，水と油を入れた試験管にセッケンを入れて振り混ぜると，セッケンは，疎水性部分を油のほうへ向けて油の周りをとり囲み，親水性部分を水側へ向けてミセルをつくり，水中に分散します。この現象を**乳化**といい，乳化によってできた溶液を**乳濁液**（**エマルション**）といいます。

よって，油汚れがあった場合には，セッケンの疎水性部分が油にくっつき，本来ならば水に溶けない油を水中に分散させることで，油汚れをとり除いているのです。これがセッケンの洗浄作用のしくみです。

2) セッケン分子の構造に，疎水性と親水性の両方の部分をもっている

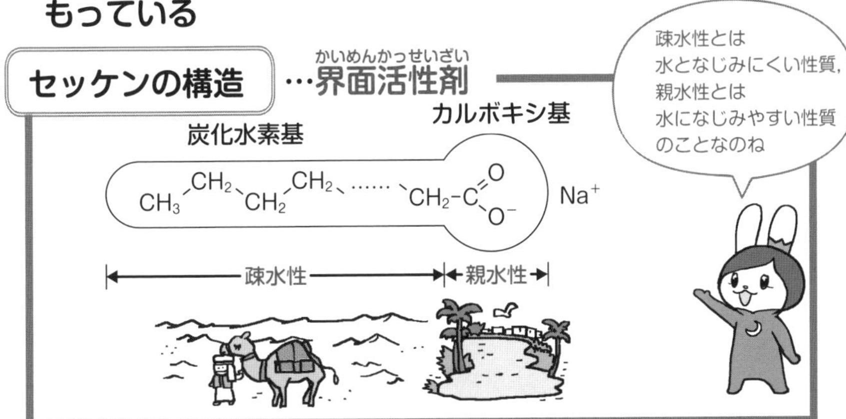

セッケンの構造
…界面活性剤（かいめんかっせいざい）
炭化水素基
カルボキシ基
$CH_3-CH_2-CH_2-CH_2-\cdots\cdots-CH_2-C(=O)O^-$ Na^+
疎水性
親水性
疎水性とは
水となじみにくい性質，
親水性とは
水になじみやすい性質
のことなのね
6

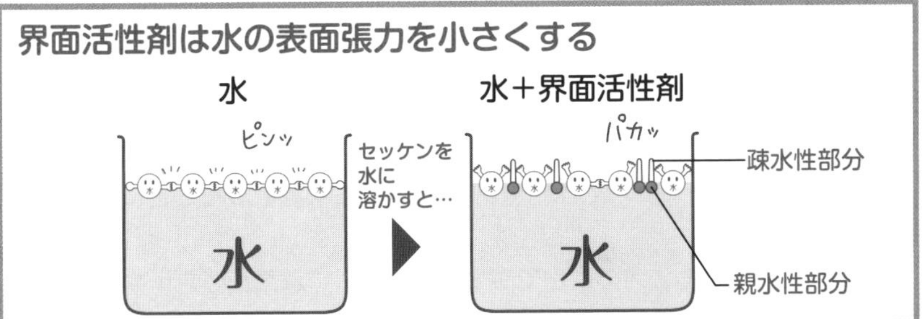

界面活性剤は水の表面張力を小さくする
水
ピンッ
水
セッケンを
水に
溶かすと…
水＋界面活性剤
パカッ
疎水性部分
水
親水性部分

3) ミセルをつくる

疎水性部分が内側に
親水性部分が外側に
向いておるのが
わかるじゃろ

乳化作用のしくみ

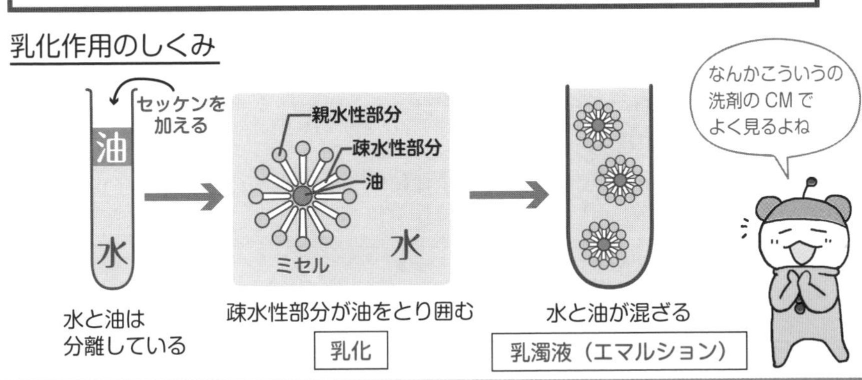

セッケンを
加える
油
水
水と油は
分離している
親水性部分
疎水性部分
油
水
ミセル
疎水性部分が油をとり囲む
乳化
水と油が混ざる
乳濁液（エマルション）
なんかこういうの
洗剤の CM で
よく見るよね

【セッケンの欠点】
セッケンには，2点ほど欠点があります。

1) 動物性繊維の洗浄には使えない。
セッケン水は弱塩基性を示します（p.228）。
絹や羊毛などの動物性の繊維は塩基によって痛んでしまうので，洗浄に使えないのです。

2) 硬水では洗浄力が落ちる。
硬水にはCa^{2+}やMg^{2+}が含まれています。
セッケンはこれらのイオンと反応して塩をつくって沈殿してしまうため，洗浄力が落ちてしまうのです。

日本では，これらのイオンを含まない軟水がほとんどなのであまり気づかないのですが，アメリカやヨーロッパでは硬水が多いので，これは困ったことになります。

以上から，動物性繊維も洗えて硬水でも使える，新しい洗剤が必要になりました。

【合成洗剤】
そこで，人類は新たな洗剤をつくることになりました。それが**合成洗剤**です。
先ほどのセッケンはR−COONaという構造でしたが，
合成洗剤は$R-OSO_3^-Na^+$，$R-C_6H_4-SO_3^-Na^+$などの構造になっています。
（セッケンと同様に，界面活性剤です）

合成洗剤は**中性**なので，動物性繊維の洗浄にも使えて，
硬水を使っても，Ca塩やMg塩が水に溶けやすいため，沈殿が生じません。

さて，6-15，6-16では油脂とセッケンについて説明しましたが，これらは暗記の多い特別な知識のお話でした。
6-17では，Chapter 5，Chapter 6の全体に関わるまとめのお話をしていきますよ。

セッケンの欠点

1) 動物性繊維の洗浄には使えない（弱塩基性なので）

2) 硬水では洗浄力が落ちる

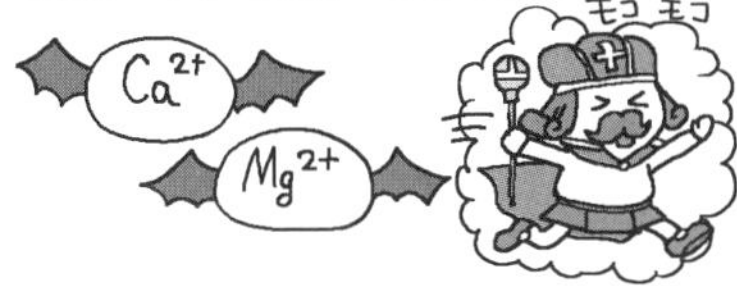

合成洗剤

$R\text{-}OSO_3^-Na^+$　　$R\text{-}C_6H_4\text{-}SO_3^-Na^+$

- 動物性繊維の洗浄に使える（中性なので）

- 硬水でも沈殿をつくらない

ここまでやったら
別冊 P. 39へ

6-17 物質の性質や反応のまとめ

ココをおさえよう！

有機化合物の性質は，一度自分でまとめよう。

それでは，Chapter 5，Chapter 6で出てきた有機化合物について，まとめてみましょう。

1)　アルカン

・分子式がC_nH_{2n+2}ならアルカン。　(⇒p.150)
【ポイント】
構造異性体をすべて挙げられるようになりましょう！　(⇒p.96～)

・「光を当てると置換反応」というキーワードが出たらアルカン。(⇒p.150)

2)　アルケン

・**シス-トランス異性体**（**幾何異性体**）が存在する場合がある。　(⇒p.128～)
【ポイント】
シス-トランス異性体となりうるのは，右ページの図で$R^1 \neq R^2$，$R^3 \neq R^4$の場合。
また，同じ原子・原子団が，同じ側にある場合が**シス形**，反対側が**トランス形**
(⇒p.132)

・分子式がC_nH_{2n}（シクロアルカンと区別する必要がある）　(⇒p.152)
【ポイント】
アルケンは二重結合をもっているので，分子式がC_nH_{2n}のとき
臭素Br_2の赤褐色が消える（付加反応をする）……アルケン　(⇒p.154)
臭素Br_2の赤褐色が消えない……シクロアルカン　(⇒p.166)

・アルコールに濃硫酸を加えて，**比較的高温**で加熱するとできる。　(⇒p.152)
【ポイント】
一方，アルコールに濃硫酸を加えて，**比較的低温**で加熱してできるのは**エーテル**。
(⇒p.152)

・オゾンを加えると二重結合が切断される（**開裂**という）。
【ポイント】
開裂したあとにできた物質から，もとの二重結合の物質を予想できる。
(⇒p.158)

1) アルカン

- 分子式が C_nH_{2n+2}
- 光を当てると塩素 Cl_2 や臭素 Br_2 と置換。

2) アルケン

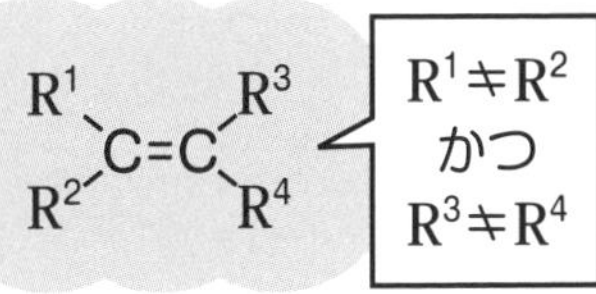

- シス-トランス異性体が存在する場合がある。
- 分子式が C_nH_{2n}（シクロアルカンと区別する必要あり）
  - ・Br_2 の赤褐色が消える ➡ アルケン
  - ・Br_2 の赤褐色が消えない ➡ シクロアルカン

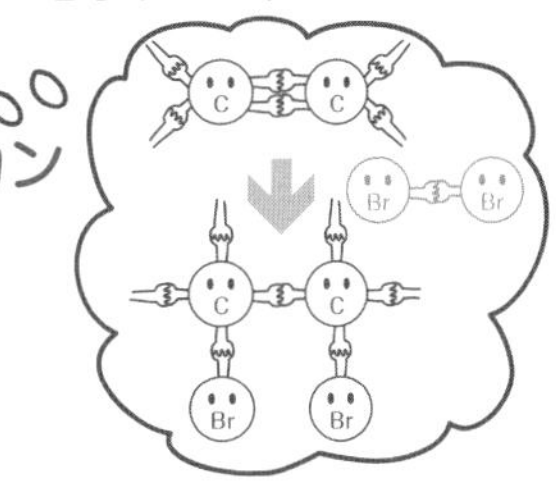

- アルコールに濃硫酸を加えて比較的高温で加熱するとできる。
  - ・アルコールに濃硫酸を加えて比較的低温で加熱
    ➡ エーテルができる。
- オゾンを加えると二重結合が切断される（開裂という）。
  - ・開裂したあとにできた物質から，もとの二重結合の物質を予想できる。

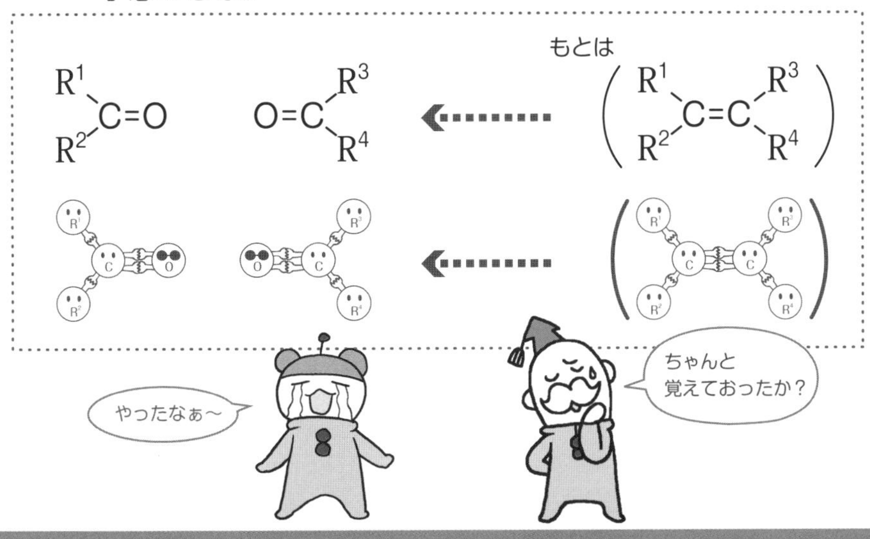

3) アルコール

・アルコールを酸化したときの反応を区別する。
"アルコールの階級別変化"を頭に入れましょう。 （⇒p.184）

【ポイント】

第一級アルコール ⟶ **アルデヒド** ⟶ **カルボン酸**
第二級アルコール ⟶ **ケトン**
第三級アルコール ⟶ 変化なし

・構造異性体である**エーテル**と区別する。
アルコールには"金属探知機"である-OH基があるが，エーテルにはない。

【ポイント】

金属Naを加えると**水素H_2を発生した**……アルコール （⇒p.188）
金属Naを加えても何も起こらない……エーテル （⇒p.192）

4) アルデヒド

・"還元性を示した"というキーワードが出てきたらアルデヒド。

【ポイント】

「**銀鏡反応を示した**」，「**フェーリング液を還元した**」といったら，還元性をもつことを表しており，アルデヒドであることがわかる。 （⇒p.196）

・構造異性体である**ケトン**と区別する。
アルデヒドには還元性を示す-CHO基があるが，ケトンにはない。

【ポイント】

還元性がある……アルデヒド
還元性がない……ケトン （⇒p.198）

3) アルコール

- アルコールの階級別変化。
- 構造異性体であるエーテルと区別。

4) アルデヒド

- 「還元反応を示した」⟺「アルデヒド」
  - ・「銀鏡反応を示した」や「フェーリング液を還元した」などの表現があればアルデヒド。

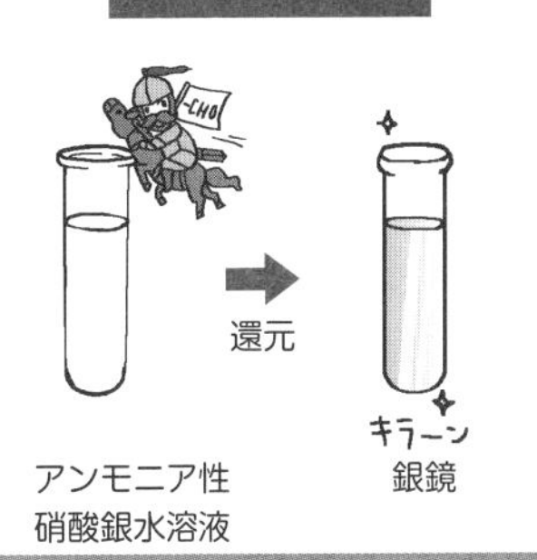

- 構造異性体であるケトンと区別。

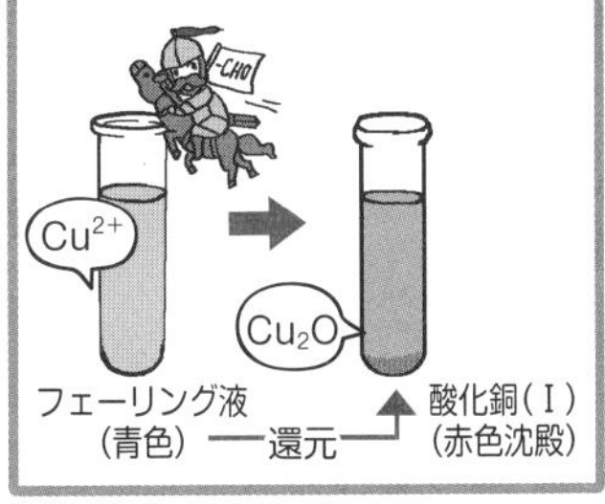

5）「ヨードホルム反応を示した」
有機化合物の“結婚指輪”と名づけた次の構造が存在していることがわかる。
（⇒p.202）

$$CH_3-\overset{\overset{\large O}{\|}}{C}-R \quad \text{または} \quad CH_3-\underset{\underset{\large H}{|}}{\overset{\overset{\large OH}{|}}{C}}-R$$
（ここでRとは，Hまたは炭化水素基のこと）

アセトアルデヒドCH_3CHO，**アセトンCH_3COCH_3**，エタノールCH_3CH_2OHなどがヨードホルム反応をします。

6）　カルボン酸
・「還元性を示した」
そのカルボン酸は**ギ酸**であることがわかる。（⇒p.210）

・「ジカルボン酸を加熱したら脱水した」
マレイン酸であることがわかる。（⇒p.214）

・構造異性体である**エステル**と区別する。
カルボン酸は$-COOH$基があるので酸性を示しますが，
エステルにはないので酸性を示しません。
（その代わりに，エステルは**けん化**するのでしたね）
【ポイント】
酸性を示す……カルボン酸
酸性を示さない＆けん化する（加水分解される）……エステル　（⇒p.218）

以上です。
頭に入っていないものは，対応するページにもう一度戻ってみましょう！

5)「ヨードホルム反応を示した」

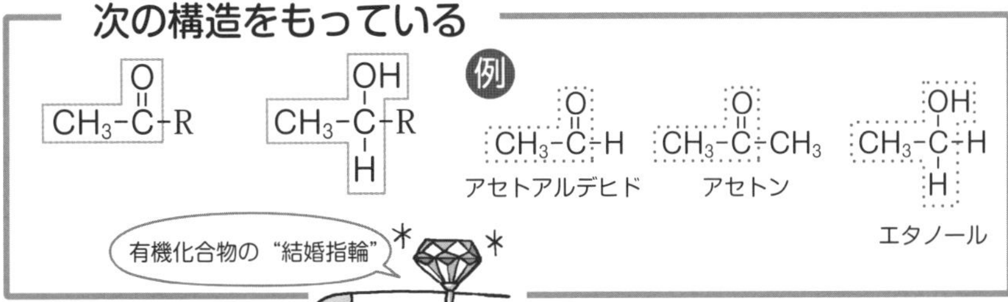

6) カルボン酸

●「還元性を示した」

ギ酸であることがわかる

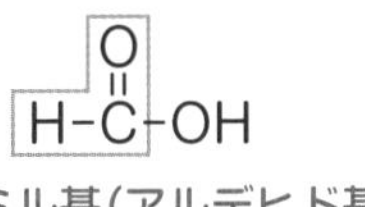

ホルミル基(アルデヒド基)

ギ酸はホルミル基(アルデヒド基)をもっているから還元性があるのよね

●「ジカルボン酸を加熱したら脱水した」

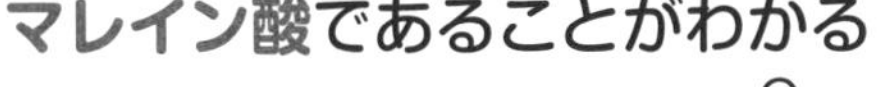

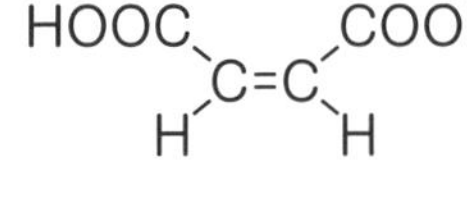

脱水

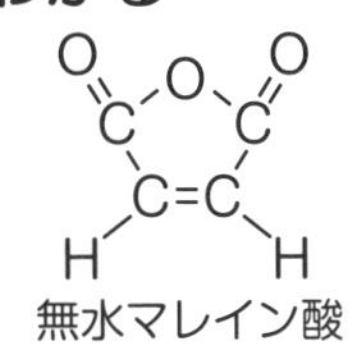

シス-トランス異性体のフマル酸は脱水しないんじゃったな
Chapter 7 で出てくるフタル酸もジカルボン酸で脱水反応を示すぞぃ

●構造異性体であるエステルと区別。

カルボン酸

エステル

ここまでやったら 別冊 P. 40 へ

理解できたものに，☑チェックをつけよう。

- ☐ 不飽和度は，$\dfrac{(2C+2)-H-X+N}{2}$を計算して求められる。
- ☐ 不飽和度が0の場合は「すべて単結合」，1の場合は「二重結合を1つもつか，環状構造を1つもつ」。不飽和度が2の場合は，「二重結合を2つもつ」，「環状構造を2つもつ」，「二重結合を1つ，環状構造を1つもつ」，「三重結合を1つもつ」のいずれかである。
- ☐ アルコールはアルケンに水を付加することで生成される。
- ☐ -OH基が1個ついたものを1価アルコール，2個ついたものを2価アルコール，3個ついたものを3価アルコールという。
- ☐ 1価アルコールよりも2価アルコール，3価アルコールのほうが水に溶けやすい。
- ☐ -OH基の結合した炭素原子に，1つの炭素がついたアルコールを第一級アルコール，2つの炭素がついたアルコールを第二級アルコール，3つの炭素がついたアルコールを第三級アルコールという。
- ☐ 第一級アルコールの酸化反応：第一級アルコール→アルデヒド→カルボン酸
- ☐ 第二級アルコールの酸化反応：第二級アルコール→ケトン

- [ ] 第三級アルコールは酸化されにくい。
- [ ] アルコールの沸点には,「第一級アルコール＞第二級アルコール＞第三級アルコール」の関係がある。
- [ ] アルコールは金属Naと反応し,水素を発生するが,エーテルは反応しない。
- [ ] アルデヒドには還元性があるため,銀鏡反応やフェーリング液の還元が起きるが,ケトンには還元性がない。
- [ ] フェーリング液の還元では,酸化銅(Ⅰ)Cu_2Oの赤色沈殿が生じる。
- [ ] ヨードホルム反応を示す構造がわかっている。
- [ ] カルボン酸は弱酸性を示すが,エステルは示さない。
- [ ] 酸の強さはHCl,$H_2SO_4 > R-COOH > H_2CO_3$の関係がある。
- [ ] ギ酸はカルボン酸でありアルデヒドでもあるため,弱酸性と還元性を示す。
- [ ] マレイン酸とフマル酸はシス-トランス異性体の関係にあり,マレイン酸は加熱すると脱水して無水マレイン酸になる。

"甘い香り"というのが
気にかかっていたのじゃ
もしかすると…
すゃすゃ
グヵー

- □ カルボン酸とアルコールが縮合すると，エステルが生成する。
- □ エステルは加水分解するとカルボン酸とアルコールに戻る。
- □ エステルの塩基による加水分解をけん化という。
- □ エステルは弱酸性を示さない。
- □ 油脂とは，高級脂肪酸とグリセリンからなるエステルである。
- □ セッケンは弱塩基性を示す。
- □ セッケンは疎水性の部分と親水性の部分の両方をもっており，水中でミセルをつくる。
- □ セッケンは動物性繊維の洗浄には使えず，硬水では洗浄力が落ちる。
- □ 合成洗剤は中性なので動物性繊維の洗浄に用いることができ，硬水を使っても沈殿はつくらない。

Chapter

芳香族化合物

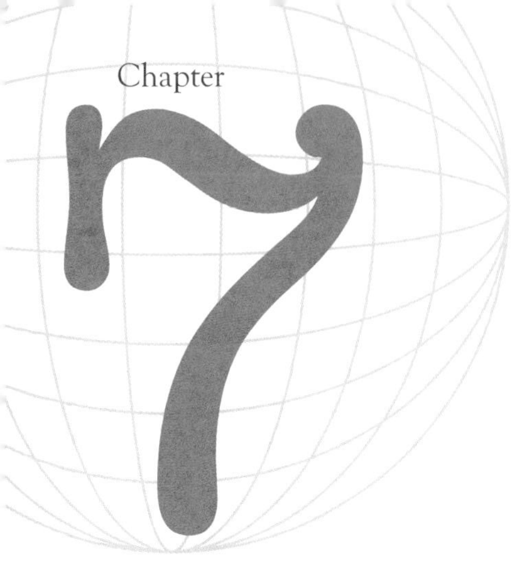

Chapter 7 芳香族化合物

はじめに

ハカセは持ち前の粘り強さと研究熱心さで，ルナー燃料の分析を続けた結果，
「ルナー燃料はCを多くもった高分子化合物かもしれない」
「ルナー燃料が"甘い香り"なのは，芳香族化合物だからかもしれない」
ということに気づいたようです。

高分子化合物についてはChapter 8，9で説明していきます。

ここでは芳香族化合物について見ていきましょう。
芳香族化合物とはベンゼン環⌬をもった化合物のことです。
「芳香」とはよい香りという意味ですが，芳香族化合物は，よい香りのするものもあれば，特ににおいのないものもあります。
「ベンゼン環をもっている化合物は，芳香族化合物という名称なんだ」
と認識しておきましょう。

この章で勉強すること

ベンゼン環にさまざまな官能基がつくことで異なる性質になるため，
「どんな官能基がついたときに，どんな名称になって，どんな特徴をもつか」
を頭に入れることがポイントです。

特に，**芳香族炭化水素**，**フェノール類**，**芳香族カルボン酸**，**芳香族ニトロ化合物**，**芳香族アミン**という５種類の化合物の特徴や反応について見ていきますよ。

宇宙一
わかりやすい
ハカセの
Introduction

ミミー君
ちょっと来たまえ
はい!
アーン

分析の結果
ルナー燃料は
高分子化合物かもしれん
（Chapter 8，9）
それに…

“甘い香り”なのは
芳香族化合物だから
かもしれん
芳香族!?
甘い香り…

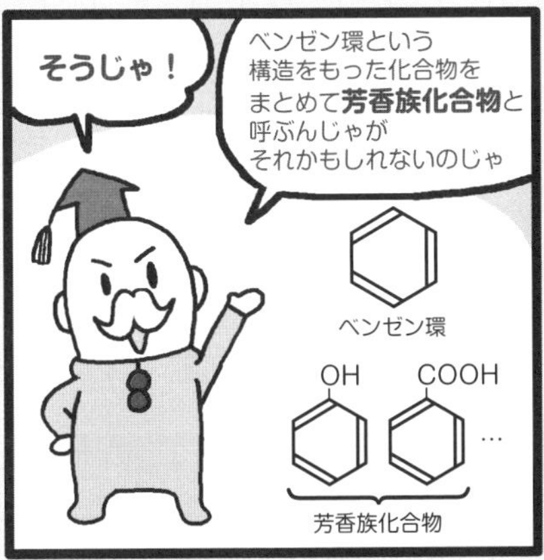
そうじゃ！
ベンゼン環という
構造をもった化合物を
まとめて芳香族化合物と
呼ぶんじゃが
それかもしれないのじゃ
ベンゼン環
OH
COOH
…
芳香族化合物

芳香族化合物について
くわしく教えて
いただけますか？
もちろんじゃ！
甘い香り…
おいしいのかな?

7-1 ベンゼン

ココをおさえよう！

ベンゼンの炭素原子間の結合は，すべて等価（区別できない）で，炭素原子はすべて同一平面上にある。

芳香族化合物に必ず含まれているベンゼンとは，一体どのような化合物なのでしょうか？　ここでくわしく解説しましょう。

【ベンゼンの構造】

ベンゼンは，分子式がC_6H_6で，右ページのような構造をしている有機化合物です。

ベンゼン環中の**炭素原子間の結合には，単結合と二重結合の区別はなく，すべて等価**（区別できず，等しいこと）です。というのも，炭素原子間の結合の長さや性質はすべて等しく，また，二重結合は決まった位置に固定されているわけではないからです。

便宜上，単結合が3つと二重結合が3つの化合物として表しているだけなのです。

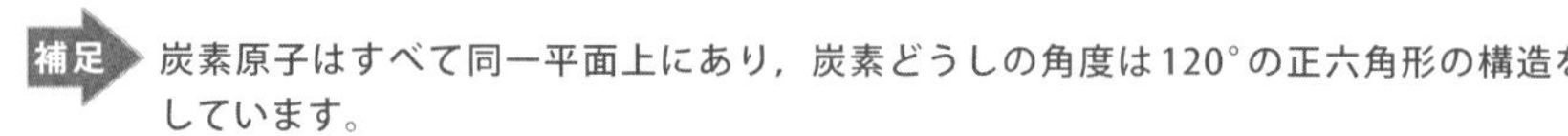

補足　炭素原子はすべて同一平面上にあり，炭素どうしの角度は120°の正六角形の構造をしています。

このような特別な結合をもっているので，ベンゼンや芳香族化合物は，特有の性質を示します。

【ベンゼン環の書きかた】

ベンゼン環の書きかたには，2種類あります。

① 正六角形の中に，3本の線を加える

② 正六角形の中に，丸をかく

どちらでも正しいですが，①が使われることが多いです。

芳香族化合物 ＝ ベンゼン環 ＋ 官能基

ベンゼンとは？

ベンゼンの構造

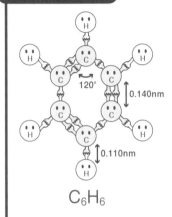

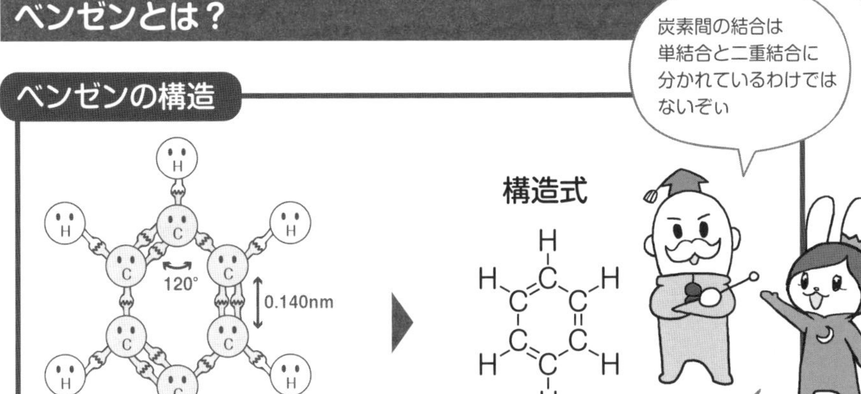

炭素間の結合は
単結合と二重結合に
分かれているわけでは
ないぞい
120°
0.140nm
0.110nm
構造式
炭素はすべて
同一平面上にあるわよ
角度は 120°なので
正六角形の構造を
しているわ

C_6H_6

ベンゼン環の書きかた

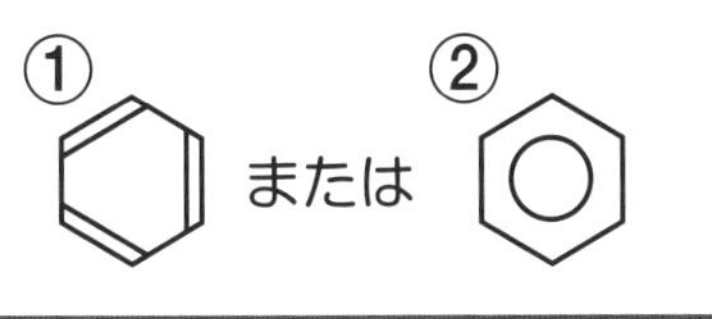

①がよく使われるけど
炭素結合に区別が
ないんだから，②のほうが
正確な表記だよね

ベンゼンの炭素原子間の結合は
特殊なので，特有の性質を示す！

【ベンゼンの性質】
ベンゼンの性質の中で最も特徴的なのが「**置換反応しやすい**」というものです。

置換反応とは，言葉通り，結合していた原子と他の原子が置き換わる反応です。それまで結合していた原子を切り離し，新しい原子と結合します。

一方，付加反応(p.154「アルケンの付加反応」を参照)は，それまで結合していた原子を切り離すことなく，二重結合や三重結合を使って他の原子と結合する反応です。

ベンゼン環の構造は安定しているので，炭素どうしの結合は強く，炭素間の結合を切る必要がある付加反応は起こりにくいです。
ベンゼン環の炭素についている水素Hなどが，他の原子や原子団に置き換わる，置換反応が起きやすいのです。

ベンゼンの性質

置換反応 … それまで結合していた原子を切り離し，新しい原子と結合する反応

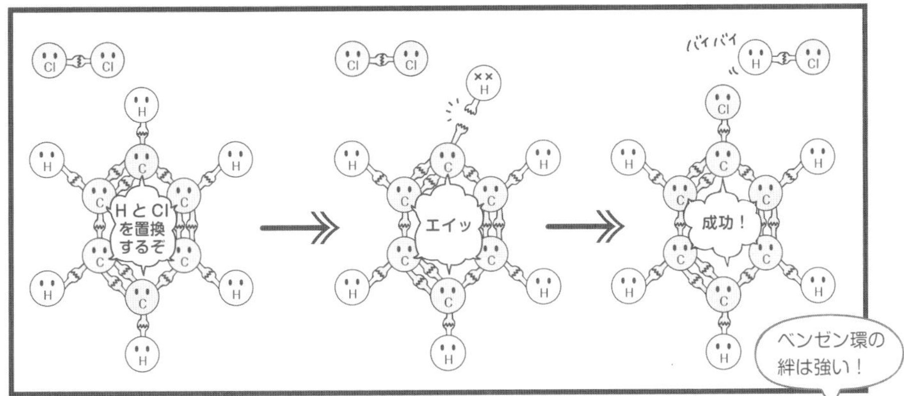

参考

付加反応 … それまで結合していた原子を切り離すことなく，新しい原子と結合する反応

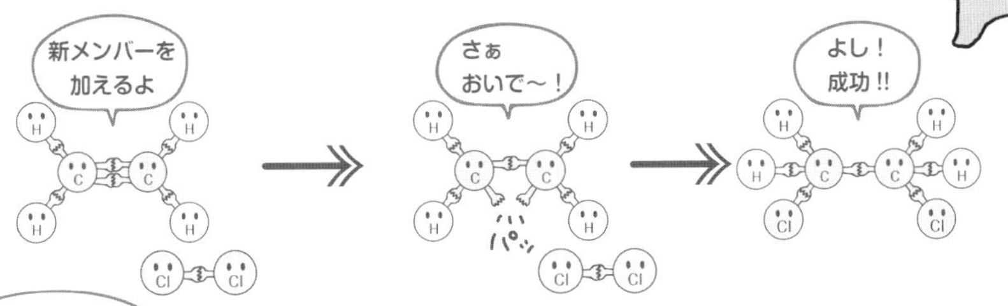

置換反応（イメージ）

【ベンゼンの置換反応】

代表的な置換反応は3つあります。
これらの化学反応式が出てきたら，置換反応だと気づいてくださいね。反応式を書かせる出題が多いので，しっかり頭に入れましょう。

❶　ハロゲン化

鉄を触媒として，ハロゲンである臭素Br_2や塩素Cl_2を反応させると，水素がハロゲンに置換されます。

ベンゼン ＋ Cl_2（塩素） —鉄粉（触媒）→ クロロベンゼン（Cl） ＋ HCl（塩化水素）

ベンゼン ＋ Br_2（臭素） —鉄粉（触媒）→ ブロモベンゼン（Br） ＋ HBr（臭化水素）

❷　ニトロ化

ニトロ化というのは，水素が**ニトロ基（$-NO_2$）**で置換される反応です。
濃硝酸と濃硫酸の混合物を作用させることで起こります。

ベンゼン ＋ $HO-NO_2$（硝酸（HNO_3）） —濃硫酸（触媒）→ ニトロベンゼン（NO_2）（$C_6H_5NO_2$） ＋ H_2O

❸　スルホン化

水素が**スルホ基（$-SO_3H$）**で置換される反応です。
濃硫酸と加熱することで起こります。

ベンゼン ＋ $HO-SO_3H$（硫酸（H_2SO_4）） —加熱→ ベンゼンスルホン酸（SO_3H）（$C_6H_5SO_3H$） ＋ H_2O

❶ ハロゲン化

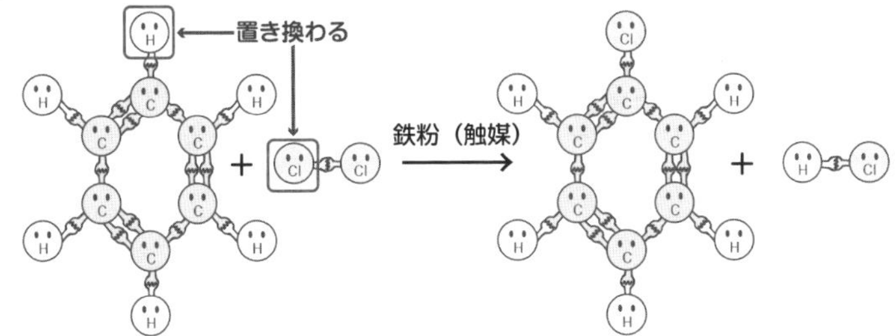

ベンゼン (C_6H_6) ＋ Cl_2 塩素 ⟶ クロロベンゼン (C_6H_5Cl) ＋ HCl 塩化水素

上の反応式では
-H が省略されて
いるけど，
-H と-Cl が
置き換わっているよ

H-ベンゼン ＋ Cl-Cl ⟶ Cl-ベンゼン ＋ H-Cl

「硝酸＋硫酸」といったら
ニトロ化じゃ
硫酸は触媒になるぞい

❷ ニトロ化

ベンゼン ＋ $HO-NO_2$ 硝酸 (HNO_3) $\xrightarrow{\text{濃硫酸}}$ ニトロベンゼン ($C_6H_5NO_2$) ＋ H_2O

❸ スルホン化

ベンゼン ＋ $HO-SO_3H$ 硫酸 (H_2SO_4) $\xrightarrow{\text{加熱}}$ ベンゼンスルホン酸 ($C_6H_5SO_3H$) ＋ H_2O

ベンゼン環の構造は安定しているので，付加反応は起こりにくいです。
ベンゼンに付加反応を起こさせるには，高温・高圧下で触媒を用いたり，
光を照射したりと，高エネルギーを与えて反応を進みやすくする必要があります。

【ベンゼンの付加反応】

❶ 水素付加
ニッケル(Ni)を触媒として高温・高圧下で水素H_2と作用させます。
すべての炭素が，炭素どうしの手を離し，Hと手をつなぎます。

$$\text{ベンゼン} + 3H_2 \xrightarrow[\text{高温・高圧}]{\text{Ni（触媒）}} \text{シクロヘキサン}\ (C_6H_{12})$$

ベンゼン　水素　シクロヘキサン (C_6H_{12})

❷ 塩素付加
紫外線を当てながら，塩素Cl_2を作用させます。

$$\text{ベンゼン} + 3Cl_2 \xrightarrow{\text{紫外線}} \text{ヘキサクロロシクロヘキサン}\ (C_6H_6Cl_6)$$

ベンゼン　塩素　ヘキサクロロシクロヘキサン $(C_6H_6Cl_6)$
(ベンゼンヘキサクロリド)

塩素は，鉄触媒と一緒にベンゼンと反応させると，置換反応が起こり(ハロゲン化)，紫外線を当てながら(よりエネルギーを与えて反応をしやすくしてから)ベンゼンと反応させると，付加反応が起こります。

ここはきちんと区別しましょうね。

ベンゼンの付加反応

置換反応よりも起こりにくいため，高温・高圧下で触媒を用いたり，紫外線を照射したりと，高エネルギーを与えて反応を進みやすくする必要がある。

7

❶ 水素付加

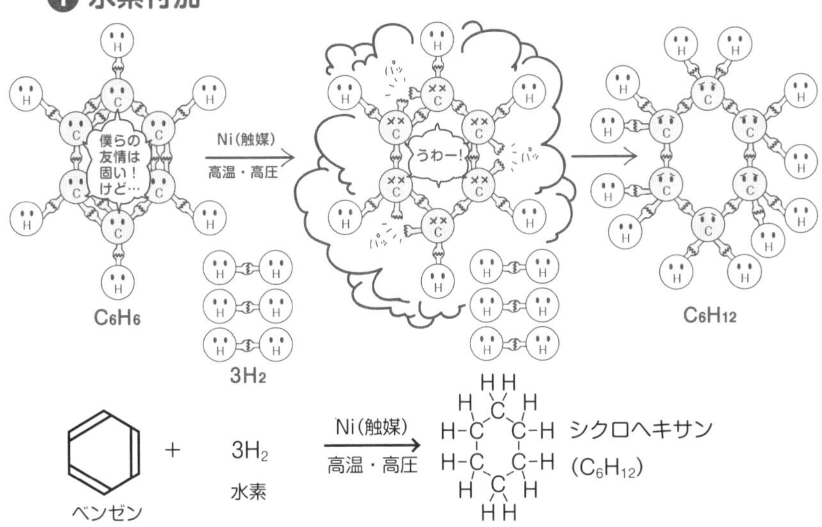

❷ 塩素付加

ベンゼン ＋ $3Cl_2$ 塩素 —紫外線→ ヘキサクロロシクロヘキサン（ベンゼンヘキサクロリド）($C_6H_6Cl_6$)

注意

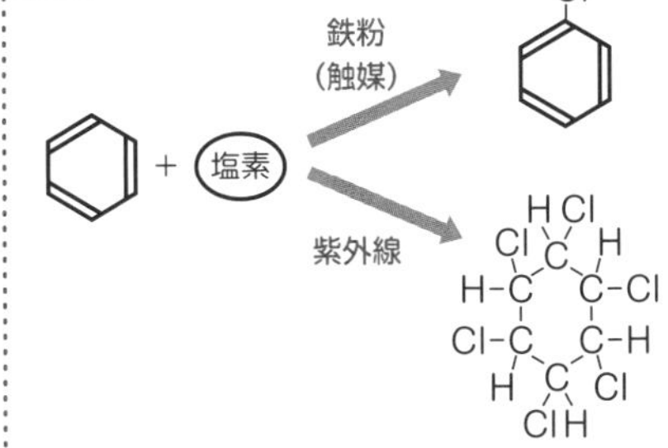

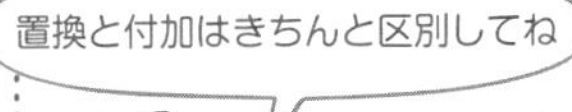

ここまでやったら
別冊 P. 45へ

7-2 芳香族炭化水素

ココをおさえよう！

ベンゼン環に直接結合した炭素Cは，酸化すると-COOHになる。

芳香族化合物は，ベンゼン環にさまざまな官能基が置換してできたものです。次の5種類の化合物になります。

- **芳香族炭化水素**（主に，炭化水素基が置換）
- **フェノール類**（主に，-OH基が置換）
- **芳香族カルボン酸**（主に，-COOH基が置換）
- **芳香族ニトロ化合物**（主に，$-NO_2$基が置換）
- **芳香族アミン**（主に，$-NH_2$基が置換）

それぞれの化合物群をくわしく見ていきましょう。

<芳香族炭化水素>

芳香族炭化水素とは，ベンゼン環に炭化水素基がくっついた化合物です。

【物質例】

ベンゼンやトルエン，キシレンなど，ベンゼンに官能基が置換したものが多いです。

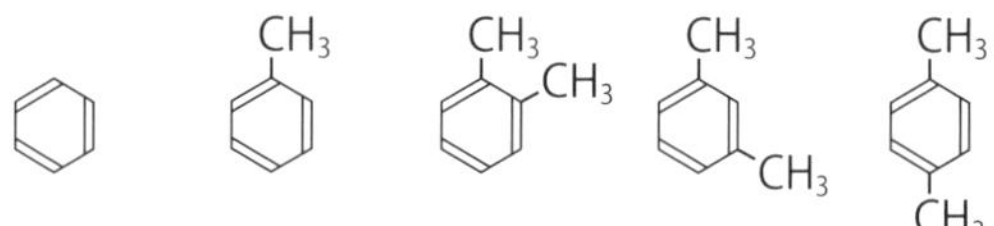

ベンゼン　トルエン　*o*-キシレン（オルト）　*m*-キシレン（メタ）　*p*-キシレン（パラ）

その他にも，ナフタレンやアントラセンのような構造をした（ちょっと変わった）芳香族炭化水素もあります。

ナフタレン　アントラセン

芳香族化合物

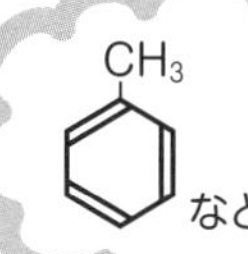

芳香族炭化水素

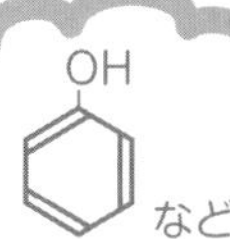

フェノール類

COOH

など

芳香族カルボン酸

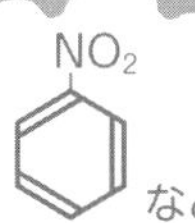

芳香族ニトロ化合物

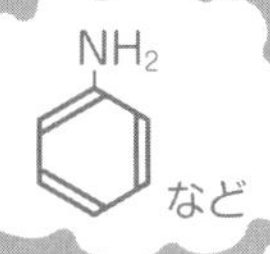

芳香族アミン

芳香族炭化水素 …ベンゼン環に炭化水素基がくっついたもの。

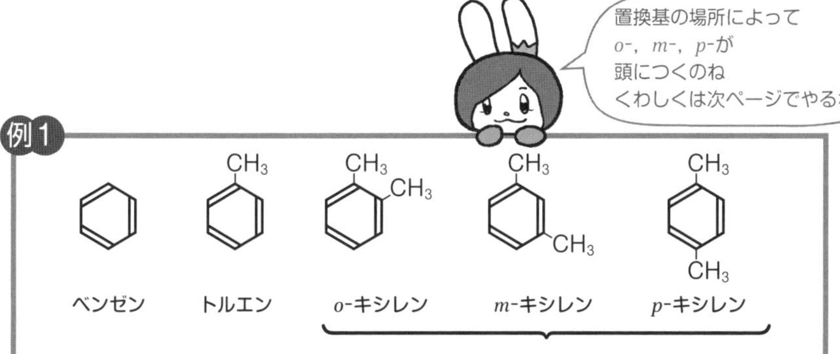

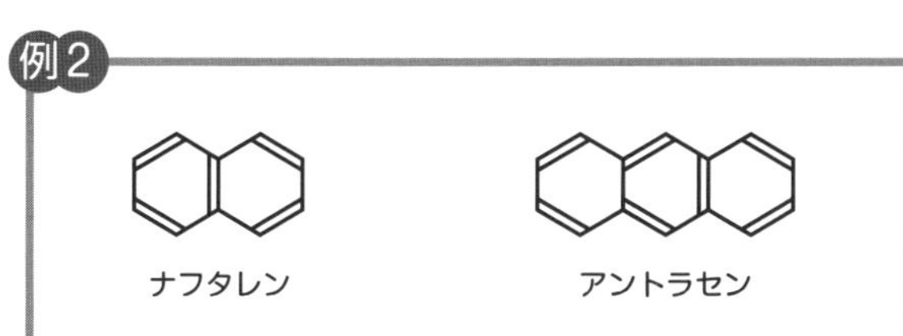

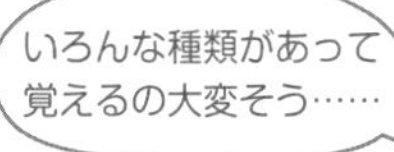

いろんな種類があって
覚えるの大変そう……

安心するんじゃ
次ページの「側鎖の酸化」
以外はそれほど重要
ではないぞい

【性質】

芳香族炭化水素には重要な性質があります。

それは，**側鎖を酸化すると，カルボキシ基（-COOH）になること**です。

ベンゼン環から飛び出た官能基のCの部分を,「トカゲのしっぽ」と呼びましょう。酸化されると（Cの部分を残してしっぽをちょん切られても），また-COOHとして生えてくる様子が「トカゲのしっぽ」に似ているからです。

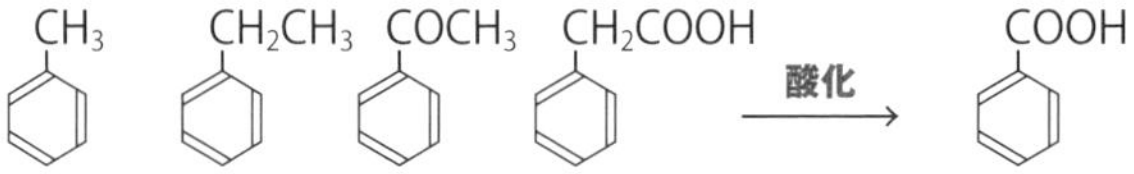

CH_3　CH_2CH_3　$COCH_3$　CH_2COOH —酸化→ COOH

その他の化合物でも，ベンゼン環にくっつく原子が炭素Cの場合，それを酸化するとカルボキシ基になりますよ。

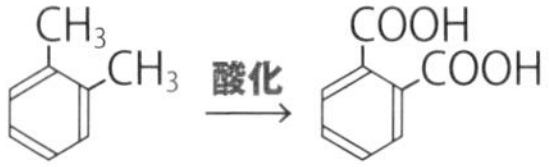

o-キシレン —酸化→ フタル酸

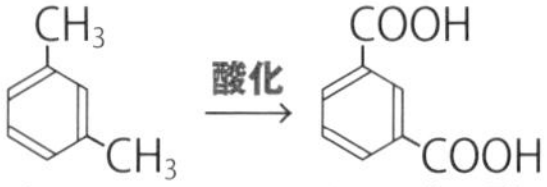

m-キシレン —酸化→ イソフタル酸

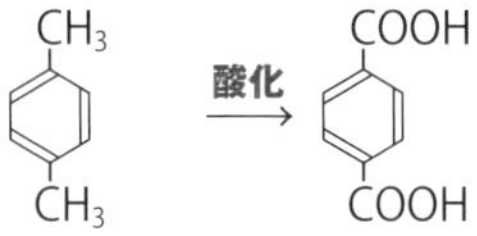

p-キシレン —酸化→ テレフタル酸

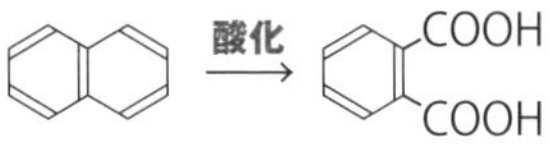

ナフタレン —酸化→ フタル酸

さて，ここで，芳香族化合物の置換基のつく位置の違いによる，構造異性体の話をしておきましょう。キシレンはベンゼンのH原子の2つをメチル基-CH_3で置換したものです。

1つのメチル基を固定すると，もう1つのメチル基は“隣りの位置”，“1つ空けた位置”，“真向いの位置”の3つのどれかになります。

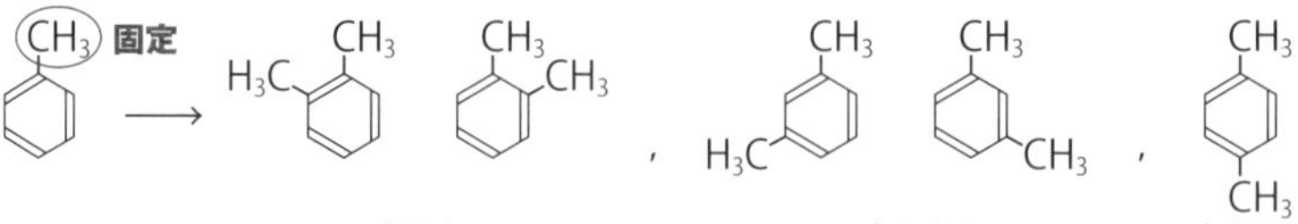

CH_3 固定 →

o-キシレン　*m*-キシレン　*p*-キシレン

これらは構造異性体の関係であり，2つのメチル基が，隣りあっているものを***o*(オルト)-キシレン**，1つ空いた位置どうしにあるものを***m*(メタ)-キシレン**，真向いにあるものを***p*(パラ)-キシレン**といいます。

この*o*(オルト)-，*m*(メタ)-，*p*(パラ)-の位置関係は，今後も登場するので，覚えておいてくださいね。これらの構造の違いにより，反応にも違いが出てくることがあります。

7

性質

側鎖を酸化すると，カルボキシ基（-COOH）になる

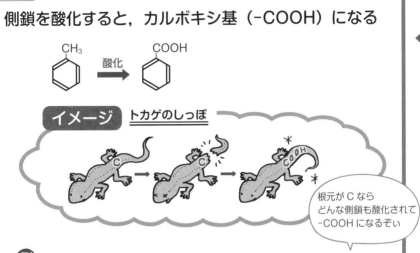

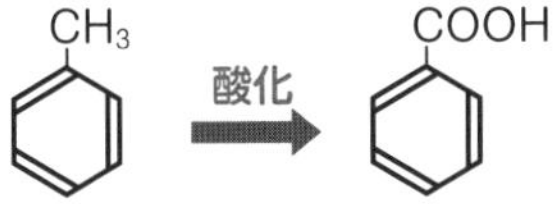

CH_3 →酸化→ COOH

イメージ トカゲのしっぽ

根元が C なら
どんな側鎖も酸化されて
-COOH になるぞぃ

例

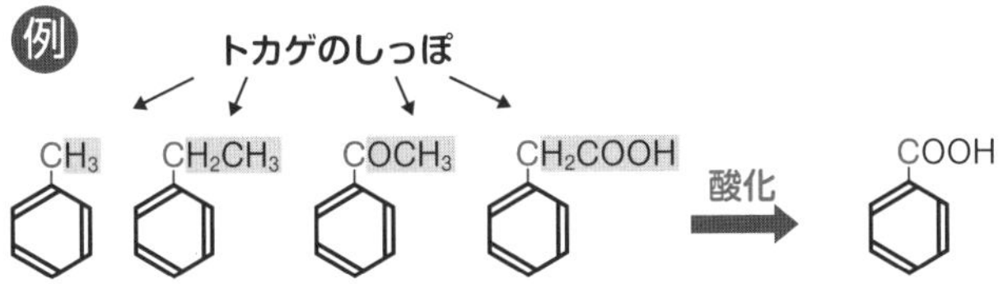

トカゲのしっぽ

CH_3　CH_2CH_3　$COCH_3$　CH_2COOH →酸化→ COOH

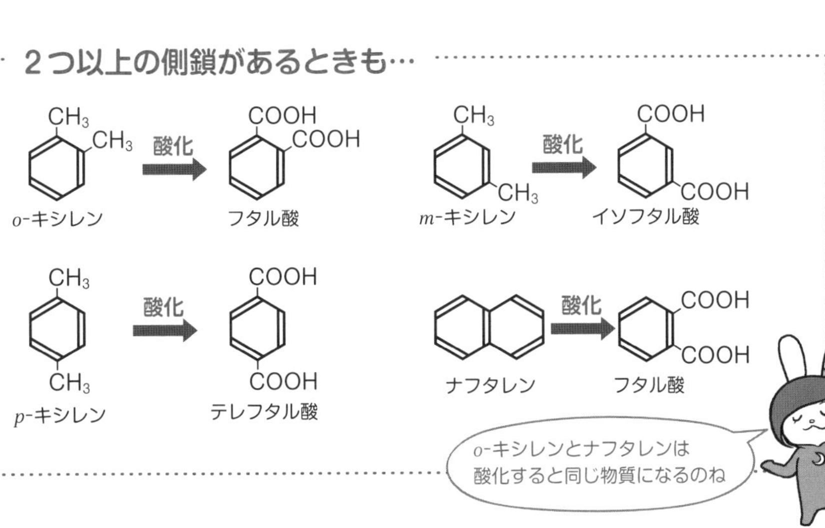

酸化反応によってできる芳香族カルボン酸は，カルボキシ基をもつため，
「芳香族化合物を酸化したら，カルボキシ基ができた」
と書かれていたら，**その芳香族化合物は，炭素Cがベンゼン環に直接くっついた構造をしている**ということがわかるので，例えば，
「フェノール ⌬-OHやニトロベンゼン ⌬-NO_2ではないな」などと識別できます。

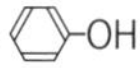

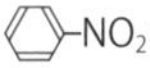

また，酸化して生じるカルボキシ基-COOHは塩基やアルコールと反応するので，
「芳香族化合物を酸化したら，水酸化ナトリウム（塩基）と反応した」
「芳香族化合物を酸化したら，エタノール（アルコール）と反応した」
と書かれていても，その芳香族化合物には，「炭素Cがベンゼン環に直接くっついていたので，酸化されたら ⌬-COOHとなったんだな」ということがわかります。

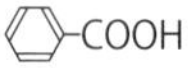

最後に，トルエンとキシレンの性質を軽くご紹介して，芳香族炭化水素については終わりにしましょう。

・トルエン

トルエンは1個のメチル基-CH_3で置換された化合物です。
次のように3カ所，置換反応することがあります（ニトロ化）。
メチル基の位置を1として，時計まわりに番号を振るので，2,4,6-トリニトロトルエンと呼びます。

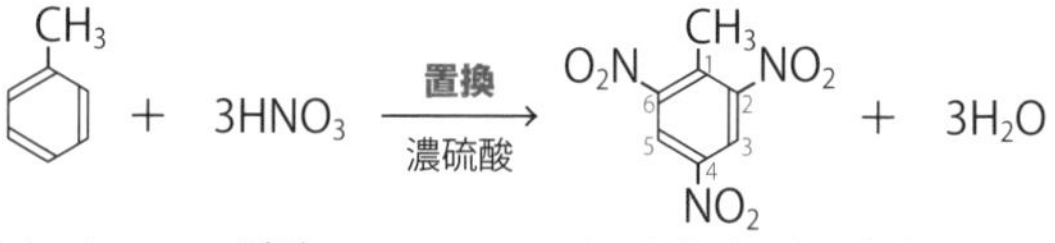

トルエン + $3HNO_3$（硝酸） →（置換 / 濃硫酸） 2,4,6-トリニトロトルエン + $3H_2O$

・キシレン

2個のメチル基（-CH_3）で置換された化合物です。
次のように，置換基の位置によって3種類の異性体が存在しましたね。

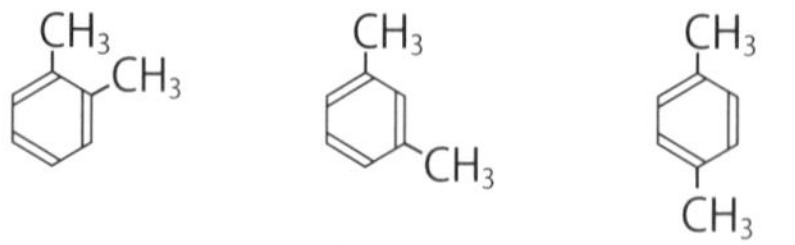

***o*-キシレン**（オルト）　***m*-キシレン**（メタ）　***p*-キシレン**（パラ）

それぞれ沸点・融点などの性質が違います。

7

こういう文章があったら…

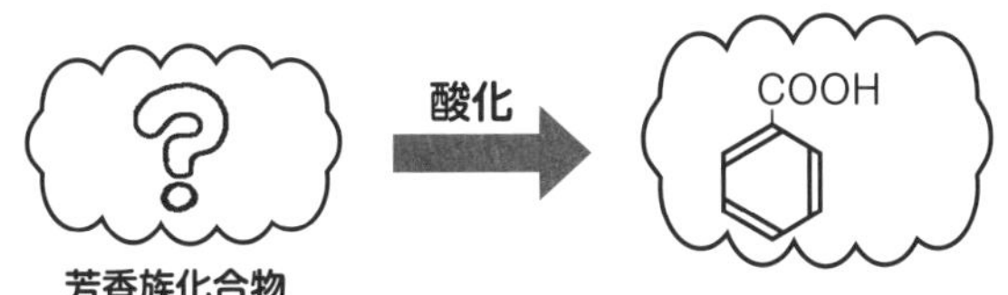

『芳香族化合物を酸化したら，カルボキシ基ができた』

『芳香族化合物を酸化したら，水酸化ナトリウムと反応した』

『芳香族化合物を酸化したら，エタノールと反応した』

カルボキシ基の特徴

＝

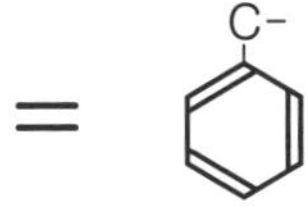

根元に C をもつ
官能基（トカゲのしっぽ）
があることがわかる！

代表的な芳香族炭化水素の特徴

トルエン …ベンゼンと同様に，さまざまな物質と置換反応をする

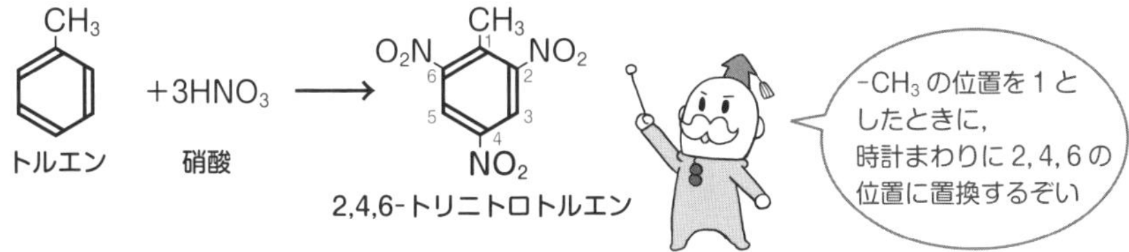

キシレン …置換基の位置によって，3種類の異性体が存在する

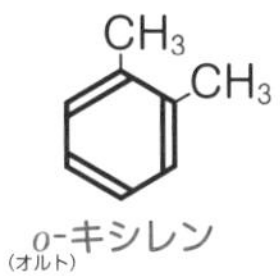

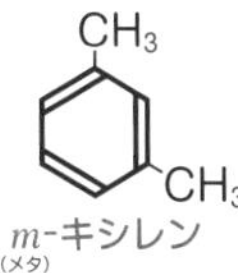

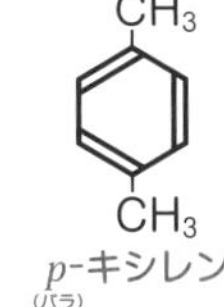

ここまでやったら
別冊 P. 46 へ

7-3 フェノール類

ココをおさえよう！

① フェノール類は弱酸性を示す。
② フェノール類に塩化鉄（Ⅲ）水溶液を加えると，青紫～赤紫色を呈する。

ベンゼンのH原子がヒドロキシ基-OHに置き換わった化合物を**フェノール**といいます。

また，ベンゼン環に-OH基が直接くっついた化合物を**フェノール類**といい，右ページの例のような化合物があります。

フェノール類には「ベンゼン環に-OH基が直接結合している」という共通した構造があるので，次のような共通した性質をもちます。

【フェノール類の性質】

① **フェノール類は弱酸性を示す。**
② **フェノール類に塩化鉄（Ⅲ）水溶液を加えると，青紫～赤紫色を呈する。**
③ **フェノール類は酸無水物と反応して，エステルをつくる。**

フェノール類は「ちょっと弱気」なイメージですね。
弱気な弱酸性ですし，塩化鉄（Ⅲ）水溶液という「いじめっ子」がくると，顔が真っ青になります。ただし，酸無水物とは友達なので，手をつないで仲よくなります。

フェノール類の特徴は，アルコールと対比させて覚えるとよいでしょう。
（ともに-OH基をもっているため）

【アルコールの性質】

① **中性である。**
② **塩化鉄（Ⅲ）水溶液を加えても，反応しない。**
③ **カルボン酸や酸無水物とは反応し，エステルをつくる。**

補足 酸無水物とは，2個のカルボキシ基から水1分子がとれた形の化合物のことをいいます。

無水酢酸 $(CH_3CO)_2O$

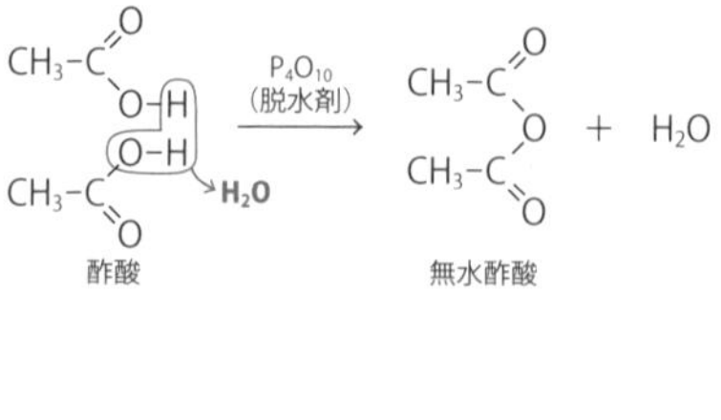

$$2\,CH_3\text{-}COOH \xrightarrow[\text{(脱水剤)}]{P_4O_{10}} (CH_3CO)_2O + H_2O$$

酢酸　　無水酢酸

芳香族化合物

芳香族炭化水素　フェノール類　芳香族カルボン酸　芳香族ニトロ化合物　芳香族アミン

フェノール類

例

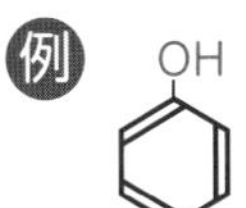

フェノール

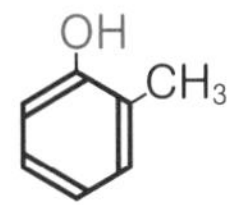

o-クレゾール

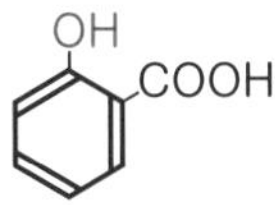

サリチル酸

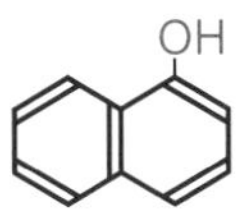

1-ナフトール

CH_2OH などは，-OH がベンゼン環に直接くっついておらんから，フェノール類ではないんじゃ

フェノール類の性質　アルコールと対比させて覚えよう！

① 弱酸性を示す

次ページでくわしくやるよ！

② 塩化鉄（Ⅲ）水溶液を加えると，青紫～赤紫色を呈する

アルコールとの違いは本当に大事よ！

③ 酸無水物と反応し，エステルをつくる

アルコールはカルボン酸とも反応するよ！

❶ フェノール類は弱酸性を示す。

－OH基のHがわずかに電離して，フェノキシドイオンとH^+を生じ，弱酸性を示します。

$$C_6H_5\text{-}OH \longrightarrow C_6H_5\text{-}O^- + H^+$$

フェノール　**フェノキシドイオン**

また，フェノール類は弱酸性なので，塩基と反応して塩をつくります。

$$C_6H_5\text{-}OH + NaOH \longrightarrow C_6H_5\text{-}ONa + H_2O$$

フェノール　**ナトリウムフェノキシド**

このような酸性を示す有機化合物どうしの，酸の強さの関係についてはしっかり理解しておきましょう。

なお，炭酸は無機化合物ですが，酸性を示す化合物どうしの反応においては重要なので，酸性を示す強さの関係を次のように覚えておきましょう。

スルホン酸$-SO_3H$＞カルボン酸$-COOH$＞炭酸H_2CO_3＞フェノール類$C_6H_5\text{-}OH$

「有酸素運動するか？　タフ」で覚えましょう。

（有機化合物の酸性：スルホン酸＞カルボン酸＞炭酸＞フェノール類）

p.208でも説明しましたが，酸性が強いほうが，H^+を放出してイオンになりたがるので，例えば，フェノールのナトリウム塩にCO_2を吹き込むと，H_2CO_3からH^+イオンが放出されて，フェノールが遊離（結合が切れて，化合物から分離）してきます。

$$C_6H_5\text{-}ONa + \underset{(CO_2+H_2O)}{H_2CO_3} \longrightarrow NaHCO_3 + C_6H_5\text{-}OH$$

弱酸の塩（**フェノールの塩**）	強酸（**炭酸**）	強酸の塩（炭酸の塩）	弱酸（**フェノール**）

しかし，カルボン酸のナトリウム塩にCO_2を吹き込んでも，反応は起こりません。

$$C_6H_5\text{-}COONa + \underset{(CO_2+H_2O)}{H_2CO_3} \not\longrightarrow NaHCO_3 + C_6H_5\text{-}COOH$$

強酸の塩（カルボン酸の塩）	弱酸（**炭酸**）	弱酸の塩（炭酸の塩）	強酸（カルボン酸）

補足 ここでの強酸，弱酸は，「反応する相手より強い酸か，弱い酸か」という意味です。通常は，カルボン酸・炭酸・フェノール類は弱酸に分類されます。

❶ 弱酸性を示す

-OH 基の H がわずかに電離するので，弱酸性を示す。

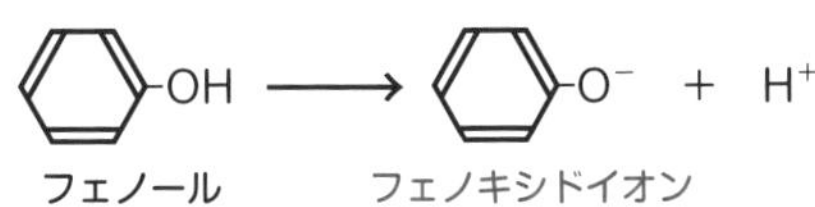

弱酸性なので，塩基と反応して塩をつくる。

C_6H_5-OH + NaOH ⟶ C_6H_5-ONa + H_2O

フェノール　　　　ナトリウムフェノキシド

酸の強さ

$-SO_3H$	>	$-COOH$	>	H_2CO_3	>	C_6H_5-OH
スルホン酸		カルボン酸		炭酸		フェノール類

「有 酸 素 運 動 す る か ？　タ フ」

有機化合物の酸性：スルホン酸>カルボン酸>炭酸>フェノール類

酸との反応：弱酸の塩 ＋ 強酸 ⟶ 強酸の塩 ＋ 弱酸

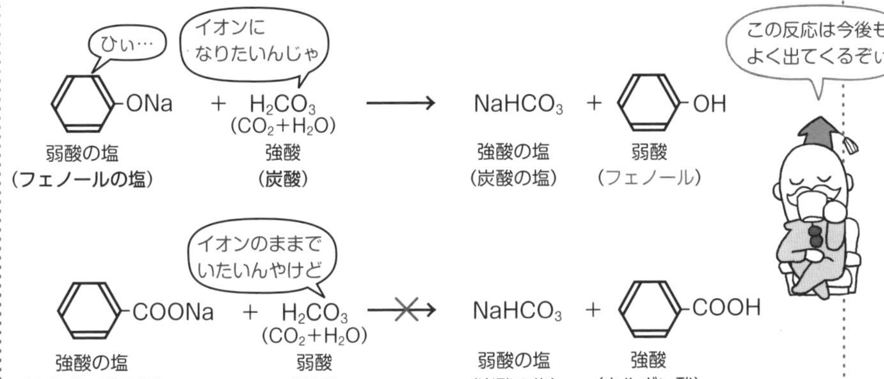

❷ フェノール類に塩化鉄(Ⅲ)水溶液を加えると，青紫～赤紫色を呈する。

フェノール類かどうかが，これでわかります。
同じ-OH基をもっていてもアルコール類は色が変わらないので，
アルコールとフェノール類を判別する際にも使われる反応です。

❸ フェノール類は酸無水物と反応して，エステルをつくる。

フェノール類は，酸無水物と反応してエステルをつくります。

$$C_6H_5-OH + (R-CO)_2O \longrightarrow C_6H_5-O-CO-R + R-COOH$$

酸無水物　　**エステル**

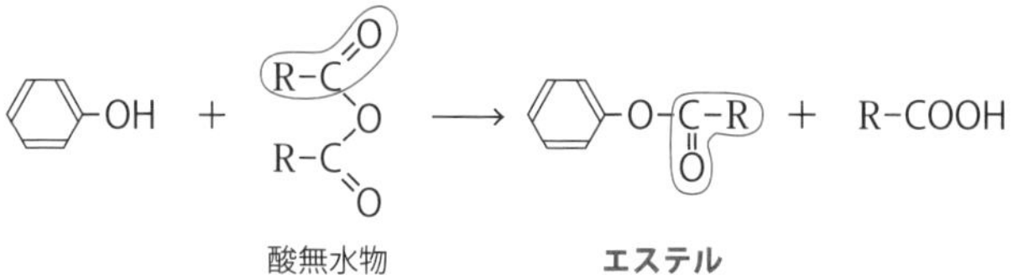

フェノールはカルボン酸とはエステルをつくりにくいです。
アルコールとの違いとして認識しておきましょう。

補足 アルコールも同様に，酸無水物と反応して，エステルをつくります。
ただし，アルコールはカルボン酸とも反応してエステルをつくります。

❷ 塩化鉄(Ⅲ)水溶液を加えると，青紫〜赤紫色を呈する

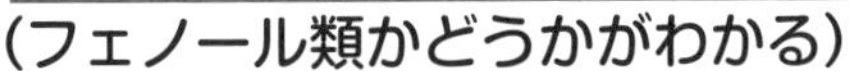
(フェノール類かどうかがわかる)

塩化鉄(Ⅲ)
水溶液

＋

青紫〜赤紫色

フェノール類

塩化鉄(Ⅲ)水溶液との反応で，フェノール類かどうかがわかるんだ

アルコールは反応しない

塩化鉄(Ⅲ)
水溶液

＋

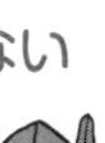

アルコール

アルコールとの識別もできるわね！

❸ 酸無水物と反応して，エステルをつくる

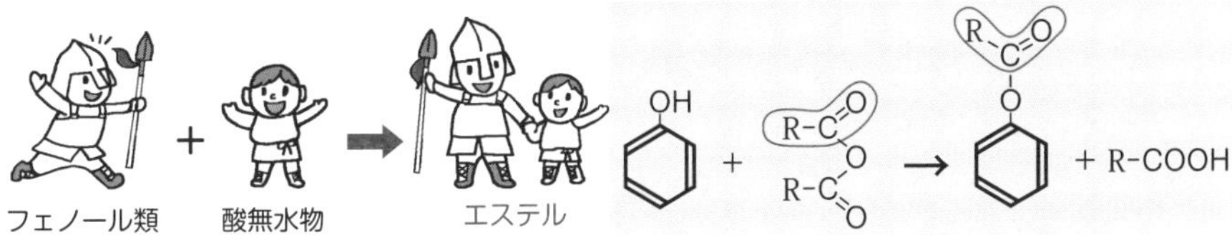

アルコールも同様の反応をする

$$\text{R-OH} + (\text{R}'\text{-CO})_2\text{O} \longrightarrow \text{R-O-CO-R}' + \text{R}'\text{-COOH}$$

アルコール類　酸無水物　エステル

※アルコールはカルボン酸とも反応する

$$\text{R-OH} + \text{R}'\text{-COOH} \longrightarrow \text{R-O-CO-R}' + H_2O$$

アルコール類　カルボン酸　エステル

7-4 フェノールの反応と製法

ココをおさえよう！

フェノールの製法は主に3つ。どれも覚える必要あり！

フェノール類の中でも，最もシンプルな構造をしているのが**フェノール**です。

【性質】

フェノールは当然，フェノール類の性質をそのままもっています。
弱酸性で，塩化鉄(Ⅲ)水溶液を加えると青紫～赤紫色を呈します。

【反応】

また，酸無水物である無水酢酸と反応して，エステルをつくります。
(**アセチル化**とは，-OHの-Hが-$COCH_3$(アセチル基)で置換される反応です)

<アセチル化>

$$C_6H_5\text{-}OH + (CH_3\text{-}CO)_2O \longrightarrow C_6H_5\text{-}O\text{-}CO\text{-}CH_3 + CH_3\text{-}COOH$$

フェノール　無水酢酸　酢酸フェニル（エステル）　酢酸

また，ベンゼンやトルエンと同様，置換反応を起こします(p.250)。
-OHの位置を1としたときに，時計まわりに2，4，6の位置に置換基がつきます。

<ハロゲン化>

$$C_6H_5OH + 3Br_2 \longrightarrow C_6H_2Br_3OH + 3HBr$$

フェノール　臭素　2,4,6-トリブロモフェノール

<ニトロ化>

$$C_6H_5OH + 3HONO_2 \xrightarrow{濃H_2SO_4} C_6H_2(NO_2)_3OH + 3H_2O$$

フェノール　硝酸　ピクリン酸

フェノール

フェノール類

フェノール

性質

- 弱酸性
- 塩化鉄(Ⅲ)水溶液を加えると青紫～赤紫色を呈する
- 酸無水物と反応してエステルをつくる

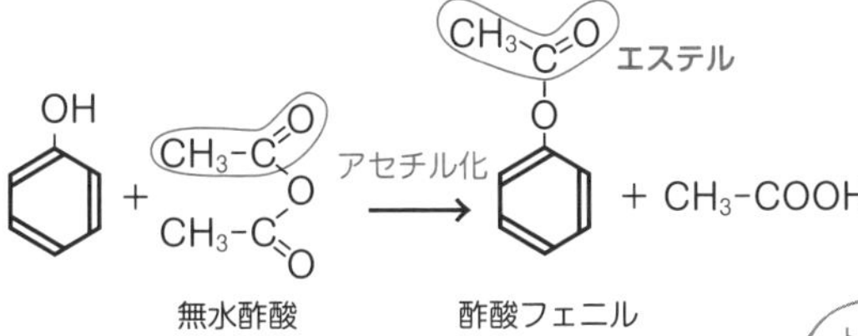

トルエンのとき(p.258)と同じく
時計まわりに
2, 4, 6 の位置で置換するのよ

- 置換反応する

ハロゲン化

$$\text{フェノール} + 3Br_2 \longrightarrow \text{2,4,6-トリブロモフェノール} + 3HBr$$

フェノール　臭素　2,4,6-トリブロモフェノール

ニトロ化

$$\text{フェノール} + 3HONO_2 \xrightarrow{\text{濃硫酸}} \text{ピクリン酸} + 3H_2O$$

フェノール　硝酸　ピクリン酸

濃硝酸と濃硫酸
が出てきたら
硝酸のほうが
置換するんじゃったな

【製法】

フェノールは，主に3つの製法でつくられます。すべて頭に入れておきましょう。

共通しているのは，ベンゼンが反応し，官能基がついたあと，官能基を変化させているところです。

反応の手順をくわしく載せておきましたので，参考にしてください。

＜クメン法＞

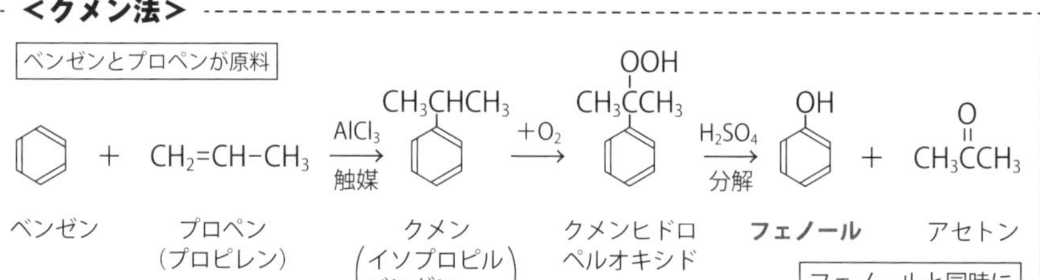

＜ベンゼンスルホン酸塩のアルカリ融解＞

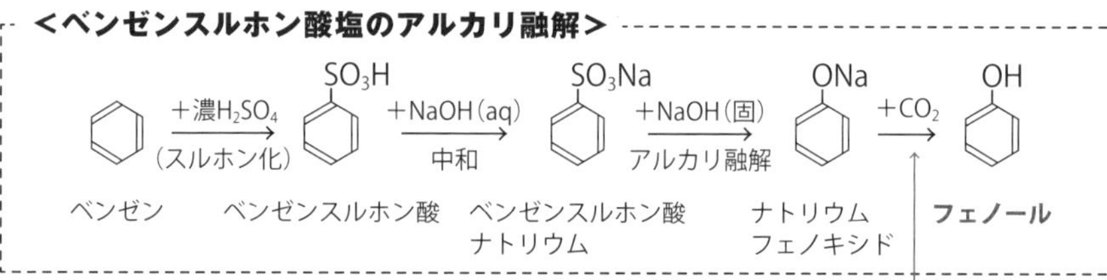

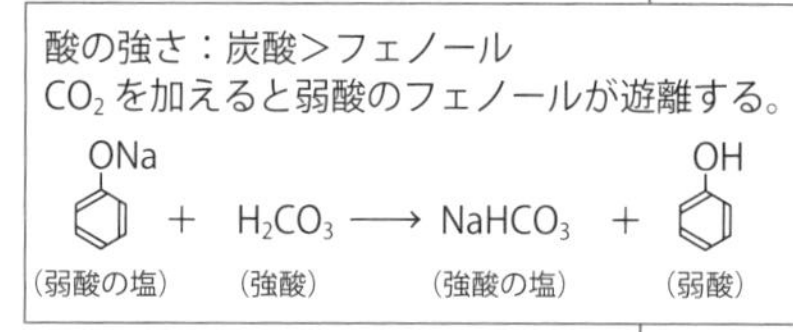

酸の強さ：炭酸＞フェノール
CO$_2$を加えると弱酸のフェノールが遊離する。
ONa + H$_2$CO$_3$ ⟶ NaHCO$_3$ + OH
（弱酸の塩）（強酸）（強酸の塩）（弱酸）

＜ハロゲン置換体の加水分解＞

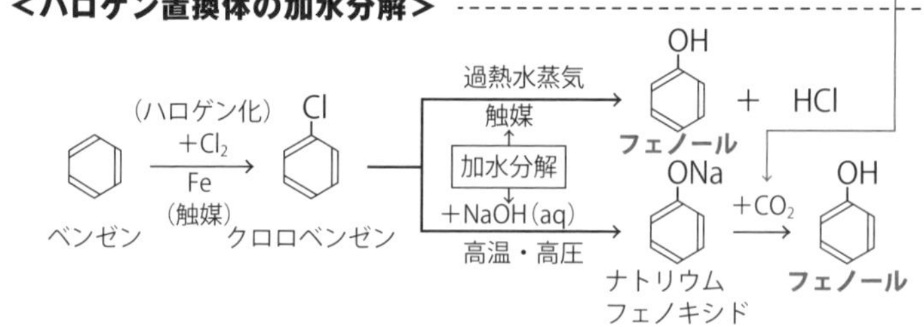

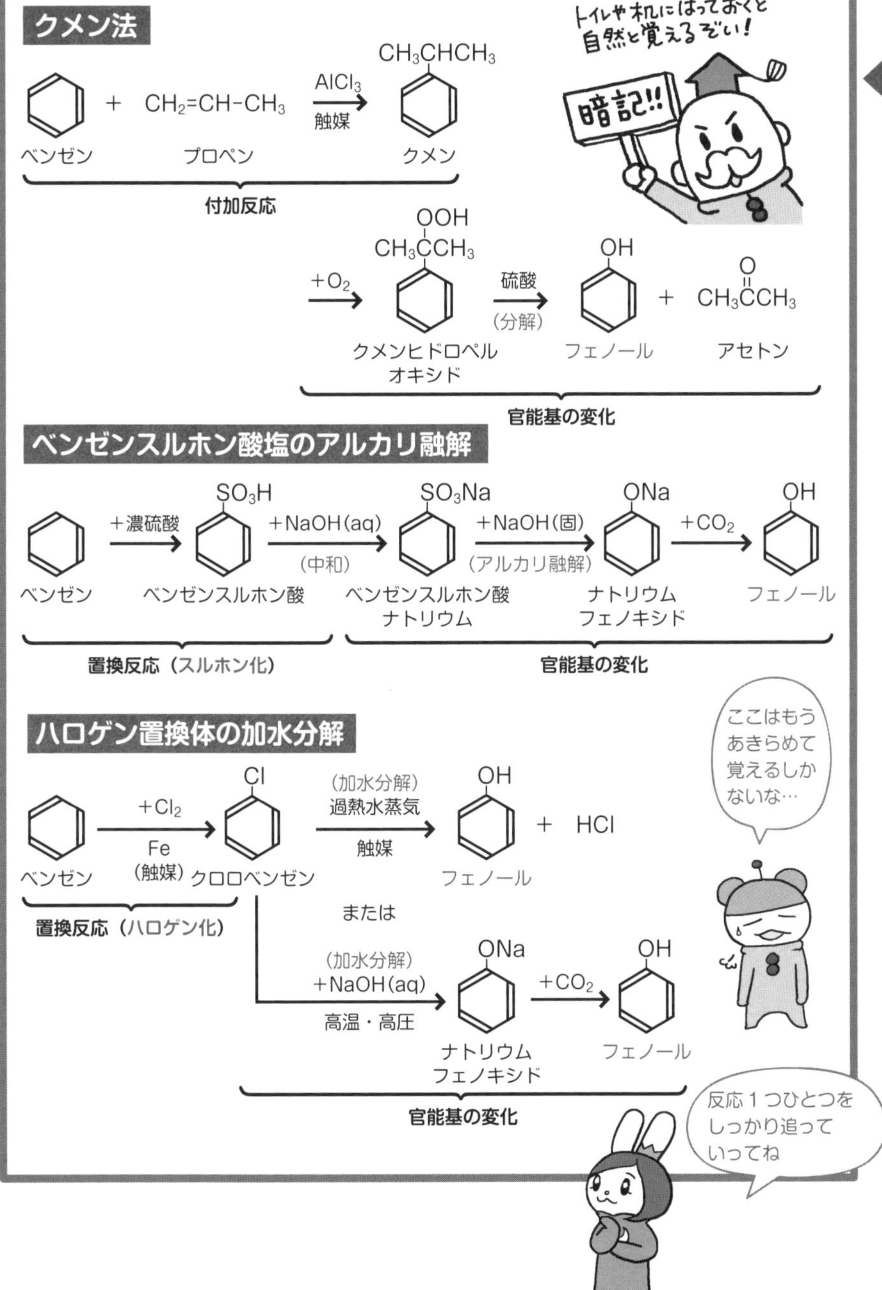
製法
クメン法
CH3CHCH3
+
CH2=CH-CH3
AlCl3
触媒
ベンゼン
プロペン
クメン
付加反応
トイレや机にはっておくと自然と覚えるぞい!
暗記!!
OOH
CH3CCH3
+O2
硫酸
(分解)
OH
+
O
CH3CCH3
クメンヒドロペルオキシド
フェノール
アセトン
官能基の変化
ベンゼンスルホン酸塩のアルカリ融解
SO3H
+濃硫酸
+NaOH(aq)
(中和)
SO3Na
+NaOH(固)
(アルカリ融解)
ONa
+CO2
OH
ベンゼン
ベンゼンスルホン酸
ベンゼンスルホン酸ナトリウム
ナトリウムフェノキシド
フェノール
置換反応(スルホン化)
官能基の変化
ハロゲン置換体の加水分解
Cl
+Cl2
Fe
(触媒)
(加水分解)
過熱水蒸気
触媒
OH
+ HCl
ベンゼン
クロロベンゼン
フェノール
置換反応(ハロゲン化)
または
(加水分解)
+NaOH(aq)
高温・高圧
ONa
+CO2
OH
ナトリウムフェノキシド
フェノール
官能基の変化
ここはもうあきらめて覚えるしかないな…
反応1つひとつをしっかり追っていってね

7

7-5 フェノール類のその他の化合物

ココをおさえよう！

クレゾールは官能基の位置によって，*o*-（オルト），*m*-（メタ），*p*-（パラ）が存在する。

実は，フェノール類で名称を覚えておくべき化合物は，フェノールくらいです。

しかし，せっかくなのでいくつかご紹介しておきますね。
（性質などは覚えなくて大丈夫ですよ）

クレゾール

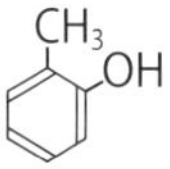

CH_3 OH　　CH_3 OH　　CH_3 OH

o-クレゾール 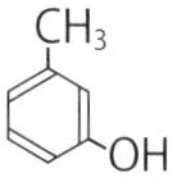　*m*-クレゾール 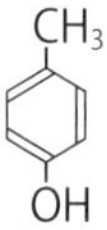　*p*-クレゾール

2価のフェノール

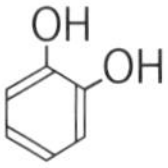

OH OH　　OH OH　　OH OH

カテコール 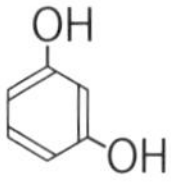　レゾルシノール 　ヒドロキノン

ナフトール

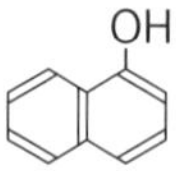

OH　　OH

1-ナフトール 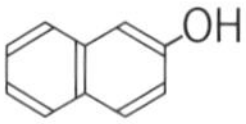　2-ナフトール

その他のフェノール類

クレゾール

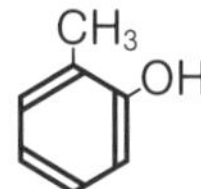

o-クレゾール

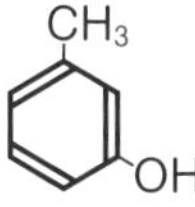

m-クレゾール

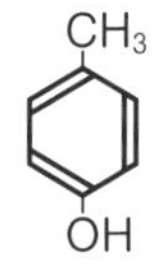

p-クレゾール

置換基の位置によって
3 種類の化合物に
なることを
頭に入れるんじゃ

2 価のフェノール

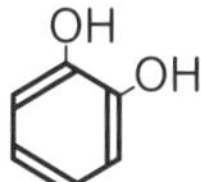

カテコール

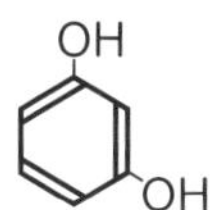

レゾルシノール

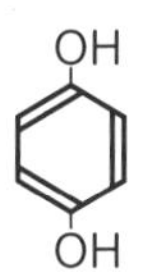

ヒドロキノン

ナフトール

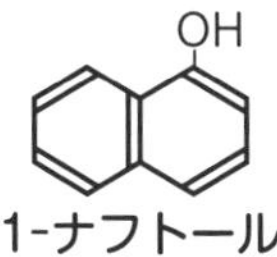

1-ナフトール

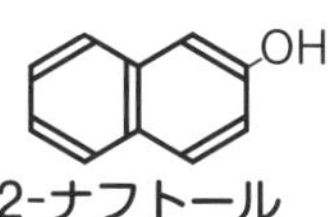

2-ナフトール

ここまでやったら
別冊 P. 46 へ

7-6 芳香族カルボン酸

ココをおさえよう！

-COOHがあったら，酸性を示し，エステル化すると心得よ。

ベンゼンのH原子がカルボキシ基（-COOH）に置き換わった化合物を**芳香族カルボン酸**といいます。

芳香族カルボン酸には，次のような化合物があります。

安息香酸　フタル酸　イソフタル酸　テレフタル酸　サリチル酸

芳香族カルボン酸には，次のような共通した性質があります。

【性質】

❶ 酸性（塩基と中和反応する）。

❷ エステル化する（アルコールと脱水反応する）。

❸ 芳香族炭化水素を酸化してつくられることが多い。

❶，❷は芳香族だけに限らず，-COOHという官能基に特有の性質ですから，酢酸CH_3COOHなどのカルボン酸も同じ性質をもっていました（p.208，p.216）。

❸だけは，芳香族カルボン酸に特有の性質ですね。

「トカゲのしっぽ」が切れて（酸化して），-COOHになった反応です（p.256）。

芳香族化合物

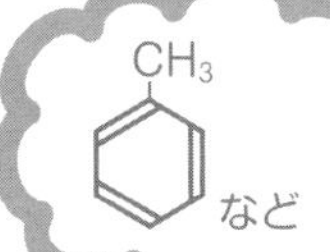

芳香族炭化水素

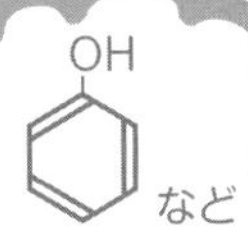

フェノール類

COOH など

芳香族カルボン酸

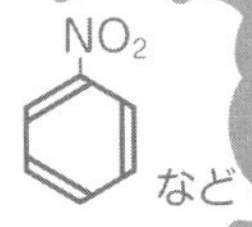

芳香族ニトロ化合物

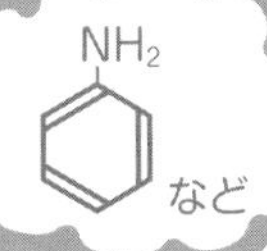

芳香族アミン

芳香族カルボン酸

例

安息香酸

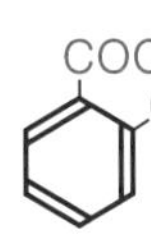

フタル酸

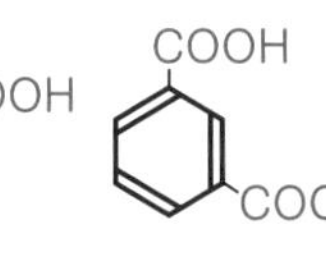

イソフタル酸

テレフタル酸

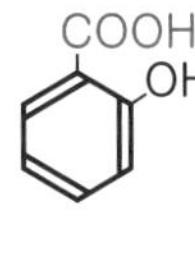

サリチル酸

性質

❶ 酸性（塩基と中和反応する）

酸性

❷ エステル化する

❸ 芳香族炭化水素を酸化してつくられることが多い

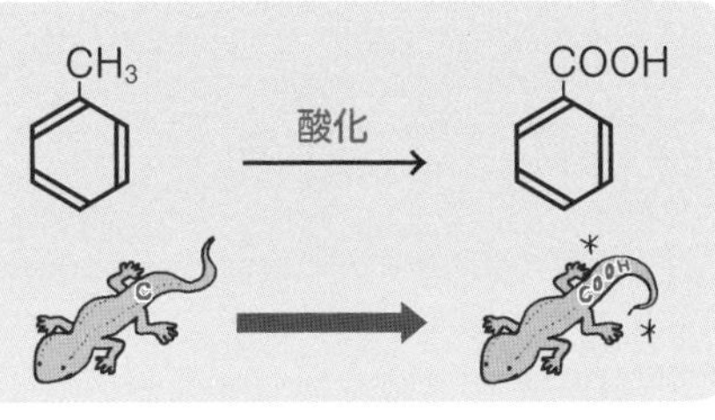

「トカゲのしっぽ」が
切れて-COOH として
生えてきてるね！

❶ 酸性（塩基と中和反応する）。

カルボン酸は酸性を示します。
よって，塩基と中和反応して塩をつくります。

C_6H_5COOH ＋ NaOH —中和→ C_6H_5COONa ＋ H_2O

酸　　塩基　　**塩**

❷ エステル化する。

アルコールと脱水反応を起こし，エステルになります。

C_6H_5COOH ＋ R−OH —エステル化→ C_6H_5COOR ＋ H_2O

アルコール　　**エステル**

❸ 芳香族炭化水素を酸化してつくられることが多い。

芳香族炭化水素のところでお話ししたように，ベンゼン環に直接ついた炭素Cは，酸化するとカルボキシ基−COOHになります（p.256）。

よって，芳香族カルボン酸の多くはこの手法によって生成されるのです。

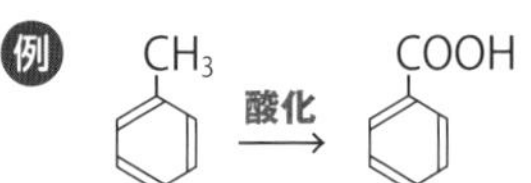

❶ 酸性（塩基と中和反応する）

酸性!!

$$C_6H_5\text{COOH} + \text{NaOH} \xrightarrow{\text{中和}} C_6H_5\text{COONa} + H_2O$$

酸　＋　塩基　→　塩　＋　H_2O

❷ エステル化する

エステル化!!

$$C_6H_5\text{COOH} + \text{R-OH} \xrightarrow{\text{エステル化}} C_6H_5\text{COOR} + H_2O$$

アルコール　→　エステル

❸ 芳香族炭化水素を酸化してつくられることが多い

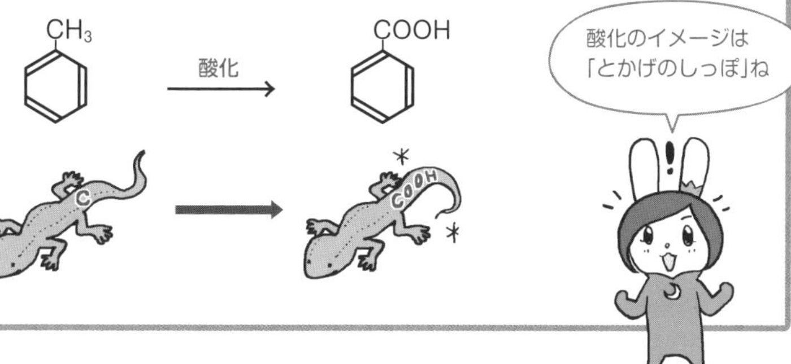
CH3
酸化
COOH
C
COOH
酸化のイメージは「とかげのしっぽ」ね

自慢のしっぽだぜ

もししっぽを切ったらどうなるのだろう…

やめなさい
はぁ…

7-7 安息香酸

ココをおさえよう！

安息香酸はトルエンを酸化して生成される。

p.272でも触れましたが，芳香族カルボン酸の代表的な化合物は，右ページに挙げた安息香酸，フタル酸，イソフタル酸，テレフタル酸，サリチル酸です。
どれもよく出題されるので，1つずつ見ていきましょう。

まずは，**安息香酸**についてです。

安息香酸

【性質】

安息香酸の性質は，芳香族カルボン酸の性質がそのまま現れます。

・酸性なので塩基と中和反応して塩をつくります。

COOH　＋　NaOH　—**中和**→　COONa　＋　H_2O

酸　　塩基　　塩

・アルコールと脱水反応してエステルをつくります（エステル化）。

COOH　＋　R-OH　—**エステル化**→　COOR　＋　H_2O

アルコール　　エステル

【製法】

トルエンを酸化させることで生成します。
「とかげのしっぽ」でしたね。

CH_3　—**酸化**→　COOH

7

安息香酸

性質

●酸性(中和反応する)

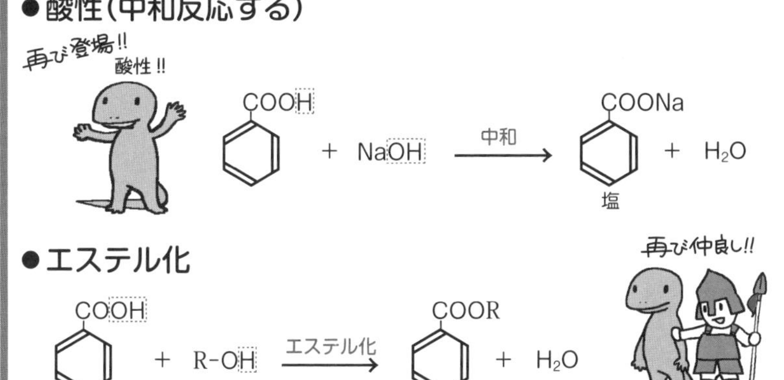

●エステル化

製法

●トルエンを酸化して生成する

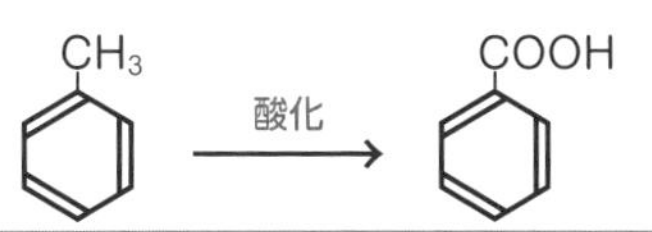

ここまでやったら
別冊 P. 49へ

7-8 フタル酸

ココをおさえよう!

フタル酸は分子内脱水を起こして，無水フタル酸になる。

フタル酸とは，カルボキシ基が2つ，オルト（*o*-）の位置（p.256）に置換した芳香族カルボン酸です。
“カニのような形の化合物”とイメージしましょう。

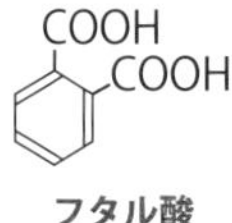

フタル酸

【性質】
芳香族カルボン酸に共通した，酸性（塩基と中和反応する）の性質や，アルコールと反応してエステル化するなどの性質があります（化学反応式は右ページ参照）。

・酸性（塩基と中和反応する）
・アルコールと反応してエステル化する
・分子内脱水をし，無水フタル酸になる

置換基がメタ（*m*-）の位置にあれば**イソフタル酸**，パラ（*p*-）の位置にあれば**テレフタル酸**になります。
イソフタル酸とテレフタル酸は2つのCOOHが離れているので，**分子内脱水をしません**。

COOH COOH COOH COOH
イソフタル酸 テレフタル酸

【製法】
フタル酸は，*o*-キシレン，またはナフタレンを空気酸化して得られます。
（p.256でも触れましたね）

CH_3 CH_3 —酸化→ COOH COOH
o-キシレン

—酸化→ COOH COOH
ナフタレン

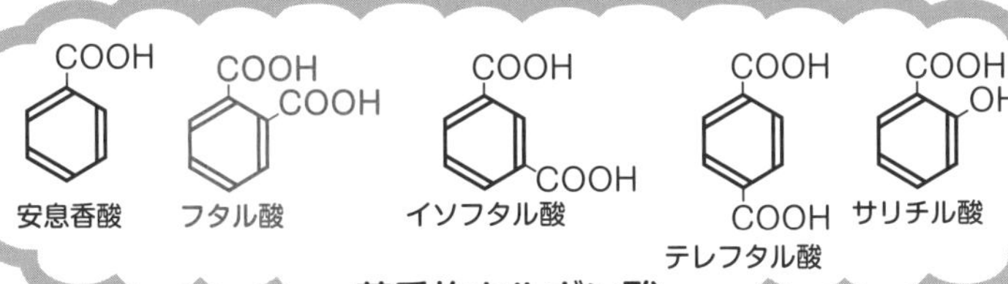

芳香族カルボン酸

フタル酸

HOOC COOH

カニのイメージだぞ

-COOH 基は
オルト(o-)の
位置にあるぞい
o-
m-
p-

性質

●酸性(中和反応する)

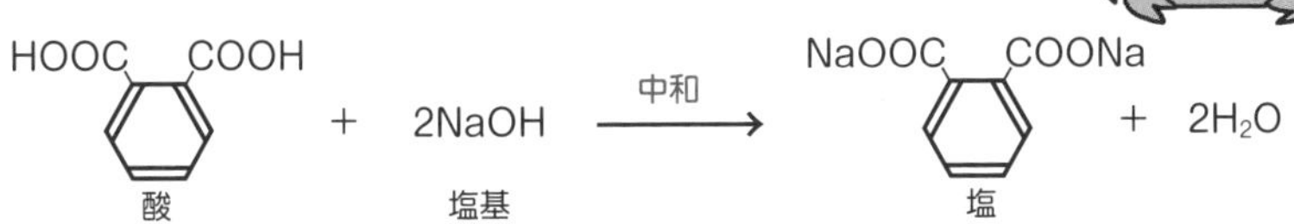

●アルコールと反応してエステル化する

HOOC COOH + 2R-OH --(エステル化)→ ROOC COOR + $2H_2O$

アルコール　エステル

●分子内脱水をし，無水フタル酸になる

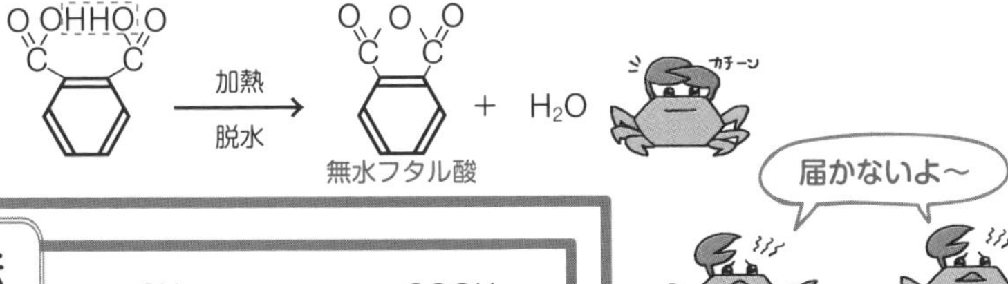

製法

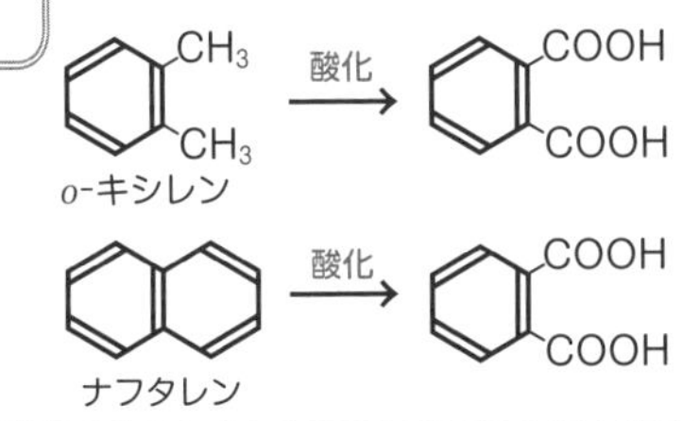

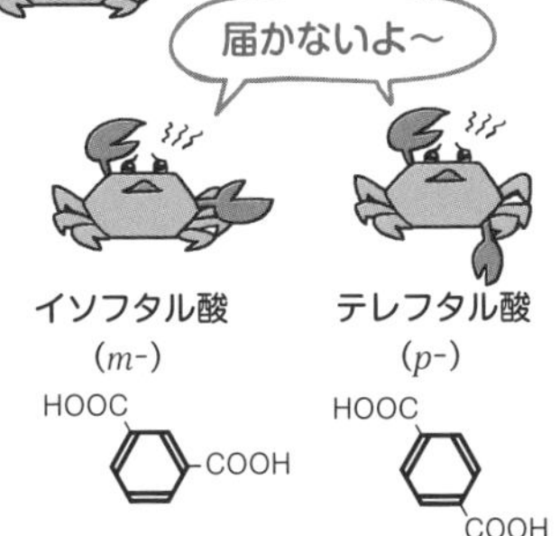

7-9 テレフタル酸

ココをおさえよう！

テレフタル酸は，縮合重合してポリエステルになる。

テレフタル酸は，フタル酸の官能基がパラ（*p*-）の位置にある化合物です。
ヘンテコなカニのイメージです。

HOOC-⟨ベンゼン環⟩-COOH

テレフタル酸

【性質】

芳香族カルボン酸なので，酸性（塩基と中和反応する）やアルコールとエステル化する性質は当然のように備えています（化学反応式は右ページ参照）。

・酸性（塩基と中和反応する）
・アルコールと反応してエステル化する
・縮合重合して，ポリエステルになることができる

官能基がパラの位置にあるので，フタル酸のように脱水反応はしませんが，「カニの手」を広げられるため，**縮合重合して，ポリエステルになることができる**という性質は重要です。

縮合重合とは，2つの分子間で水分子がとれて（**縮合**），分子どうしが多数結合する反応（**重合**）のことをいいます。縮合についてはエーテル（p.192）やエステル（p.216）のところで，重合についてはアルケンの付加重合（p.156）のところで学習しましたね。

【製法】

テレフタル酸は，*p*-キシレンを酸化することで生成されます。

H_3C-⟨ベンゼン環⟩-CH_3 —酸化→ HOOC-⟨ベンゼン環⟩-COOH

***p*-キシレン**

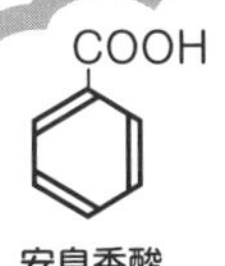

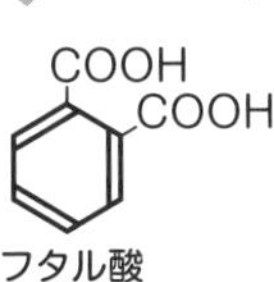

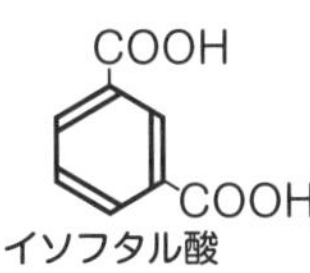

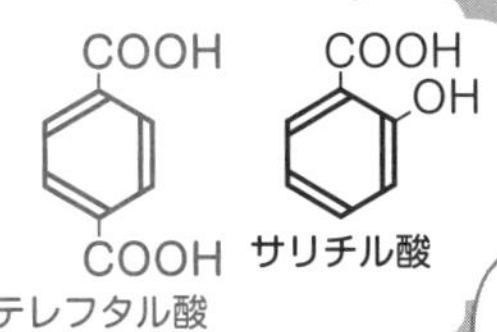

芳香族カルボン酸

手が
離れすぎて
るなぁ

テレフタル酸

性質

●酸性(塩基と中和反応する)

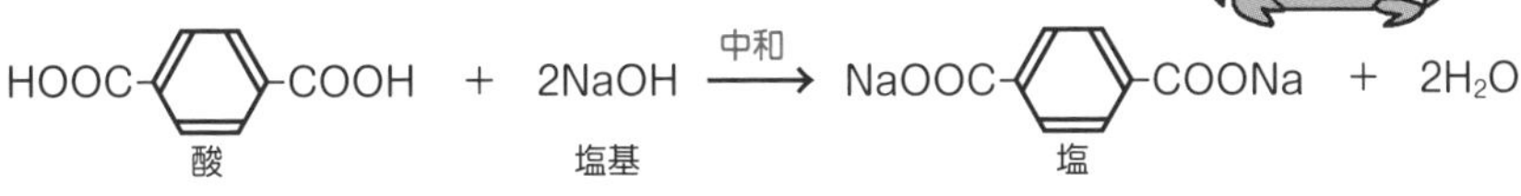

●アルコールと反応してエステル化する

$$HOOC\text{-}C_6H_4\text{-}COOH + 2R\text{-}OH \xrightarrow{\text{エステル化}} ROOC\text{-}C_6H_4\text{-}COOR + 2H_2O$$

アルコール　　エステル

●縮合重合してポリエステルになる

$$n\,HO\text{-}\overset{O}{\overset{\|}{C}}\text{-}C_6H_4\text{-}\overset{O}{\overset{\|}{C}}\text{-}OH + n\,H\text{-}O\text{-}CH_2CH_2\text{-}O\text{-}H \longrightarrow \left[\overset{O}{\overset{\|}{C}}\text{-}C_6H_4\text{-}\overset{O}{\overset{\|}{C}}\text{-}O\text{-}(CH_2)_2\text{-}O\right]_n + 2nH_2O$$

テレフタル酸　　エチレングリコール　　ポリエチレンテレフタラート

製法

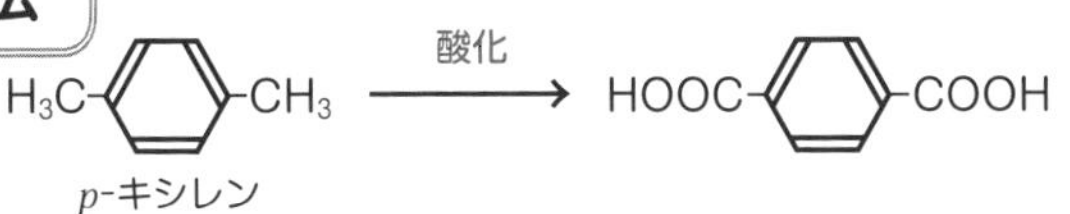

ベンゼン環の根元に
C があれば，酸化すると
COOH になるんだったよね(p.256)

ここまでやったら
別冊 P. 50 へ

7-10 サリチル酸

ココをおさえよう！

サリチル酸は，芳香族カルボン酸とフェノール類，両方の性質をもつ。

カルボキシ基（−COOH）が1つくっついたのが安息香酸，
カルボキシ基（−COOH）が2つくっついたのがフタル酸やテレフタル酸，
次は3つ？　……と思いきや，サリチル酸は，ベンゼン環にヒドロキシ基（−OH）とカルボキシ基（−COOH）がくっついた有機化合物。
左右のハサミの形が違う，ヘンテコなカニのイメージです。

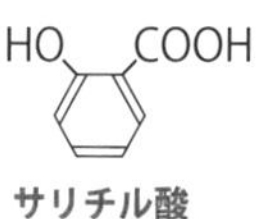

サリチル酸

【性質】
サリチル酸は，フェノール類と芳香族カルボン酸の両方の性質をもっています。

① フェノール類の性質が現れ，塩化鉄（Ⅲ）水溶液を加えると赤紫色を呈する。

② フェノール類の性質が現れ，無水酢酸を加えると**アセチルサリチル酸**（エステル）が生じる。
アセチルサリチル酸は白色の結晶で，解熱鎮痛剤に用いられます。

③ カルボン酸の性質が現れ，メタノールと反応して，**サリチル酸メチル**（エステル）が生じる。
サリチル酸メチルは芳香のある無色の液体で，消炎鎮痛剤に用いられます。

④ カルボン酸の性質＆フェノール類の性質が現れて，酸性を示す（塩基と中和反応する）。

サリチル酸

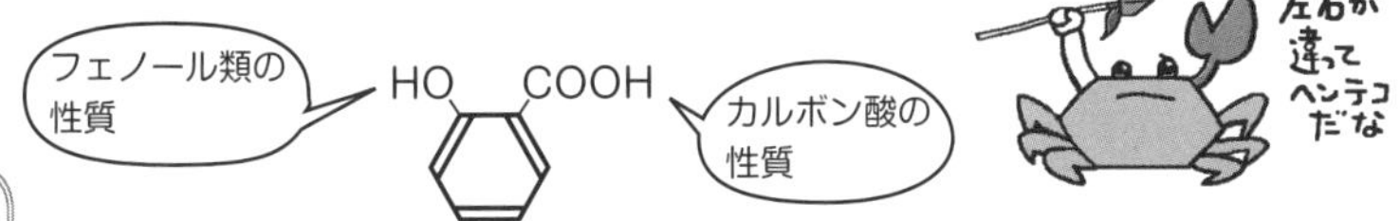

性質

●塩化鉄(Ⅲ)水溶液を加えると，赤紫色を呈する

●無水酢酸を加えると，アセチルサリチル酸（エステル）が生じる

$$C_6H_4(COOH)(O{-}H) + (CH_3{-}CO)_2O \xrightarrow[\text{アセチル化}]{\text{濃硫酸}} C_6H_4(COOH)(OCOCH_3) + \boxed{CH_3COOH}$$

無水酢酸　　アセチルサリチル酸　　酢酸

●メタノールと反応して，サリチル酸メチル（エステル）が生じる

$$C_6H_4(HO)(COOH) + HO{-}CH_3 \xrightarrow[\text{エステル化}]{\text{濃硫酸}} C_6H_4(HO)(COOCH_3) + \boxed{H_2O}$$

メタノール　　サリチル酸メチル

●酸性を示す（塩基と中和反応する）

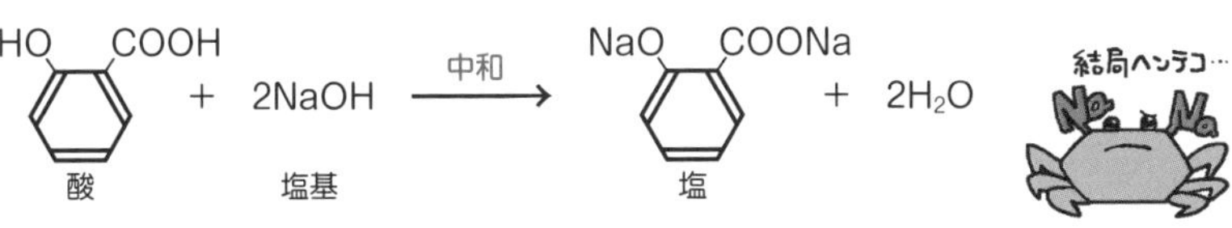

【サリチル酸の塩と酸の反応】

一般に，「弱酸の塩に，強酸を加えると，強酸の塩ができる」という反応が起きます。強酸のほうが，H^+を手放したい気持ちがより強いからでしたね(p.208, p.262)。

弱酸の塩	**＋**	**強酸**	⟶	**強酸の塩**	**＋**	**弱酸**
CH_3COONa	＋	HCl	⟶	NaCl	＋	CH_3COOH
酢酸ナトリウム		塩酸		塩化ナトリウム		酢酸

補足 同じく，「弱塩基の塩に，強塩基を加えると，強塩基の塩ができる」という反応も起きます。強い塩基のほうが，OH^-を手放したいのです。

弱塩基の塩	**＋**	**強塩基**	⟶	**強塩基の塩**	**＋**	**弱塩基**		
NH_4Cl	＋	NaOH	⟶	NaCl	＋	NH_3	＋	H_2O
塩化アンモニウム		水酸化ナトリウム		塩化ナトリウム		アンモニア		

では，サリチル酸に炭酸水素ナトリウム$NaHCO_3$(炭酸の塩)を作用させるとどうなるでしょうか？

炭酸水素ナトリウムは，**炭酸**と水酸化ナトリウムが反応してできた塩です。
酸の強さはp.262でも説明したように，次のような順になっています。

スルホン酸＞カルボン酸＞炭酸＞フェノール類

酸性が強いほうが，H^+を放出してイオンになりたがるので，カルボキシ基(−COOH)のみNa塩となり，フェノール類のヒドロキシ基(−OH基)は反応しません。

$$C_6H_4(OH)COOH + NaHCO_3 \longrightarrow C_6H_4(OH)COONa + H_2O + CO_2$$

サリチル酸　　炭酸水素ナトリウム **(炭酸の塩)**

よく出題される，サリチル酸のキーポイントなので，別冊の確認問題を解いて，しっかり理解してくださいね。

サリチル酸の塩と酸との反応

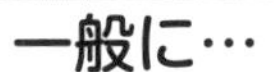

一般に…

オレのほうが,
塩になりたいんだ

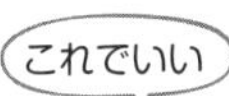

弱酸の塩 ＋ 強酸 ⟶ 強酸の塩 ＋ 弱酸

例 CH_3COONa ＋ HCl ⟶ $NaCl$ ＋ CH_3COOH
酢酸ナトリウム　塩酸　塩化ナトリウム　酢酸

よって…

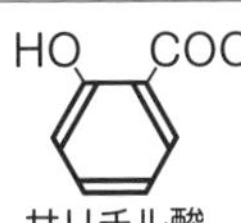

HO COOH

サリチル酸 ＋ $NaHCO_3$ 炭酸水素ナトリウム（炭酸の塩）

あれ，どっちが
強い酸だったっけ…

炭酸より
弱酸（-OH）

炭酸より
強酸（-COOH）

酸の強さ

スルホン酸 ＞ カルボン酸 ＞ 炭酸 ＞ フェノール類

ボクは
弱いんで
遠慮しときます…

オレが
塩になりた
いんだ

これで
いいんだ
ガハハ

HO COOH （サリチル酸） ＋ $NaHCO_3$ 炭酸水素ナトリウム（炭酸の塩） ⟶ HO COONa ＋ H_2O ＋ CO_2

フェノール類（-OH）は
炭酸より弱いのでそのまま

カルボン酸は炭酸より
強いから，H^+を放出して
塩になったんじゃ
-COOH ⟶ -COONa

ここまでやったら
別冊 P. 51へ

7-11 芳香族ニトロ化合物

ココをおさえよう！

芳香族ニトロ化合物には，特徴的な性質がない！

ベンゼンのH原子が**ニトロ基（$-NO_2$）**で置き換わった化合物を，**芳香族ニトロ化合物**といいます。

【性質】

芳香族ニトロ化合物には，特にこれといった特徴がなく，また，特に何かと反応することもなく，最後まで反応しないまま残ってしまう“さえない”化合物群です。

ニトロベンゼン　**2,4,6-トリニトロトルエン**　**ピクリン酸**

代表的なのは**ニトロベンゼン**で，ベンゼンに濃硝酸と濃硫酸の混酸を反応させることによって生成されます。

$$C_6H_6 + HNO_3 \xrightarrow{\text{濃硫酸}} C_6H_5NO_2 + H_2O$$

ベンゼン　濃硝酸　**ニトロベンゼン**

あとは，トルエンの置換反応によって生成される**2,4,6-トリニトロトルエン**，フェノールの置換反応によって生成される**ピクリン酸**の生成に関する化学反応式を頭に入れるだけでいいでしょう（ともに，濃硝酸と濃硫酸の混酸を作用させます）。2,4,6-トリニトロトルエン，ピクリン酸は，爆薬に利用されます。

$$C_6H_5CH_3 + 3HNO_3 \xrightarrow{\text{濃硫酸}} C_6H_2(NO_2)_3CH_3 + 3H_2O$$

トルエン　濃硝酸　**2,4,6-トリニトロトルエン**

$$C_6H_5OH + 3HNO_3 \xrightarrow{\text{濃硫酸}} C_6H_2(NO_2)_3OH + 3H_2O$$

フェノール　濃硝酸　**ピクリン酸（2,4,6-トリニトロフェノール）**

芳香族化合物

CH_3 など	OH など	COOH など	NO_2 など	NH_2 など
芳香族炭化水素	フェノール類	芳香族カルボン酸	**芳香族ニトロ化合物**	芳香族アミン

7

芳香族ニトロ化合物

例

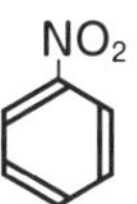

ニトロベンゼン

CH_3, O_2N, NO_2, NO_2

2,4,6-トリニトロトルエン

OH, O_2N, NO_2, NO_2

ピクリン酸

…特に特徴なし！

ニトロベンゼン

製法

ベンゼン ＋ HNO_3（濃硝酸） $\xrightarrow{\text{濃硫酸}}$ ニトロベンゼン ＋ H_2O

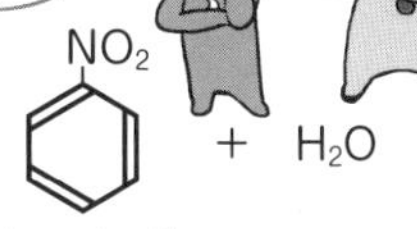

2,4,6-トリニトロトルエン

製法

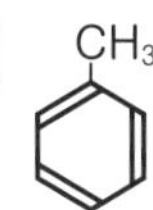

トルエン ＋ $3HNO_3$（濃硝酸） $\xrightarrow{\text{濃硫酸}}$ 2,4,6-トリニトロトルエン ＋ $3H_2O$

（生成物：CH_3，6位 O_2N，2位 NO_2，4位 NO_2）

ピクリン酸

これらの反応はすべてニトロ化(p.250)じゃ

製法

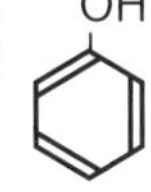

フェノール ＋ $3HNO_3$（濃硝酸） $\xrightarrow{\text{濃硫酸}}$ ピクリン酸（2,4,6-トリニトロフェノール） ＋ $3H_2O$

（生成物：OH，6位 O_2N，2位 NO_2，4位 NO_2）

ここまでやったら
別冊 P. 52 へ

7-12 芳香族アミン

ココをおさえよう！

芳香族アミンは芳香族化合物で唯一，塩基性を示す！

ベンゼンのH原子が**アミノ基（$-NH_2$）**に置き換わった芳香族化合物を，**芳香族アミン**といいます。

芳香族アミンで出てくるのは，基本的に**アニリン**しかありません。
（大学受験においては，ですけどね）

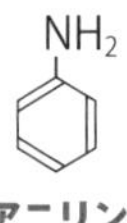

芳香族アミンではアニリンしか出てこないのですが，アニリンの「性質」と「製法」，「化学反応（主に4つ）」は大事ですので，じっくり見ていきましょう。

【性質】

アニリンには，芳香族化合物で唯一，**塩基性を示す**という特徴がありますので，芳香族化合物が「塩基性を示す」とあったら，アニリンであると思ってください。
（これも，大学受験においては，です）

アニリンは，アンモニアと化学的性質がよく似ています。
アニリンのベンゼン環部分が，Hになったのがアンモニアですね。

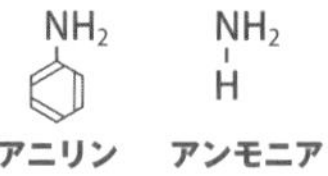

さらし粉水溶液を加えると赤紫色に呈色するのも特徴的な性質で，これによってアニリンであることがわかります。

また，アニリンに硫酸で酸性にした二クロム酸カリウム水溶液を加えると，
アニリンは酸化されて黒色沈殿が生じます。
これは，**アニリンブラック**と呼ばれ，染料として用いられます。

芳香族化合物

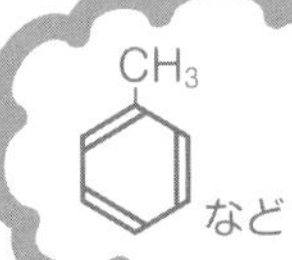

芳香族炭化水素

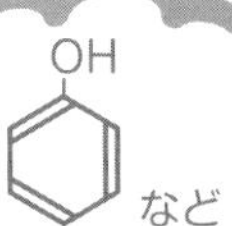

フェノール類

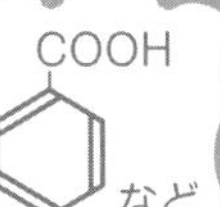

芳香族カルボン酸

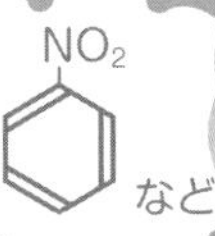

芳香族ニトロ化合物

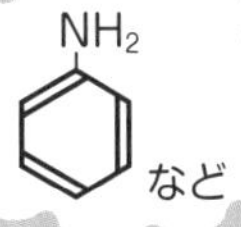

芳香族アミン

7

芳香族アミン

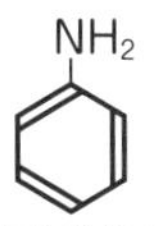

アニリン

自己紹介するわ
私の名前は
アニリン
特徴はニットの
ワンピとスズと
あと農園育ちってことかしら

くわしくはまた後で話すけど
私 話しだすと止まらなく
なってしまうの…
昨日もね…(ペチャクチャ)

性質

●芳香族化合物で唯一, **塩基性**を示す

『塩基性を示す』とあったら，芳香族アミンだと思ってよい

補足 アンモニアとアニリンは性質が似ている

NH_2
H

アンモニア

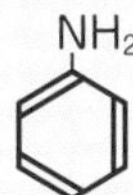

アニリン

ともに塩基性

構造が
そっくりなので
当然といえば
当然だわ

●さらし粉水溶液を加えると, 赤紫色に呈色する

さらしを
巻いている

さらし粉水溶液

＋

アニリン

赤紫色

キャ〜〜!!
誰か助けてよ!
さらしを巻いた人が
こっちをじーっと見てるわー!
つい最近だってヘンな人が
(ペチャ クチャ)

●ニクロム酸カリウム水溶液を加えると, 黒色沈殿(アニリンブラック)が生じる

＋

アニリン

アニリン
ブラック

今度ニクロムさまの
ライヴがあるの〜♡
うん そうそう〜
ライヴ会場 黒ミサ〜
それでニクロムさまったら
ね〜(ペチャクチャ)

【製法】

芳香族アミンの製法は，次の2ステップになっています。

ステップ①

ニトロベンゼンを，スズと濃塩酸で還元する。
この反応から，**アニリン塩酸塩**が生成します。

$$2\,C_6H_5\text{-}NO_2 + 3Sn + 14HCl \longrightarrow 2\,C_6H_5\text{-}NH_3^+Cl^- + 3SnCl_4 + 4H_2O$$

ニトロベンゼン　**スズ**　**濃塩酸**　**アニリン塩酸塩**

覚えにくいので，「アニリンといえば，ニット，鈴，農園」と覚えましょう。

「アニリンの原料：ニトロベンゼン，スズ，濃塩酸」

係数については，各化合物の頭文字から推測するという，ちょっと荒技を使って覚えるといいでしょう。右ページに記しておきますね。

ステップ②

ステップ①で生成したアニリン塩酸塩に，水酸化ナトリウム水溶液を加える。
弱塩基の塩であるアニリン塩酸塩の水溶液に，強塩基である水酸化ナトリウム水溶液を加えると，弱塩基である**アニリン**が遊離してきます。この塩と塩基の反応については，p.284の 補足 で出てきましたね。

$$C_6H_5\text{-}NH_3^+Cl^- + NaOH \longrightarrow NaCl + C_6H_5\text{-}NH_2 + H_2O$$

アニリン塩酸塩　水酸化ナトリウム　塩化ナトリウム　**アニリン**

（弱塩基の塩） ＋ **（強塩基）** ⟶ **（強塩基の塩）** ＋ **（弱塩基）**

こうして，アニリンが生成されます。

製法

ステップ① 【ニトロベンゼンを，スズと濃塩酸で還元する】

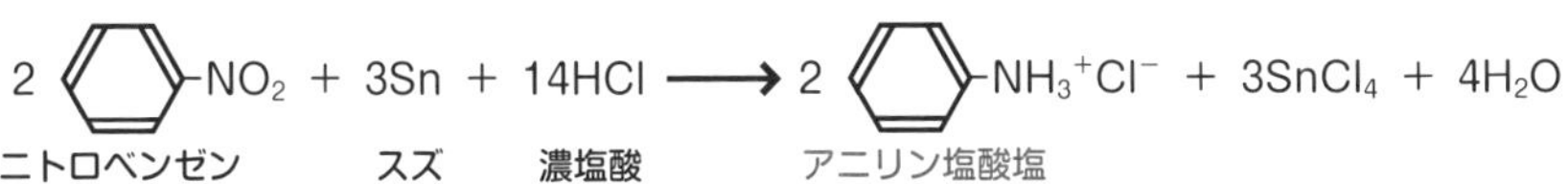

$$2\ C_6H_5\text{-}NO_2 + 3Sn + 14HCl \longrightarrow 2\ C_6H_5\text{-}NH_3^+Cl^- + 3SnCl_4 + 4H_2O$$

ニトロベンゼン　スズ　濃塩酸　アニリン塩酸塩

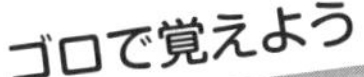
ゴロで覚えよう

そうよ 私は農園育ち
だからとっても素直って言われるの
一年前なんて隣の犬が(ペチャクチャ)

「アニリンといえば，ニット，鈴，農園」

アニリンの原料：ニトロベンゼン，スズ，濃塩酸

係数について

2 ⬡-NO2 + 3 Sn + 14 HCl
ニトロベンゼン
スズ
ノウ塩酸
ちょっと無理矢理だけど
逆に頭から離れなくて
いいわ
"ニ"だから"2"
"スリー"だから"3"
"ノウ"→"ノ4"→"14"
ということにしといてくれ

ステップ② 【水酸化ナトリウムを加える】

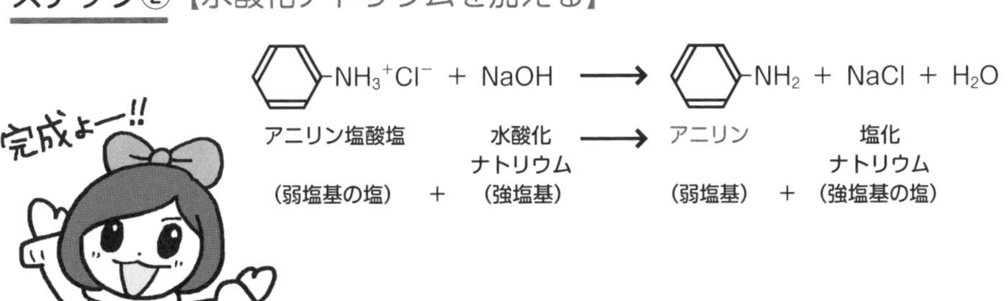
完成よー!!

$$C_6H_5\text{-}NH_3^+Cl^- + NaOH \longrightarrow C_6H_5\text{-}NH_2 + NaCl + H_2O$$

アニリン塩酸塩（弱塩基の塩）＋ 水酸化ナトリウム（強塩基）⟶ アニリン（弱塩基）＋ 塩化ナトリウム（強塩基の塩）

【化学反応】

最後に，アニリンの反応についてですが，大事な反応は次の4つです。

1)　酸と中和反応する

水にほとんど溶けないアニリンが，酸には塩をつくって溶ける。

2)　アセトアニリドになる反応

アミド結合という，アミノ酸にも含まれる結合ができる。

3)　ジアゾ化

ジアゾニウムイオンという，特徴的なイオンができる。

4)　ジアゾカップリング（カップリング）

ジアゾニウムイオンを用いて生成されるアゾ色素は，発色するという特徴をもっている。

では，それぞれの反応を見ていきましょう。

1)　酸と中和反応する

アニリンは弱塩基性なので，水にはほとんど溶けませんが，酸を加えると中和して塩となり溶けます。

$C_6H_5NH_2$ ＋ HCl —**中和**→ $C_6H_5NH_3^+Cl^-$

アニリン　　塩酸　　**アニリン塩酸塩**

2)　アセトアニリドになる反応

アニリンに，無水酢酸を作用させると，**アセチル化**して**アセトアニリド**を生じます。

補足　アセチル化とは，NH_2基（またはOH基）のHをCH_3CO-（アセチル基）で置換する反応のことです。フェノールの性質（p.266）にもありましたね。

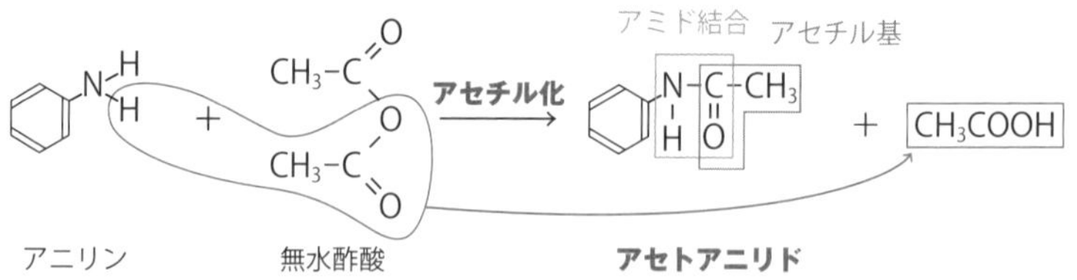

これによって生成される**-CO-NH-**の結合は**アミド結合**といい，アミノ酸にも含まれる有名な結合です。

化学反応

1) 酸と中和反応する

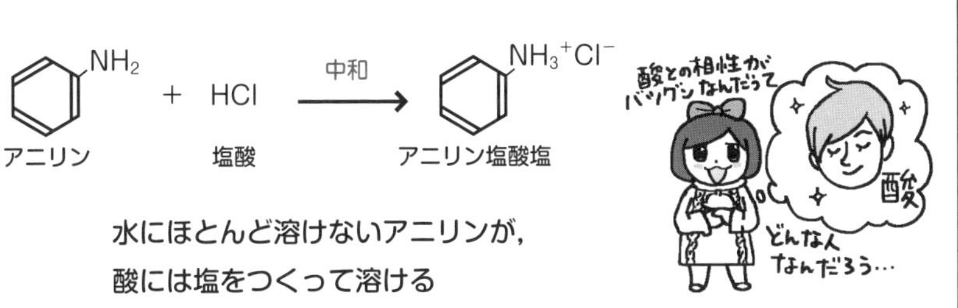

水にほとんど溶けないアニリンが，
酸には塩をつくって溶ける

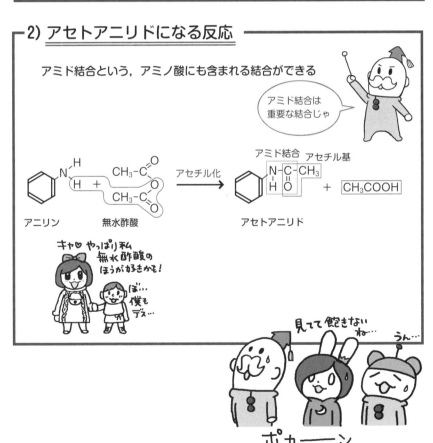

2) アセトアニリドになる反応

アミド結合という，アミノ酸にも含まれる結合ができる

アミド結合は
重要な結合じゃ

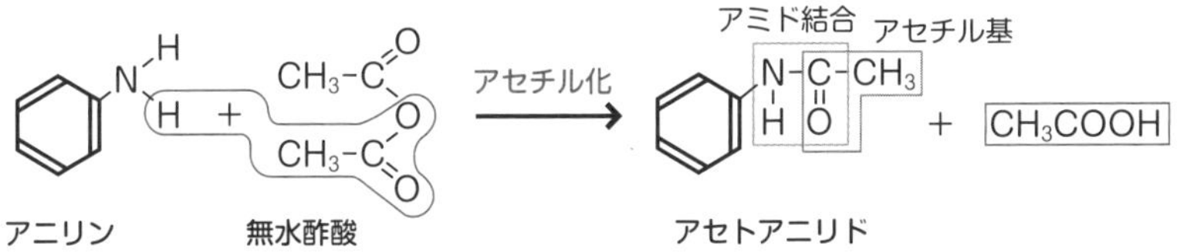

アニリン（C_6H_5–NH–H） ＋ 無水酢酸（CH_3–C(=O)–O–C(=O)–CH_3） —アセチル化→ アセトアニリド（C_6H_5–NH–C(=O)–CH_3） ＋ CH_3COOH

アミド結合　アセチル基

キャ♡ やっぱり私
無水酢酸の
ほうが好きかも！

ぼ…
僕も
デス…

見てて飽きない
ね…

うん…

ポカーーン

3) ジアゾ化

ジアゾ化とは，ジアゾニウム塩 $C_6H_5-N^+\equiv NCl^-$ を生成する反応のことです。

2つのNが三重結合しながら，ベンゼン環にくっついている，めずらしい物質ですね。

次のようにアニリンを5℃以下に冷却しながら，希塩酸と亜硝酸ナトリウム水溶液を作用させます。これによって，塩化ベンゼンジアゾニウムが生成されます。

$$C_6H_5-NH_2 + 2HCl + NaNO_2 \xrightarrow[\text{ジアゾ化}]{\text{5℃以下}} C_6H_5-N^+\equiv NCl^- + NaCl + 2H_2O$$

アニリン　希塩酸　亜硝酸ナトリウム　**塩化ベンゼンジアゾニウム**

4) ジアゾカップリング（カップリング）

ジアゾニウム塩にフェノールの塩を加えると，アゾ基（−N=N−）をもったアゾ化合物が生成されます。この反応をジアゾカップリングといいます。

$$C_6H_5-N^+\equiv NCl^- + C_6H_5-O^-Na^+$$

塩化ベンゼンジアゾニウム　フェノールの塩（ナトリウムフェノキシド）

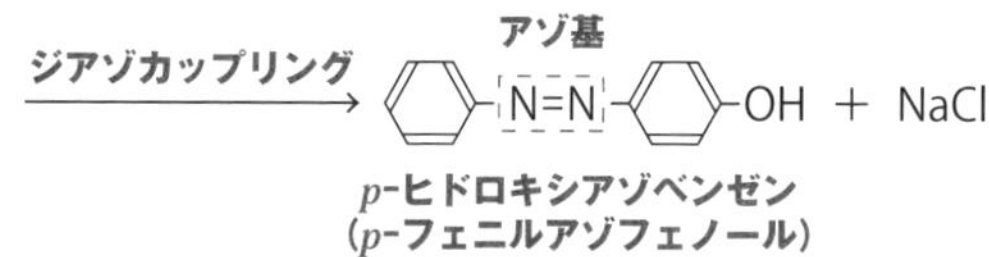

カップリング反応というのは，2つの化合物から1つの化合物が生成される反応のことです。

「カップル」という言葉と同じ語源ですので，「2つが1つになる」というのは，スンナリと頭に入ってくるのではないでしょうか。

こうしてできたアゾ基を含む化合物はアゾ化合物と呼ばれ，黄～赤色の美しい色を示すアゾ染料となります。

3) ジアゾ化

ジアゾニウム塩という，特徴的な塩ができる

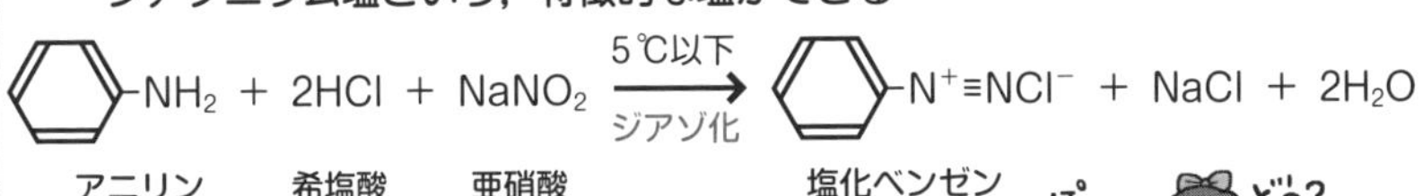

アニリン　希塩酸　亜硝酸ナトリウム　塩化ベンゼンジアゾニウム

4) ジアゾカップリング（カップリング）

ジアゾニウムイオンを用いて生成されるアゾ色素は，発色する

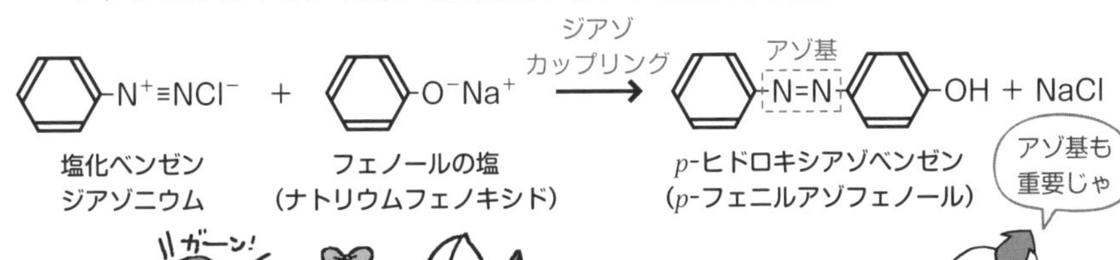

カップリング …2つの化合物から1つの化合物が生成される反応のこと

アゾ基(-N=N-)を含む化合物をアゾ化合物といい，黄～赤色の美しい色を示すアゾ染料になる

ここまでやったら
別冊 p.53へ

7-13 芳香族化合物の分離(導入編)

ココをおさえよう!

酸や塩基に反応した芳香族化合物は，水層に溶けるようになる。

さて，ここからは「芳香族化合物の分離」についてお話ししていきましょう。
有機化合物は一般に水に溶けにくく，有機溶媒(エーテルなど)には溶けやすい(p.26)という話はしましたが，芳香族化合物も例外でなく，水には溶けにくく，有機溶媒には溶けやすいです。

「芳香族化合物の分離」では，有機溶媒(エーテル)に，いろいろな芳香族化合物が混じっている状態から始まります。その状態から，それぞれの芳香族化合物を分離していくのです。
1つひとつピンセットでつまんで分離するなんてことはできません。
ここで登場するのが，**分液漏斗**という実験器具です。

分液漏斗に，いろいろな芳香族化合物の溶けたエーテル溶液を入れます。
そのエーテル溶液に，**取り出したい芳香族化合物がイオン化する水溶液**(水酸化ナトリウム水溶液などの塩基や，塩酸などの酸)を入れるのです。
水溶液を加えて混ぜ合わせると，エーテルが上層，水が下層に分離します。
イオン化するということは，水に溶けるようになるということなので，下層に取り出したい芳香族化合物がイオン化して溶け込んでいる状態になります。
分液漏斗のコックを開くと，下層のものだけを取り出せますね。

このような操作をすることで，少しずつ芳香族化合物を分離していくのです。

水と油は混ざらずに，水が下，油が上になるのは，みなさんご存知でしょう。
この“水が下，油が上”という状態のたとえから，分液漏斗の**エーテル層**(上層)のことを**油層**，水の層(下層)のことを**水層**といいます。
実際にエーテルが油ということではないので，カン違いしないでくださいね。

では，いくつかの芳香族化合物が混じった液体から芳香族化合物を分離する方法を，「魔法使いが鳥を捕獲するストーリー」で説明していきます。

芳香族化合物の分離

この液体には
いろんな
芳香族化合物が
混じっておる
OH
COOH

ここに含まれている
芳香族化合物を
すべて分離したいんじゃが
1つひとつピンセットで
つまむわけにもいかん
ぽいっ
OH
COOH
NO2

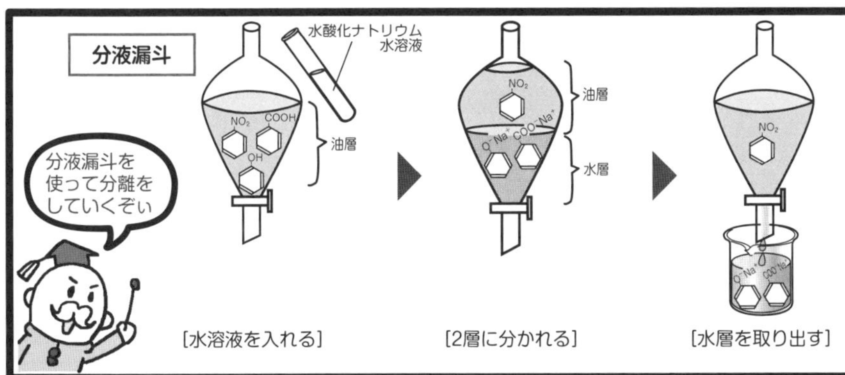
分液漏斗
分液漏斗を
使って分離を
していくぞぃ
水酸化ナトリウム
水溶液
油層
水層
[水溶液を入れる]
[2層に分かれる]
[水層を取り出す]

魔法使いが鳥を捕獲するストーリー
あの鳥の中からカモメだけを捕まえたい。
使える魔法は『鳥を魚に変える魔法』と
『魚をもとの鳥に戻す魔法』じゃぞ。
さて…どうするかのぅ……。

～魔法使いが鳥を捕獲するストーリー～

あるとき，一人の魔法使いが，大空を自由に飛び回る鳥たちを見て，こう思いました。
「たくさんの鳥の中からカモメだけを捕まえるにはどうしたらよいかのぅ…」

魔法使いはちょっと考えて，まずは，たくさんの鳥の中のカモメだけに「鳥を魚に変える魔法」をかけました。
次にその魚を水槽に移し，今度は「魚をもとの鳥に戻す魔法」をかけました。

そうすると……あ～ら不思議！
数ある鳥の中からカモメだけを選んで捕獲することができました。
さすが世紀の大魔法使い！　めでたしめでたし！ **～Fin～**

実は，芳香族化合物の分離もこのストーリーに似ています。
右ページのように，エーテルに溶けている芳香族化合物の混合物に，特定の試薬を加えます。

すると，特定の芳香族化合物がイオンに変化します。イオンは水に溶けるため，イオン化した化合物のみ，油層（エーテル層）から水層に移動します。

次に，水層だけを取り出し，他の分液漏斗に移します。
水層には，イオンに変化した特定の芳香族化合物だけが溶けているのでしたね。
そして，水層のイオンにもとの化合物に戻す試薬を加えることで，
イオンに変化していた化合物をもとの化合物に戻すことができるのです。

水層を捨てると，目的としていた芳香族化合物だけが分離できました。

ということで，ここからは，次の３点について覚えていきましょう。
1) **どんな芳香族化合物**（鳥）**が，**
2) **どんな試薬**（魔法）**によってイオン化されて**（魚になって）**水層に移り，**
3) **どんな試薬**（魔法）**で，もとの芳香族化合物**（鳥）**に戻せるか。**
また，**どの試薬をどの順に加えていくか**ということも重要です。

芳香族化合物の分離に話を戻すと……

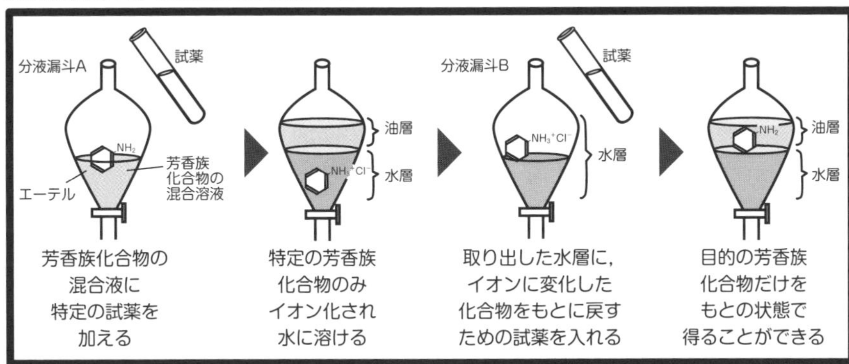

分液漏斗A
試薬
NH_2
エーテル
芳香族
化合物の
混合溶液
油層
$NH_3^+Cl^-$
水層
分液漏斗B
試薬
$NH_3^+Cl^-$
水層
NH_2
油層
水層
芳香族化合物の
混合液に
特定の試薬を
加える
特定の芳香族
化合物のみ
イオン化され
水に溶ける
取り出した水層に，
イオンに変化した
化合物をもとに戻す
ための試薬を入れる
目的の芳香族
化合物だけを
もとの状態で
得ることができる

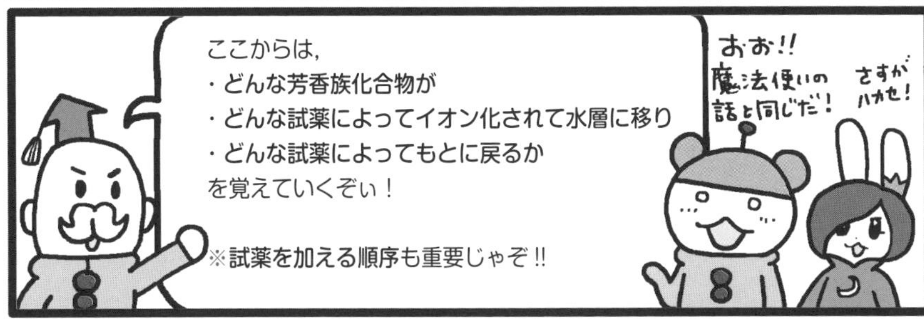

7-14 芳香族化合物の分離(暗記編)

ココをおさえよう!

芳香族カルボン酸は,炭酸よりもイオンになりたがり,炭酸は,フェノール類よりもイオンになりたがる。

芳香族化合物の分離としては,**ニトロベンゼン**,**アニリン**,**フェノール**,**安息香酸**の4つの混合物の分離が代表的です。次の4つの反応を復習しましょう。

a) 塩酸に溶ける芳香族化合物……アニリン(p.292)

アニリンは,アミノ基$-NH_2$のついた化合物で,**芳香族化合物の中で唯一,塩基性を示します。**つまり,水にはほとんど溶けませんが,酸である塩酸とは反応し,塩となるのでしたね。

$$C_6H_5-NH_2 + HCl \xrightarrow{\text{中和}} C_6H_5-NH_3^+Cl^-$$

アニリン + 塩酸 → アニリン塩酸塩
塩基 + **酸** → **塩**

こうしてイオン化して水層に移ったアニリン塩酸塩は,水酸化ナトリウム水溶液NaOHなどの強塩基を加えることでもとのアニリンに戻すことができます。

$$C_6H_5-NH_3^+Cl^- + NaOH \longrightarrow NaCl + C_6H_5-NH_2 + H_2O$$

アニリン塩酸塩 + 水酸化ナトリウム水溶液 → 塩化ナトリウム + アニリン
(弱塩基の塩) + **(強塩基)** → **(強塩基の塩)** + **(弱塩基)**

基本的に,酸でイオン化したものは塩基で,塩基でイオン化したものは酸で,もとに戻します。

b) 水酸化ナトリウム水溶液に溶ける芳香族化合物……フェノール(p.262)**と安息香酸**(p.276)

この2つは酸性なので,塩基である水酸化ナトリウム水溶液NaOHに溶けます。

$$C_6H_5-OH + NaOH \xrightarrow{\text{中和}} C_6H_5-O^-Na^+ + H_2O$$

フェノール + 水酸化ナトリウム水溶液 → ナトリウムフェノキシド
酸 + **塩基** → **塩**

$$C_6H_5-COOH + NaOH \xrightarrow{\text{中和}} C_6H_5-COO^-Na^+ + H_2O$$

安息香酸 + 水酸化ナトリウム水溶液 → 安息香酸ナトリウム
酸 + **塩基** → **塩**

芳香族化合物の分離で，よく出てくる化合物

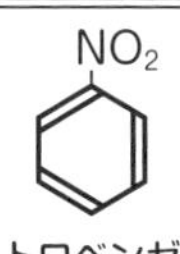

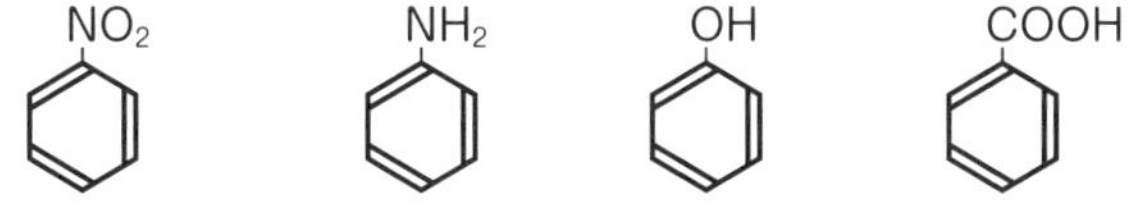

ニトロベンゼン

NH_2

アニリン

OH

フェノール

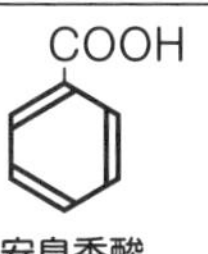

安息香酸

7

要チェックな反応

a) 塩酸に溶ける芳香族化合物…アニリン

唯一の
塩基性よ

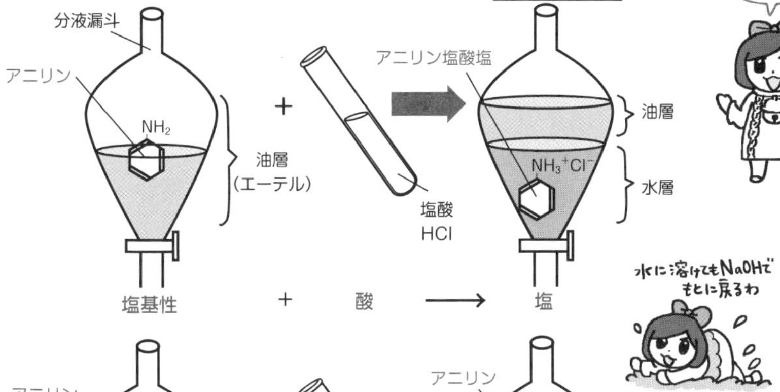

分液漏斗

アニリン

NH_2

油層
（エーテル）

＋

塩酸
HCl

アニリン塩酸塩

油層

$NH_3{}^+Cl^-$

水層

塩基性　＋　酸　⟶　塩

水に溶けてもNaOHで
もとに戻るわ

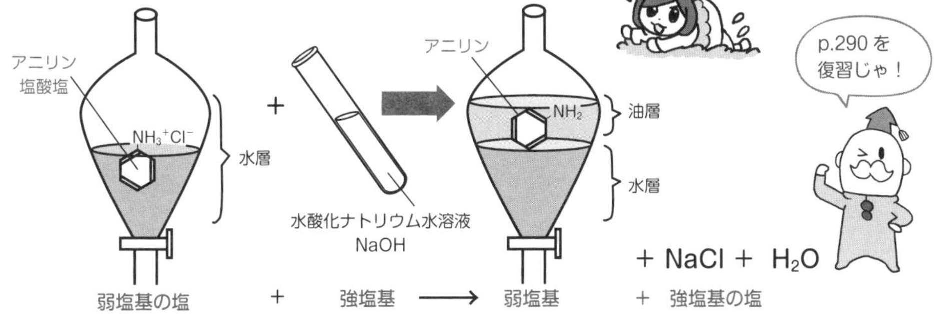

p.290 を
復習じゃ！

アニリン
塩酸塩

$NH_3{}^+Cl^-$

水層

＋

水酸化ナトリウム水溶液
NaOH

アニリン

NH_2

油層

水層

＋ NaCl ＋ H_2O

弱塩基の塩　＋　強塩基　⟶　弱塩基　＋　強塩基の塩

b) 水酸化ナトリウム水溶液に溶ける芳香族化合物…フェノール，安息香酸

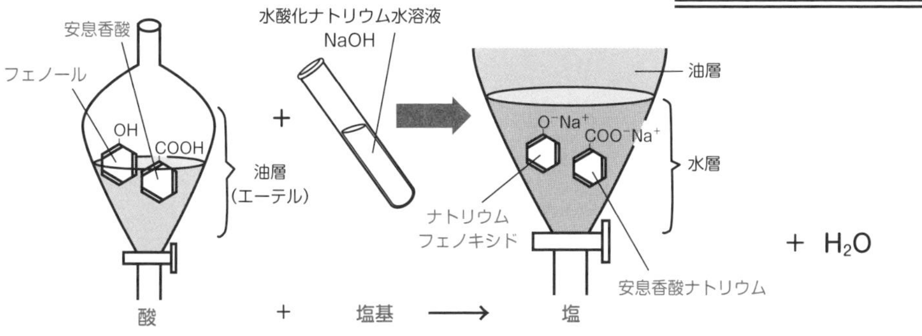

c) ナトリウムフェノキシド(フェノールのイオン)**と安息香酸ナトリウム**(安息香酸のイオン)**が溶けた水溶液にCO_2を吹き込み，エーテルを加えると遊離する芳香族化合物**……**フェノール**

b) のところでお話ししたように，フェノールと安息香酸は，ともに水酸化ナトリウム水溶液NaOHを加えると，イオン化して，水層に溶けます。
よって，イオン化した芳香族化合物をもとに戻す際に，どんな試薬を加えるかが大事になります。

そこで使うのが，**CO_2**です。
p.262やp.284に書いたように，**CO_2（炭酸）はフェノール類よりも強い酸**です。
酸性が強いほうが，H^+を放出してイオンになりたがるので，H_2CO_3（CO_2+H_2O）がH^+を放出してイオン化し，フェノールのみが遊離してもとに戻ります。

$$\text{C}_6\text{H}_5\text{O}^-\text{Na}^+ + CO_2 + H_2O \longrightarrow NaHCO_3 + \text{C}_6\text{H}_5\text{OH}$$

ナトリウムフェノキシド　炭酸水素ナトリウム　フェノール

（弱酸の塩）＋（強酸）⟶（強酸の塩）＋（弱酸）

そして安息香酸ナトリウムはCO_2より強い酸なので，遊離せずにイオン化したまま水層に溶けています。
ちなみに，安息香酸ナトリウムは，強酸である塩酸を加えることでもとに戻すことができます。

$$\text{C}_6\text{H}_5\text{COO}^-\text{Na}^+ + HCl \longrightarrow NaCl + \text{C}_6\text{H}_5\text{COOH}$$

安息香酸ナトリウム　塩酸　塩化ナトリウム　安息香酸

（弱酸の塩）＋（強酸）⟶（強酸の塩）＋（弱酸）

つまり，魔法使いのお話にたとえると，
① ウミネコとウミツバメを魚に変える魔法をかけたあと，
② 魚に変わったウミネコだけをもとに戻す魔法をかける
ということをしているのですね。

ここはとても大事なところですので，しっかり理解してくださいね。

c) ナトリウムフェノキシド（フェノールのイオン）と安息香酸ナトリウム（安息香酸のイオン）が溶けた水溶液にCO_2を吹き込み，エーテルを加えると遊離する芳香族化合物…フェノール

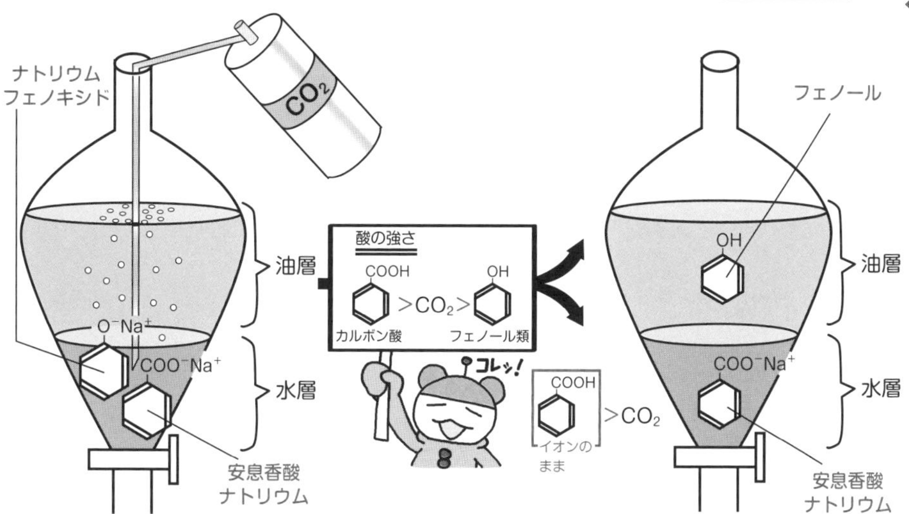

b) で，フェノールも安息香酸もイオン化し，両方とも水層に溶けてしまったので，２つを分ける必要がある

CO_2 を吹き込む

酸性が強いほうがイオン化する！

フェノールが遊離し油層へ移る安息香酸ナトリウムはイオン化したまま水層に溶けている

d) 炭酸水素ナトリウム水溶液$NaHCO_3$に溶ける芳香族化合物……**安息香酸**

再びp.284のおさらいですが，**カルボン酸は炭酸よりも強い酸**なので，反応してH^+を放出してイオン化し，水層に溶けるようになります。

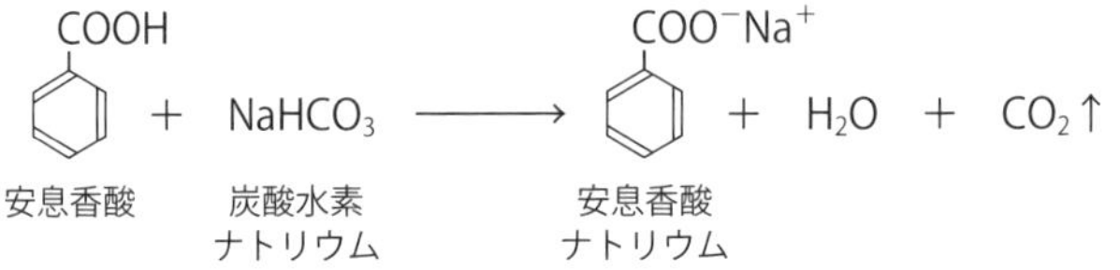

$$C_6H_5COOH + NaHCO_3 \longrightarrow C_6H_5COO^-Na^+ + H_2O + CO_2\uparrow$$

安息香酸　炭酸水素ナトリウム　安息香酸ナトリウム

c)では，水層に溶けたナトリウムフェノキシド(フェノールのイオン)と安息香酸ナトリウム(安息香酸のイオン)に炭酸(CO_2)を反応させており，
d)では，油層(エーテル層)に溶けたフェノールと安息香酸に炭酸のイオン($NaHCO_3$)を反応させています。

結果はどちらとも，フェノールが油層に溶け，安息香酸ナトリウムが水層に溶けます。なぜなら，酸の強さが以下のようになっているからです。

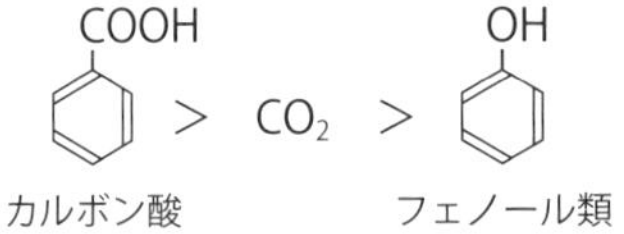

$$C_6H_5COOH > CO_2 > C_6H_5OH$$

カルボン酸　フェノール類

安息香酸 C_6H_5-COOH は炭酸よりも強い酸なので
「自分のほうがH^+を放出してイオンになりたい！」と思っているため，
イオン C_6H_5-COO^-Na^+ になって水層に溶け，
フェノール C_6H_5-OH は炭酸よりも弱い酸なので
「イオンになりたいけど，炭酸のほうがイオンになりたがっている……」と思い，
自身は油層(エーテル層)に溶けるからです。

このように，「**酸の強いほうがイオンになって水層に溶ける**」というのはすごく大事なので，必ず理解してくださいね。

d) 炭酸水素ナトリウム水溶液に溶ける芳香族化合物…安息香酸

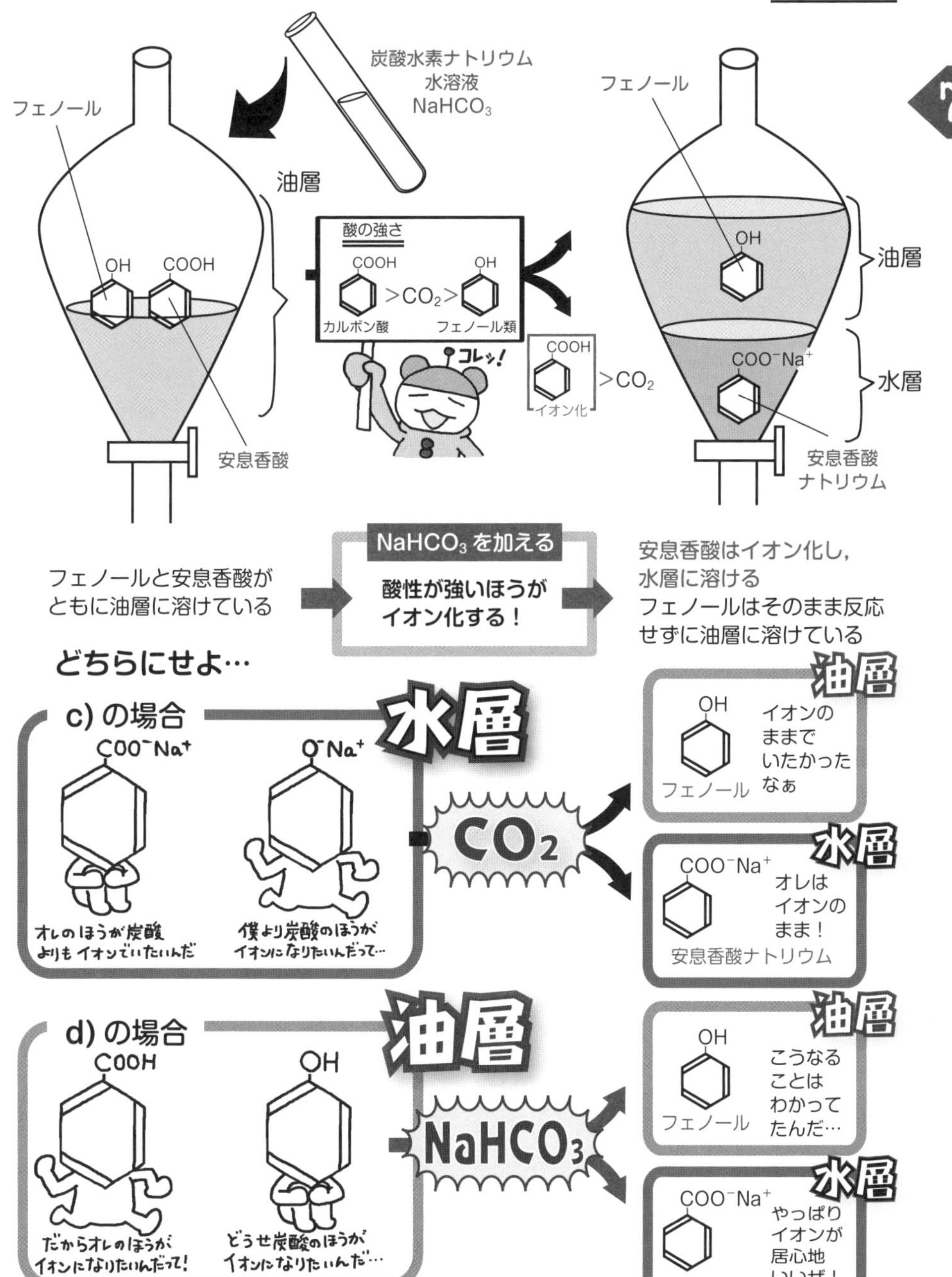

7-15 芳香族化合物の分離（実践編）

ココをおさえよう！

酸性，塩基性，またはその強さの違いで分離する。

7-14で解説した内容をもとに，ニトロベンゼン，アニリン，フェノール，安息香酸のエーテル混合液から，実際にそれぞれの芳香族化合物を分離してみましょう。

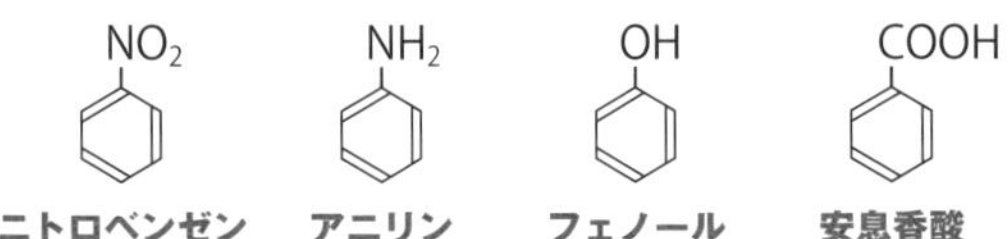

ステップ①：**まずは油層（エーテル混合液）に塩酸を加え，アニリンをイオン化し，水層に移します。**

$$C_6H_5NH_2 + HCl \xrightarrow{\text{中和}} C_6H_5NH_3^+Cl^-$$

アニリン　＋　塩酸　→　アニリン塩酸塩

塩基　＋　酸　→　塩

塩酸を加えて反応するのは，芳香族化合物の中で唯一，塩基性のアニリンだけです。「イオンになる」＝「水層に溶ける」ということなので，アニリンの塩だけが水層に移ります。

芳香族化合物を分離しよう

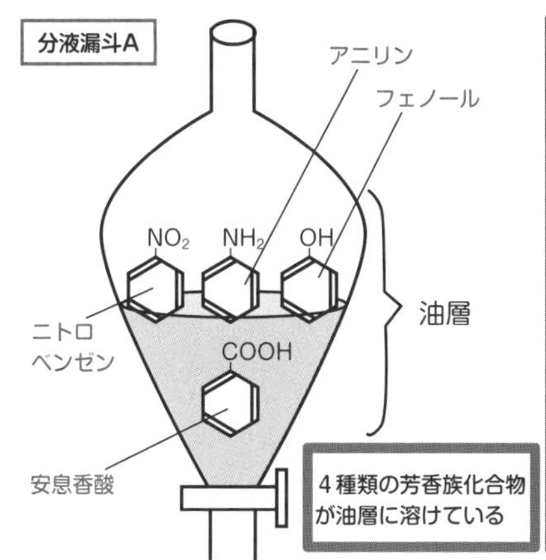

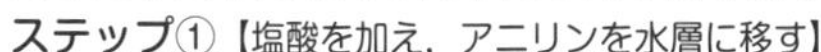
ステップ①【塩酸を加え，アニリンを水層に移す】

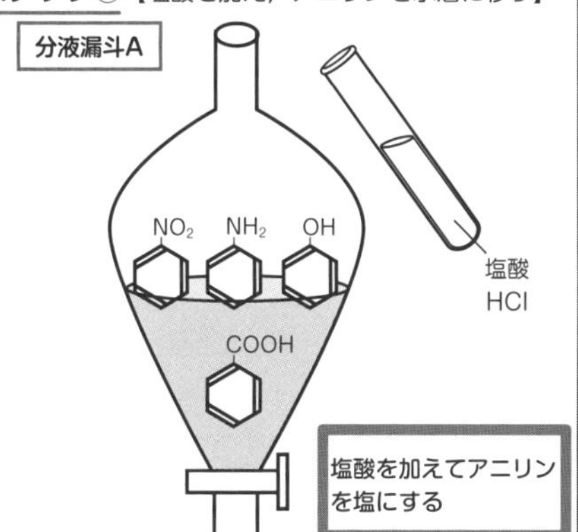

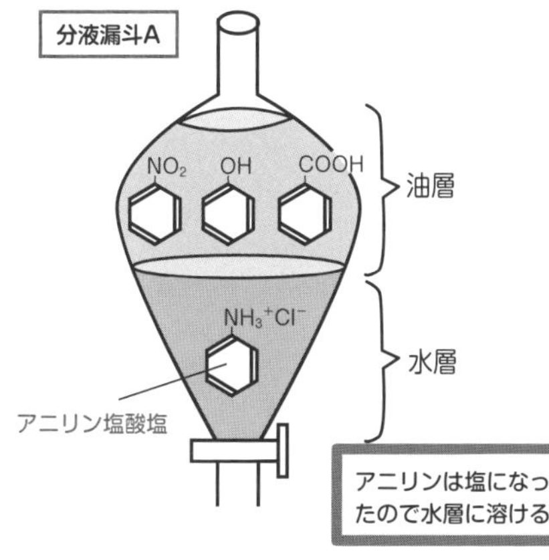

アニリンの塩が溶けている水層を分液漏斗Aから取り出して，
分液漏斗Bに移します。
そして，次のステップです。

ステップ②：アニリンの塩が溶けている分液漏斗Bに，エーテルと水酸化ナトリウム水溶液を加え，もとに戻します。

水層に溶けている，イオン化した物質を，どのようにしてもとの化合物に戻したらよいかを考えます。

まず，エーテルを加えて，油層をつくります。そして，
もし，**酸を加えて水層に溶けたのなら，塩基を加えればもとに戻ります**し，
逆に，**塩基を加えて水層に溶けたのなら，酸を加えればもとに戻ります**。

$C_6H_5NH_3^+Cl^-$ ＋ $NaOH$ ⟶ $NaCl$ ＋ $C_6H_5NH_2$ ＋ H_2O

アニリン塩酸塩 ＋ 水酸化ナトリウム水溶液 ⟶ 塩化ナトリウム ＋ アニリン

（弱塩基の塩）＋（強塩基）⟶（強塩基の塩）＋（弱塩基）

アニリンの場合では，酸（塩酸）を加えて水層に溶けたので，塩基（水酸化ナトリウム水溶液）を加えてもとに戻しました。
p.290やp.300で学んだ，弱塩基の塩に強塩基を加えて弱塩基を遊離させる反応です。
油層の部分にアニリンが溶けている状態なので，
水層の部分を取り出して捨てたあと，残りの油層をビーカーなどに取り出せば，
アニリンの分離が完了です。

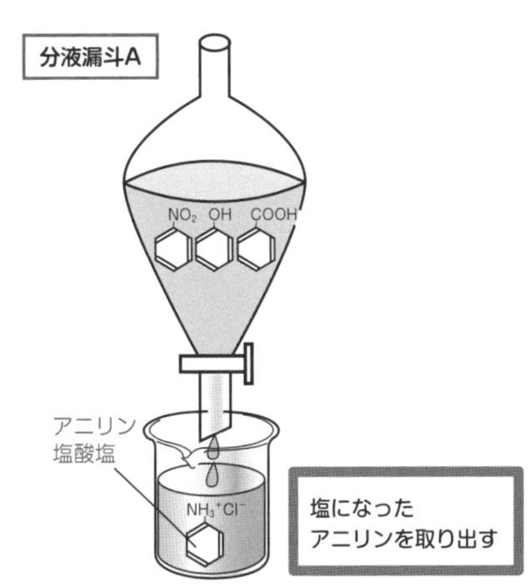
分液漏斗A
NO₂ OH COOH
アニリン
塩酸塩
NH₃⁺Cl⁻
塩になった
アニリンを取り出す

魚になったカモメを取り出す
ざばっ
ソリャ

ステップ② 【アニリンの塩にエーテルと水酸化ナトリウム水溶液を加え，もとに戻す】

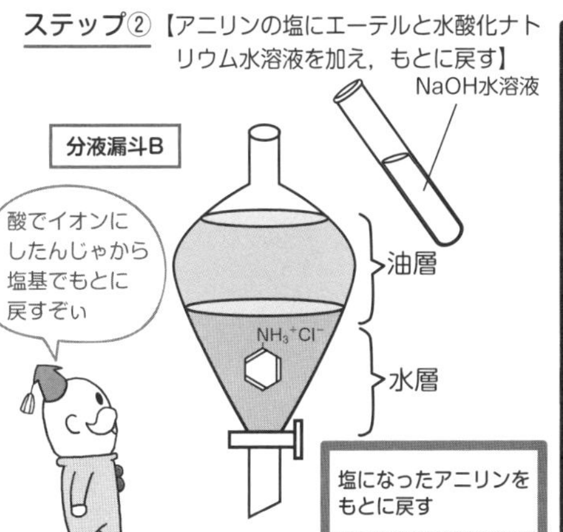
NaOH水溶液
分液漏斗B
酸でイオンに
したんじゃから
塩基でもとに
戻すぞい
油層
NH₃⁺Cl⁻
水層
塩になったアニリンを
もとに戻す

ホレッ！
もとに戻るかな〜

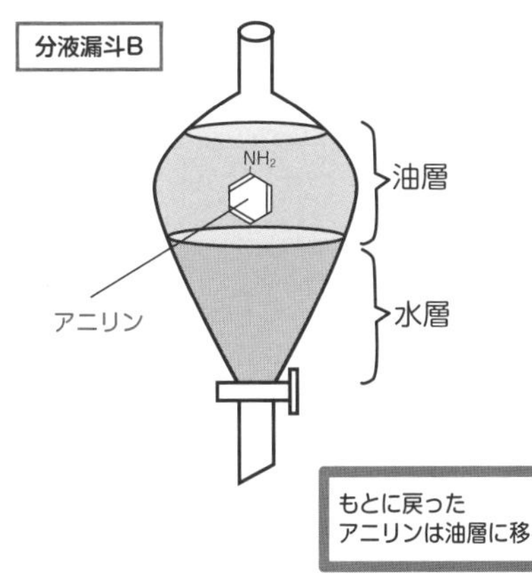
分液漏斗B
NH₂
油層
アニリン
水層
もとに戻った
アニリンは油層に移る

カモメの捕獲に成功
えいっ！
やったぞ！
お〜

アニリンは分離できたので，分液漏斗Aに戻ります。

分液漏斗Aの油層（エーテル層）には，フェノール C_6H_5-OH，安息香酸 C_6H_5-COOH，ニトロベンゼン C_6H_5-NO_2 の3種類の芳香族化合物が混ざっています。

そこで**ステップ③**です。

ステップ③：分液漏斗Aの油層（エーテル層）に水酸化ナトリウム水溶液を加え，フェノールと安息香酸を水層に移します。

$$C_6H_5OH + NaOH \xrightarrow{\text{中和}} C_6H_5O^-Na^+ + H_2O$$

フェノール　水酸化ナトリウム水溶液　ナトリウムフェノキシド

酸　＋　塩基　⟶　塩

$$C_6H_5COOH + NaOH \xrightarrow{\text{中和}} C_6H_5COO^-Na^+ + H_2O$$

安息香酸　水酸化ナトリウム水溶液　安息香酸ナトリウム

酸　＋　塩基　⟶　塩

これは，フェノール C_6H_5-OH と安息香酸 C_6H_5-COOH が酸なので，塩基である水酸化ナトリウム水溶液と反応したのですね。

次は，イオン化して水層に溶けたフェノールと安息香酸を取り出して，
分液漏斗Cに移した状態からお話しします。

ステップ③【水酸化ナトリウム水溶液を加え，フェノールと安息香酸を水層に移す】

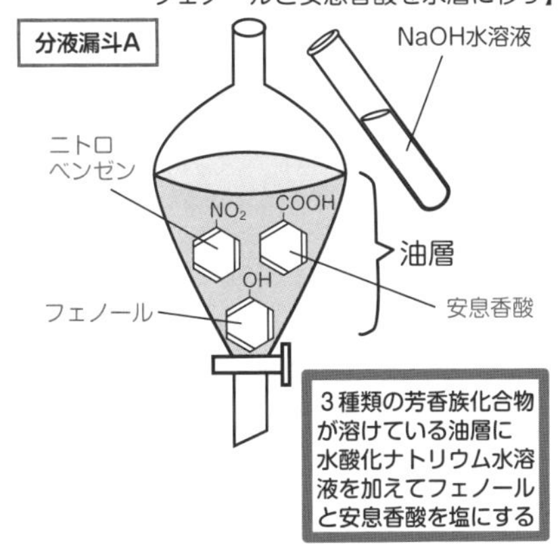

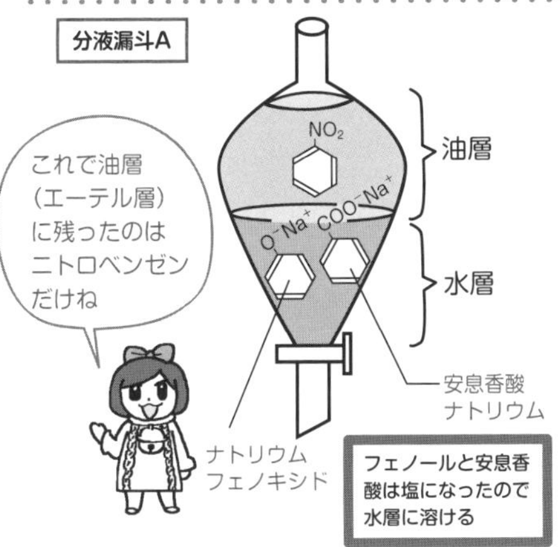

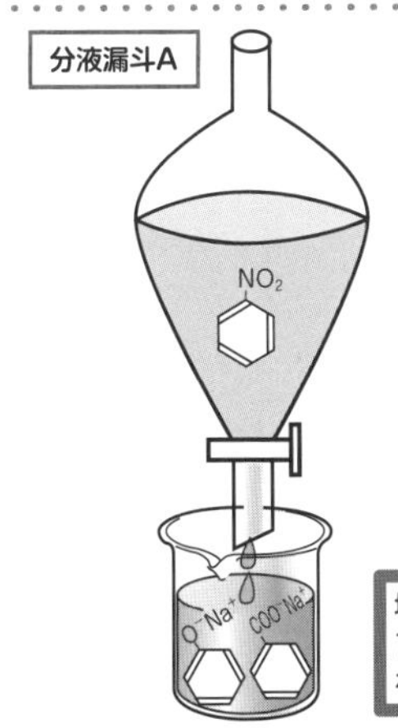

ステップ④：ナトリウムフェノキシド（フェノールのイオン）**と安息香酸ナトリウム**（安息香酸のイオン）**の溶けている分液漏斗Cの水溶液に，エーテルを加え，CO_2を吹き込み，フェノールだけをもとに戻します。**

まずは，p.308と同様にエーテルを加え，油層をつくります。
そして，CO_2を水層に吹き込むと，次の反応が起こります。

$$C_6H_5O^-Na^+ + \underline{CO_2 + H_2O} \longrightarrow NaHCO_3 + C_6H_5OH$$

ナトリウムフェノキシド　炭酸(H_2CO_3)　炭酸水素ナトリウム　フェノール
（弱酸の塩）＋（強酸） ⟶ **（強酸の塩）＋（弱酸）**

p.302〜305の繰り返しになりますが，安息香酸ナトリウムは炭酸よりも強い酸であるため，イオン化したまま水層にとどまり，フェノールは炭酸よりも弱い酸であるため，遊離してもとのフェノールに戻り，油層（エーテル層）に移ります。

分液漏斗Cの水層を取り出し，分液漏斗Dに移すと，フェノール C_6H_5-OH の分離は完了です。

ステップ⑤：安息香酸ナトリウム（安息香酸のイオン）の溶けている**分液漏斗Dの水溶液に，エーテルと塩酸を加えてもとに戻します。**

分液漏斗Dでも同様に，まずエーテルを加え，油層をつくります。
そして，塩酸を加えると，次の反応が起こります。

$$C_6H_5COO^-Na^+ + HCl \longrightarrow NaCl + C_6H_5COOH$$

安息香酸ナトリウム　塩酸　塩化ナトリウム　安息香酸
（弱酸の塩）＋（強酸） ⟶ **（強酸の塩）＋（弱酸）**

ステップ③で，塩基（水酸化ナトリウム水溶液）を使って水層に移したので，
酸（塩酸）を使ってもとに戻しているのですね。

ステップ④【エーテルを加え，水層にCO_2を吹き込み，フェノールをもとに戻す】

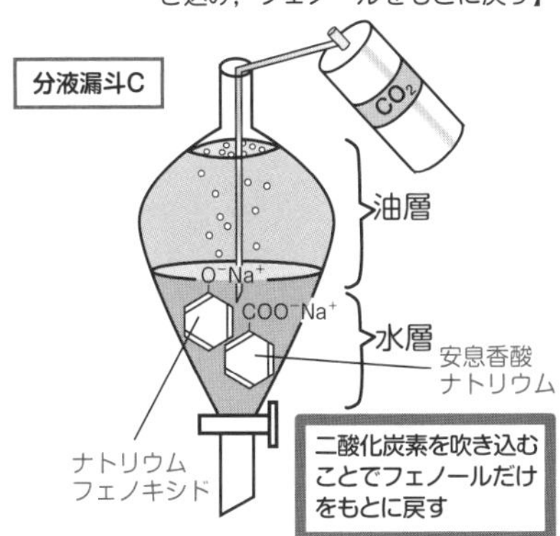

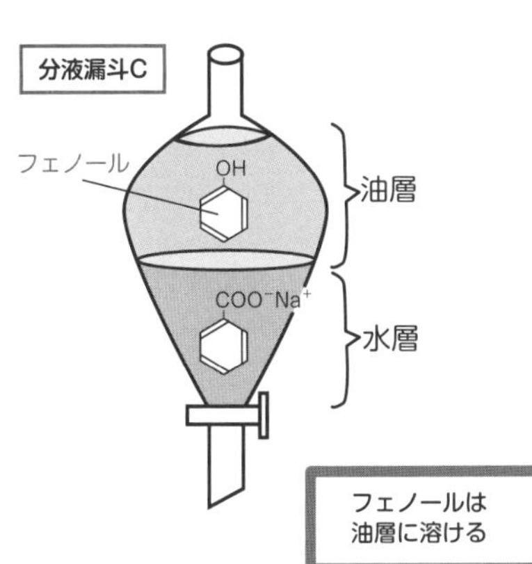

ステップ⑤【水層に移った安息香酸イオンは，エーテルと塩酸を加えてもとに戻す】

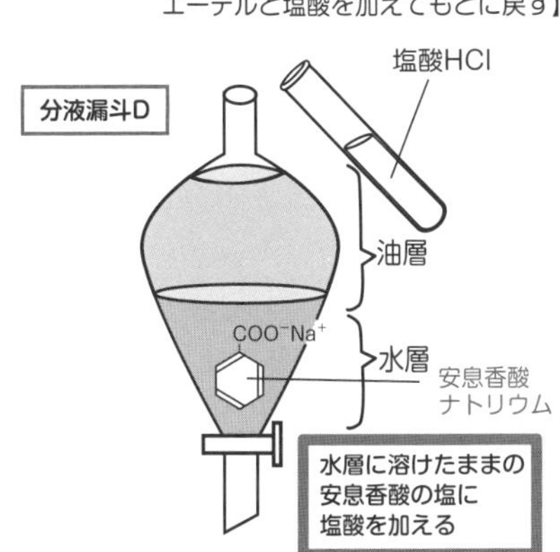

これで，油層の部分に安息香酸 -COOH が溶けている状態なので，
水層の部分を取り出して捨てたあと，残りの油層をビーカーなどに取り出せば，安息香酸の分離も完了です。

ステップ⑥：最終的に，分液漏斗Aの油層（エーテル層）には，ニトロベンゼンだけが残ります。

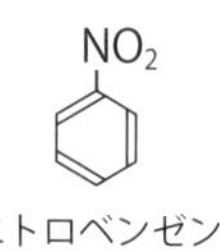

ニトロベンゼン

こうして，無事に芳香族化合物を分離することができましたね。
ルナー燃料も芳香族化合物である可能性があるので，この方法で分離していったらその正体がつかめるかもしれませんね。

p.310のステップ③で，水酸化ナトリウム水溶液ではなく，炭酸水素ナトリウム $NaHCO_3$ 水溶液を加える場合もあります。その場合の流れを説明しましょう。
炭酸水素ナトリウム $NaHCO_3$ 水溶液を加えると，油層にニトロベンゼン $-NO_2$ と，フェノール -OH が残り，水層に安息香酸がイオン化して溶けます。
イオン化した安息香酸の溶けている水層を取り出し，エーテルを加え，塩酸を加えて安息香酸 -COOH に戻します。
油層にはニトロベンゼン $-NO_2$ とフェノール -OH が残っています。
ここに水酸化ナトリウム水溶液を加えると，フェノールがイオン化して水層に溶けます。
油層にはニトロベンゼン $-NO_2$ が分離された状態になります。
イオン化したフェノールの溶けている水層を取り出し，エーテルを加え，塩酸を加えてフェノール -OH に戻します。

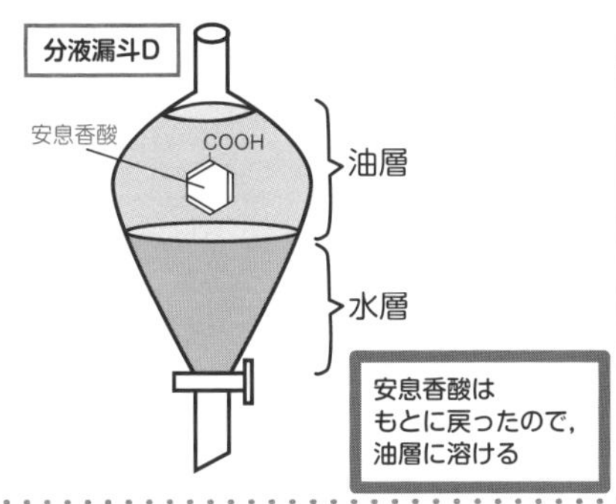

安息香酸は
もとに戻ったので，
油層に溶ける

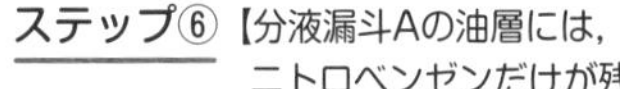

ステップ⑥【分液漏斗Aの油層には，
ニトロベンゼンだけが残る】

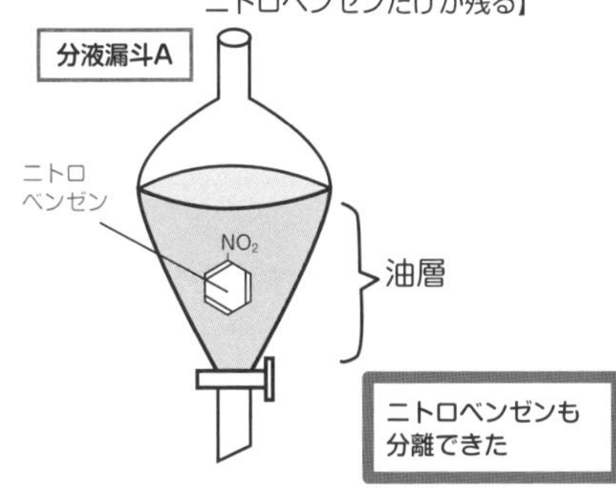

ニトロベンゼンも
分離できた

こうしてすべての
芳香族化合物を
分離できた

ここまでやったら
別冊 p.55へ

理解できたものに，☑チェックをつけよう。

- [ ] ベンゼン環の炭素原子間の結合は，単結合と二重結合に区別できるものではなく，すべて等価である。
- [ ] ベンゼンは付加反応よりも置換反応のほうが起こりやすい。
- [ ] ベンゼンのハロゲン化，ニトロ化，スルホン化の反応式を書くことができる。
- [ ] 芳香族炭化水素の側鎖は，酸化するとカルボキシ基（-COOH）になる。
- [ ] フェノール類には，弱酸性を示したり，塩化鉄（Ⅲ）水溶液を加えると青紫～赤紫色を呈するという性質がある。
- [ ] アルコールは，中性であり，塩化鉄（Ⅲ）水溶液を加えても反応しない。
- [ ] 芳香族カルボン酸は，酸性であり，エステル化するという性質がある。
- [ ] 安息香酸はトルエンを酸化することで生成される。
- [ ] フタル酸とテレフタル酸は構造異性体の関係で，フタル酸は加熱すると脱水反応を起こす。
- [ ] サリチル酸は，フェノール類と芳香族カルボン酸の両方の性質をもっている。
- [ ] サリチル酸に炭酸水素ナトリウム$NaHCO_3$を作用させると，カルボキシ基だけが反応し，ヒドロキシ基は反応しない。
- [ ] ニトロベンゼンは，ベンゼンに濃硝酸と濃硫酸の混酸を反応させることによって生成される。
- [ ] アニリンは塩基性を示し，さらし粉水溶液を加えると赤紫色に呈色するなどの特徴がある。
- [ ] アニリンの，アセトアニリドになる反応，ジアゾ化，ジアゾカップリングを反応式で書ける。

Chapter

8

高分子化合物の構造と天然高分子化合物

Chapter 8

高分子化合物の構造と天然高分子化合物

はじめに

Chapter 8，9では，分子がいくつもつながってできた大きな化合物（**分子量がおよそ1万以上**）である**高分子化合物**について見ていきます。
小さな魚がお互いにしっぽをくわえあって，大きな魚になるイメージです。

私たちの身の周りにある**デンプン，ポリプロピレン，合成ゴム，ポリエチレン**などの生活にかかせない物質や，私たち自身をつくっている**タンパク質**も（！）**高分子化合物**なのです。

植物のエネルギー貯蔵物質であるデンプンや，動物のエネルギー貯蔵物質であるグリコーゲンが高分子化合物であることから，ルナー燃料も高分子化合物である可能性が高いようなのですが，はたして真相はいかに……

Chapter8では，高分子化合物の構造や，天然高分子化合物についてお話しします。

この章で勉強すること

ここでは，**糖類，タンパク質，核酸**について，「どのような分子が」，「どのように結びついて」，「どのような高分子化合物になっているか」ということについてお話しします。

宇宙一わかりやすいハカセのIntroduction

今まで…

・アルケン
・付加反応する
・二重結合をもつ

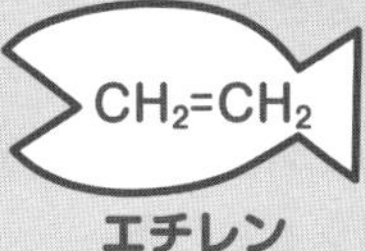
$CH_2{=}CH_2$

エチレン

1つの分子について勉強してきた

これから…

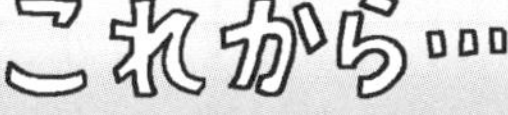

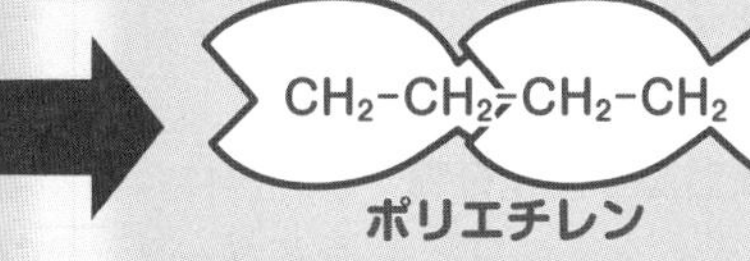
$CH_2-CH_2-CH_2-CH_2$

ポリエチレン

複数の分子が長くつながった
高分子化合物について勉強していく

イメージ

今までは
1匹の魚について
勉強していた

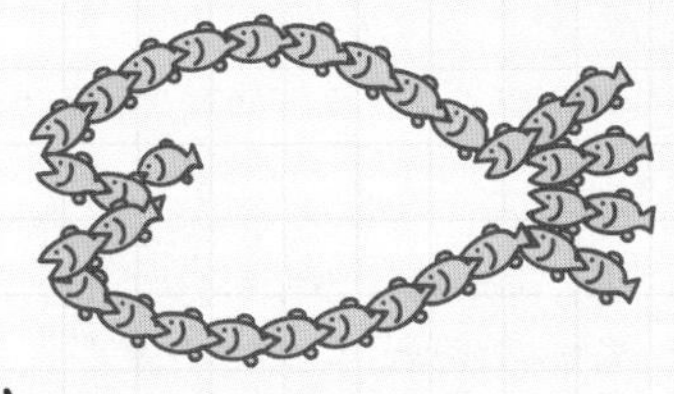

これからは魚がつながってできた
大きな魚について勉強していく

鳥に
しちゃうぞ〜
やめなさい!

身の周りの高分子化合物

デンプン
(ジャガイモ)
タンパク質
セルロース
(木材)
地球にはたくさんの
高分子化合物があるぞい
合成ゴム
(タイヤ)
ナイロン
ポリエチレン
テレフタラート
(ペットボトル)
デンプンも
高分子化合物だわ
ルナー燃料も
高分子化合物の
可能性が
高いわね
いただきまーす
あっ
Let's study!!

8-1 高分子化合物の分類と構造

ココをおさえよう！

単量体（モノマー）が重合してできた高分子化合物を重合体（ポリマー）という。

高分子化合物は，大きく2つに分類することができます。

・**天然高分子化合物**：自然界に存在する高分子化合物のこと。**デンプン**や**セルロース**，**タンパク質**などがある。
・**合成高分子化合物**：人工的に合成された高分子化合物のこと。**ポリエチレン**（容器などに使われている）や**合成ゴム**などがある。

天然高分子化合物についてはChapter 8で，合成高分子化合物についてはChapter 9で，くわしく見ていきますよ。

さらに，炭素原子を中心とした主鎖をもつ有機高分子化合物と，炭素原子を含まない主鎖をもつ無機高分子化合物に分類することもあります。

高分子化合物の構成単位となる，小さな分子を**単量体**（**モノマー**）といい，単量体が次々と結合する反応を**重合**，重合してできた高分子化合物を**重合体**（**ポリマー**）といいます。

重合とは，**小さな分子が結合を繰り返して１つの大きな分子になること**でしたね（p.156）。

さらに，**重合体中の繰り返し単位の数**を**重合度**といいます。
例えば，単量体Aからなる重合体AAAAAAは，繰り返し単位がAなので重合度6，単量体BとCからなる重合体BCBCBCBCBCは，繰り返し単位がBCなので重合度5です。

高分子化合物

8

天然高分子化合物

自然界に存在する高分子化合物

合成高分子化合物

人工的に合成された高分子化合物

有機高分子や無機高分子に分ける
こともあるぞい

高分子化合物のつくりかた

単量体（モノマー）

$CH_2=CH_2$

重合

重合体（ポリマー）

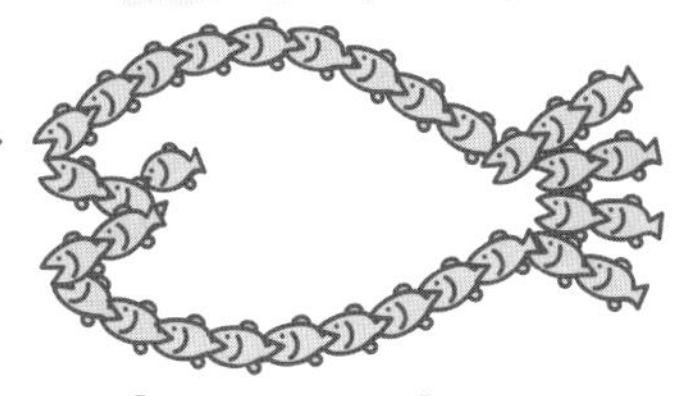

$\{CH_2-CH_2\}_n$

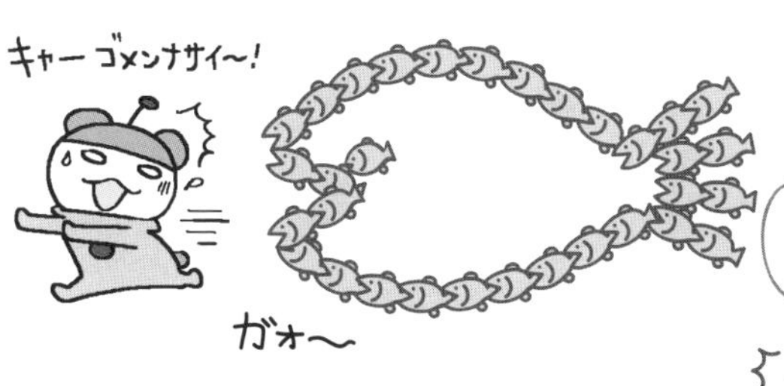

単量体が重合して
できたのが重合体じゃよ
重合度が n の重合体を
$\{A\}_n$ と表記するぞい

アイツが
仲間を食べた
クマだ!!

8-2 高分子化合物の生成

ココをおさえよう！

重合反応には，付加重合（ふかじゅうごう），縮合（しゅくごう）重合，開環（かいかん）重合がある。

単量体から重合体ができる反応（**重合**）の代表的なものは，3種類あります。
付加重合，**縮合重合**，**開環重合**です。それぞれどのような重合なのか解説していきましょう。

①　付加重合

付加重合（p.156）とは，文字通り「**付加反応**によって重合する」ことです。
「付加反応（p.154）」とは，**二重結合や三重結合をしていた手を1つ離して，他の分子と手を結ぶ反応**のことでしたね。

付加反応が連続して起こり，次々と結合していく（重合）のが**付加重合**です。

$$\cdots + \mathrm{H_2C{=}CH_2} + \mathrm{H_2C{=}CH_2} + \cdots \longrightarrow \cdots\mathrm{-CH_2-CH_2-CH_2-CH_2-}\cdots$$

②　縮合重合

縮合重合も，文字通り「**縮合**によって重合する」ことです。
「縮合（p.190）」とは，**水などの簡単な分子がとれて新しい結合を形成する反応**のことでしたね（結合していた原子は切り離され，副生成物になります）。

縮合が連続して起こり，結合していく（重合）のが**縮合重合**です。

$$\cdots + \mathrm{H{-}O{-}CH_2{-}CH_2{-}O{-}H} + \mathrm{H{-}O{-}CO{-}C_6H_4{-}CO{-}O{-}H} + \cdots$$

エチレングリコール（1,2-エタンジオール）　　テレフタル酸

$$\longrightarrow \left[\mathrm{-O{-}CH_2{-}CH_2{-}O{-}CO{-}C_6H_4{-}CO-}\right]_n + 2n\,\mathrm{H_2O}$$

ポリエチレンテレフタラート

8

① 付加重合 付加反応によって重合する反応のこと。

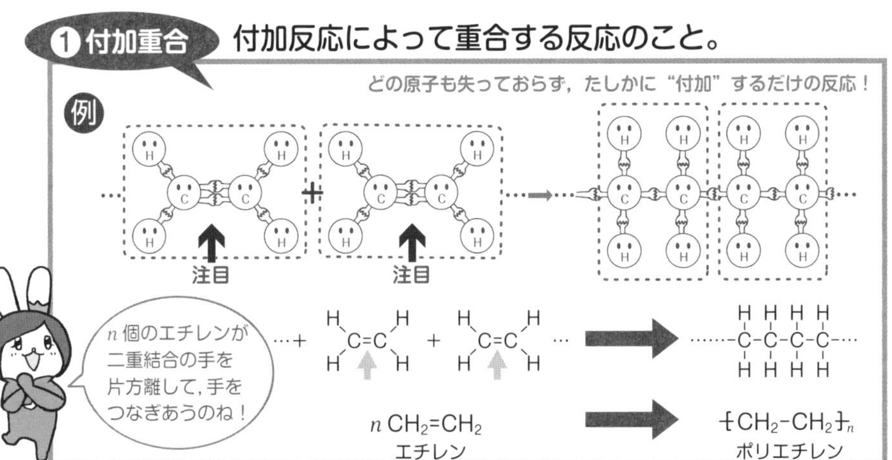

② 縮合重合 縮合によって重合する反応のこと。

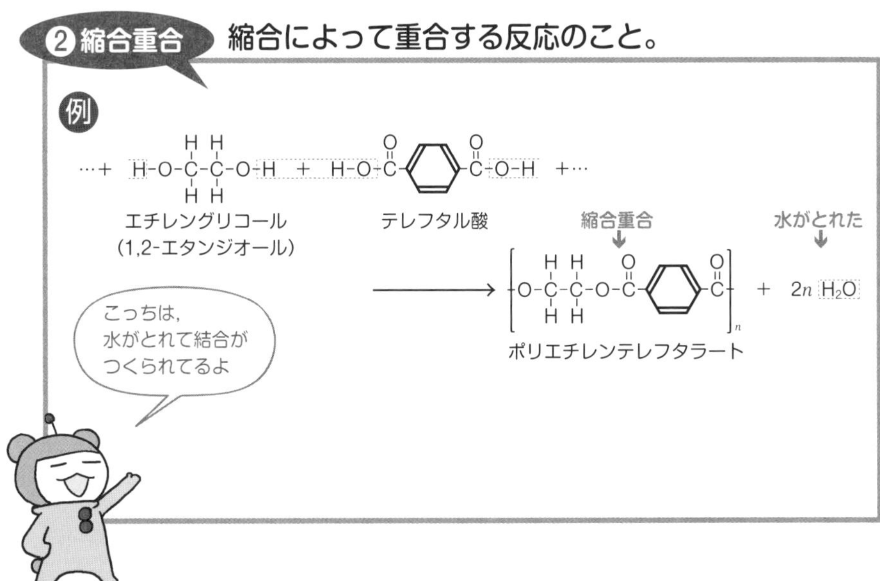

③ 開環重合

開環重合とは，その名の通り**「環状の化合物が開き，重合する」**反応のことをいいます。

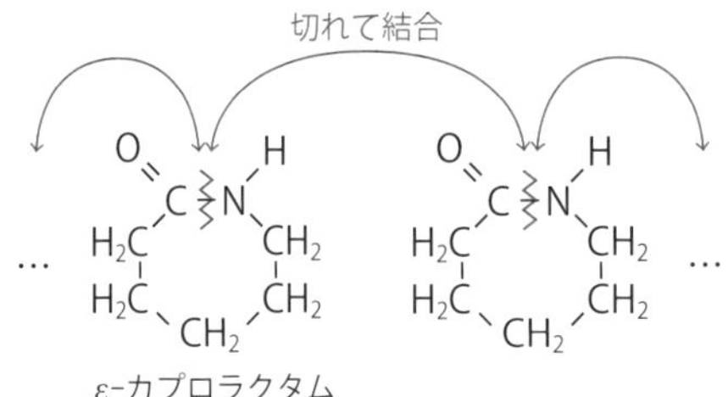

繰り返し単位　繰り返し単位

$$\longrightarrow \cdots\!-\!\underset{\underset{\displaystyle O}{\|}}{C}\!-\!(CH_2)_5\!-\!\underset{\underset{\displaystyle H}{|}}{N}\!-\!\underset{\underset{\displaystyle O}{\|}}{C}\!-\!(CH_2)_5\!-\!\underset{\underset{\displaystyle H}{|}}{N}\!-\!\cdots$$

ナイロン6

以上が，重合反応で覚えておくべき3つの反応になります。
高分子化合物を学んでいくうえで，とっても重要な反応なので，イメージとともによく覚えておきましょう。

③ 開環重合 環状の化合物が開き，重合する反応のこと。

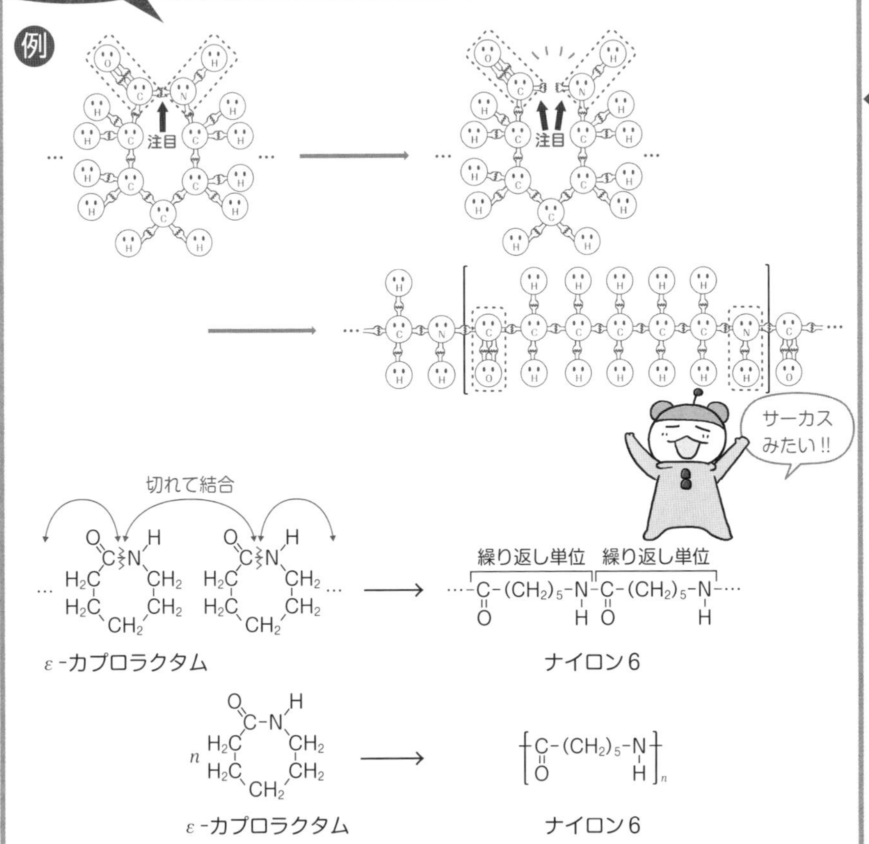

n ε-カプロラクタム ⟶ ナイロン6

$$\left[\underset{\underset{O}{\|}}{C} - (CH_2)_5 - \underset{\underset{H}{|}}{N} \right]_n$$

ε-カプロラクタム　　ナイロン6

重合反応のまとめ

重合反応は，付加重合，縮合重合，開環重合の３つを覚えましょう。

① **付加重合**…次々と分子内の二重結合や三重結合が切れて付加反応して重合体となる反応。

② **縮合重合**…次々と水などの簡単な分子がとれて（縮合），重合体となる反応。

③ **開環重合**…環状の化合物が開き（開環反応），重合体となる反応。

【重合体の書きかた】

重合体はとても大きな分子になるため，実際に書き表すのは大変です。
そのため，**繰り返しの部分（繰り返し単位）を重合度 n でくくって省略して書きます。**

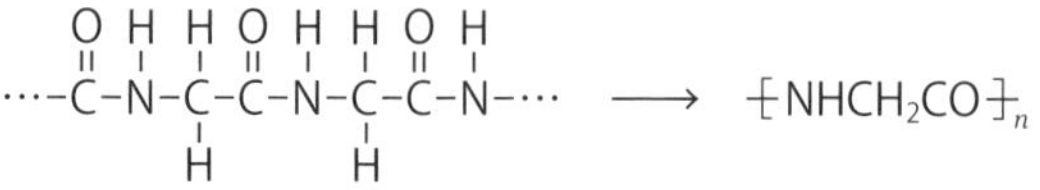

$$\cdots-\underset{}{\overset{O}{\overset{\|}{C}}}-\overset{H}{\overset{|}{N}}-\underset{\underset{H}{|}}{\overset{H}{\overset{|}{C}}}-\overset{O}{\overset{\|}{C}}-\overset{H}{\overset{|}{N}}-\underset{\underset{H}{|}}{\overset{H}{\overset{|}{C}}}-\overset{O}{\overset{\|}{C}}-\overset{H}{\overset{|}{N}}-\cdots \longrightarrow \left[\!-NHCH_2CO-\!\right]_n$$

ここで注意しなければいけないことがあります。
重合度 n が大きいか小さいかで，分子式を書き分ける必要があるのです。
次のような縮合重合の場合を考えましょう。

$$n\,HO-A-OH \quad + \quad n\,HOOC-B-COOH \longrightarrow \boxed{X} + \boxed{Y}\ H_2O$$

1)　重合度 n が小さいとき

$$X= H\left[O-A-O-\underset{\underset{O}{\|}}{C}-B-\underset{\underset{O}{\|}}{C}\right]_n OH \quad , \quad Y=(2n-1)$$

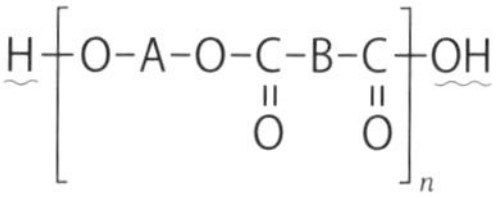

重合度 n が小さいときは，重合体の両端にH-，-OHを書きます。
このとき，**H_2O の係数は（$2n-1$）**になります。これは，右ページの下の補足を見て理解してください。

2)　重合度 n が大きいとき

$$X=\left[O-A-O-\underset{\underset{O}{\|}}{C}-B-\underset{\underset{O}{\|}}{C}\right]_n \quad , \quad Y=2n$$

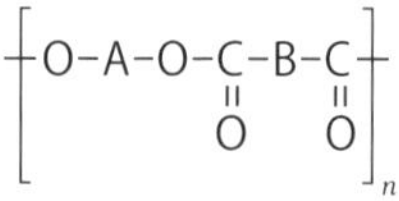

重合度 n が大きいとき（n は数千～数万にまでなります）**は，両端のH-や-OHは構造式には書かないでOKです。**
両端の H_2O の重合体に占める割合が無視できるほど小さいため，あえて書かないほうが便利だからです。その分，**H_2O の係数が $2n$ になっています。**

こうすることで，8-3でやるような分子量の計算問題が考えやすくなります。
ちなみに，『重合度が小さい，大きい』の区別は曖昧です。基本的には重合度の大きな高分子化合物を中心に扱っていくので，両端のH-や-OHは書かなくてよいことが多いです。

8

重合体の書きかた

基本

$$\cdots\text{-}\overset{O}{\overset{\|}{C}}\text{-}\underset{H}{N}\text{-}\underset{H}{\overset{H}{C}}\text{-}\overset{O}{\overset{\|}{C}}\text{-}\underset{H}{N}\text{-}\underset{H}{\overset{H}{C}}\text{-}\overset{O}{\overset{\|}{C}}\text{-}\cdots \longrightarrow \left[\underset{}{\overset{H}{N}}\text{-}\underset{H}{\overset{H}{C}}\text{-}\overset{O}{\overset{\|}{C}}\right]_n$$

繰り返し単位

重合体 n の大小と構造式の書き方

$$n\,HO\text{-}A\text{-}OH + n\,HO\text{-}\overset{O}{\overset{\|}{C}}\text{-}B\text{-}\overset{O}{\overset{\|}{C}}\text{-}OH \longrightarrow \boxed{X} + \boxed{Y}\,H_2O$$

1) **重合度 n が小さいとき**

$$\boxed{X} = H\left[O\text{-}A\text{-}O\text{-}\underset{O}{\underset{\|}{C}}\text{-}B\text{-}\underset{O}{\underset{\|}{C}}\right]_n OH \quad , \boxed{Y} = (2n-1)$$

2) **重合度 n が大きいとき**

$$\boxed{X} = \left[O\text{-}A\text{-}O\text{-}\underset{O}{\underset{\|}{C}}\text{-}B\text{-}\underset{O}{\underset{\|}{C}}\right]_n \quad , \boxed{Y} = 2n$$

n が大きいと、両端の H_2O は無視できるほど小さいからあえて書かないんだよね
上は $(2n-1)H_2O$, 下は $2n\,H_2O$ になっておるぞい

補足

n HO-A-OH と n $HO\text{-}\overset{O}{\overset{\|}{C}}\text{-}B\text{-}\overset{O}{\overset{\|}{C}}\text{-}OH$ から $(2n-1)H_2O$ が生成される理由

$$HO\text{-}A\text{-}OH \quad HO\text{-}\overset{O}{\overset{\|}{C}}\text{-}B\text{-}\overset{O}{\overset{\|}{C}}\text{-}OH \quad HO\text{-}A\text{-}OH \quad HO\cdots\cdots OH \quad HO\text{-}A\text{-}OH \quad HO\text{-}\overset{O}{\overset{\|}{C}}\text{-}B\text{-}\overset{O}{\overset{\|}{C}}\text{-}OH$$

端　　　端

HO-A-OH と $HO\text{-}\overset{O}{\overset{\|}{C}}\text{-}B\text{-}\overset{O}{\overset{\|}{C}}\text{-}OH$ の 1 セットで 2 つの H_2O ができます。n セットで $2n\,H_2O$ のはずですが，端の H-と-OH は H_2O にならないので $(2n-1)H_2O$ になります。

8-3 重合度と分子量

ココをおさえよう！

重合度は，**重合体の分子式**が書ければすぐにわかる。

高分子化合物では，重合体の**重合度**を答えさせる問題がよく出されます。
その対策をしていきましょう。
8-2で説明した，重合体の書きかたを使っていきますよ。

問 分子量62のHO-X-OHと分子量166のHOOC-Y-COOHが縮合重合してできる重合体について，次の⑴，⑵に答えよ。ただし，XとYは炭化水素基を表す。原子量はH＝1.0，O＝16とする。

⑴ 重合度5の重合体の分子量を求めよ。

⑵ 分子量3.84×10^6の重合体の重合度はいくらか。

考えかた 重合体の問題が出題されたら，まずは**重合体の構造式**を書きましょう。

⑴では重合度nが小さいので，次のような構造式になります。両端の-Hと-OHをつけた構造式になりますよ。

両端のH_2Oも含めて考えましょう。

$$\mathrm{H}\!\left[\mathrm{O{-}X{-}O{-}\underset{\underset{O}{\|}}{C}{-}Y{-}\underset{\underset{O}{\|}}{C}}\right]_n\!\mathrm{OH}$$

一方，⑵では分子量がとても大きく，重合度nが大きいと考えられるため，次のような構造式になります。こちらは両端の-Hと-OHは含めない構造式を考えます。

両端のH_2Oは省略して考えましょう。

$$\left[\mathrm{O{-}X{-}O{-}\underset{\underset{O}{\|}}{C}{-}Y{-}\underset{\underset{O}{\|}}{C}}\right]_n$$

次は，具体的に解きかたを見ていきましょう。

高分子化合物でよく出題される問題

問 分子量 62 の HO-X-OH と分子量 166 の HOOC-Y-COOH が縮合重合してできる重合体について，次の(1)，(2)に答えよ。
ただし，X と Y は炭化水素基を表す。
原子量は H=1.0，O=16 とする。

(1) 重合度 5 の重合体の分子量を求めよ。

(2) 分子量 3.84×10^6 の重合体の重合度はいくらか。

8

考えかた

け，計算問題はニガテ～

ニガテとな!?

とにかく重合体の構造式を書こう

(1) 重合度 n が小さいので…

こっちは両端にHとOHをつけるぞい

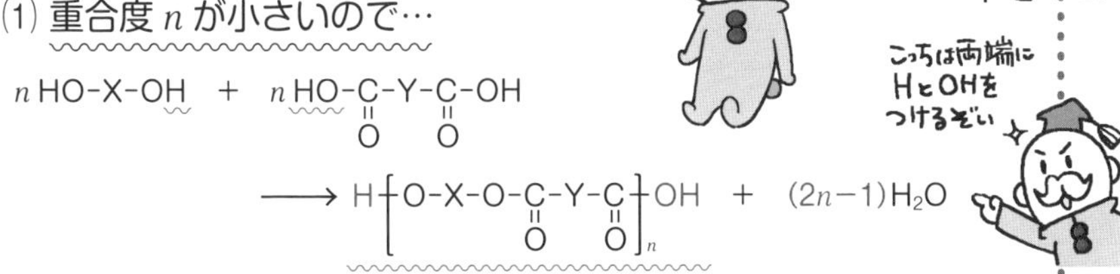

n HO-X-OH ＋ n HO-C(=O)-Y-C(=O)-OH
⟶ H-[O-X-O-C(=O)-Y-C(=O)]$_n$-OH ＋ $(2n-1)H_2O$

(2) 重合度 n が大きいので…

こっちはHとOHを省略するぞい

n HO-X-OH ＋ n HO-C(=O)-Y-C(=O)-OH
⟶ [O-X-O-C(=O)-Y-C(=O)]$_n$ ＋ $2n\,H_2O$

ここからが本番じゃ!
あーあ
暑苦しくなっちゃった

解きかた (1) 重合度が5と小さいので，重合体の分子式は

$$H\!-\!\!\left[O-X-O-\underset{\underset{O}{\|}}{C}-Y-\underset{\underset{O}{\|}}{C}\right]_5\!\!-OH$$ と表せます。

カッコ内を$-O-X-O-$の部分と$-\underset{\underset{O}{\|}}{C}-Y-\underset{\underset{O}{\|}}{C}-$の部分に分けて考えましょう。

$-O-X-O-$の式量＝(HO－X－OHの分子量)62－(2Hの式量)2＝60

$-\underset{\underset{O}{\|}}{C}-Y-\underset{\underset{O}{\|}}{C}-$の式量＝(HOOC－Y－COOHの分子量)166－(2OHの式量)34＝132

これでパーツはそろいました！　まずパーツを足し合わせてカッコ内の式量を求めてみましょう！

$$\left[O-X-O-\underset{\underset{O}{\|}}{C}-Y-\underset{\underset{O}{\|}}{C}\right]$$ の式量は　60＋132＝192

これを5倍したものに，両端のHとOHの式量の和である18を足せば答えが出ます。

$$H\!-\!\!\left[O-X-O-\underset{\underset{O}{\|}}{C}-Y-\underset{\underset{O}{\|}}{C}\right]_5\!\!-OH$$ の分子量は　192×5＋18＝**978** …答

(2) 2つの単量体の分子量がそれぞれ62，166なのに対し，重合体の分子量が3.84×10^6なので，この重合体はかなりの数の単量体が重合してできたものと推測することができます。

このように重合度が大きい場合，重合体の分子式は

$$\left[O-X-O-\underset{\underset{O}{\|}}{C}-Y-\underset{\underset{O}{\|}}{C}\right]_n$$ で，分子量は(1)より$192n$とわかります。

この重合体の分子量は3.84×10^6なので

$$192n = 3.84\times10^6$$

これを解くと　$\boldsymbol{n = 2.00\times10^4}$ …答

これで，高分子化合物すべてに共通するお話は終わりです。

次の8-4からは，天然高分子化合物の具体例を見ていきます。

8

解きかた

(1) 重合度が $n=5$ と小さいので分子式は $\mathrm{H}\left[\mathrm{O{-}X{-}O{-}C(=O){-}Y{-}C(=O)}\right]_{5}\mathrm{OH}$ となります。

$\mathrm{H}\left[\underbrace{\mathrm{O{-}X{-}O}}_{①}\mathrm{{-}}\underbrace{\mathrm{C(=O){-}Y{-}C(=O)}}_{②}\right]_{5}\mathrm{OH}$ 左のように，①，②に分けて考えると

Hの原子量が1だから，2つ分引いたんじゃな

① HO-X-OH の分子量が 62 なので，-O-X-O-の式量は 60

② HOOC-Y-COOH の分子量が 166 なので，$\mathrm{{-}C(=O){-}Y{-}C(=O){-}}$の式量は 132

よって，$\left[\mathrm{O{-}X{-}O{-}C(=O){-}Y{-}C(=O)}\right]$ の式量は　60＋132＝192

Oの原子量が16だから，OHの式量は17，OH2つ分(34)を引いたんじゃ

$\left[\mathrm{O{-}X{-}O{-}C(=O){-}Y{-}C(=O)}\right]_{5}$ の式量は　192×5＝960　なので

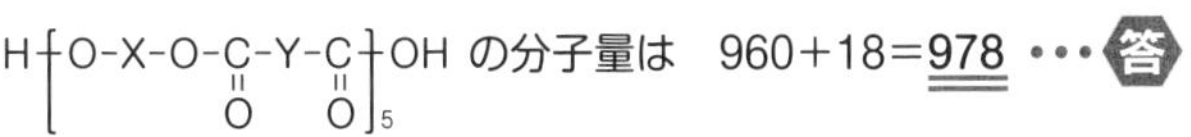

$\mathrm{H}\left[\mathrm{O{-}X{-}O{-}C(=O){-}Y{-}C(=O)}\right]_{5}\mathrm{OH}$ の分子量は　960＋18＝**978** …答

最後に H_2O の分子量 18 を足したんじゃよ

(2) 重合度 n が大きいので，分子式は $\left[\mathrm{O{-}X{-}O{-}C(=O){-}Y{-}C(=O)}\right]_{n}$ でしたね。

$\left[\mathrm{O{-}X{-}O{-}C(=O){-}Y{-}C(=O)}\right]$ は式量が 192 だったので，

$\left[\mathrm{O{-}X{-}O{-}C(=O){-}Y{-}C(=O)}\right]_{n}$ の分子量は　$192\times n$

これが，3.84×10^{6} に相当するので　$192n=3.84\times10^{6}$

ゆえに　$n=$**2.00×10^{4}** …答

ちなみに…重合体の分子式を $\mathrm{H}\left[\mathrm{O{-}X{-}O{-}C(=O){-}Y{-}C(=O)}\right]_{n}\mathrm{OH}$ にしてしまうと，

$192n+18=3.84\times10^{6}$ となり，$192n=3.84\times10^{6}-18$　右辺がややこしくなりますね。

次からは高分子化合物の具体例を学んでいこう！

ここまでやったら
別冊 P. 59へ

8-4 糖類の分類

ココをおさえよう！

それ以上加水分解されない糖類を単糖類という。

まずは高分子化合物の代表例の1つ，糖類についてお話しします。
糖類というのは文字通り，あまーい砂糖に似た構造をもつ化合物のことです。

化学的にいうと，一般式 $C_m(H_2O)_n$ で表される化合物のことです。

糖類（特に**多糖類**）は炭水化物とも呼ばれ，**エネルギー貯蔵物質**として知られています。

糖類は次の3つに分類されます。

それ以上は加水分解されない糖類を**単糖類**，
加水分解して2つの単糖類が生じる糖類を**二糖類**，
加水分解して3つ以上の単糖類を生じる糖類を**多糖類**といいます。

単糖類が重合して，二糖類や多糖類になっているのです。
単糖類が単量体（モノマー），二糖類や多糖類が重合体（ポリマー）ということですね（p.320）。

単糖類や二糖類は水に溶け，甘みを示しますが，多糖類は水に溶けず，甘みを示しません。

加水分解というのは，文字通り**水（H_2O）が加わることで分子が分解される反応**をいいます。二糖類や多糖類が単糖類に分解されるときは水（H_2O）が必要です。

糖類

糖類は $C_m(H_2O)_n$ で表される。

糖類は炭水化物とも呼ばれるぞい
エネルギーの貯蔵物質として
知られているんじゃ

8

糖類

単糖類	二糖類	多糖類
		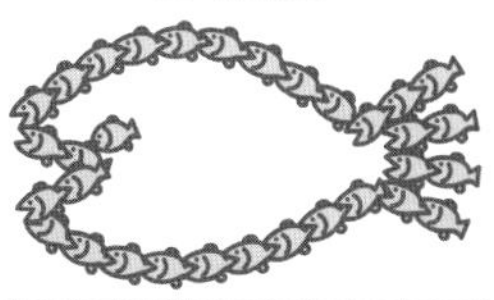
それ以上は加水分解されない糖類	加水分解すると２つの単糖類が生じる糖類	加水分解すると多数の単糖類が生じる糖類

単糖類が単量体(モノマー)で,
二糖類や多糖類が重合体(ポリマー)
ってことね

単糖類，二糖類

多糖類

二糖類，多糖類 —加水分解→ **単糖類**

重合体(ポリマー) → 単量体(モノマー)

8-5 単糖類

ココをおさえよう！

単糖類には還元性があり，アルコール発酵で分解される。

単糖類，二糖類，多糖類のそれぞれについて，具体的な化合物の性質を見ていきましょう。

まずは単糖類から。
単糖類は，$\mathbf{C_nH_{2n}O_n}$という一般式で表すことができる化合物のことですが，高校化学で扱うのは$C_6H_{12}O_6$（$C_6(H_2O)_6$）がほとんどです。
この分子式の化合物を**ヘキソース**（**六炭糖**）といいます。

 n=5の**ペントース**（**五炭糖**）という単糖類もあります。

単糖類には大きく分けて2つの性質があります。

1） 還元性を示す

還元性といえば，p.194～197の**アルデヒド**が有名ですが，**鎖状構造**（p.338で説明）の**単糖類**は**ホルミル基（アルデヒド基）**や**ホルミル基に変化する部分構造**をもつため，**銀鏡反応**を示したり，**フェーリング液を還元**したりします。

2） アルコール発酵で分解される。

アルコール発酵とは，**酵素によって，単糖類がエタノール**$\mathbf{C_2H_5OH}$**と二酸化炭素**$\mathbf{CO_2}$**に分解される**ことです。エタノールということは……つまりお酒ですね。

例えば，お米からできる日本酒も，芋からできる芋焼酎も，ブドウからできるワインも，どれも多糖類を単糖類に分解したあと，アルコール発酵してお酒になっているのです。

単糖類 … 一般式 $C_nH_{2n}O_n$ と表される化合物

ヘキソース（六炭糖）
$C_6H_{12}O_6$

ペントース（五炭糖）
$C_5H_{10}O_5$

n=6 の
ヘキソース（六炭糖）
について中心的に
扱っていくみたい

8

単糖類の性質

1) 還元性 … 銀鏡反応，フェーリング液を還元

銀鏡反応

フェーリング液を還元

2) アルコール発酵 … 酵素によって，単糖類がエタノールと二酸化炭素に分解されること。

単糖類
$C_6H_{12}O_6$

アルコール発酵 →

エタノール
C_2H_5OH

二酸化炭素
CO_2

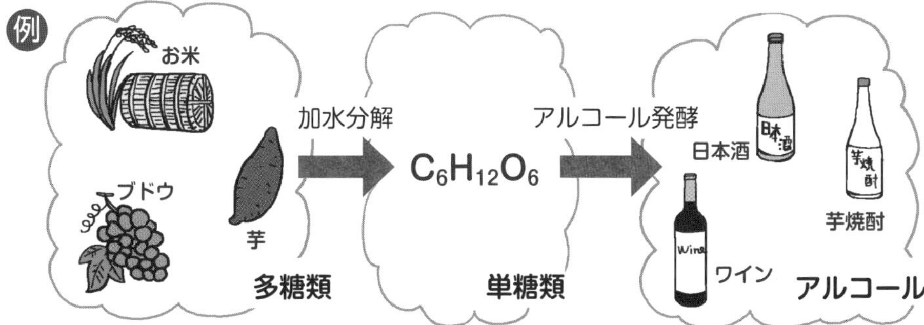

高校化学で主に扱う単糖類は$C_6H_{12}O_6$というヘキソース（六炭糖）であるとお話ししましたが，**ヘキソース**（六炭糖）とひと口にいっても

・**グルコース**
・**フルクトース**
・**ガラクトース**

といった構造異性体（p.96）が存在します。
これらを組合せることで，右ページのようにさまざまな二糖類，多糖類ができるのです。
それぞれの二糖類，多糖類についてはあとでまた出てきますよ。

それでは，次から**グルコース**（p.338），**フルクトース**（p.342），**ガラクトース**（p.344）の性質についてくわしく見ていきます。

グルコースは**ブドウ糖**，**フルクトース**は**果糖**とも呼ばれ，ともに果実や蜂蜜などに含まれています。**ガラクトース**は**脳糖**とも呼ばれ，乳製品などに含まれています。
甘みの強さは，**フルクトース　＞　グルコース　＞　ガラクトース**です。

ヘキソース(六炭糖)

グルコース

フルクトース

ガラクトース

互いに異性体

この 3 つの組合せで，さまざまな二糖類，多糖類が生じる

例

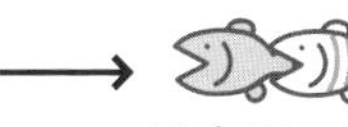

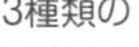

α-グルコース + β-フルクトース ⟶ スクロース

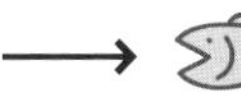

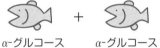

α-グルコース + α-グルコース ⟶ マルトース

β-グルコース + β-グルコース ⟶ セロビオース

β-ガラクトース + α-グルコース ⟶ ラクトース

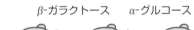

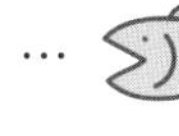

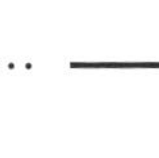

… α-グルコース + α-グルコース + α-グルコース +… ⟶ デンプン

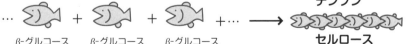

… β-グルコース + β-グルコース + β-グルコース +… ⟶ セルロース

3種類のヘキソース(六炭糖)がさまざまな組合せで結合することでさまざまな二糖類や多糖類になっておるんじゃな

甘みの強さ

フルクトース > グルコース > ガラクトース

ここまでやったら 別冊 P. 61 へ

8-6 グルコース

ココをおさえよう！

グルコースは**平衡な混合物**として存在している。

グルコース$C_6H_{12}O_6$は，**多糖類であるデンプンやセルロース**（分子式はともに$(C_6H_{10}O_5)_n$）**を酸で加水分解する**ことで得られます。

$$\left[C_6H_{10}O_5\right]_n + nH_2O \xrightarrow[\text{加水分解}]{\text{酸}} nC_6H_{12}O_6$$

グルコースは，次のような3つの構造の，平衡な混合物として存在しています。6つある炭素に番号を振ると，構造がわかりやすくなります。

α-グルコース（環状構造）　⇄　**グルコース（鎖状構造）**　⇄　**β-グルコース（環状構造）**

ちなみに，**平衡な混合物**というのは，**1つの化合物でありながら構造が1つに決まっているのではなく，常に変化している化合物**のことです。
人間も怒ったり笑ったりと，感情によって表情が変わり，見ためが変わりますよね。
そのようなものと思ってください。

いちばん右の炭素Cから時計まわりで1，2，3……と番号を振り，各炭素をそれぞれ，1位の炭素，2位の炭素，…と呼びます。
1位の炭素に結合しているHとOHの上下が逆になったのが，
α-グルコースとβ-グルコースです。1位の炭素に結合しているOの手が離れて，環状ではなくなったものが鎖状構造です。
グルコースが鎖状構造になると，ホルミル基が現れるので，還元性を示します。
グルコースに限らず，単糖類であれば還元性があるのでしたね（p.334）。

ホルミル基＝還元性

補足　鎖状構造とは，骨格が分岐せず直線状になっている構造のことをいいます。

糖類 ⊃ 単糖類 ⊃ ヘキソース（六炭糖）⊃ <u>グルコース</u>

今ココ！

グルコース … デンプンやセルロースに酸を加えて加水分解すると得られる。

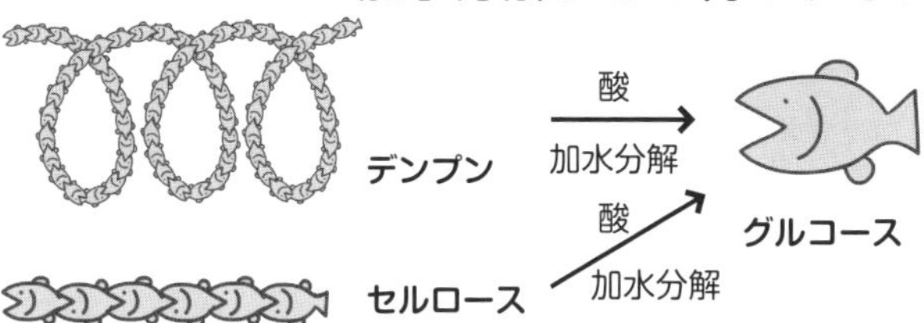

分解されて
単糖類に
なるんだって

平衡な混合物とは？

構造が１つに決まっているのではなく，常に変化している化合物

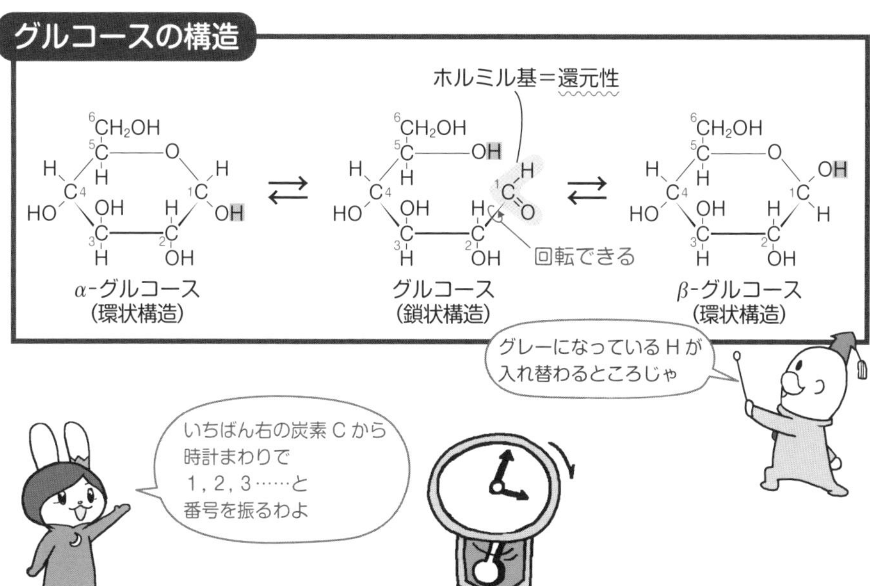

いちばん右の炭素 C から
時計まわりで
１，２，３……と
番号を振るわよ

8-7 α-グルコースとβ-グルコース

ココをおさえよう！

α-グルコースは-OH基が下側に，β-グルコースは-OH基が上側にある。鏡像異性体ではないので注意。

ここでは **α-グルコース**と **β-グルコース**について，くわしく見ていきたいと思います。

この2つは立体異性体で，構造が少しだけ違っています。
構造はとても重要なので，しっかり覚えてくださいね。

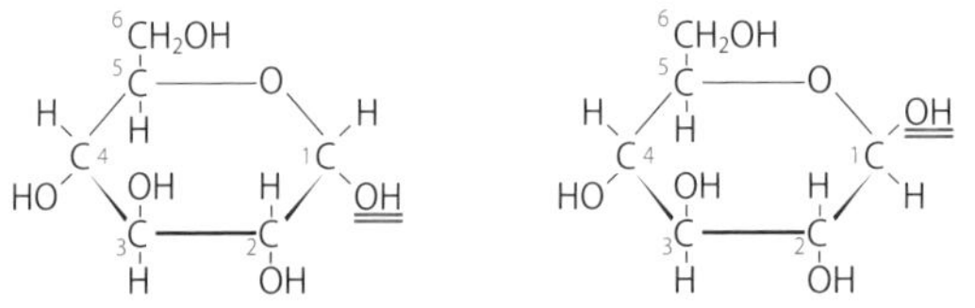

α-グルコース　　β-グルコース

1位の炭素に着目したときに，**α-グルコースは-OH基が下側に，β-グルコースは-OH基が上側**になっています。

-OHを亀の手足にたとえて，右ページのようにイメージすると覚えやすいでしょう。

ちなみに，α-グルコースとβ-グルコースは**立体異性体ではありますが，鏡像異性体**（p.134 ～ 145）**ではないので注意しましょう。**

糖類 ⊃ 単糖類 ⊃ ヘキソース（六炭糖）⊃ グルコース

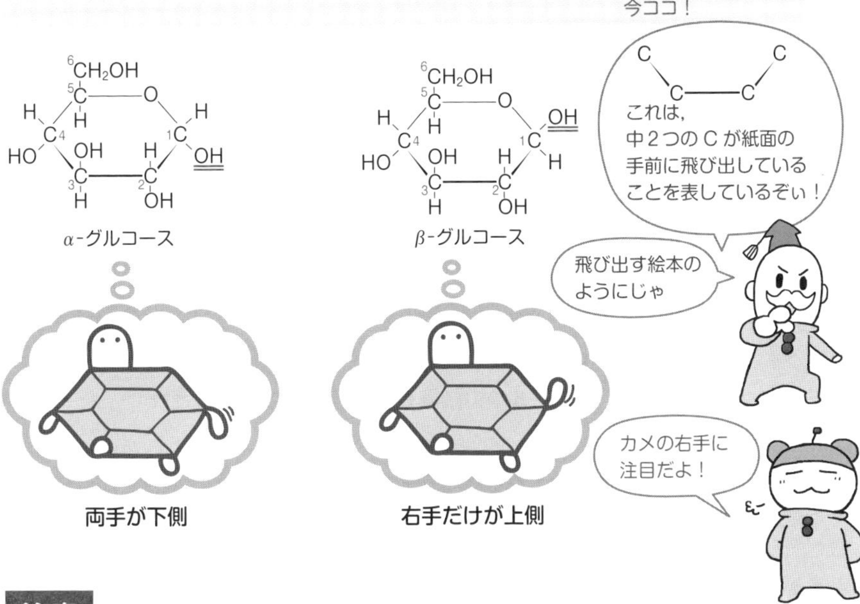
今ココ！
α-グルコース
β-グルコース
C
C—C
C
これは，
中２つのCが紙面の
手前に飛び出している
ことを表しているぞぃ！
飛び出す絵本の
ようにじゃ
カメの右手に
注目だよ！
両手が下側
右手だけが上側

注意

α-グルコースと β-グルコースは，
立体異性体ではあるが，鏡像異性体ではない。

鏡像異性体については
p.134〜145 を
復習よ！

8-8 フルクトース，ガラクトース

ココをおさえよう！

フルクトースは六員環(ろくいんかん)構造と五員環(ごいんかん)構造の平衡(へいこう)な混合物である。

p.336でお話しした通り，$C_6H_{12}O_6$には，グルコースの他に，
フルクトースとガラクトースがあります。
順に説明していきましょう。

＜フルクトース＞

フルクトースもグルコースと同じく，平衡な混合物として存在しています。
ただし，グルコースとは違い，**5つの構造が平衡状態**となっています。

しかも，5つの炭素原子と1つの酸素原子が輪になった六員環構造と，4つの炭素原子と1つの酸素原子が輪になった五員環構造を含んだ平衡な混合物です。
右ページを見てください。真ん中にある鎖状構造は，一見すると違う構造に見えますが，5位の炭素についている，$-H$，$-OH$，$-CH_2OH$が回転しただけの，同じ構造です。
この鎖状構造から4通りの構造変化をします。

フルクトースも単糖類ですので**還元性があります**（p.334）。

鎖状構造のときの$R-\overset{\overset{\large O}{\|}}{C}-CH_2OH$の構造が還元性を示すのです。
（正確にいうと，下図のように，ピンクの部分がホルミル基をもつ構造と平衡な関係になっているので還元性を示します）

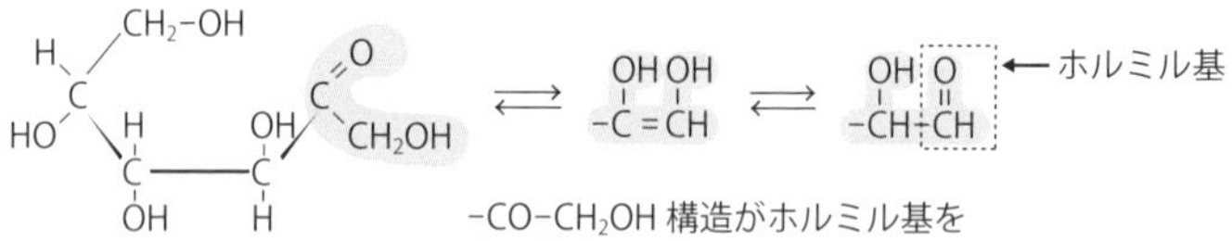

鎖状構造

$$-\overset{OH}{\overset{|}{C}}=\overset{OH}{\overset{|}{CH}} \rightleftarrows -\overset{OH}{\overset{|}{CH}}-\overset{O}{\overset{\|}{CH}}$$

← ホルミル基

$-CO-CH_2OH$ 構造がホルミル基をもつ構造と平衡関係にある。

糖類 ⊃ 単糖類 ⊃ ヘキソース(六炭糖) ⊃ フルクトース, ガラクトース

今ココ！

フルクトース …5つの構造が平衡な混合物になっている。

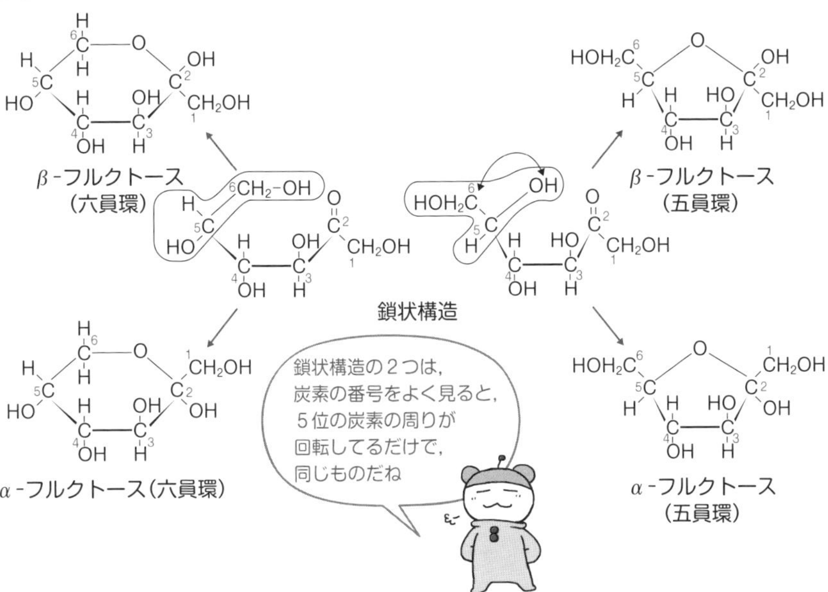
β-フルクトース
(六員環)
鎖状構造
α-フルクトース(六員環)
β-フルクトース
(五員環)
α-フルクトース
(五員環)
鎖状構造の2つは，
炭素の番号をよく見ると，
5位の炭素の周りが
回転してるだけで，
同じものだね

補足 どうやって，フルクトースは五員環や六員環になるのか？

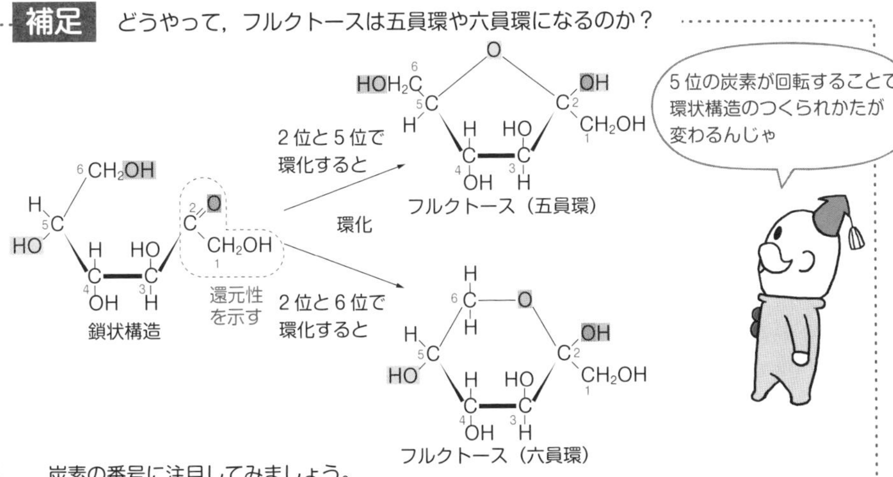
鎖状構造
還元性
を示す
2位と5位で
環化すると
環化
2位と6位で
環化すると
フルクトース（五員環）
フルクトース（六員環）
5位の炭素が回転することで，
環状構造のつくられかたが
変わるんじゃ

炭素の番号に注目してみましょう。

六員環構造になるのは，6位の炭素につながった-OH基が2位の炭素と結合したときで，

五員環構造になるのは，5位の炭素につながった-OH基が2位の炭素と結合したときです。

＜ガラクトース＞

ガラクトースはグルコースとの構造の違いだけ，頭に入れておくといいでしょう。4位の炭素についている，-Hと-OHの上下が入れ替わっているだけです。

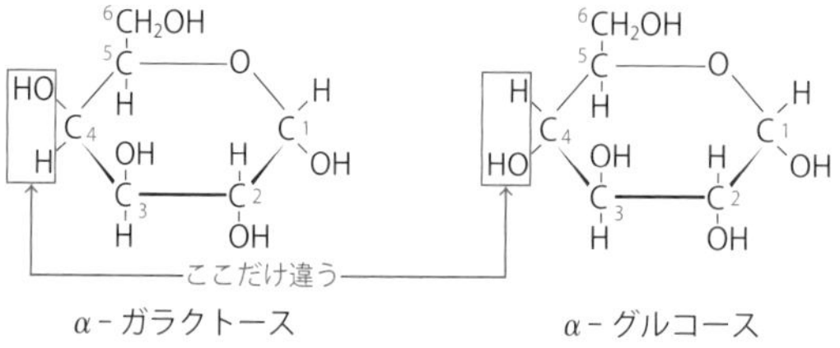

ここだけ違う

α-ガラクトース　　α-グルコース

単糖類ですので，**還元性を示す**ことはいうまでもありません。

【単糖類のまとめ】

単糖類は，糖類を学ぶうえで大変重要となる物質なので，右ページの表を見ながら，しっかりと覚えてしまいましょう。

単糖類（六炭糖）$C_6H_{12}O_6$には，**グルコース**，**フルクトース**，**ガラクトース**の3つがありました。共通する特徴としては，「**還元性を示す**」，「**水によく溶ける**」，「**互いに異性体である**」，「**アルコール発酵する**」，「**甘みの強さは，フルクトース＞グルコース＞ガラクトース**」などを覚えておくといいでしょう。

また，それぞれの構造も覚えましょう。ひとつの構造から変化させて，すべての構造を書けるようにすればよいでしょう。

・グルコースはαとβの構造をもっていること

・フルクトースは五員環と六員環の構造をもっていること

・ガラクトースはグルコースの4位の炭素につく，-Hと-OHが入れ替わったことを覚えておくと構造を思い出しやすくなりますよ。

コツとしては，α-グルコースの構造を覚えることと，フルクトースの鎖状構造からの変化（p.343）を理解することです。

α-グルコースの構造式を覚えれば，β-グルコース，α-ガラクトース，β-ガラクトースの構造式も書けますし，フルクトースの鎖状構造からの変化を理解すれば，フルクトースの六員環構造も五員環構造も書けるはずです。

8

ガラクトース …グルコースとの構造の違いを頭に入れよう。

4位の炭素につく-Hと-OHの上下が入れ替わっただけね

α-ガラクトース　α-グルコース

単糖類(グルコース，フルクトース，ガラクトース)のまとめ

- 還元性を示す
- 水によく溶ける
- 互いに異性体である
- アルコール発酵する
- 甘みの強さは，フルクトース＞グルコース＞ガラクトース

1つの状態を参考にしてすべての構造をしっかり書けるようになるんじゃ！

	構造			特徴
グルコース	α-グルコース	(鎖状構造)	β-グルコース	α-グルコース，β-グルコース，鎖状構造の3つの状態で存在。
フルクトース	α-フルクトース(六員環)	(鎖状構造)	α-フルクトース(五員環)	五員環構造2つ，六員環構造2つ，鎖状構造の計5つの状態で存在。
ガラクトース	α-ガラクトース	(鎖状構造)	β-ガラクトース	グルコースとよく似た構造をしている異性体。

ここまでやったら 別冊 P. 62へ

8-9 二糖類

ココをおさえよう！

二糖類の中で，スクロースは還元性を示さない。

単糖類については，勉強し終わったので，続いて**二糖類**についてです。

二糖類には，マルトース（麦芽糖（ばくがとう）），セロビオース，ラクトース（乳糖），スクロース（ショ糖）などがあります。

二糖類の分子式は $\mathbf{C_{12}H_{22}O_{11}}$ で表されます。
二糖類とは，**加水分解すると2つの単糖類が生成される糖類**です。
逆にいえば，2つの単糖類を脱水縮合する（H_2O がとれて新しい結合をつくる）ことで生成されます。

$$2C_6H_{12}O_6 \rightleftarrows C_{12}H_{22}O_{11} + H_2O$$

また，**マルトース，セロビオース，ラクトースは還元性を示しますが，**
スクロースは還元性を示さないということを，ここでは頭に入れてください。

糖類 ⊃ 二糖類

今ココ！

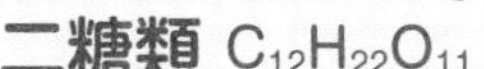

加水分解すると，２つの
単糖類になる糖類

8

マルトース（麦芽糖）	セロビオース	ラクトース（乳糖）	スクロース（ショ糖）

単糖類

脱水縮合

加水分解

二糖類

＋H_2O

還元性を示す

マルトース
（麦芽糖）

ラクトース
（乳糖）

セロビオース

還元性を示さない

ボクたちだけ
仲間外れ…？

スクロース
（ショ糖）

スクロースだけ
還元性を
示さないぞぃ

8-10 マルトース（麦芽糖）

ココをおさえよう！

マルトースは2つの α-グルコースが脱水縮合した構造。

では，二糖類について見ていきましょう。まずは**マルトース（麦芽糖）**から。

【マルトースの構造】

2つの α-グルコースが脱水縮合してできた構造をしています。

一方の α-グルコースの1位の炭素についた-OH基と，もう一方の α-グルコースの4位の炭素についた-OH基から H_2O がとれて結合した構造ですね。このようにできた糖の結合を，**グリコシド結合**といいます。

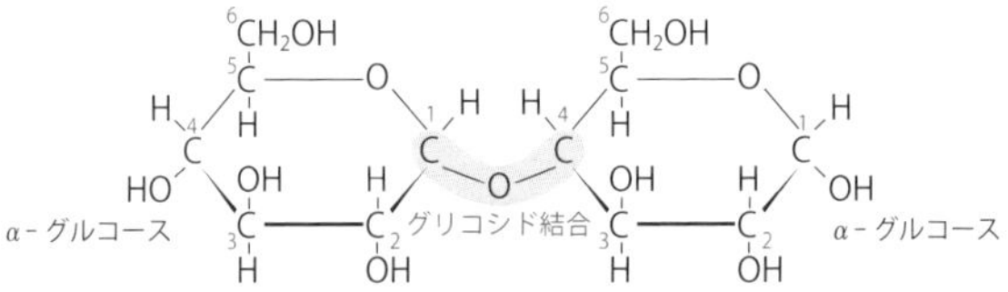

α-グルコース　グリコシド結合　α-グルコース

マルトース

【性質】

右端の-O-CH(OH)-の部分が鎖状構造になれるため，マルトースは**還元性を示します**。

【製法】

マルトースは，デンプンに**アミラーゼ**という酵素を加えて，加水分解することで生じます。

アミラーゼは，人間のだ液に含まれる酵素です。

$$2(C_6H_{10}O_5)_n + nH_2O \longrightarrow nC_{12}H_{22}O_{11}$$

デンプン　↑ **アミラーゼ**　マルトース

【単糖類への分解】

マルターゼという酵素を用いて加水分解すると，2分子のグルコースに分解されます。

$$C_{12}H_{22}O_{11} + H_2O \longrightarrow 2C_6H_{12}O_6$$

マルトース　↑ **マルターゼ**　グルコース

糖類 ⊃ 二糖類 ⊃ マルトース(麦芽糖)

今ココ！

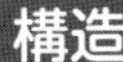

マルトース

構造

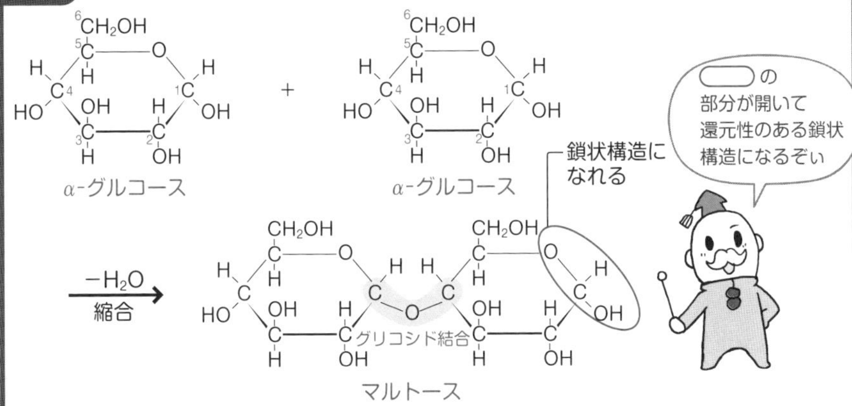

性質

…還元性を示す。

製法

…デンプンにアミラーゼを加える。

デンプン　＋　H_2O　—アミラーゼ→　マルトース（麦芽糖）

単糖類への加水分解

…マルターゼを加えると2分子のグルコースになる。

マルトース（麦芽糖）　＋　H_2O　—マルターゼ→

グルコース

グルコース

8-11 セロビオース

ココをおさえよう！

セロビオースは，マルトースと構造・性質がほぼ同じ。
β-グルコース2分子が脱水縮合した構造であるところだけが違う。

続いて，**セロビオース**についてです。

【セロビオースの構造】

マルトースは α-グルコース2分子が脱水縮合していましたが，
セロビオースは **β-グルコース2分子が脱水縮合した構造**をしています。1つの β-グルコースはそのままで，もう1つの β-グルコースを上下反転させます。そのままの β-グルコースの1位の炭素についた-OH基と，反転させた β-グルコースの4位の炭素についた-OH基から，H_2O がとれて結合したのがセロビオースです。グリコシド結合が形成されていますね。

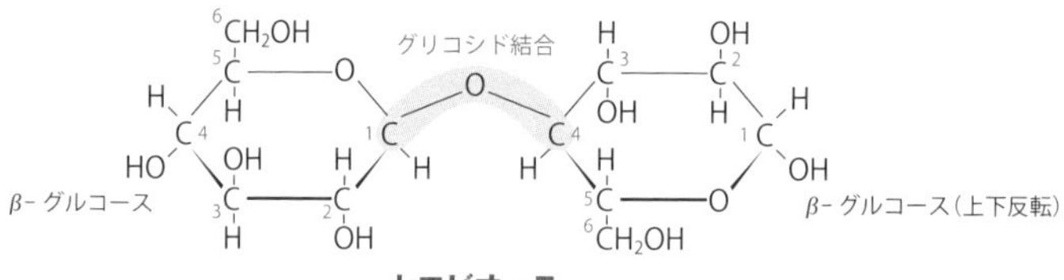

セロビオース

【性質】

右端の-O-CH(OH)-の部分が鎖状構造になれるため，セロビオースは**還元性を示します**。

【製法】

セルロースに**セルラーゼ**という酵素を加えて加水分解することで生じます。

$$2(C_6H_{10}O_5)_n + nH_2O \longrightarrow nC_{12}H_{22}O_{11}$$

セルロース　　↑ **セルラーゼ**　　セロビオース

【単糖類への分解】

セロビオースを**セロビアーゼ**という酵素を用いて加水分解すると，
2分子のグルコースを生じます。

$$C_{12}H_{22}O_{11} + H_2O \longrightarrow 2C_6H_{12}O_6$$

セロビオース　　↑ **セロビアーゼ**　　グルコース

糖類 ⊃ 二糖類 ⊃ セロビオース

今ココ！

1位と4位のCに串を刺して，クルッと回すと，上下反転のβ-グルコースのできあがりよ

8

セロビオース

構造

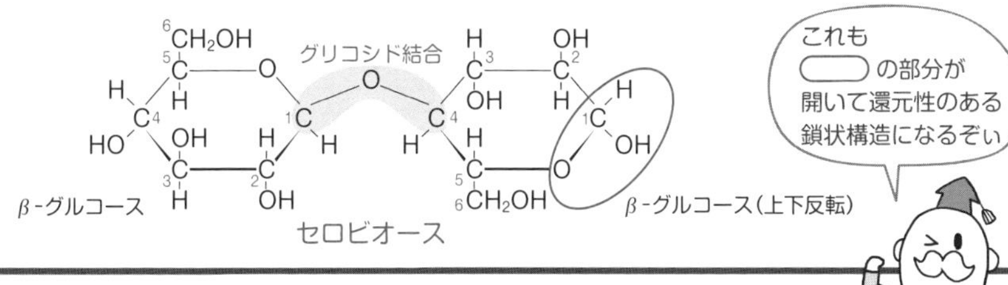

これも
（　　）の部分が
開いて還元性のある
鎖状構造になるぞぃ

性質

…還元性を示す。

製法

…セルロースにセルラーゼを加える。

セルロース ＋ H_2O —セルラーゼ→ セロビオース

単糖類への加水分解

…セロビアーゼを加えると
2分子のグルコースになる。

セロビオース ＋ H_2O —セロビアーゼ→ グルコース　グルコース

8-12 ラクトース（乳糖）

ココをおさえよう！

ラクトースは，β-ガラクトースとβ-グルコースが脱水縮合した構造。

どんどんいきますよ！　次は**ラクトース（乳糖）**についてです。

【ラクトースの構造】

ラクトースは，**β-ガラクトースの1位の炭素についた-OH基と，β-グルコースの4位の炭素についた-OH基とが脱水縮合した構造**になっています。

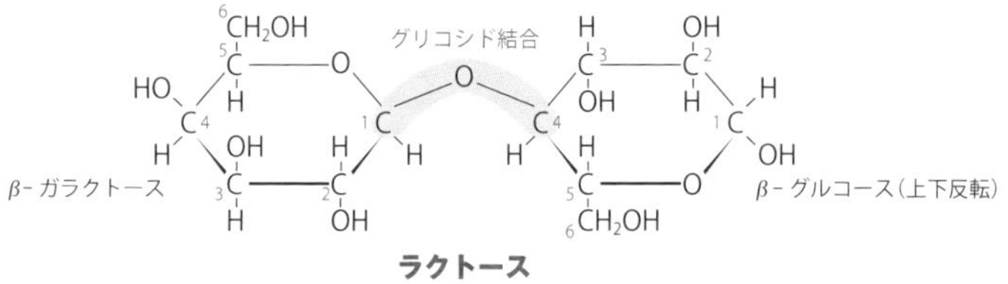

β-ガラクトース　グリコシド結合　β-グルコース（上下反転）

ラクトース

【性質】

右端の-O-CH(OH)-の部分が鎖状構造になれるため，ラクトースは**還元性を示します。**

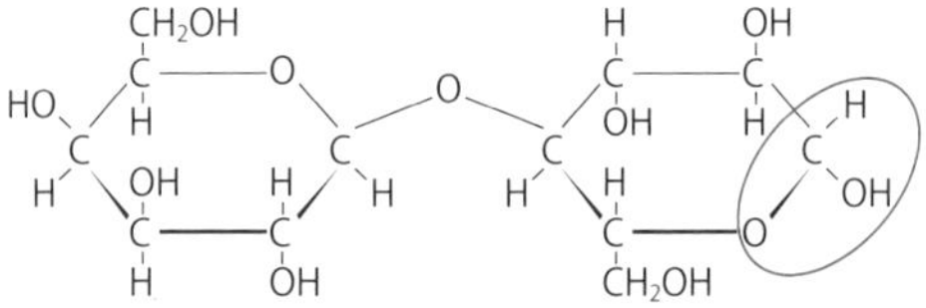

【単糖類への分解】

ラクターゼという酵素を用いて加水分解すると，ガラクトースとグルコースが生じます。

$$C_{12}H_{22}O_{11} + H_2O \longrightarrow C_6H_{12}O_6 + C_6H_{12}O_6$$

ラクトース　↑ **ラクターゼ**　ガラクトース　グルコース

糖類 ⊃ 二糖類 ⊃ ラクトース（乳糖）

今ココ！

8

ラクトース（乳糖）

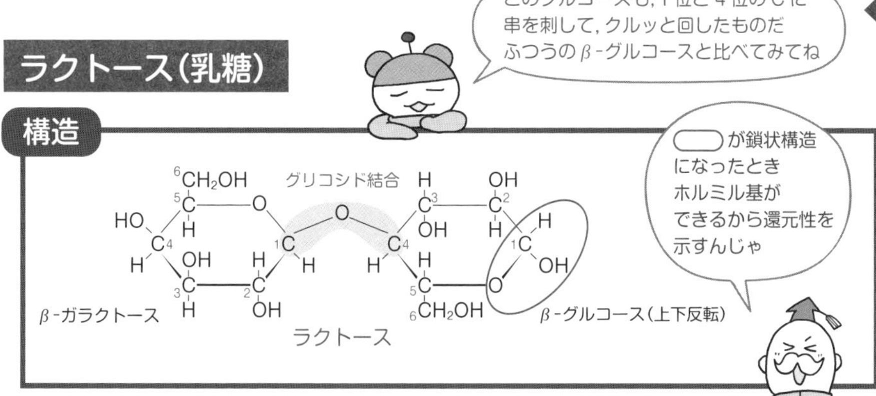

このグルコースも，1位と4位のCに
串を刺して，クルッと回したものだ
ふつうのβ-グルコースと比べてみてね
構造
グリコシド結合
β-ガラクトース
ラクトース
β-グルコース（上下反転）
が鎖状構造
になったとき
ホルミル基が
できるから還元性を
示すんじゃ

性質 …還元性を示す。

単糖類への加水分解 …ラクターゼを用いるとガラクトースとグルコースになる。

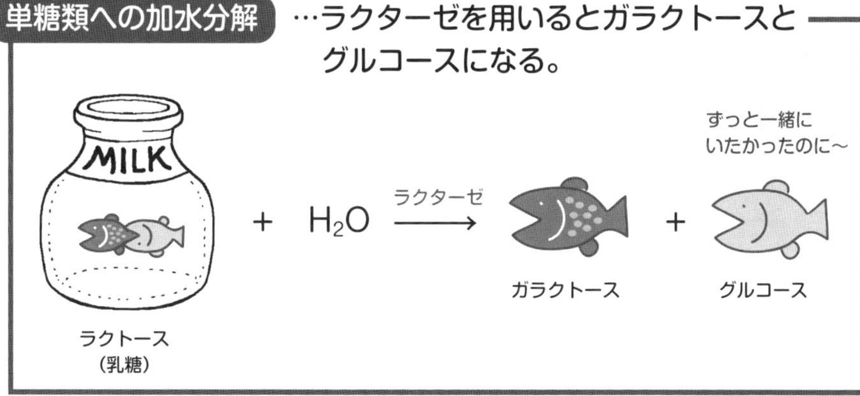

8-13 スクロース（ショ糖）

ココをおさえよう！

スクロースは，α-グルコースとβ-フルクトースが脱水縮合した構造。

二糖類の最後は**スクロース（ショ糖）**についてです。

【スクロースの構造】

スクロースは，**α-グルコースの1位の炭素についた-OH基と，β-フルクトースの2位の炭素についた-OH基とが脱水縮合した構造**になっています。
（ここまで学んだ二糖類のグリコシド結合は1位と4位だったので，注意が必要です！）

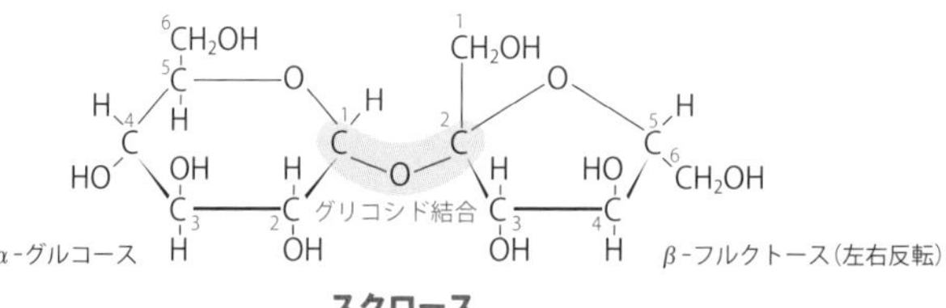

スクロース

【性質】

スクロースは**還元性を示しません**。
スクロースの構造を見てください。他の二糖類（マルトース，セロビオース，ラクトース）に含まれていた-O-CH(OH)-の部分がなく，鎖状構造になることができないので，還元性を示しません。

【単糖類への分解】

スクラーゼ（**インベルターゼ**）という酵素を用いて加水分解すると，グルコース1分子とフルクトース1分子が生じます。

$$C_{12}H_{22}O_{11} + H_2O \longrightarrow C_6H_{12}O_6 + C_6H_{12}O_6$$

スクロース　→（スクラーゼ（インベルターゼ））→　グルコース　フルクトース

糖類 ⊃ 二糖類 ⊃ スクロース(ショ糖)

今ココ！

スクロース(ショ糖)

構造

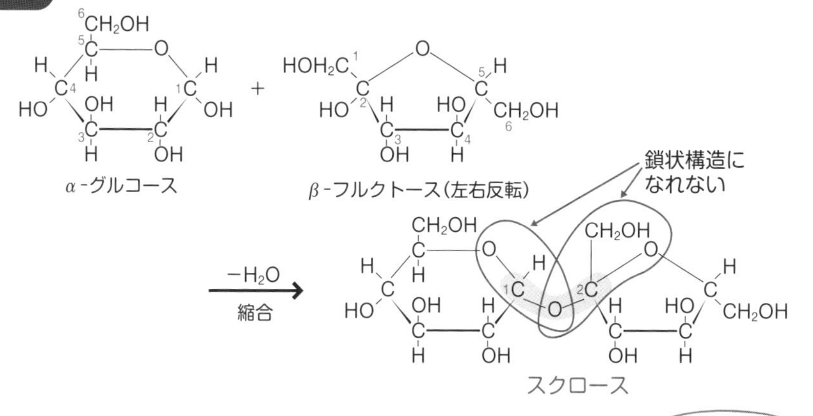

還元性を
示す鎖状構造を
とれないぞぃ

性質

…還元性は示さない。

単糖類への加水分解

砂糖

スクロース(ショ糖)

+ H_2O $\xrightarrow{\text{スクラーゼ(インベルターゼ)}}$

グルコース

+

フルクトース

【二糖類のまとめ】

二糖類の紹介が終わったので，二糖類についてまとめておきましょう。
別々に覚えるよりも，違いを意識しながら全体を覚えてしまいましょう。

二糖類として，**マルトース（麦芽糖）**，**セロビオース**，**ラクトース（乳糖）**，**スクロース（ショ糖）**の4つを紹介しました。
二糖類の分子式はすべて$\mathbf{C_{12}H_{22}O_{11}}$です。
2つの単糖類$C_6H_{12}O_6$からH_2Oが1つとれて結合したんですね。

覚えておくべきことは右ページの表にまとめたので，見てみてください。
構造は，どの単糖類2つが結合してできているのかとセットで覚えるといいでしょう。
分解酵素もできるだけ覚えておきましょう。
また，スクロースは-O-CH(OH)-の構造をもっていないので，還元性を示しません。大きな違いなので，覚えておきましょう。

次は糖類の最後，多糖類です。
ここまでの知識をまとめつつ，進んでいきましょう。

8

二糖類のまとめ

分子式はすべて $C_{12}H_{22}O_{11}$

名称と構造	単糖類	加水分解酵素
マルトース（麦芽糖） α-グルコース　グリコシド結合　α-グルコース　還元性あり	α-グルコース ×2	マルターゼ
セロビオース β-グルコース　グリコシド結合　β-グルコース（上下反転）　還元性あり	β-グルコース ×2	セロビアーゼ
ラクトース（乳糖） β-ガラクトース　グリコシド結合　β-グルコース（上下反転）　還元性あり	β-ガラクトース と β-グルコース	ラクターゼ
スクロース（ショ糖） α-グルコース　グリコシド結合　β-フルクトース（左右反転）　還元性なし	α-グルコース と β-フルクトース （五員環）	スクラーゼ （インベルターゼ）

この一覧表で
頭に入っているか
チェックじゃ

どれもグルコースを
１つは含んでいるわね

ここまでやったら
別冊 P. 64 へ

8-14 多糖類

ココをおさえよう！

デンプン，セルロース，グリコーゲンは，単糖類（グルコース）が多数結合してできている。

次は，単糖類がたくさんつながってできた，**多糖類**について見ていきましょう。

【構造】

多糖類の中でも特に，**デンプン**，**セルロース**，**グリコーゲン**についてくわしく見ていきます。分子式は $\mathbf{(C_6H_{10}O_5)_{\mathit{n}}}$ で表されます（一般に，n は10以上です）。
デンプンは米などの穀類や，イモ類に多く含まれ，セルロースは植物の細胞壁の主成分です。
グリコーゲンは動物の体内に蓄えられる，エネルギー貯蔵物質です。

これらはどれも**単糖類であるグルコースが脱水縮合した構造**になっています。

よって，これらの多糖類は加水分解することで，グルコースを生じます。

$$\underset{\text{多糖類}}{(C_6H_{10}O_5)_n} + n\,H_2O \xrightarrow{\text{加水分解}} \underset{\text{グルコース}}{n\,C_6H_{12}O_6}$$

【性質】

多糖類に共通した性質として，「**水に溶けにくく，ほとんど甘みがない**（ただし，グリコーゲンは水に溶けやすい）」，「**還元性を示さない**」などがあります。
還元性を示さないので，銀鏡反応を示しませんし，フェーリング液も還元しません。

糖類 ⊃ 多糖類

今ココ！

構造

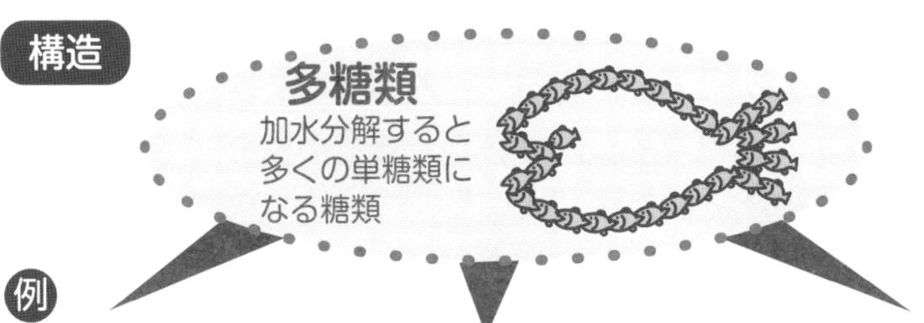
多糖類
加水分解すると
多くの単糖類に
なる糖類

例

デンプン

セルロース

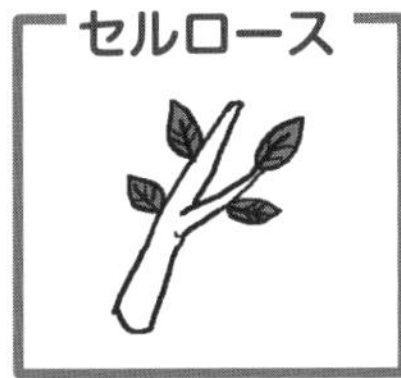

グリコーゲン

$$(C_6H_{10}O_5)_n + nH_2O \xrightarrow{\text{加水分解}} nC_6H_{12}O_6$$

多糖類　　　　　　　　　　グルコース

性質

① 水に溶けにくく，ほとんど甘みがない。

② 還元性を示さない。

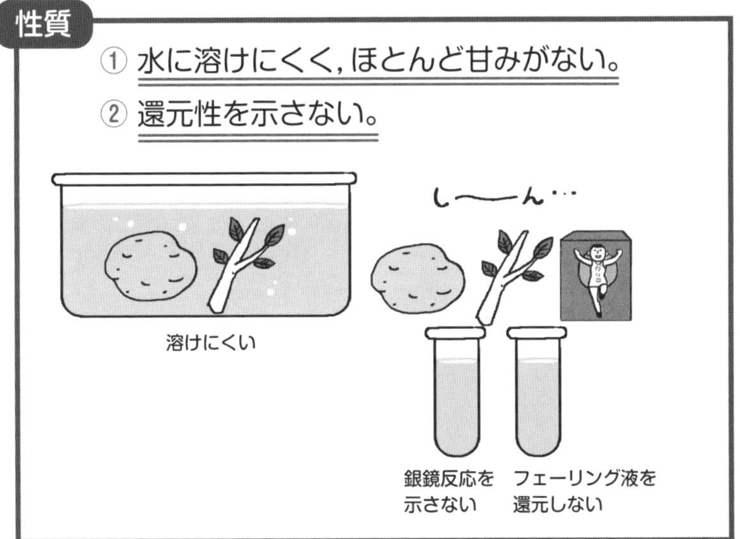
し──ん…
溶けにくい
銀鏡反応を
示さない
フェーリング液を
還元しない

溶けない，甘くない，還元性がないの
ないないづくしだね

8-15 デンプン

ココをおさえよう！

デンプンは，α-グルコースが主に1, 4-グリコシド結合によって連なっている(アミロペクチンは枝分かれ構造の部分で1, 6-グリコシド結合をもつ)。

デンプンはお米，小麦，ジャガイモなど，主食となる植物に多く含まれています。

【構造】

デンプンは，分子式 $(C_6H_{10}O_5)_n$ と表されます。
デンプンとひと口にいっても，実は2種類あります。
1つは**アミロース**，もう1つは**アミロペクチン**です。
アミロースもアミロペクチンもα-グルコースの縮合重合によってできた多糖類です。
2つの違いは，アミロペクチンには途中で枝分かれ構造があることです。

基本的には，アミロースはα-グルコースの1位の炭素と4位の炭素が結合した，1, 4-グリコシド結合のみによって連なり，**らせん構造をしています。**
アミロペクチンは，1, 4-グリコシド結合に加えて，α-グルコースの1位の炭素と6位の炭素が結合した，**1, 6-グリコシド結合があるため，枝分かれ構造をしています。**

アミロース

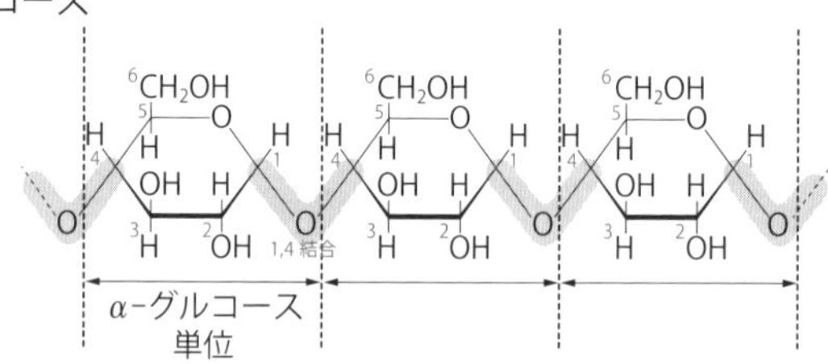

アミロペクチン

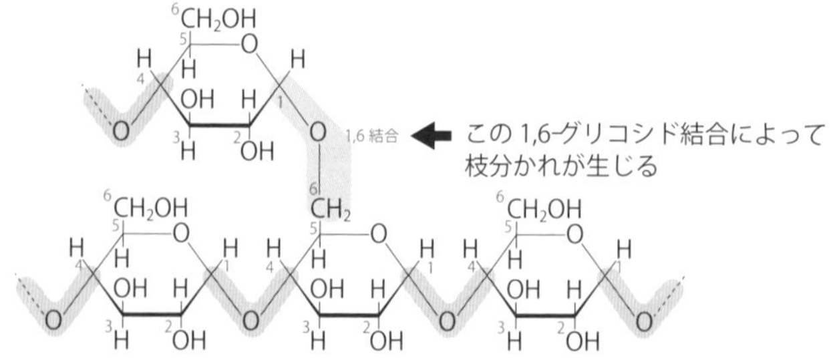

デンプン …分子式 $(C_6H_{10}O_5)_n$ と表される。

8

構造 …α-グルコースの縮合重合によってできている。
枝分かれしているかどうかで
アミロースとアミロペクチンに分かれる。

アミロース

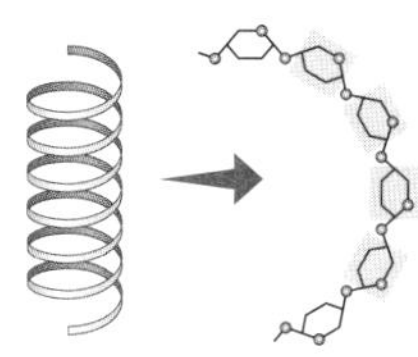

アミロペクチン

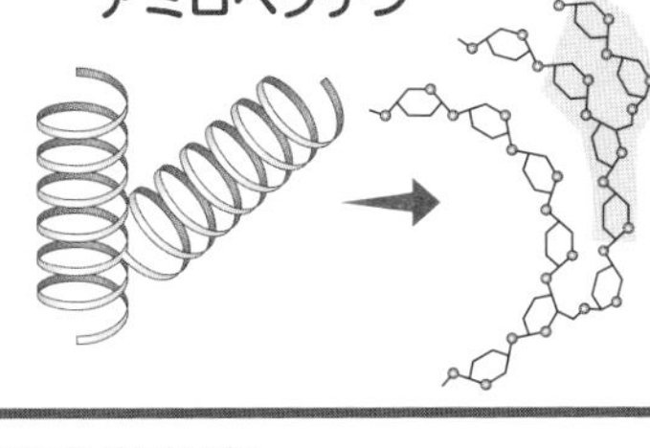

アミロースとアミロペクチンの違い

アミロース

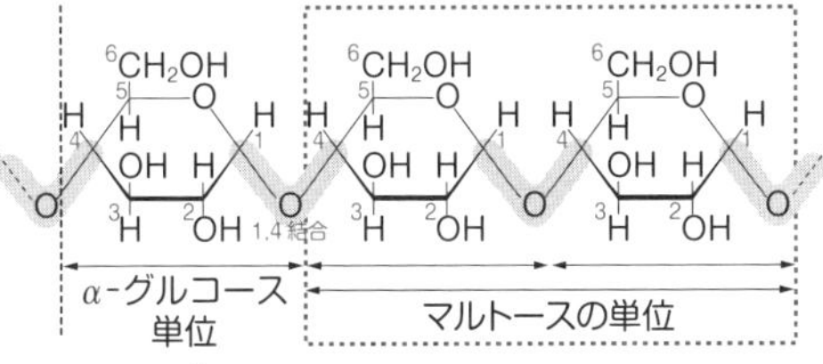

アミロペクチン

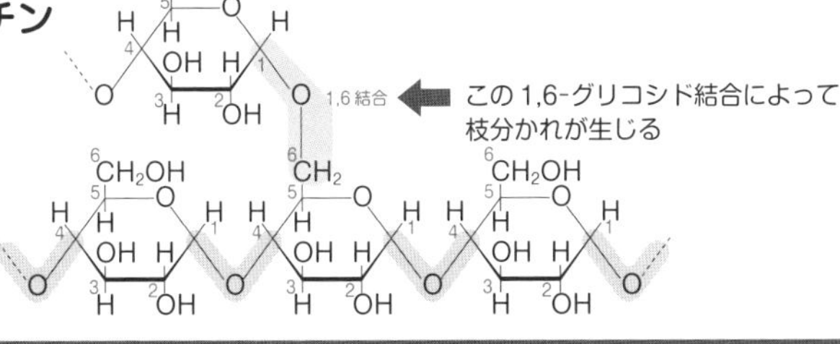

身近なお話

【性質】

らせん構造をしているので，ヨウ素溶液を加えると，デンプン分子のらせん構造の中にヨウ素分子I_2が入り込み，青紫色になります。
これが**ヨウ素デンプン反応**です。
ジャガイモにヨウ素溶液をたらすと青紫色になるのは，この反応です。

ヨウ素デンプン反応は，らせん構造の長さで呈色が違います。
・アミロース…濃青色
・アミロペクチン…赤紫色
（・グリコーゲン（p.364参照）…赤褐色）

【二糖類，単糖類への加水分解】

デンプンを**アミラーゼ**という酵素で加水分解すると，マルトース$C_{12}H_{22}O_{11}$（二糖類）になります。

$$\underset{\text{デンプン}}{2(C_6H_{10}O_5)_n} + n\,H_2O \xrightarrow[\text{アミラーゼ}]{} \underset{\text{マルトース}}{n\,C_{12}H_{22}O_{11}}$$

さらに，マルトースに**マルターゼ**を加えることで，グルコース$C_6H_{12}O_6$に分解されるのでしたね（p.348）。

$$\underset{\text{マルトース}}{C_{12}H_{22}O_{11}} + H_2O \xrightarrow[\text{マルターゼ}]{} \underset{\text{グルコース}}{2C_6H_{12}O_6}$$

これでデンプンについてはおしまいです。
次はセルロースとグリコーゲンについて見ていきましょう。

糖類 ⊃ 多糖類 ⊃ デンプン

今ココ！

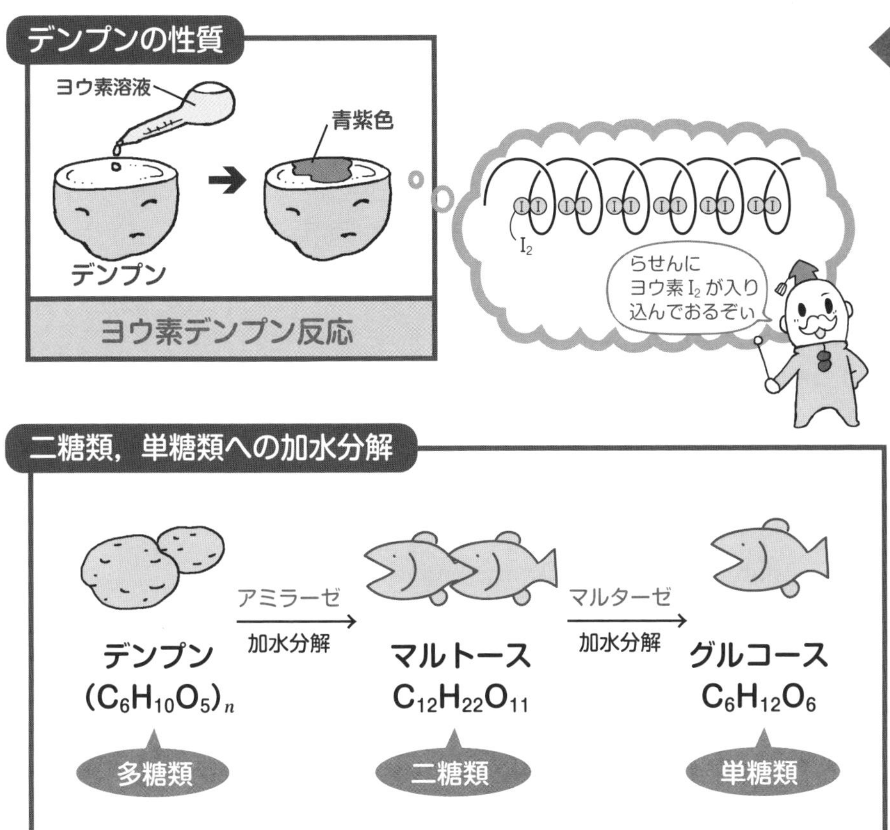

8-16 セルロース，グリコーゲン

ココをおさえよう！

セルロースは多数のβ-グルコースが1, 4-グリコシド結合で連なっている。

続いては植物の細胞壁の主成分である，**セルロース**についてです。
セルロースもまた，分子式 $(\mathbf{C_6H_{10}O_5})_n$ で表されます。

【構造】

セルロースは，多数の β-グルコースが1, 4-グリコシド結合で連なった分子です。
分子式は他の多糖類と同じで，$(C_6H_{10}O_5)_n$ です。
1つおきに反転して結合しているためセルロースの分子は β-グルコースが直線状になり，**分子間水素結合**が形成されます。この分子間水素結合によってセルロースは強い繊維となっています。

【性質】

希塩酸を加えて加熱すると，セロビオースを経てグルコース $C_6H_{12}O_6$ になります。

$$\underset{\text{セルロース}}{(C_6H_{10}O_5)_n} + n\,H_2O \longrightarrow \underset{\text{グルコース}}{n\,C_6H_{12}O_6}$$

または，酵素の**セルラーゼ**を作用させることでセロビオース $C_{12}H_{22}O_{11}$ になります。

$$\underset{\text{セルロース}}{2(C_6H_{10}O_5)_n} + n\,H_2O \xrightarrow[\text{セルラーゼ}]{} \underset{\text{セロビオース}}{n\,C_{12}H_{22}O_{11}}$$

ちなみに，らせん構造をもっていないので，ヨウ素デンプン反応は示しませんよ。

多糖類の最後は，**グリコーゲン**についてです。エネルギー貯蔵物質として，私たちの体内に蓄えられます。
グリコーゲンもデンプンと同様に，分子式 $(\mathbf{C_6H_{10}O_5})_n$ で表されます。

【構造】

アミロペクチンに似た多糖類で，α-グルコースの縮合重合によってできますが，アミロペクチンよりも枝分かれが多いことが特徴です。

【性質】

ヨウ素デンプン反応を示し，赤褐色になります。
また，デンプンやセルロースと異なり，水に溶けやすいです。

糖類 ⊃ 多糖類 ⊃ セルロース, グリコーゲン

今ココ！

8

セルロース …分子式$(C_6H_{10}O_5)_n$ で表される。

構造 …多数のβ- グルコースが1, 4- グリコシド結合で連なっている。

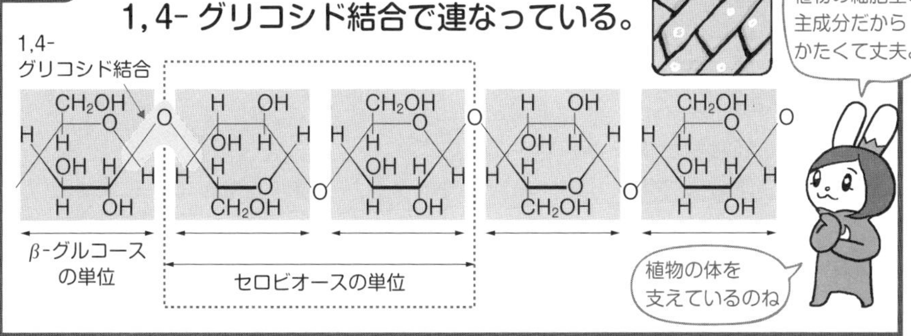
1,4-
グリコシド結合
CH₂OH
H
OH
O
β-グルコースの単位
セロビオースの単位
セルロースは
植物の細胞壁の
主成分だから
かたくて丈夫よ
植物の体を
支えているのね

性質

① 希塩酸を加えて加熱すると, セロビオースを経てグルコースになる。

$$\underset{\text{セルロース}}{(C_6H_{10}O_5)_n} + nH_2O \longrightarrow \underset{\text{グルコース}}{nC_6H_{12}O_6}$$

セルロースは
ヨウ素デンプン反応は
示さないぞぃ

② 酵素のセルラーゼを作用させると, セロビオースになる。

$$\underset{\text{セルロース}}{2(C_6H_{10}O_5)_n} + nH_2O \xrightarrow{\text{セルラーゼ}} \underset{\text{セロビオース}}{nC_{12}H_{22}O_{11}}$$

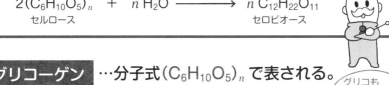

グリコーゲン …分子式$(C_6H_{10}O_5)_n$ で表される。

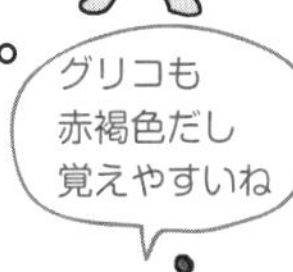
グリコも
赤褐色だし
覚えやすいね

構造 …α- グルコースの縮合重合によってできる。アミロペクチンよりも枝分かれが多い。

性質 …ヨウ素デンプン反応を示し，赤褐色になる。多糖類にはめずらしく，水に溶けやすい。

ここまでやったら
別冊 P. 66 へ

8-17 アミノ酸（導入）

ココをおさえよう！

タンパク質はアミノ酸からなる。

次の高分子化合物は，**タンパク質**です。
タンパク質は体の構成成分として欠かせない物質です。
具体例として，筋肉についてお話ししましょう。

筋肉とは，筋繊維が集まってできたものです。
筋繊維は筋原繊維の集まりで，筋原繊維はタンパク質からなっています。

タンパク質の構造は，アミノ酸が連なってできたものです。
アミノ酸が単量体で，タンパク質が重合体，ということですね。

「アミノ酸」は，みなさんもよく目にする用語かもしれません。
運動時に飲む栄養ドリンクにも含まれていますね。

アミノ酸が運動時の栄養ドリンクに含まれているのは，みなさんの筋肉の成分がアミノ酸だからです。

そんな，私たちの体をつくっているアミノ酸は，どんな構造をしていて，どんな性質をもっているのでしょうか？

次からくわしく見ていきましょう。

…―アミノ酸―アミノ酸―アミノ酸―アミノ酸―…　＝　タンパク質

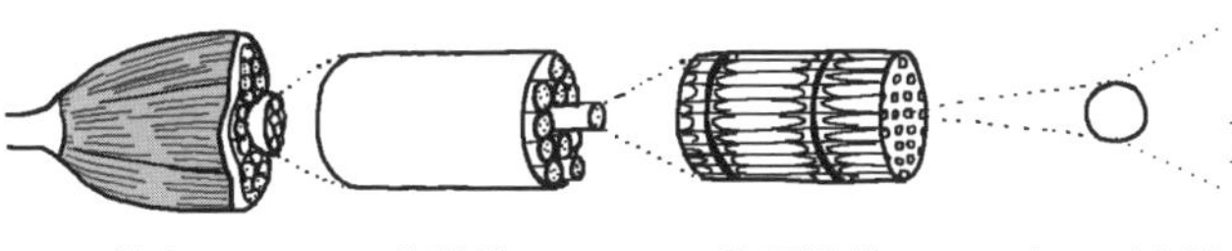

H
R―C―COOH
NH2

筋肉　筋繊維　筋原繊維　タンパク質

だから
筋肉はアミノ酸
でできてるのね

イメージ

単量体（アミノ酸）　重合体（タンパク質）

アミノ酸がタンパク質になって
タンパク質が筋原繊維になって
筋原繊維が筋繊維になって
筋繊維が筋肉になってるんだね…ふぅ

アミノ酸の
入ったドリンク

ということで
アミノ酸について
見ていくぞぃ！

8-18 アミノ酸（構造）

ココをおさえよう！

アミノ酸には鏡像異性体が存在する。

アミノ基$-NH_2$とカルボキシ基$-COOH$の両方をもつ，低分子化合物を**アミノ酸**といい，同じ炭素Cにアミノ基$-NH_2$とカルボキシ基$-COOH$の両方がついたものを**α-アミノ酸**といいます。
α-アミノ酸は，右ページのように，**中心となる炭素Cの周りに，$-H$，$-COOH$，$-NH_2$の3つがついており，側鎖Rの部分がいろいろ異なります。**

分子中にアミノ基$-NH_2$とカルボキシ基$-COOH$を1つずつもつアミノ酸を**中性アミノ酸**，側鎖Rに，第2のアミノ基$-NH_2$が含まれていたら**塩基性アミノ酸**，第2のカルボキシ基$-COOH$が含まれていたら**酸性アミノ酸**といいます。
下に代表的なアミノ酸をまとめておきます（等電点については，p.374参照）。

α-アミノ酸はR以外の構造が決まっているので，分子量はほぼ決まっています。
つまり，右ページのように数えて，$74+r$になります。
これは，「どんなアミノ酸か」を調べるときに使います。

「どんなアミノ酸か」を知るためには，どんなRなのかがわかればよいですね。
アミノ酸全体の分子量を調べて，$74+r$と比べると，側鎖Rの式量rが出ます。

名　称	構造式	アミノ酸の種別	等電点
グリシン	$H-CH(NH_2)-COOH$	中性アミノ酸	6.0
アラニン	$CH_3-CH(NH_2)-COOH$	中性アミノ酸	6.0
フェニルアラニン	$C_6H_5-CH_2-CH(NH_2)-COOH$	中性アミノ酸	5.5
チロシン	$HO-C_6H_4-CH_2-CH(NH_2)-COOH$	中性アミノ酸	5.7
アスパラギン酸	$HOOC-CH_2-CH(NH_2)-COOH$	酸性アミノ酸	2.8
グルタミン酸	$HOOC-(CH_2)_2-CH(NH_2)-COOH$	酸性アミノ酸	3.2
リシン	$H_2N-(CH_2)_4-CH(NH_2)-COOH$	塩基性アミノ酸	9.7

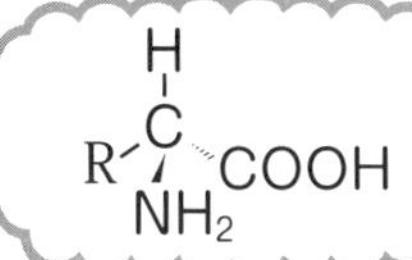

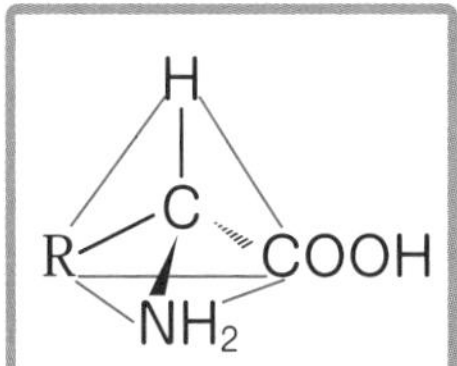

テントみたいな構造になっているね

H–C(H₂N)(COOH)NH₂ **塩基性アミノ酸**

H–C(HOOC)(COOH)NH₂ **酸性アミノ酸**

側鎖Rに
$-NH_2$ が含まれていたら
塩基性アミノ酸
$-COOH$ が含まれていたら
酸性アミノ酸と
いうんじゃ

アミノ酸の分子量

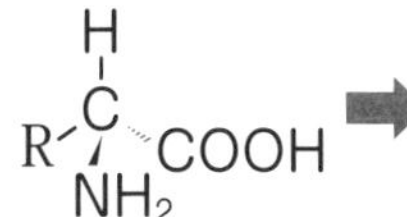

➡ $\underset{12}{C}\ \underset{1}{H}\ \underset{14+1\times2}{(NH_2)}\ \underset{12+16\times2+1}{(COOH)}\ \underset{r}{R}$

計算問題を解くときによく使うぞぃ

の分子量が75だったら，$74+r=75$

よって　$r=1$

つまり，R＝Hということになる。

H–C(H)(COOH)NH₂

まずは分子式を書いて分子量を求めることが大事ってことね

α-アミノ酸の構造に関する注意点で大事なのが，**鏡像異性体**(**光学異性体**)です。
アミノ酸の多くは，中央の炭素Cに結合する4つの基がすべて異なる構造であるため，鏡像異性体が存在します。
この中央の炭素Cを**不斉炭素原子**というのでしたね。
鏡像異性体についてはp.134～145で説明しましたので，もう一度復習しておいてください。

グリシン$CH_2(NH_2)(COOH)$は-Rが-Hなので，Cの周りに同じ側鎖-Hを2つもつことになります。よって，鏡像異性体は存在しません。

鏡像異性体というのは，構造的には同じでも，立体的に見ると違う物質のことをいいます。
例えば，Cに-H，-COOH，$-NH_2$，$-CH_3$がくっついたアミノ酸(アラニン)は1種類しかないように思いますが，実は2種類の物質があります。

p.139に出てきたように，サーカス団のテントとその入り口にたとえると，右ページのようになります。ウサギサーカス団のテントは，NH_2口から時計まわりで回ると，NH_2→CH_3→COOHという順に回ることになりますが，クマサーカス団のテントは，NH_2→COOH→CH_3という順に回ることになりますね。

ということで，アラニンは鏡像異性体をもつのです。

一般に，アミノ酸には鏡像異性体が存在する

（ただし，R＝H のグリシンは鏡像異性体をもたない）

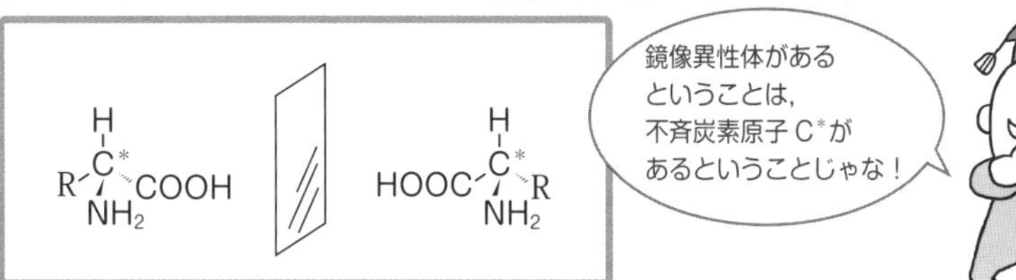

鏡像異性体（p.134〜145 復習）

構造的には同じでも，立体的に見ると違う物質のこと。

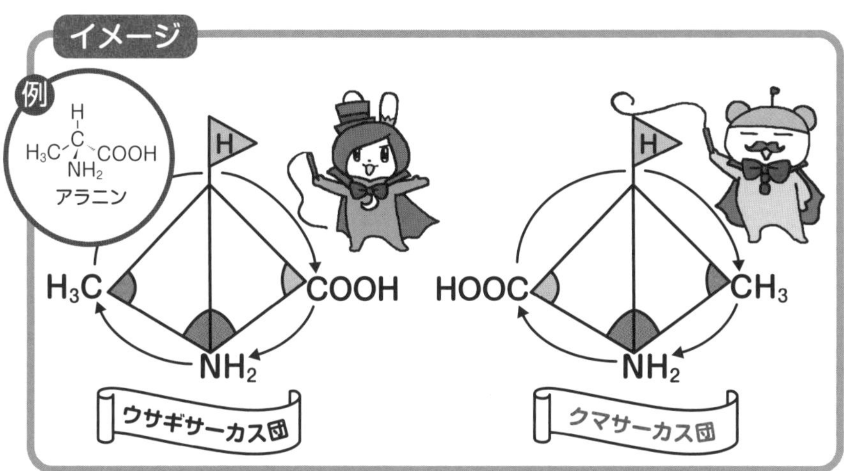

ウサギサーカス団のテントは，
NH_2→CH_3→COOH の
順で入り口がある。

クマサーカス団のテントは，
NH_2→COOH→CH_3 の
順で入り口がある。

よって，この 2 つの物質は違う物質として区別する必要がある。

8-19 アミノ酸(性質)

ココをおさえよう!

アミノ酸は双性イオンであり，等電点が存在する。

続いて，アミノ酸の性質について見てみましょう。

アミノ酸には，H^+を放出しやすい-COOHと，H^+を受けとりやすい$-NH_2$が含まれているため，水溶液中などでは
-COOHはH^+を放出し，$-NH_2$はH^+を受けとります。

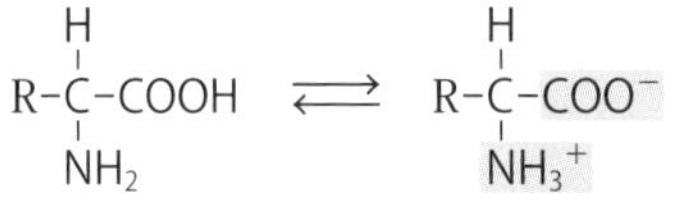

$$\text{R-}\underset{\underset{NH_2}{|}}{\overset{\overset{H}{|}}{C}}\text{-COOH} \rightleftarrows \text{R-}\underset{\underset{NH_3^+}{|}}{\overset{\overset{H}{|}}{C}}\text{-COO}^-$$

双性イオン(両性イオン)

つまり，**陽イオンと陰イオンが1つの分子の中に存在している**のです。
このようなイオンを，**双性イオン**(または**両性イオン**)といいます。

双性イオンは，水溶液の状態(酸性か塩基性か)で，イオンの状態が変わります。
アミノ酸は酸性水溶液中だと(pHが低いと)液中にH^+が多いため，$-COO^-$がH^+を受けとり-COOHになるので，NH_3^+のみがイオンとして残り，全体として陽イオンとなります。
一方，塩基性水溶液中だと(pHが高いと)液中にOH^-が多いため，OH^-が$-NH_3^+$のH^+をうばい，$-NH_3^+$は$-NH_2$になるので，$-COO^-$のみがイオンとして残り，全体として陰イオンとなるのです。

酸性水溶液中では…

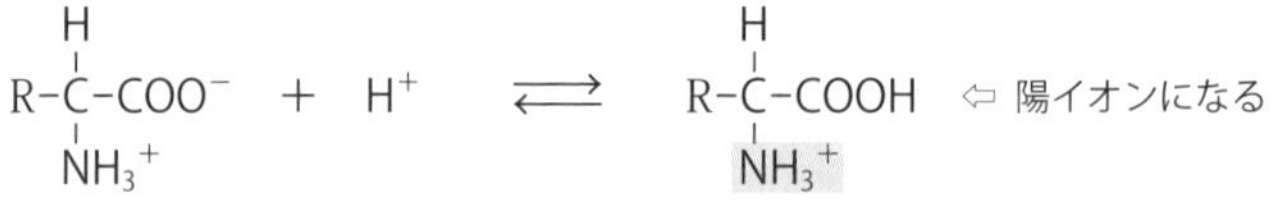

$$\text{R-}\underset{\underset{NH_3^+}{|}}{\overset{\overset{H}{|}}{C}}\text{-COO}^- + H^+ \rightleftarrows \text{R-}\underset{\underset{NH_3^+}{|}}{\overset{\overset{H}{|}}{C}}\text{-COOH}$$

⇦ 陽イオンになる

塩基性水溶液中では…

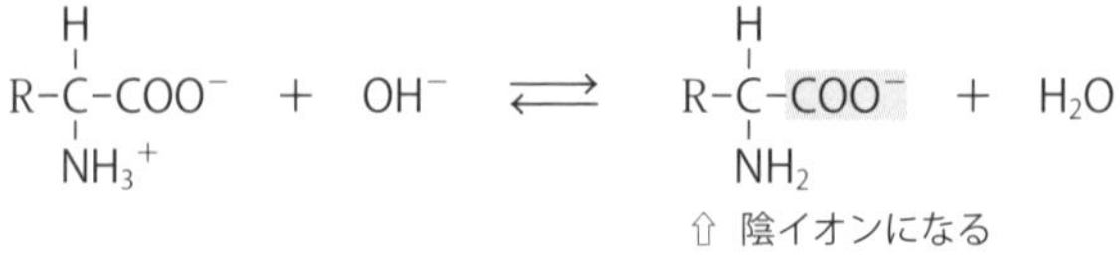

$$\text{R-}\underset{\underset{NH_3^+}{|}}{\overset{\overset{H}{|}}{C}}\text{-COO}^- + OH^- \rightleftarrows \text{R-}\underset{\underset{NH_2}{|}}{\overset{\overset{H}{|}}{C}}\text{-COO}^- + H_2O$$

⇧ 陰イオンになる

アミノ酸の性質

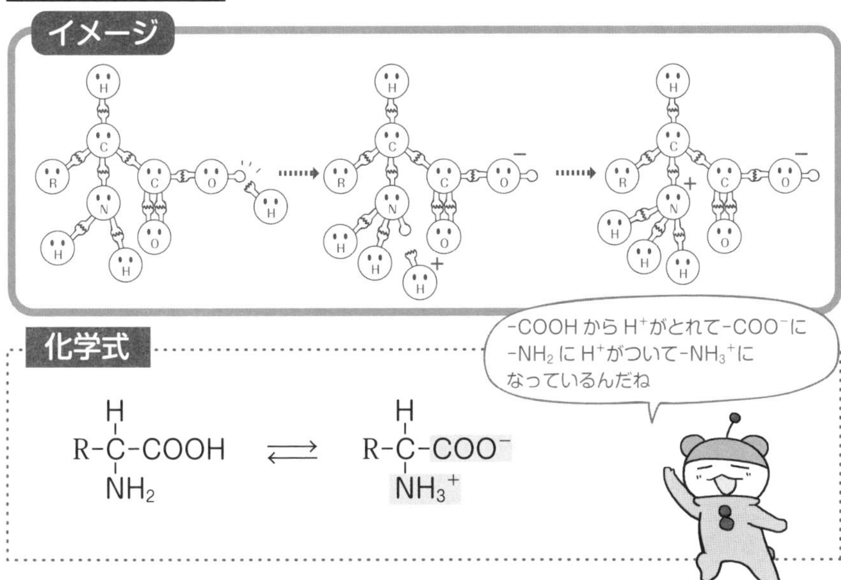

双性イオン（両性イオン）

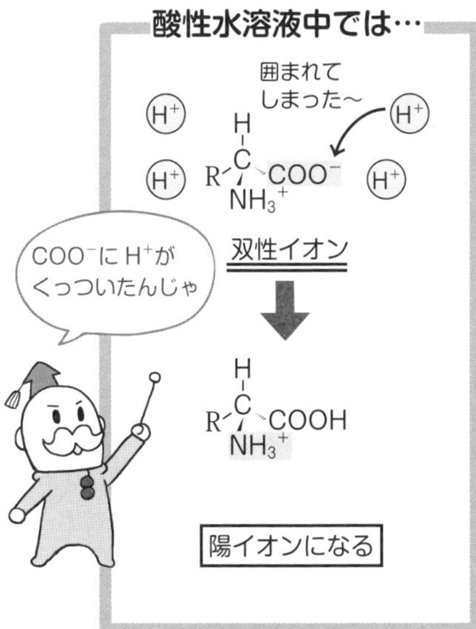

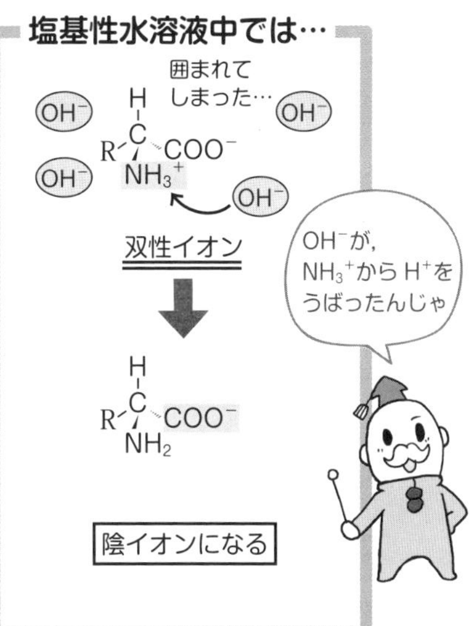

アミノ酸はそれぞれ，等電点という分子に固有の値をもっています。
等電点は，**分子全体で電荷が0になるpHのこと**です。
等電点から，それぞれのアミノ酸の特徴を説明することができます。

例えば，酸性アミノ酸（p.368）であるアスパラギン酸の等電点は2.8です。
これはどういうことかといいますと，まず右ページのイラストを見てください。
アスパラギン酸は，H^+を放出しやすいカルボキシ基－COOHを2つもつアミノ酸です。
水溶液がpH＝7のとき，アスパラギン酸は2つの－COOHがH^+を放出しているので，分子全体で負の電荷を帯びています。
そこで，水溶液のpHを低くする（酸性にする）と，徐々にH^+が水溶液中に増えるので，H^+を受けとるアスパラギン酸が増え，負の電荷が小さくなっていきます。
そして，pH＝2.8になると$-CH_2-COO^-$が$-CH_2-COOH$となり，全体の電荷の和は0となるのです。
つまり，それくらい周りの水溶液を酸性にして，H^+でいっぱいにしてあげない限りは，アスパラギン酸は陰イオンでいたがるということです。

一方，リシンはH^+を受けとりやすいアミノ基$-NH_2$を2つもつアミノ酸です。
水溶液中では$-NH_3^+$となり，陽イオンになりやすい性質ということです。
今度はH^+を放出しやすくするため，水溶液を塩基性にしていくと，pH＝9.7のときに，分子全体の電荷の和が0になります。
つまり，リシンの等電点は9.7ということです。
それだけ水溶液中にOH^-がないと，$-NH_3^+$のH^+がとれない，それだけリシンは陽イオンでいたがるということなのです。

陰イオンでいたがるとは，周りにH^+が多くても**H^+を受けとらずに放出しやすい**ということです。
H^+を放出しやすいということは，それだけ酸性が強いといえるのです。
酸・塩基の定義（『宇宙一わかりやすい高校化学　理論化学　改訂版p.126）を思い出してくださいね。
逆に，陽イオンでいたがるということは，**H^+を受けとりやすい**ということなので，それだけ塩基性が強いといえるのです。
まとめると，等電点が低いのは酸性が強いアミノ酸，高いのは塩基性が強いアミノ酸といえますね。

等電点…分子全体で電荷が0になるpHのこと。

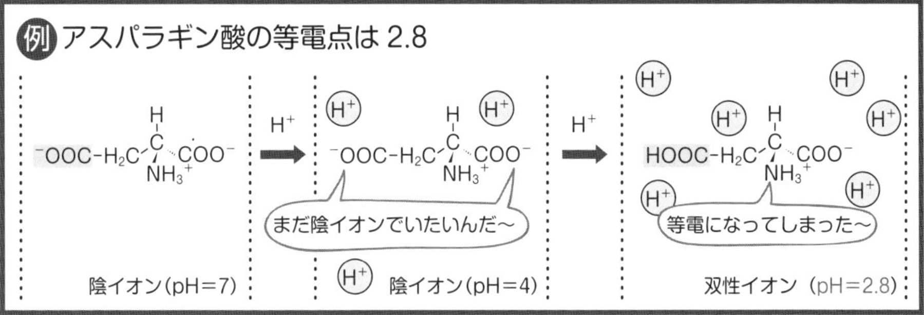

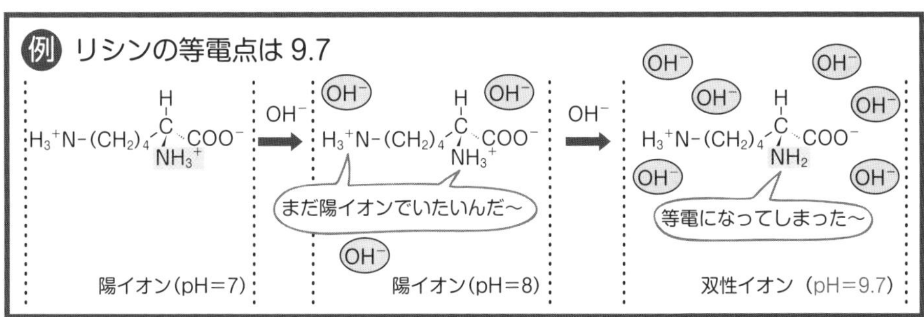

みんなイオンになりたがるんじゃな
そこにH^+やOH^-が加わることで電荷が変わるんじゃ

8-20 アミノ酸(反応)

ココをおさえよう!

$-COOH$は$-OH$と,$-NH_2$は無水酢酸と反応する。

アミノ酸には,$-COOH$や$-NH_2$があるので,カルボン酸 (p.204) **や**
アミン (p.288) **が示す反応を見せます。**

【$-COOH$について】

$-COOH$は,アルコールの$-OH$と反応し,エステルになります。

$$R-\underset{NH_2}{\overset{H}{C}}-COOH + CH_3-OH \longrightarrow R-\underset{NH_2}{\overset{H}{C}}-COOCH_3 + H_2O$$

メタノール　　エステル結合

【$-NH_2$について】

$-NH_2$基と無水酢酸 $(CH_3CO)_2O$が反応してアミド (p.292) ができたように,アミノ酸でもアミドが生成されます。

$$R-\underset{NH_2}{\overset{H}{C}}-COOH + (CH_3CO)_2O \longrightarrow R-\underset{NHCOCH_3}{\overset{H}{C}}-COOH + CH_3COOH$$

無水酢酸　　アミド結合

【アミノ酸の検出】

ちなみに,アミノ酸が存在しているかどうかは,ニンヒドリン水溶液を作用させることでわかります。

ニンヒドリン水溶液を加えて加熱すると,**青紫〜赤紫色になるのです**。

これを**ニンヒドリン反応**といいます。

ニンヒドリン水溶液は,アミノ基($-NH_2$)と反応することで発色します。
タンパク質も(アミノ酸からできているので),ニンヒドリン反応を示します。

アミノ酸の反応

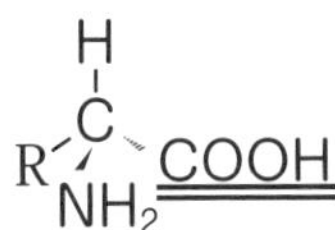

アミノ酸には COOH, NH_2 が含まれるので
カルボン酸やアミンが示す反応を示す。

8

-COOH について…アルコールと反応してエステルになる。

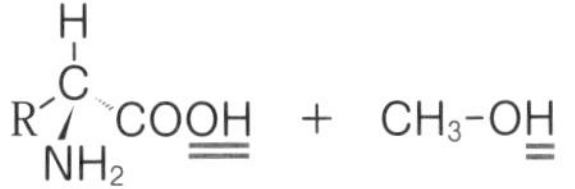

$+ \quad CH_3\text{-}OH \quad \longrightarrow$ （R–CH(NH₂)–）$COOCH_3 \quad + \quad H_2O$

エステル結合

カルボン酸

$-NH_2$ について…無水酢酸と反応してアミドをつくる。

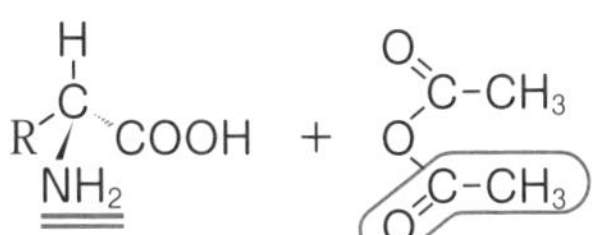

$+ \quad (CH_3CO)_2O \quad \longrightarrow$ （R–CH(COOH)–）$NHCOCH_3 \quad + \quad CH_3COOH$

アミド結合

呼んだ?
そういえばこの前… ペチャクチャ

アニリン

アミノ酸の検出 …アミノ酸の存在はニンヒドリン水溶液が青紫～赤紫色になることでわかる。

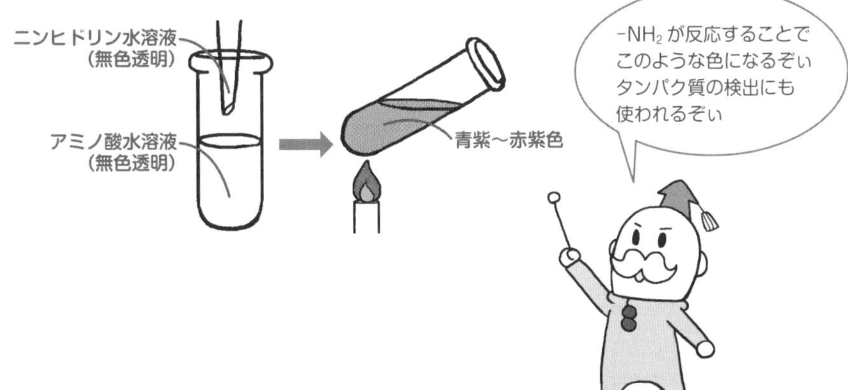

8-21 アミノ酸（ペプチド）

ココをおさえよう！

アミノ酸の$-COOH$と$-NH_2$が脱水縮合することで，ペプチド結合ができる。

タンパク質はアミノ酸からできているといいましたが，どのように結合しているのでしょうか？

答えは，アミノ酸の$-COOH$と$-NH_2$が脱水縮合することによってできているのです。こうしてできた化合物を**ペプチド**といい，
このときに生じた**アミド結合$-NH-CO-$**を**ペプチド結合**といいます。

$$\underset{\text{アミノ酸 A}}{HOOC-\overset{H}{\underset{R}{C}}-NH_2} + \underset{\text{アミノ酸 B}}{HOOC-\overset{H}{\underset{R'}{C}}-NH_2} \xrightarrow{-H_2O} \underset{\text{ペプチド}}{HOOC-\overset{H}{\underset{R}{C}}-\underbrace{NH-CO}_{\text{ペプチド結合}}-\overset{H}{\underset{R'}{C}}-NH_2}$$

また，アミノ酸2分子が縮合したものを**ジペプチド**，
3分子が縮合したものを**トリペプチド**といい，
多数のアミノ酸が縮合したものを**ポリペプチド**といいます。

こうして，アミノ酸がたくさん連なることでタンパク質になるのです。
タンパク質はポリペプチドの一種です。
（生物の体内でどのようにしてタンパク質がつくられるかは，p.404～407にまとめてあります）

Q どのように結合しているのか？

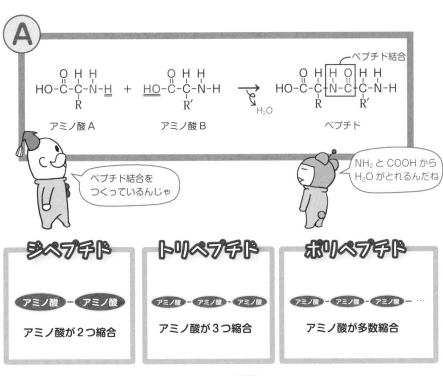

A

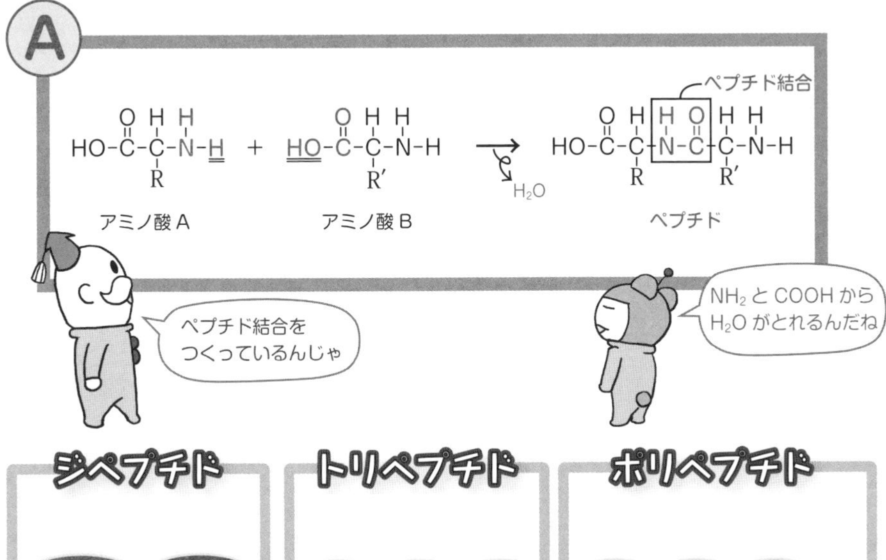

ジペプチド

アミノ酸－アミノ酸

アミノ酸が２つ縮合

トリペプチド

アミノ酸－アミノ酸－アミノ酸

アミノ酸が３つ縮合

ポリペプチド

アミノ酸－アミノ酸－アミノ酸－…

アミノ酸が多数縮合

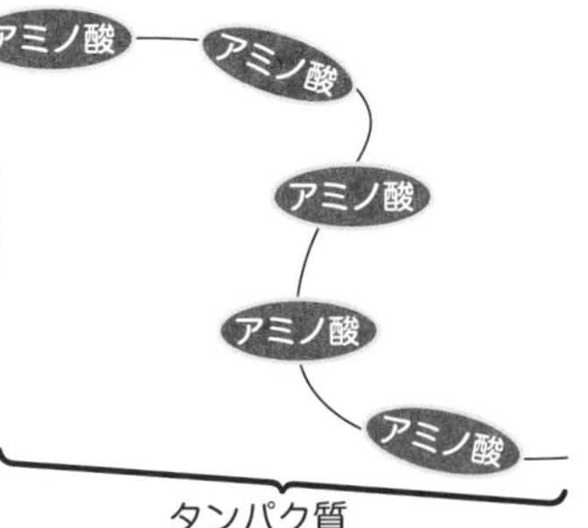

ここまでやったら
別冊 P. 67へ

8-22 タンパク質の構造

ココをおさえよう！

タンパク質には，一次構造〜四次構造までがある。
二次構造の α-ヘリックス構造，β-シート構造が大事。

20種類のアミノ酸が，さまざまな順序と組合せをとって縮合重合することでタンパク質ができるので，実に多様なタンパク質があります。
そんな，多様なタンパク質に共通する構造や性質について見てみましょう。

【タンパク質の構造】
タンパク質はとても複雑な構造をしていて，一次から四次までの構造があります。そのうち，最も基本的なのが**一次構造**です。一次構造というのは，アミノ酸の組合せと順序のことです。

しかし，タンパク質というのは，単にアミノ酸が連なってできたものではありません。ポリペプチド中に存在する ＞C=O と ＞NH の間で水素結合ができることにより，**α-ヘリックス**（らせん構造），**β-シート**（びょうぶのようにジグザグに折れ曲がった構造）という2種類の構造をとるのです。これを**二次構造**といいます。
このようにして，立体的な構造をとります。

さらに，こうしてできたタンパク質の二次構造は，-S-S-結合やイオン結合，水素結合など側鎖間の相互作用によって結合し，複雑に折れ曲がって3次元的な構造となります。
この構造を**三次構造**といいます。

-S-S-結合は，硫黄Sを含むアミノ酸であるシステインの中にある-SH基のHがとれて，2つのSが結合したものです。-S-S-結合のことをジスルフィド結合といいます。

三次構造でおしまい，と思いきや，実は三次構造をもつ複数のポリペプチド鎖が一定の立体配置に集合した構造を**四次構造**といいます。血の成分であるヘモグロビンの四次構造は右ページのようになっていますよ。
一次から四次にかけてタンパク質の構造を小さいところから拡大して見ていっていると覚えておきましょう。

アミノ酸の組合せや
順序，構造によって
たくさんの種類の
タンパク質ができるぞぃ！

タンパク質の構造

一次構造 … アミノ酸の組合せと順序のこと。

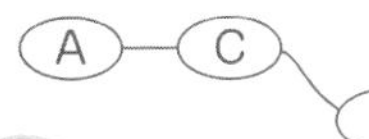

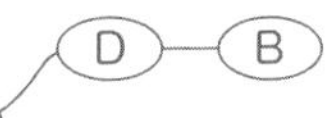

Q このタンパク質の一次構造は？ 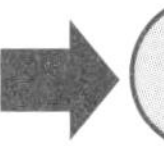  ACEDB

二次構造 … 一次構造がつくる立体的な構造のこと。
（α-ヘリックス（らせん構造），β-シートの 2 種類がある）

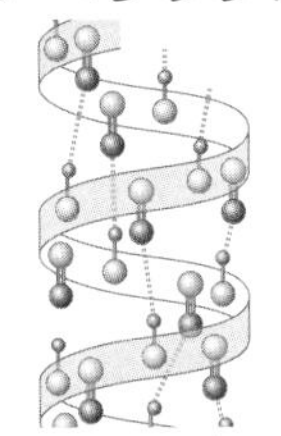
α - ヘリックス

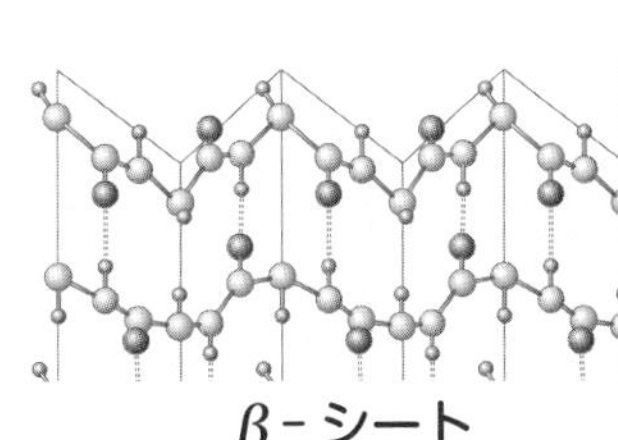
β - シート

アミノ酸の鎖が
つくる構造の
ことね

三次構造 … 二次構造が，-S-S-結合やイオン結合，水素結合などの相互作用によってとる構造のこと。

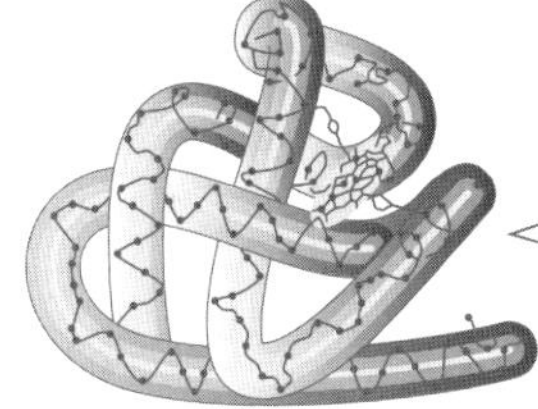

α-ヘリックス
β-シート
が含まれている

二次構造の
組合せを三次構造
というぞぃ

四次構造 … 三次構造の組合せでできる構造のこと。
（三次構造をもつ複数のポリペプチド鎖が一定の立体配置に集合した構造）

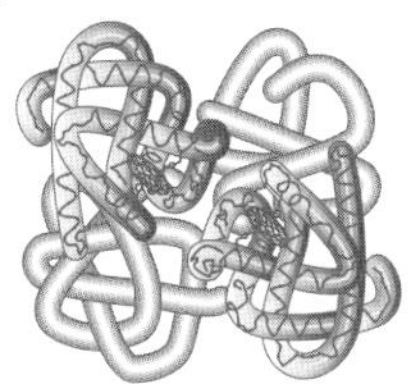

ヘモグロビン

だんだん
アミノ酸から
タンパク質に
なってきたわね

8-23 タンパク質の分類

ココをおさえよう！

タンパク質は形状や構成成分で分類できる。

さて，少しずつタンパク質の全体像が見えてきました。
次はタンパク質の分類について説明します。
これは，それほど重要ではないので，読み飛ばしてもいいですよ。

【形状による分類】

・**球状タンパク質**……水や酸・塩基，塩の水溶液に溶けるという特徴をもっています。体内にあるタンパク質でいうと，生命活動を担うタンパク質がこの形状になっています。

「あれ，タンパク質って水に溶けるイメージないけど……」
と思う人もいるかもしれませんが，p.384でその理由を簡単に説明しますね。

例：血しょうに含まれるアルブミンやグロブリンなど。

・**繊維状タンパク質**……水に溶けにくく，体内にあるタンパク質でいうと，構造形成を行うタンパク質がこの形状になっています。

例：髪の毛，爪，角などの構成成分となっているケラチン，骨や軟骨の成分であるコラーゲン，カイコの絹糸の主成分であるフィブロインなど。

【構成成分による分類】

・**単純タンパク質**……加水分解すると α-アミノ酸のみを生じるタンパク質のことで，先ほど出てきたアルブミンやグロブリンなどがあります。

・**複合タンパク質**……加水分解すると，α-アミノ酸の他に，糖類，色素，核酸，リン酸などを生じるタンパク質。赤血球に含まれているヘモグロビン，牛乳やチーズに含まれているカゼインなどがあります。

タンパク質の分類

形状による分類

球状タンパク質

水や酸・塩基，塩の水溶液に溶けるタンパク質。
生命活動を担うタンパク質がこの形状になっている。

例 血しょうに含まれるアルブミン，グロブリンなど。

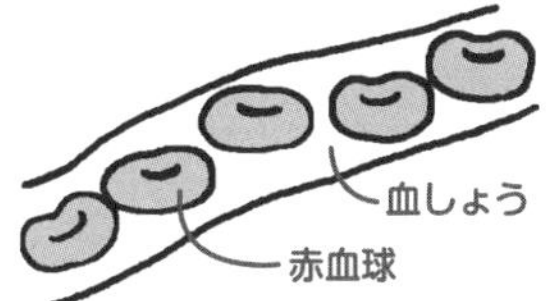

繊維状タンパク質

水に溶けにくい。
体内にある構造形成を行うタンパク質がこの形状。

例 髪の毛，爪，角などの構成成分であるケラチン，骨や軟骨の成分であるコラーゲン，カイコの繭糸の主成分であるフィブロインなど。

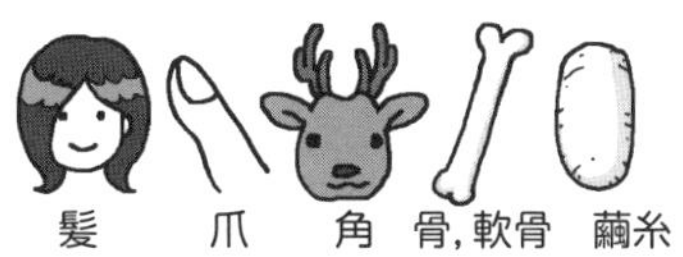

構成成分による分類

単純タンパク質

加水分解すると，α－アミノ酸のみを生じるタンパク質。

例 アルブミン，グロブリンなど。

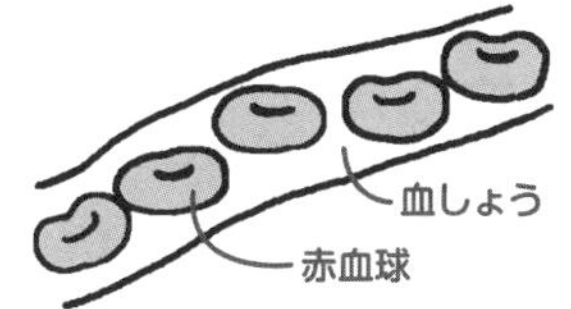

複合タンパク質

加水分解すると，α－アミノ酸の他に糖類，色素，核酸，リン酸などを生じるタンパク質。

例 赤血球に含まれるヘモグロビン，牛乳やチーズに含まれるカゼインなど。

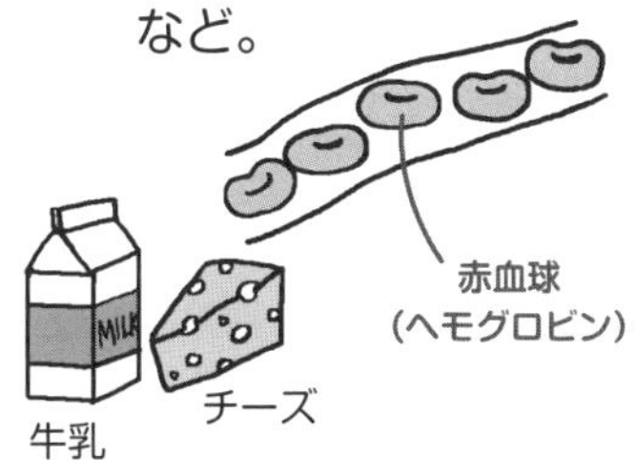

8-24 タンパク質の性質

ココをおさえよう！

タンパク質には，変性や塩析という性質がある。

タンパク質の特徴的な反応を2つ覚えましょう。

・**変性**……タンパク質の水溶液に熱，酸・塩基などを加えると固まり，二度ともとには戻らない性質のことです。身近な例ですと，卵を焼くと黄身や白身が固まり，もとには戻せないというのはこの性質のためです。

・**塩析**……簡単にいうと，タンパク質が溶けた水溶液に，多量の電解質（NaClやNa_2SO_4など）を加えると，タンパク質が沈殿することです。これは少し複雑なので，次の2つに分けて解説しましょう。
　1)　タンパク質が水に溶けるとは，どういうことか？
　2)　どうしたらそのタンパク質が沈殿するのか？

1)　タンパク質が水に溶けるとは，どういうことか？

粒子は，ある大きさまで小さくすると，水に溶ける（というより，均等に分散する）ようになります。その粒子の大きさは**10^{-9} ～ 10^{-7} m**で，一般に**コロイド粒子**※といわれます。

つまり，コロイド粒子とは，ふつうは水に溶けない物質でも，その大きさが小さいがゆえに水に溶ける（均一に分散する）粒子のことなのです。
例えば，金属は水に溶けませんよね？　鉄が水に溶けているのは想像できません。そんな金属もコロイド粒子の大きさまで小さくすると，水に溶けるようになります。
タンパク質もコロイド粒子の大きさであれば，水に溶けます。
次は，タンパク質がどのようなコロイド粒子なのか，くわしく見てみましょう。

ちなみに，コロイドを利用した例としては，マヨネーズがあります。マヨネーズは，酢の中に油がコロイドとなって分散した状態になっています。酢と油はそのままでは混じりません（水と油が混じらないのと同じです）。
しかし，油の周りに，卵黄の成分に含まれるタンパク質（レシチン）がくっついてコーティングした状態になり，コロイド粒子となって，酢の中に分散するのです。
牛乳も，水溶液中にコロイド粒子状の脂肪が分散したものです。

※『宇宙一わかりやすい高校化学　理論化学　改訂版』 p.328参照

タンパク質に特徴的な反応（2つ）

①変性 … タンパク質の水溶液に熱，酸・塩基などを加えると固まり，二度ともとには戻らない性質。

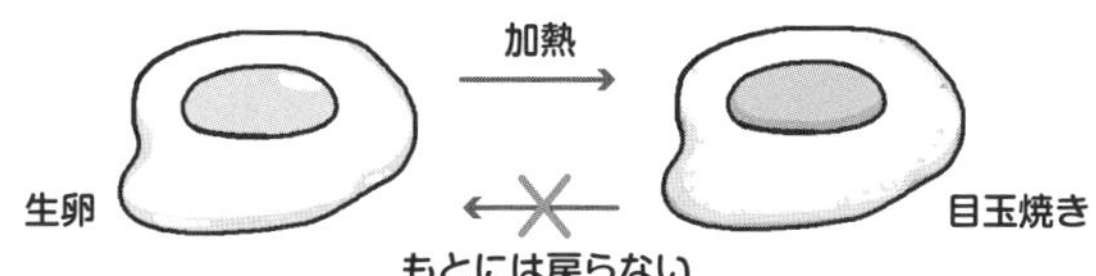

②塩析 … 水に溶けたタンパク質が沈殿すること。

1）どうしてタンパク質が水に溶けるのか？

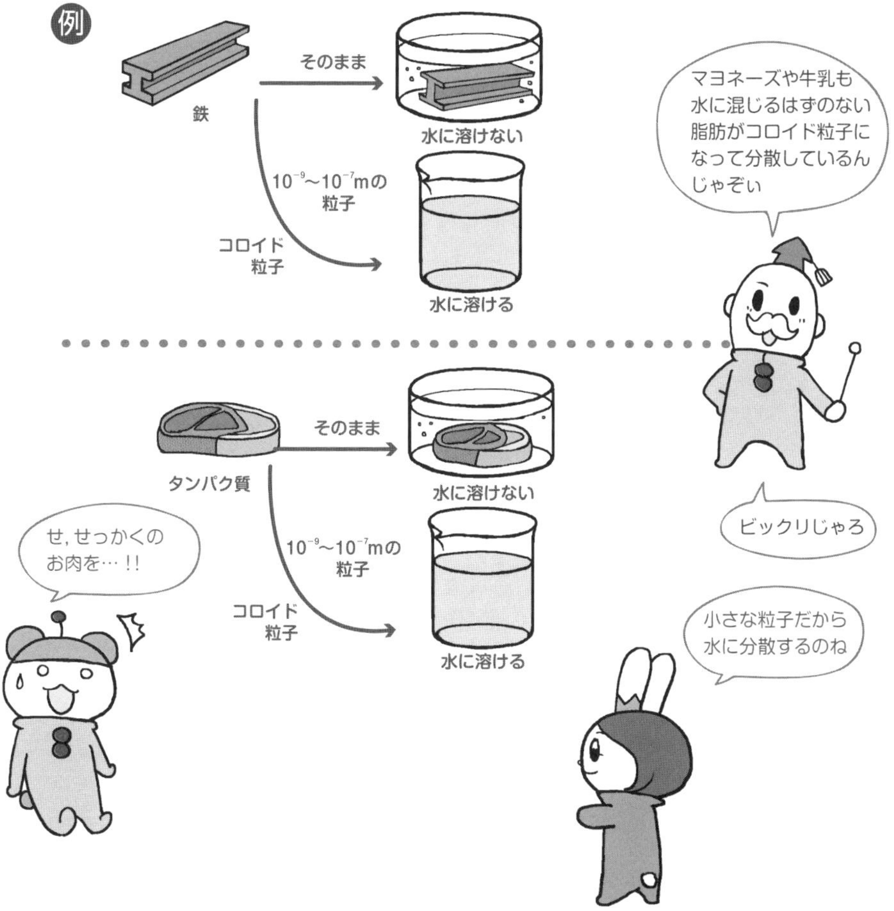

例

【コロイドの分類】
コロイド粒子は，水への溶けかた(分散のしかた)によって，分類することができます。

・**分散コロイド**……金属や金属硫化物などの水に不溶な物質がコロイド粒子の大きさになったもの。水酸化鉄(Ⅲ) $Fe(OH)_3$ など。
・**分子コロイド**……1分子がもともとコロイド粒子の大きさであるもの。タンパク質やデンプンなど。
・**会合(かいごう)コロイド**……分子内に親水基と疎水基をもち，水溶液中で疎水基どうしが集合してコロイド粒子の大きさになったもの。セッケン分子など。

ということで，**タンパク質は分子コロイド**で，1分子がコロイド粒子の大きさになっているのです。

では，このような水中に均一に分散したタンパク質をどうやって取り出したらいいでしょうか？　ザルでこしたとしても，小さすぎて取り出すことはできません。

くわしい説明は，次でお話ししましょう。

コロイドの分類

●**分散コロイド**…金属や金属硫化物などの水に不溶な物質がコロイド粒子の大きさになったもの。

例 **$Fe(OH)_3$ など**

●**分子コロイド**…1分子がもともとコロイド粒子の大きさであるもの。

例 **タンパク質，デンプンなど**

●**会合コロイド**…分子内に親水基と疎水基をもち，水溶液中で疎水基どうしが集合してコロイド粒子になったもの。

例 **セッケン分子など**

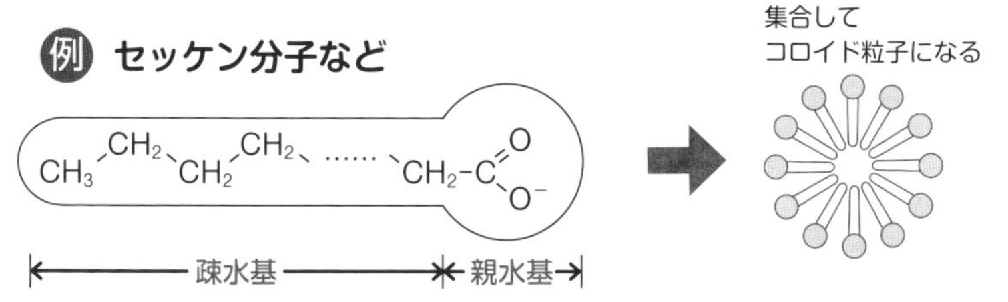

2) どうしたらタンパク質は沈殿するのか？

コロイドの中でも，特に次のような特徴をもったコロイドがあります。

・**疎水**(そすい)**コロイド**……コロイドの表面が＋または－の電荷を帯びており，それによってコロイドどうしが反発するため，コロイドどうしが集まりにくく（つまり沈殿しにくく）なっている状態のコロイドです。
　このコロイドは，帯びている電荷と反対の電荷をもつイオンを少量加えただけで，互いに反発力を失って，コロイドどうしが集まって沈殿します。
　この現象を**凝析**(ぎょうせき)といいます。
　このとき加えたイオンの価数が大きいほど沈殿ができやすくなります。
　　例：水酸化鉄（Ⅲ）$Fe(OH)_3$

・**親水コロイド**……コロイドの表面に親水基が多数存在していて，多数の水分子が水和している状態のコロイドです。水との親和力が強い親水コロイドを沈殿させるには，親水基よりも強く水分子を引きつけるイオン，つまり電解質を多量に加える必要があります。そうすると，親水コロイドから水和していた水がイオンにうばわれ，粒子が沈殿します。
　　例：デンプン，ゼラチンなど

ゼラチンなどのタンパク質は，分子の外側に親水基が多く存在するので，
親水コロイドです。
よって，タンパク質は，多量の電解質を投入することで沈殿するのです。この現象を**塩析**といいます。

2) どうしたらタンパク質は沈殿するのか？

● **疎水コロイド**…コロイドの表面が＋または－の電荷を帯びており，それによってコロイドどうしが反発し，分散している状態のコロイド。
コロイドは電荷を帯びているため，それと反対の電荷をもつイオンを少量加えただけで，コロイドどうしが集まって沈殿する。これを**凝析**という。

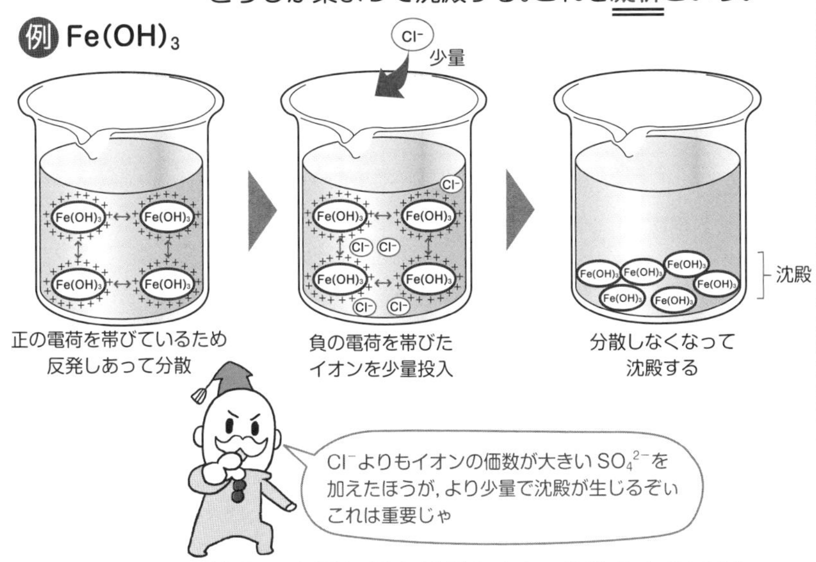

例 $Fe(OH)_3$
Cl^- 少量
$Fe(OH)_3$
Cl^-
沈殿
正の電荷を帯びているため反発しあって分散
負の電荷を帯びたイオンを少量投入
分散しなくなって沈殿する
Cl^-よりもイオンの価数が大きいSO_4^{2-}を加えたほうが，より少量で沈殿が生じるぞぃ
これは重要じゃ

● **親水コロイド**…粒子の表面に親水基が存在し，多数の水分子が水和している状態のコロイド。
水和している分の水をうばうだけのイオンを多量に加えることで沈殿する。これを**塩析**という。

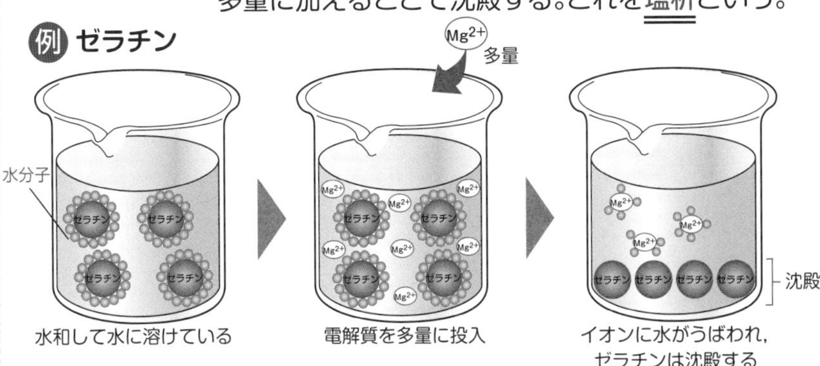

例 ゼラチン
Mg^{2+} 多量
水分子
ゼラチン
Mg^{2+}
沈殿
水和して水に溶けている
電解質を多量に投入
イオンに水がうばわれ，ゼラチンは沈殿する

8-25 タンパク質の検出

ココをおさえよう！

タンパク質を検出する試薬，色の変化，反応の名前を覚えよう。

タンパク質の最後として，タンパク質の検出方法についてお話ししましょう。

・**ニンヒドリン反応**（アミノ酸の検出）
アミノ酸の検出方法としてp.376でも学習しました。タンパク質の分子中に遊離したアミノ酸があるので，アミノ酸と同じように，ニンヒドリン水溶液を加えて加熱すると青紫～赤紫色に変化します。

・**ビウレット反応**（トリペプチド以上のペプチドの検出）
トリペプチド以上のペプチドの検出ができます。
トリペプチドとは，アミノ酸が3つペプチド結合して連なった分子のことでしたね（p.378）。タンパク質は，多数のアミノ酸がペプチド結合してできたものなので，ビウレット反応を示します。
ビウレット反応は，水溶液に水酸化ナトリウムNaOH水溶液と硫酸銅（Ⅱ）$CuSO_4$水溶液を加えると，赤紫色の銅（Ⅱ）錯イオンを生成する反応です。色の変化は，無色透明→赤紫色です。

ちなみに，アミノ酸が2つ結合したものをジペプチド，多数結合したものをポリペプチドといいましたね（p.378）

・**キサントプロテイン反応**（タンパク質分子中のベンゼン環の検出）
キサントプロテイン反応とは，タンパク質中のベンゼン環の検出に用いられる反応です。濃硝酸を加えて加熱すると黄色に変化し，冷却後アンモニア水を加えると橙黄色（とうこうしょく）（赤みがかった黄色）になります。

タンパク質の検出方法

● **ニンヒドリン反応**…アミノ酸検出に用いられる反応。青紫～赤紫色に変化する(タンパク質分子中に遊離したアミノ酸があるため，反応する)。

● **ビウレット反応**…トリペプチド以上のペプチドを検出する反応。赤紫色に変化する(タンパク質は多数のアミノ酸がペプチド結合してできているため，反応する)。

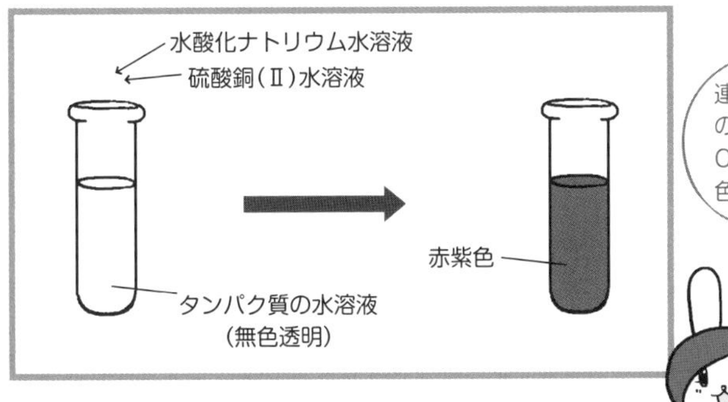

● **キサントプロテイン反応**…
タンパク質分子中のベンゼン環を検出する反応(ベンゼン環を含むタンパク質を検出できる)。

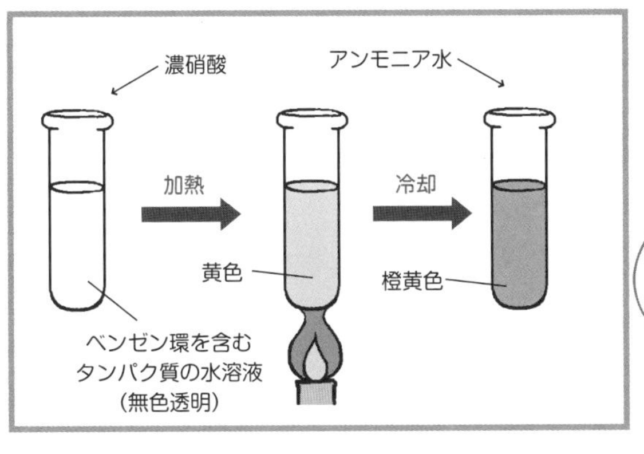

・窒素Nの検出

特に反応に名前はついてないのですが，分子中に窒素Nを含むタンパク質に水酸化ナトリウム水溶液を加えて加熱すると，アンモニアが発生します。
このことから，タンパク質中に窒素Nが含まれていることがわかります。

アンモニアが発生したことは，リトマス試験紙が赤色→青色に変化することで確認できますよ。

・硫黄Sの検出

こちらも名前はついてないのですが，分子中に硫黄Sを含むタンパク質に水酸化ナトリウム水溶液を加えて加熱後，酢酸鉛(Ⅱ)水溶液を加えると黒色に変化します。
これは，タンパク質に含まれている硫黄Sと加えた鉛Pbが反応して，
硫化鉛(Ⅱ) PbS(黒色の沈殿)が生成されるためです。

これでタンパク質については終わりです。
覚えることが多いですが，繰り返し読んで頭に入れてくださいね。

●**窒素 N の検出**…水酸化ナトリウム水溶液を加えて加熱すると，アンモニアが発生して窒素 N が含まれていることがわかる。

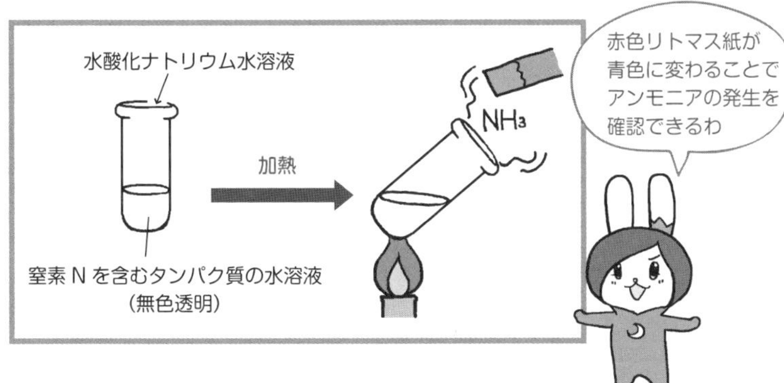

●**硫黄 S の検出**…水酸化ナトリウム水溶液を加えて加熱後，酢酸鉛(Ⅱ)水溶液を加えると黒色に変化することで，硫黄 S が含まれていることがわかる。

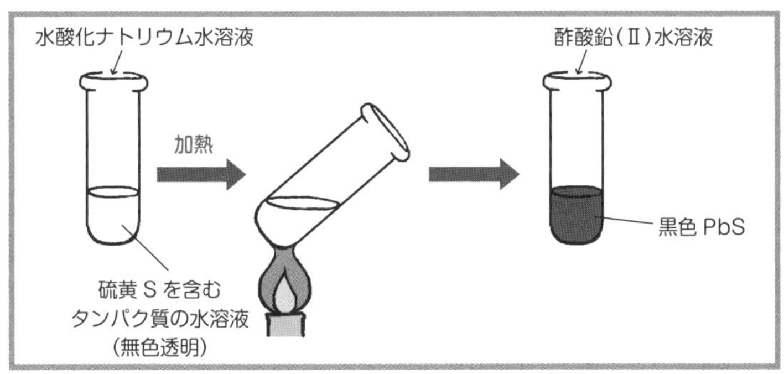

ここまでやったら
別冊 P. 70 へ

8-26 酵素

ココをおさえよう！

酵素は化学反応に必要なエネルギーを減らす作用がある。

酵素はタンパク質の一種です。

私たちが生命活動ができるのは，体の中でさまざまな化学反応が起きているからです。
例えば，私たちの細胞では，グルコース（p.338）を水と二酸化炭素に分解し，エネルギーを取り出す好気呼吸という活動が行われています。この分解も化学反応です。

また，摂取した食べ物が体をつくる原料になれるのも，化学反応によって食べ物が分子・原子レベルまで分解されているからです。

とはいえ，物質を分解するには，結構なエネルギーが必要です。“加熱して高温にする”などしないと，物質は容易には化学反応を起こして分解されないのです。

しかし不思議なことに，私たちの体は36℃前後という低い温度にもかかわらず，体内では常に化学反応が起きています。
なぜ反応が起こるのでしょうか？

実は，**低い温度でも化学反応を可能にしているのが，酵素なのです。**
つまり，酵素が化学反応に必要なエネルギー（活性化エネルギー）を減らしているのです（このような作用を**触媒作用**といいます）。※

では，酵素はどのようにして反応に必要なエネルギーを減らしているのでしょうか。次で説明しましょう。

※『宇宙一わかりやすい高校化学　理論化学　改訂版』 p.338参照。

酵素

私たちが生きていられるのは，
体内で化学反応が起きているから

化学反応には結構なエネルギーが
必要なのに，私たちの体温は 36℃
前後しかない

なぜ，反応が起こるのか？

酵素が，反応に必要なエネルギーを減らすから

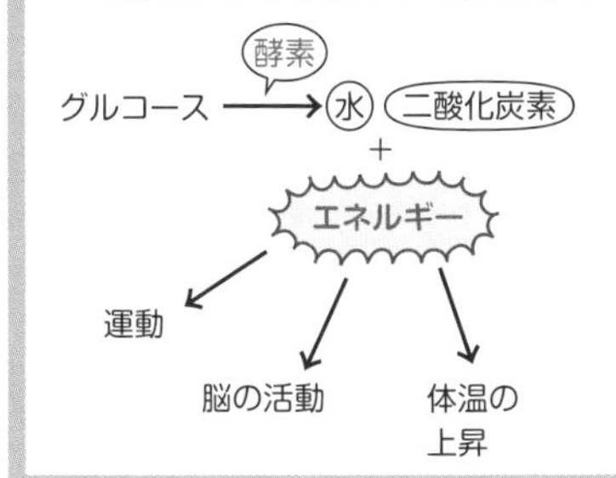

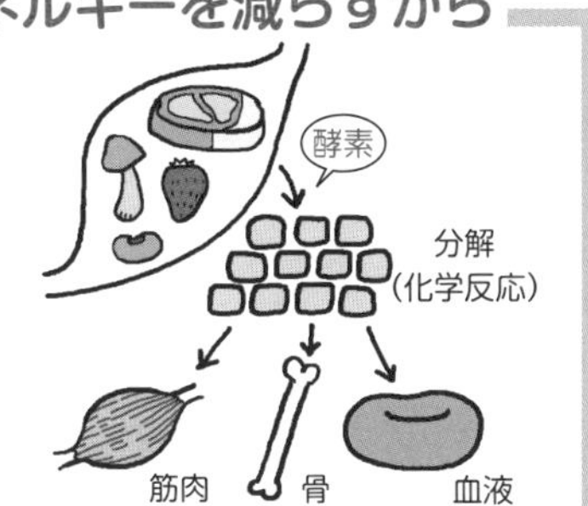

酵素のはたらきにより，
少ないエネルギー（体温）でも
反応が進む

8-27 酵素の特徴

ココをおさえよう!

キーワードは,「基質特異性」,「活性部位」,「酵素-基質複合体」,「再利用」,「最適温度」,「最適pH」。

酵素はタンパク質の一種で,生体内で起こる化学反応の触媒作用をしてくれるのでした。
では,その触媒作用について,くわしく見ていきましょう。
各酵素は,それぞれ特定の物質に作用し,化学反応に必要なエネルギーを減らしています。
酵素が作用する物質を**基質**といい,特定の基質としか反応しないという性質を**基質特異性**といいます。各酵素はそれぞれ特定の基質と立体的に結合します。
基質特異性があるのは,酵素が鍵穴のような構造になっていて,構造的にちょうど合致する構造(鍵)でないと結合しないからです。
この鍵穴を**活性部位**(**活性中心**)と呼び,結合してできたものを
酵素-基質複合体といいます。

酵素-基質複合体となったあと,少ないエネルギーによって基質は分解され,生成物となるのですが,**酵素は何も変わらないまま再利用されます。**

酵素の名称		基 質	分解生成物	所 在
アミラーゼ		デンプン	→マルトース	唾液,膵液,麦芽
マルターゼ		マルトース	→グルコース	腸液,唾液,膵液
スクラーゼ(インベルターゼ)		スクロース	→グルコース,フルクトース	腸液,酵母
ラクターゼ		ラクトース	→グルコース,ガラクトース	腸液,細菌類
セルラーゼ		セルロース	→セロビオース	植物,カビ
チマーゼ(群)		単糖類	→エタノール,二酸化炭素	酵母
プロテアーゼ	ペプシン	タンパク質	→ペプチド,アミノ酸	胃液
	トリプシン			膵液
カタラーゼ		過酸化水素	→酸素,水	血液,肝臓,植物
ATPアーゼ		ATP	→ADP,リン酸	細胞内

8

酵素の特徴…特定の基質と結合することで，
化学反応に必要なエネルギーを減らす。

特徴その1

基質特異性 …特定の基質としか反応しない性質

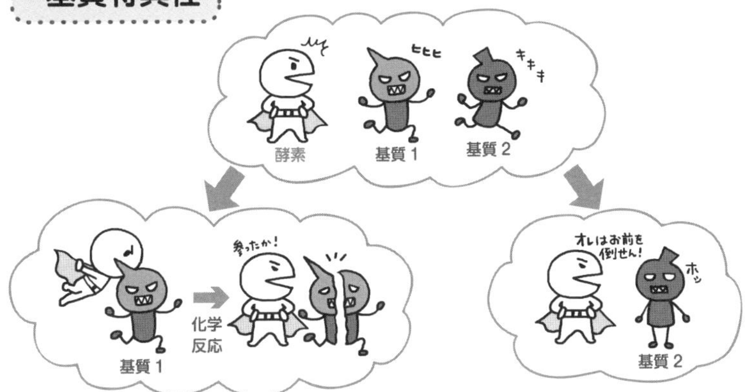

特徴その2

活性部位をもつ（活性中心） … 基質と結合する部位。
活性部位と基質は，
鍵と鍵穴の関係にある。

活性部位（鍵穴）　鍵

特徴その3

酵素–基質複合体をつくる … 酵素と基質が結合する
ことによってつくられる
複合体（基質が活性化されて，
反応が進みやすくなっている）。

酵素–基質複合体

特徴その4

酵素は反応後も再利用される … 反応後も
酵素自身は変わらず
再利用される。

再利用！！

酵素がこんなにはたらいて
くれるから，私たちは生きて
いられるんじゃな

また，温度を上げるほど，反応速度は速くなります。
なぜなら，温度が上がるほど，酵素や基質の熱運動が盛んになり，酵素と基質が出合って結合する確率が高まるからです。

しかし，温度を上げすぎると，逆に反応速度が下がってしまいます。
なぜなら，酵素はタンパク質ですので，熱によって変性（p.384）してしまい，酵素のはたらきが失われてしまう（これを**失活**といいます）からです。

酵素には，最も反応速度の速い温度が存在します。この温度を**最適温度**といいます。
人の体内ではたらく酵素の最適温度は，体温に近い35～40℃くらいです。

また，それぞれの酵素には，最も反応速度が高くなるpHもあります。
これを**最適pH**といいます。

最適温度や最適pHは酵素によって違います。
例えば，胃液中に含まれるペプシンはpH＝2付近（酸性がとても強い）で最も活性化し，唾液に含まれるアミラーゼはpH＝7付近で最も活性化するのです。

酵素の活性が必要以上に上がるときは，反応を抑えなければいけないこともあります。
酵素と反応して，酵素作用を阻害する物質を，**（酵素）阻害剤**といいます。

特徴その5

温度を上げるほど反応速度は速くなる

温度が上がるほど，酵素と基質の熱運動が激しくなり，出合って結合する確率が高くなる。

特徴その6

しかし，温度を上げすぎると失活し，逆に反応速度が遅くなる

酵素はタンパク質なので，温度を上げすぎると変性する。

特徴その7

反応速度が最も速くなる最適温度がある

よって，失活しない程度に最も高い温度のときに，最も反応速度が速くなる。

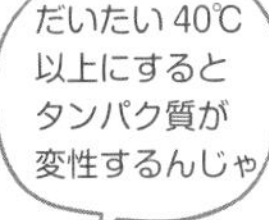

特徴その8

反応速度が最も速くなる最適 pH がある

pH にも最適な値がある。

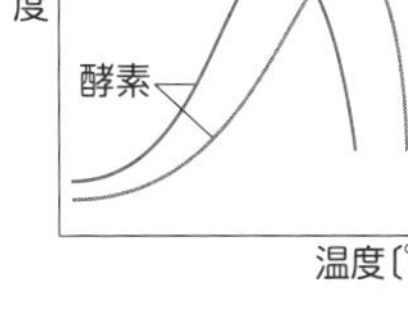

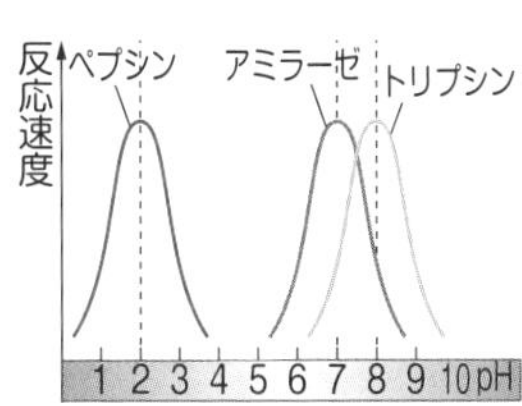

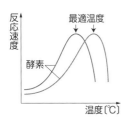

ここまでやったら 別冊 P. 72 へ

8-28 核酸

ココをおさえよう！

核酸の単量体はヌクレオチド。
リン酸，ペントース（五炭糖），窒素原子を含む環状構造の塩基からなる。

Chapter 8の最後は，**核酸**についてです。
核酸とは聞き慣れない用語ですが，一体何なのでしょうか？

私たちの体が細胞からできているのはご存知ですよね。
細胞の中には核が存在し，体をつくるために必要な情報が含まれています。その情報をもっている分子を**DNA（デオキシリボ核酸）**といいます。

8-30でお話ししますが，**RNA（リボ核酸）**という核酸もあります。
つまり，核酸にはDNAとRNAの2種類があるのです。
また，核酸は重合体で，その単量体を**ヌクレオチド**といいます。

【ヌクレオチドの構造】
ヌクレオチドは，リン酸H_3PO_4，ペントース（五炭糖），窒素原子を含む環状構造の塩基の3つの部品でできています。
DNAとRNAはよく似ています。リン酸の部分は同じで，ペントース，塩基の部分が以下のように異なっています。

・デオキシリボ核酸（DNA）
糖部分が，デオキシリボース$C_5H_{10}O_4$
塩基がアデニン（A），グアニン（G），シトシン（C），チミン（T）の4種類

・リボ核酸（RNA）
糖部分が，リボース$C_5H_{10}O_5$
塩基がアデニン（A），グアニン（G），シトシン（C），ウラシル（U）の4種類

【核酸の構造】
核酸は，**ヌクレオチドどうしが縮合重合してできたポリヌクレオチド**です。

8

核酸って一体ナニ？

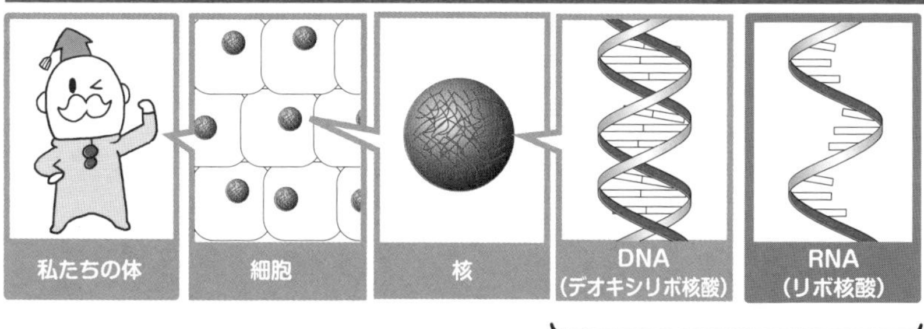

核酸はヌクレオチドからできている

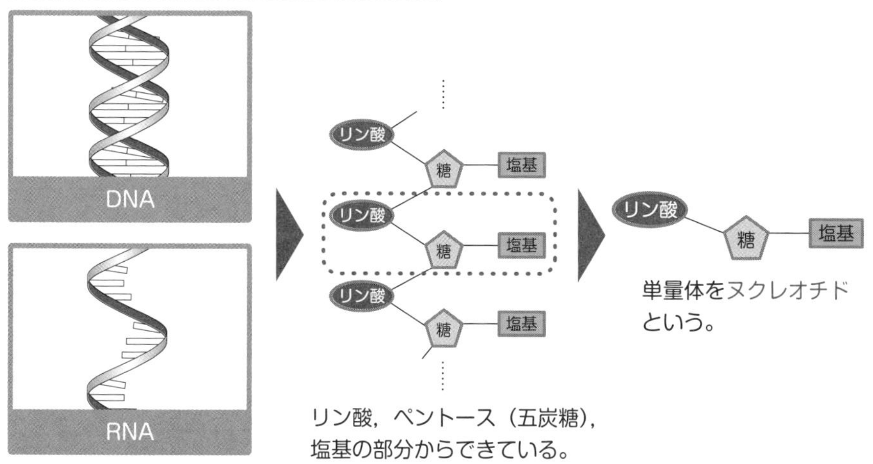

DNAとRNAの違い

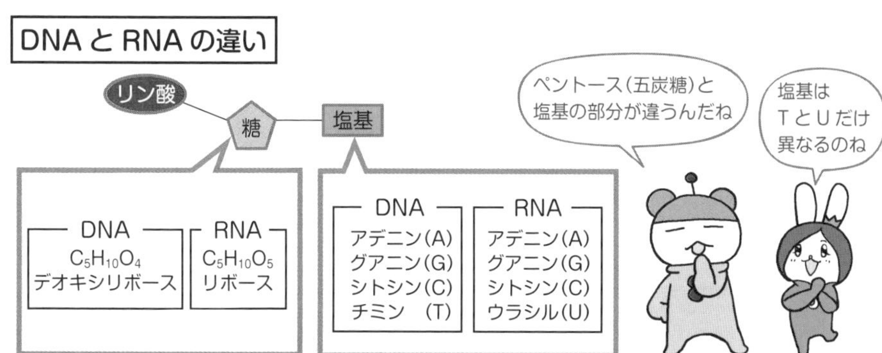

8-29 DNA

ココをおさえよう！

DNAは二重らせん構造となっている。
AとT，GとCが対となり水素結合している。

DNAは，**ポリヌクレオチド2本が，アデニン（A）とチミン（T）の組合せ，グアニン（G）とシトシン(C)の組合せで水素結合をして塩基対をつくり，二重らせん構造をとっています。**

二重らせん構造（というより，2本構成になっていること）には理由があります。
私たちが成長すると体が大きくなります。このとき，実は体の中の細胞は分裂して，増えているのです。
DNAは細胞の核の中に含まれているとお話ししましたが，細胞は分裂を繰り返して，増殖していきますので，DNAも分裂する必要があります。
分裂の様子を順をおって説明すると，次のようになります。

① 水素結合が切れてDNAの二重らせんが2本に分かれます。

② 結合が切れたそれぞれの塩基に，対応する塩基が集まってきます。

③ こうして2本に分かれたDNAに対応する，もう1本のポリヌクレオチドがそれぞれ再生され，もとのDNAと同じDNAが2つできるわけです。

これを，DNAの**複製**といいます。

DNAが二重らせん構造をとっているのは，複製のためだけではありません。DNAは体をつくるための情報も保持しているのです。
それを，次で説明しましょう。

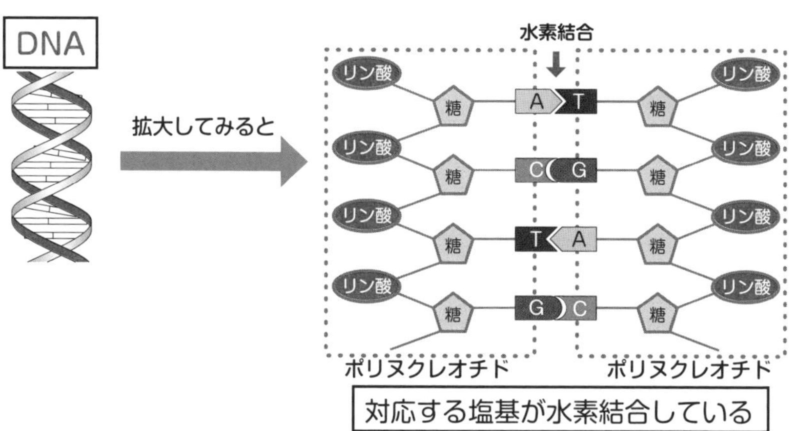

二重らせん構造になっている理由… 細胞の分裂にともなって，DNA も分裂する必要があるから。

AとT，GとCが一対一で対応して新たにつくられるのね

もとのDNAと同じだ！

DNAの分裂と再生

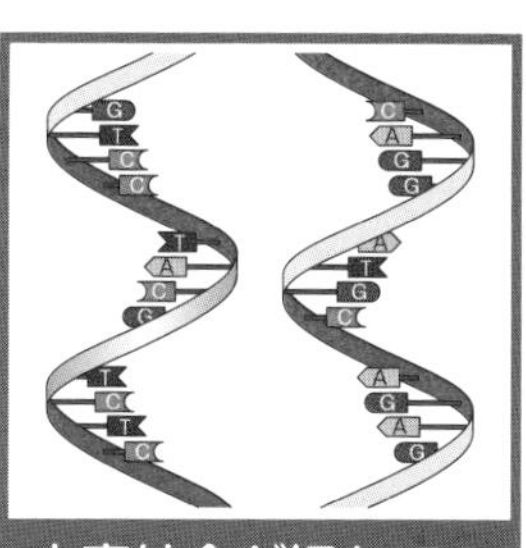

水素結合が切れて，DNA が 2 本に分かれる

切れた塩基に対応する塩基が集まる

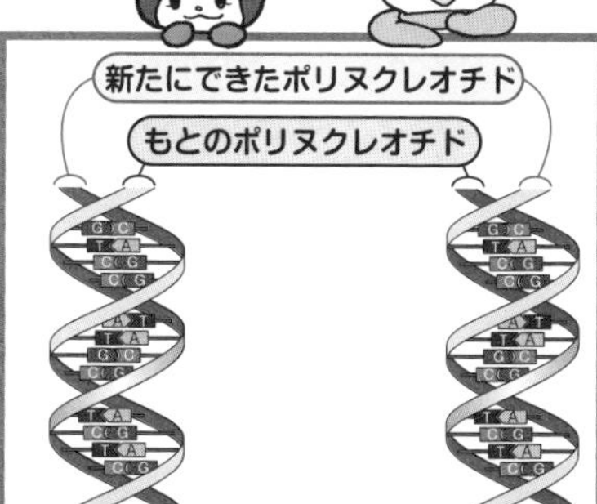

もとの DNA と同じ DNA が 2 本できる

このように，細胞の分裂に合わせて DNA が分裂と複製を行っておるんじゃ

8-30 RNA

ココをおさえよう！

RNAによって情報が伝達される（タンパク質が合成される）。
Aに対して，Uが対となり水素結合する。

DNAが「体をつくるための情報を保持している」とお話ししましたが，この「情報」とは何のことかを説明します。

DNAがもっている情報とは，**「こんなタンパク質をつくって！」という情報**なのです。私たちの体の14～18％はタンパク質でできており，タンパク質は生きるために欠かせない物質です。
酵素もタンパク質でしたね。そして，そのタンパク質の設計図がDNAなのです。

DNAという設計図からタンパク質がつくられる具体的な流れは，次のようになっています。やや難しい内容なので，**DNAがもつ設計図から実際にタンパク質をつくる工場がRNAなんだ**，ということだけでもおさえてください。

ステップ①：DNAがもつ遺伝情報を伝令RNAに転写する。
DNAの複製のときと同じように，まずはDNAがほどけて1本のポリヌクレオチドになります。
そして，ほどけたDNAの露出した塩基に対応するようにして，もう1本のヌクレオチド鎖ができるのですが，DNAの複製と違うところは，**アデニン（A）に対してチミン（T）ではなく，ウラシル（U）がくっつき，RNAができる**ところです。
特に，このときできるRNAを**伝令RNA（mRNA，メッセンジャーRNA）**といいます。

これを遺伝情報の**転写**といいます。

RNAは，分裂したDNAに集まってつながってできた鎖なので，1本のポリヌクレオチドです。

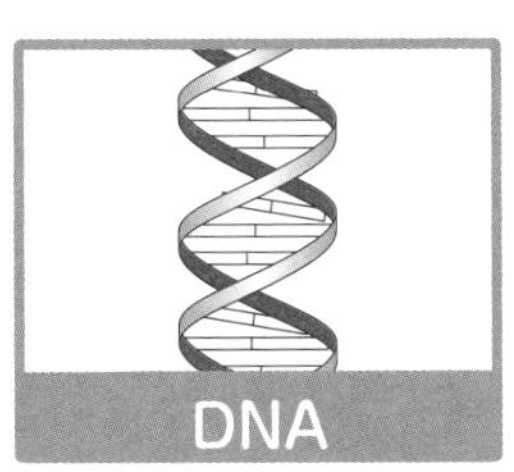

遺伝情報を保持しています

こんなタンパク質をつくって！
という情報なのです

DNA という設計図からタンパク質がつくられる

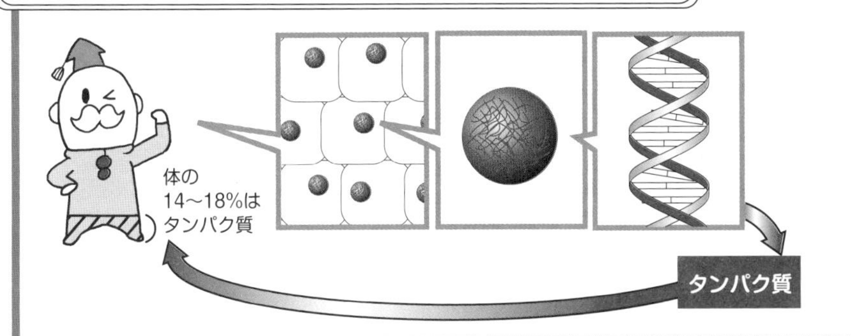

DNA からタンパク質がつくられるまでの流れ

ステップ① 【転写】

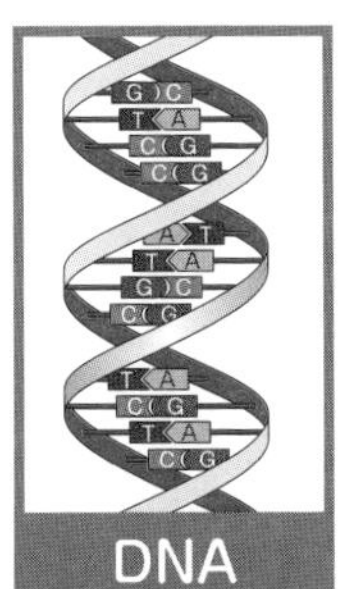

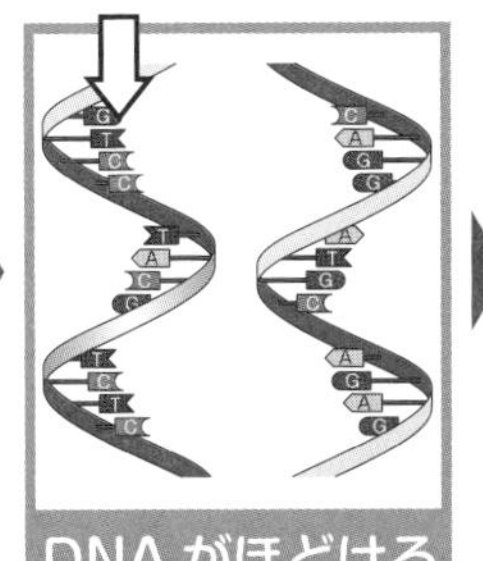

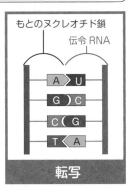

ステップ②：伝令RNA（mRNA）が核の外に飛び出す。
こうしてDNAをもとにつくられた**伝令RNA**は，DNAから離れたあと核の外に飛び出します。伝令RNAは，DNAの情報を外に伝達する役割をします。

ステップ③：転移RNA（tRNA，トランスファーRNA）がアミノ酸を運んでくる。
そして，伝令RNAの塩基に対応した塩基とアミノ酸をもつRNA（**転移RNA，tRNA**）が近寄ってきて，伝令RNAと結合します。

運ばれるアミノ酸は，伝令RNAの3つの塩基配列によって決まります。
伝令RNAの塩基がG・G・Uの場合は，運ばれてくるアミノ酸はグリシン，伝令RNAの塩基がG・C・Uの場合は運ばれてくるアミノ酸はアラニン，といった具合です。

伝令RNAと転移RNAは，**リボソームRNA（rRNA）**というタンパク質内で結合します。

ステップ④：運ばれてきたアミノ酸どうしが結合して，タンパク質を合成する。
こうして運ばれてきたアミノ酸どうしがくっついて，タンパク質がつくられます。これを，遺伝情報の**翻訳**といいます。

まとめると，**DNAの情報（塩基の並び）がmRNAに伝えられ，mRNAの情報をもとにtRNAがアミノ酸を運び，タンパク質ができる**のです。
とてもうまい伝言ゲームとなっていますね。

ステップ② 【伝令RNA(mRNA)が核の外に飛び出す】

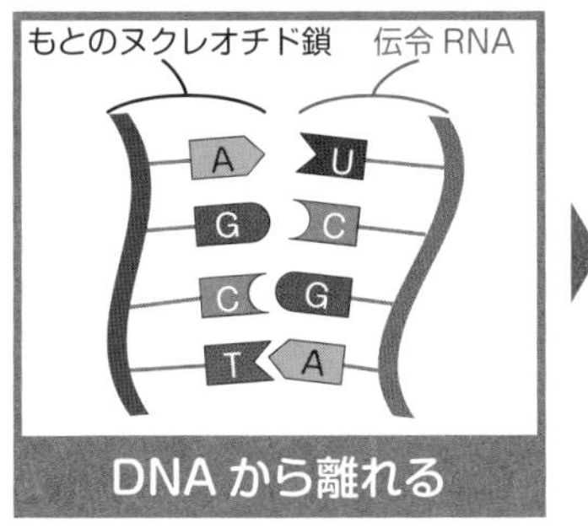

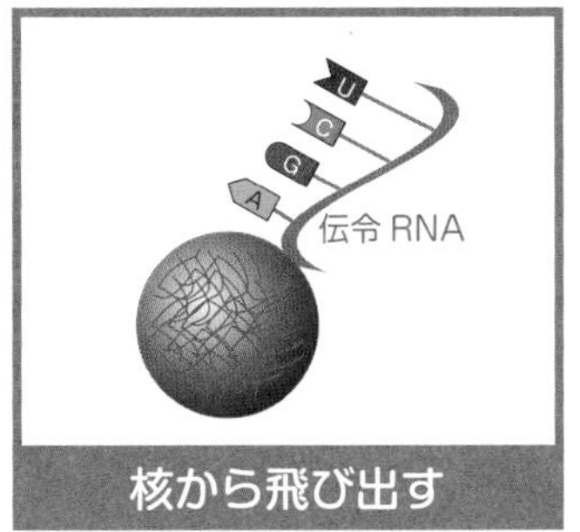

ステップ③ 【転移RNA(tRNA)がアミノ酸を運び，伝令RNAと結合】

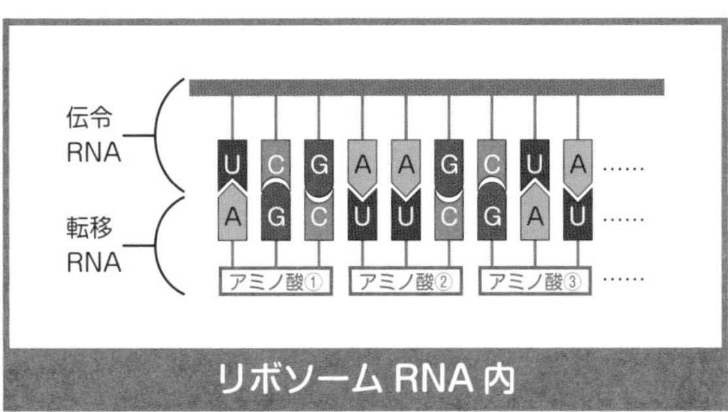

ステップ④ 【運ばれてきたアミノ酸が結合】

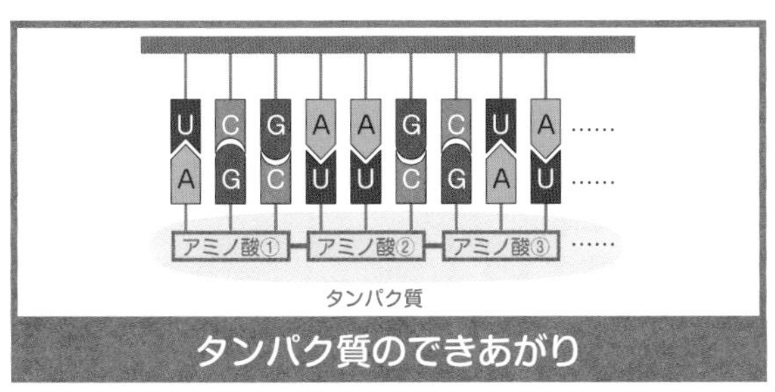

ここまでやったら
別冊 P. 73 へ

ハカセの 宇宙一キビしい

チェック!!

理解できたものに，☑チェックをつけよう。

- [ ] 高分子化合物の構成単位となる小さな分子を単量体(モノマー)といい，重合してできた高分子化合物を重合体(ポリマー)という。
- [ ] 重合体中の繰り返し単位の数を重合度という。
- [ ] 重合には，縮合重合，付加重合，開環重合などがある。
- [ ] それ以上加水分解されない糖類を単糖類，加水分解して2つの単糖類が生じる糖類を二糖類，多数の単糖類を生じる糖類を多糖類という。
- [ ] 単糖類には還元性があり，アルコール発酵で分解される。
- [ ] グルコースには α-グルコースと β-グルコースがあり，この2つは立体異性体ではあるが，鏡像異性体ではない。
- [ ] 二糖類には，マルトース(麦芽糖)，セロビオース，ラクトース(乳糖)，スクロース(ショ糖)などがあるが，スクロースは還元性を示さない。
- [ ] 多糖類には，デンプン，セルロース，グリコーゲンなどがあり，どれも加水分解することでグルコースとなる。
- [ ] 多糖類は，水に溶けにくく，ほとんど甘みがなく，還元性を示さない，という性質がある。
- [ ] デンプンはヨウ素デンプン反応を示す。
- [ ] グリコーゲンはアミロペクチンに似た多糖類で，ヨウ素デンプン反応を示し，赤褐色になる。
- [ ] 側鎖Rの分子量を r とすると，α-アミノ酸の分子量は $74+r$ で表される。
- [ ] 一般に，アミノ酸には基本的に鏡像異性体が存在するが，グリシンだけは鏡像異性体が存在しない。
- [ ] アミノ酸は，陽イオンと陰イオンが1つの分子の中に存在する状態をとれる。このようなイオンを双性イオン(または両性イオン)という。

- [ ] アミノ酸はそれぞれ，等電点という分子に固有の値をもっている。
- [ ] アミノ酸の-COOHと-NH_2が脱水縮合することによってできる化合物をペプチドといい，これによってできる結合-NH-CO-をペプチド結合という。
- [ ] タンパク質の一次構造というのは，アミノ酸の組合せと順序のことである。
- [ ] タンパク質は，ポリペプチド結合中に存在する$>$C=Oと$>$NHの間で水素結合ができることにより，α-ヘリックス(らせん構造)，β-シートという2種類の構造をとる。これをタンパク質の二次構造という。
- [ ] タンパク質の水溶液に熱，酸・塩基などを加えると固まり，二度ともとには戻らない性質を変性という。
- [ ] 水に溶けたタンパク質が，多量の電解質によって沈殿する性質を，塩析という。
- [ ] ニンヒドリン反応とは，タンパク質の分子中に遊離したアミノ酸に感知する反応のことで，青紫～赤紫色に変化する。
- [ ] ビウレット反応とは，トリペプチド以上のペプチドの検出ができる反応のことで，水酸化ナトリウム水溶液と硫酸銅(Ⅱ)水溶液を加えると，赤紫色の銅(Ⅱ)錯イオンを生成する反応である。色の変化は，無色透明→赤紫色。
- [ ] キサントプロテイン反応とは，タンパク質中のベンゼン環の検出に用いられる反応のことで，濃硝酸を加えて加熱すると黄色になり，冷却後アンモニア水を加えると橙黄色になる。
- [ ] タンパク質に窒素が含まれている場合，水酸化ナトリウム水溶液を加えて加熱すると，アンモニアが発生する。

- [ ] タンパク質に硫黄が含まれている場合，水酸化ナトリウム水溶液を加えて加熱後，酢酸鉛（Ⅱ）水溶液を加えると黒色に変化する。
- [ ] 酵素には，特定の基質としか反応しない基質特異性という性質がある。
- [ ] 基質と結合する酵素の部位を活性部位（活性中心）といい，結合してできたものを酵素－基質複合体と呼ぶ。
- [ ] 酵素には最適温度，最適pHが存在する。
- [ ] 核酸は重合体で，その単量体をヌクレオチドという。
- [ ] 核酸にはDNAとRNAがある。
- [ ] DNAの塩基はアデニン（A），グアニン（G），シトシン（C），チミン（T），RNAの塩基はアデニン（A），グアニン（G），シトシン（C），ウラシル（U）である。
- [ ] DNAの二重らせんは，細胞の分裂にともなってほどけ，対応するもう1本が再生される。これを，DNAの複製という。
- [ ] DNAの遺伝情報がRNAに転写され，伝令RNAとして核外に情報がもち出される。伝令RNAのもとに，転移RNAがアミノ酸を運び，リボソームRNA内で遺伝情報が翻訳される。

Chapter

9

合成高分子化合物

合成高分子化合物

はじめに

とうとう最後のChapterになりました。
Chapter 9では，合成高分子化合物について見ていきます。

Chapter 8で，主に天然の高分子化合物についてお話ししたのに対し，
Chapter 9では，人工的につくられた高分子についてお話ししていきます。
具体的には，合成繊維，合成樹脂，合成ゴム，機能性高分子化合物について見ていきますよ。

ここでも，単量体が多数結合（重合）して，大きな重合体をつくります。

私たちの身の回りにある，ナイロン，PETボトル，タイヤなどはどれも，
合成高分子化合物なのです。

有機化学のニガテ解消も，ゴールまであと少し。
ミミーはルナー燃料の生成ができるのでしょうか？

この章で勉強すること

Chapter 9では，合成高分子化合物について，「どのような分子が」，「どのように結びついて」，「どのような高分子になっているか」ということについてお話しします。

宇宙一
わかりやすい
ハカセの
Introduction

天然高分子化合物

砂糖
デンプン
タンパク質
砂糖

合成高分子化合物
ナイロン
(合成繊維)
PETボトル
(合成樹脂)
タイヤ
(合成ゴム)

またたくさん集まって
大きな魚になっちゃったー!!

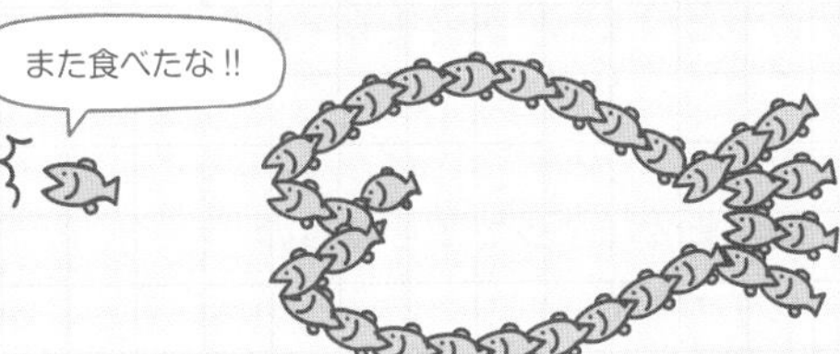
また食べたな!!

ルナー燃料は
人工的…いや
ウサギ的につくられた
ものかもしれん…
ウサギ的!?
うう…

ルナー燃料を生成
するには
合成高分子化合物の
知識が必須じゃ!
オオ〜!
ばたり

Let's
study!!

9-1 合成繊維の分類

ココをおさえよう！

合成繊維は，縮合重合，付加重合，開環重合によってできるものに分類される。

私たちの着ている服の多くは，**合成繊維**を使ってつくられています。また，スポーツ用品や防弾チョッキなど，特殊な機能をもったものにも使われています。

一体，これらに使われている合成繊維にはどのような種類があるのでしょうか？まずは，分類してみましょう。

高分子化合物は，最小単位である分子（単量体，モノマー）が多数結合（重合）して高分子（重合体，ポリマー）になっているのはもうご存知ですね。
単量体がどのように重合をして重合体になっているか，で合成繊維を分類すると，主に，次の3つに分類されます。

1) 縮合重合によってできるもの

・ポリアミド系……分子内に，多数のアミド結合（−CO−NH−）をもつ繊維。

例：**ナイロン66**，**アラミド繊維**など

・ポリエステル系……分子内に，多数のエステル結合（−COO−）をもつ繊維。

例：**ポリエチレンテレフタラート（PET）**など

2) 付加重合によってできるもの

・ポリビニル系……ビニル化合物（ビニル基CH_2=CH−をもつ化合物）の付加重合によってできた繊維。

例：**アクリル繊維**，**ビニロン**など

3) 開環重合によってできるもの

例：**ナイロン6**……開環重合によってできたポリアミド系の繊維。

次は，これらの化合物の性質や製法について，具体的に見ていきましょう。

合成高分子化合物

❶ 合成繊維　❷ 合成樹脂　❸ 合成ゴム　❹ 機能性高分子化合物

9

用途 …服，スポーツ用品，防弾チョッキ

分類 …単量体がどのように重合をして重合体になっているか？

1) 縮合重合によってできるもの

● ポリアミド系…分子内に多数のアミド結合（$-\overset{O}{\overset{\|}{C}}-\overset{H}{\overset{|}{N}}-$）をもつ繊維

例 ナイロン 66，アラミド繊維など

● ポリエステル系…分子内に多数のエステル結合（$-\overset{O}{\overset{\|}{C}}-O-$）をもつ繊維

例 ポリエチレンテレフタラート(PET)など

縮合

$-\overset{O}{\overset{\|}{C}}-OH \quad H-\overset{H}{\overset{|}{N}}-$

↓

$-\overset{O}{\overset{\|}{C}}-\overset{H}{\overset{|}{N}}-$ アミド結合

$-\overset{O}{\overset{\|}{C}}-OH \quad HO-$

↓

$-\overset{O}{\overset{\|}{C}}-O-$ エステル結合

2) 付加重合によってできるもの

● ポリビニル系…ビニル化合物（ビニル基$CH_2=CH-$をもつ化合物）の付加重合によってできた繊維

例 アクリル繊維，ビニロンなど

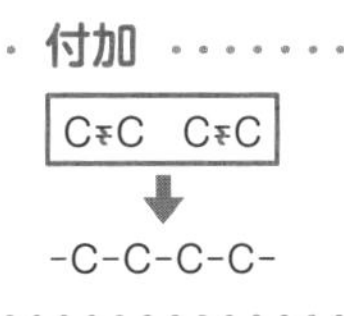

3) 開環重合によってできるもの

例 ナイロン 6…開環重合によるポリアミド系の繊維

これらの化合物について
性質や製法をくわしく見ていくぞぃ

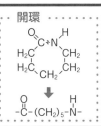

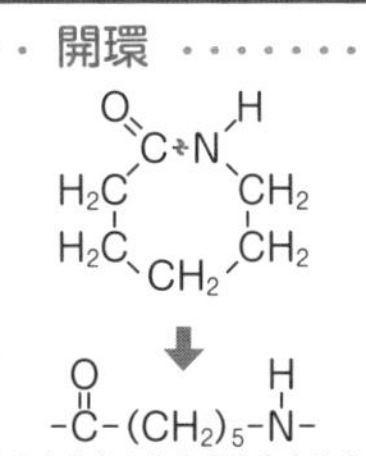

9-2 ナイロン66，ナイロン6

ココをおさえよう！

ナイロン66は縮合重合，ナイロン6は開環重合によって生成され，アミド結合をもつ。

ナイロン66は，ヘキサメチレンジアミンとアジピン酸を加熱することで生じます。特徴的なのは，**縮合重合**して**アミド結合**をつくっていることです。

構造は決して複雑ではありませんので，覚えましょうね。

$$n\,H_2N-(CH_2)_6-NH_2 \;+\; n\,HOOC-(CH_2)_4-COOH$$

ヘキサメチレンジアミン　　アジピン酸

$$\longrightarrow \left[NH-(CH_2)_6-NH-\overset{\overset{\displaystyle O}{\|}}{C}-(CH_2)_4-\overset{\overset{\displaystyle O}{\|}}{C} \right]_n \;+\; 2n\,H_2O$$

ナイロン66

ナイロン6は，ナイロン66に，名前も構造も似ています。
結合による分類では，**開環重合**からなる合成繊維として分類されています。
右ページの製法を見てください。原料となる物質の構造は，似ても似つかないのですが，できあがったナイロン6は，ナイロン66にそっくりです。

$$n\,H_2C\begin{matrix} \diagup CH_2-CH_2-CO \\ \qquad\qquad\quad | \\ \diagdown CH_2-CH_2-NH \end{matrix} \longrightarrow \left[NH-(CH_2)_5-\overset{\overset{\displaystyle O}{\|}}{C} \right]_n$$

ε-カプロラクタム　　**ナイロン6**

それぞれの構造は，線路のイメージで覚えましょう。アミド結合を駅，その間の炭素を線路にたとえると，右のページのイラストのようになります。どちらも駅と線路が交互につながっていて，よく似ていますね。

ちなみに，ナイロン66は絹，ナイロン6は木綿の肌触りに近いといわれています。ともに強度が強い繊維で，ストッキングやロープなどに用いられています。

ナイロン66，ナイロン6の「6」というのは，“原料のヘキサメチレンジアミン，アジピン酸，ε-カプロラクタムに含まれている炭素原子の数のこと”と理解しておきましょう。

9

合成繊維

1) 縮合重合

- ポリアミド系…… ナイロン 66，アラミド繊維
- ポリエステル系…ポリエチレンテレフタラート

2) 付加重合

3) 開環重合

ナイロン 6

ナイロン 66

製法 …ヘキサメチレンジアミンとアジピン酸を加熱することで生じる。

$$\cdots\overset{O}{\overset{\|}{C}}-OH + H-\overset{H}{\overset{|}{N}}-(CH_2)_6-\overset{H}{\overset{|}{N}}-H + HO-\overset{O}{\overset{\|}{C}}-(CH_2)_4-\overset{O}{\overset{\|}{C}}-OH + H-\overset{H}{\overset{|}{N}}\cdots$$

ヘキサメチレンジアミン　アジピン酸

$$\longrightarrow \cdots\overset{O}{\overset{\|}{C}}-\overset{H}{\overset{|}{N}}-(CH_2)_6-\overset{H}{\overset{|}{N}}-\overset{O}{\overset{\|}{C}}-(CH_2)_4-\overset{O}{\overset{\|}{C}}-\overset{H}{\overset{|}{N}}-\cdots$$

アミド結合　アミド結合　アミド結合

ナイロン 66

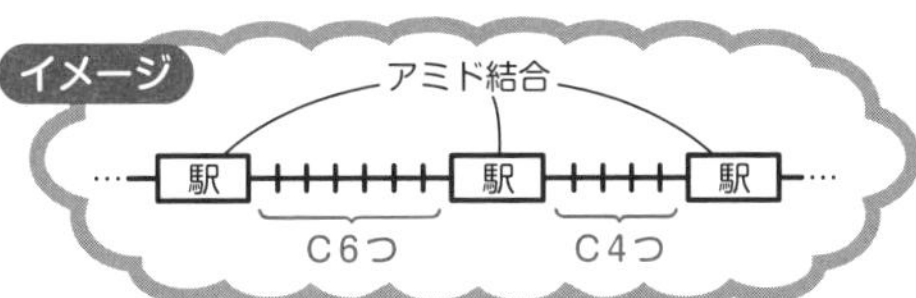

ナイロン 6

製法 …ε(イプシロン)-カプロラクタムに少量の水を加え，加熱することで生じる。

(ε-カプロラクタムの構造式) ＋ (ε-カプロラクタムの構造式)

ε-カプロラクタム

ナイロン 66 と
ナイロン 6 は
原料が全然違うのに
できた化合物は
そっくりだね～！

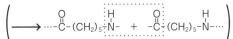

$$\left(\longrightarrow \cdots\overset{O}{\overset{\|}{C}}-(CH_2)_5-\overset{H}{\overset{|}{N}}- \;+\; -\overset{O}{\overset{\|}{C}}-(CH_2)_5-\overset{H}{\overset{|}{N}}-\cdots\right)$$

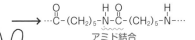

$$\longrightarrow \cdots\overset{O}{\overset{\|}{C}}-(CH_2)_5-\overset{H}{\overset{|}{N}}-\overset{O}{\overset{\|}{C}}-(CH_2)_5-\overset{H}{\overset{|}{N}}-\cdots$$

アミド結合

ナイロン 6

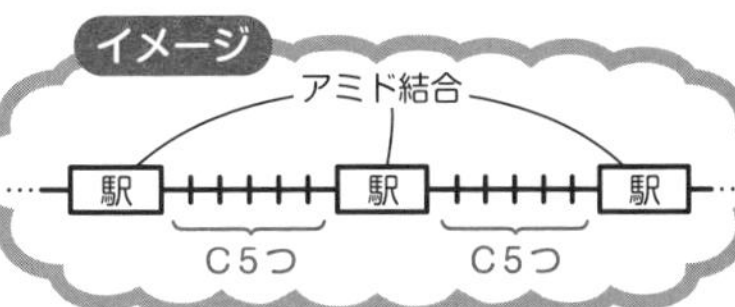
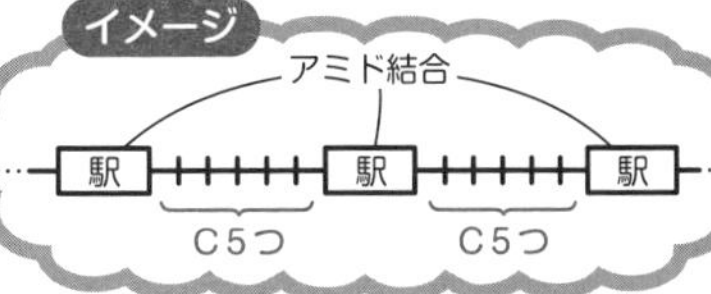

"6" というのは
原料に含まれる
炭素の数のことよ

9-3 アラミド繊維

ココをおさえよう！

アラミド繊維は縮合重合によって生成され，アミド結合をもつ。ベンゼン環をもっているのが特徴。

アラミド繊維は，ナイロン66と同じく**縮合重合**によって生成される**アミド結合**をもった合成繊維です。
代表的な例は，*p*-フェニレンジアミンとテレフタル酸塩化物からできる，
ポリ-*p*-フェニレンテレフタルアミドです。

$$n\,H_2N-C_6H_4-NH_2 \;+\; n\,Cl-\overset{O}{\overset{\|}{C}}-C_6H_4-\overset{O}{\overset{\|}{C}}-Cl$$

p-フェニレンジアミン　　テレフタル酸塩化物

$$\longrightarrow \left[\overset{H}{\overset{|}{N}}-C_6H_4-\overset{H}{\overset{|}{N}}-\overset{O}{\overset{\|}{C}}-C_6H_4-\overset{O}{\overset{\|}{C}}\right]_n \;+\; 2n\,HCl$$

ポリ-*p*-フェニレンテレフタルアミド

アラミド繊維というのは，ある特定の物質を指しているわけではありません。
ベンゼン環がアミド結合で直接つながったポリアミドの総称です。

アラミド繊維には他にも，ポリ-*m*-フェニレンイソフタルアミドなどがあります。

$$\cdots-\underset{H}{\underset{|}{N}}-C_6H_4-\underset{H}{\underset{|}{N}}-\underset{O}{\underset{\|}{C}}-C_6H_4-\underset{O}{\underset{\|}{C}}-\cdots$$

ポリ-*m*-フェニレンイソフタルアミド

補足　ポリアミドとは，アミド結合で結合した重合体のことをいいます。

アラミド繊維のもつベンゼン環は変形しにくく，分子の結晶構造が規則正しくなります。そのため，アラミド繊維は非常に強い引っぱり強度をもちます。
なんと，鉄の1/5の密度で，同じ重さの鋼鉄線の7倍以上の強度をもっているので，防弾チョッキ，スポーツ用品などに用いられています。

アラミド繊維の構造も，イメージで覚えましょう。ベンゼン環を山手線のようなループする線路にたとえると，右ページのイラストのようになります。

合成繊維

1) 縮合重合
- ポリアミド系…… ナイロン 66，アラミド繊維
- ポリエステル系…ポリエチレンテレフタラート

2) 付加重合

3) 開環重合

9

アラミド繊維

製法 …*p*-フェニレンジアミンとテレフタル酸塩化物の縮合重合によってつくられる。(代表例)

…+ H_2N-⟨ベンゼン環⟩-NH_2 + Cl-C(=O)-⟨ベンゼン環⟩-C(=O)-Cl +…

p-フェニレンジアミン　テレフタル酸塩化物

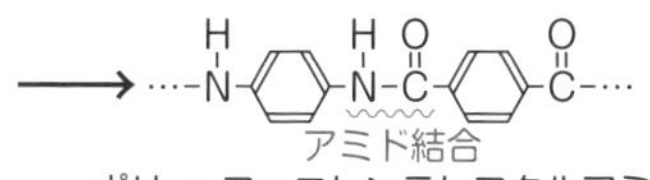

ポリ-*p*-フェニレンテレフタルアミド

ベンゼン環がアミド結合によってつながった構造ね

補足

他にも，次のようなアラミド繊維もある。

$$\left[-\underset{H}{N}-\text{⟨ベンゼン環⟩}-\underset{H}{N}-\underset{O}{\overset{}{C}}-\text{⟨ベンゼン環⟩}-\underset{O}{C}- \right]_n$$

ポリ-*m*-フェニレンイソフタルアミド

ベンゼン環は変形しにくく，分子に規則正しい結晶構造をもたらすから，引っぱり強度がとても強いんじゃ

…引っぱり強度が非常に強いため，防弾チョッキ，スポーツ用品に使われる。

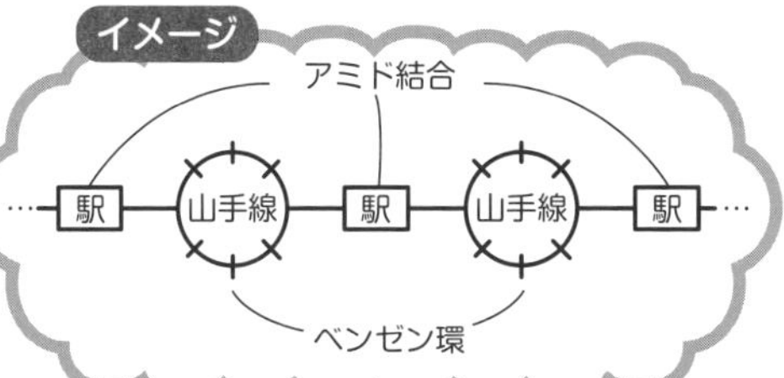

山手線はグルッと1周している路線だよ！

9-4 ポリエチレンテレフタラート(PET)

ココをおさえよう！

ポリエチレンテレフタラート(PET)は縮合重合によって生成され，エステル結合をもつ。

ポリエチレンテレフタラート(PET)は，ナイロン66(p.416)やアラミド繊維(p.418)と同じく縮合重合によってできる合成繊維です。しかし，分子内にあるのはアミド結合ではなく，**エステル結合**です。

ポリエチレンテレフタラートは，2価アルコールのエチレングリコールと，
2価カルボン酸のテレフタル酸を縮合重合させることで生成されます。

$$n\,\underline{\underline{H}}O-(CH_2)_2-O\underline{\underline{H}} \;+\; n\,\underline{\underline{HO}}-\overset{\overset{O}{\|}}{C}-C_6H_4-\overset{\overset{O}{\|}}{C}-\underline{\underline{OH}}$$

エチレングリコール　　テレフタル酸

$$\longrightarrow \left[O-(CH_2)_2-O-\overset{\overset{O}{\|}}{C}-C_6H_4-\overset{\overset{O}{\|}}{C}\right]_n + 2n\,\underline{\underline{H_2O}}$$

エステル結合

ポリエチレンテレフタラート

補足 2価というのは，1分子中にその官能基を2つもっている，ということです。

ポリエチレンテレフタラートの構造をイメージしてみましょう。エステル結合を駅，炭素を線路，ベンゼン環を山手線(環状路線)とするたとえを用いると，右ページのようなイメージになります。駅と山手線(環状路線)が，線路によって交互につながれていますね。

ポリエチレンテレフタラート(Polyethylene Terephthalate) は略してPETと呼ばれますが，これがペットボトルの名前の由来です。
ポリエチレンテレフタラートは，衣料の繊維としても使えるので，ペットボトルを再生して服などがつくられることもあります。

ちなみに，ポリエチレンテレフタラートのように，1分子の中に多数のエステル結合-COO-をもつ高分子化合物を，**ポリエステル**といいますよ。

合成繊維

1) 縮合重合
- ポリアミド系…… ナイロン 66，アラミド繊維
- ポリエステル系…ポリエチレンテレフタラート

2) 付加重合

3) 開環重合

9

ポリエチレンテレフタラート(PET)

今度はエステル結合によってできる合成繊維よ

製法 …エチレングリコールとテレフタル酸の縮合重合によってつくられる。

$$\cdots\text{-}\overset{\displaystyle O}{\overset{\|}{C}}\text{-}OH \;+\; H\text{-}O\text{-}(CH_2)_2\text{-}O\text{-}H \;+\; H\text{-}O\text{-}\overset{\displaystyle O}{\overset{\|}{C}}\text{-}C_6H_4\text{-}\overset{\displaystyle O}{\overset{\|}{C}}\text{-}OH \;+\; H\text{-}O\text{-}\cdots$$

エチレングリコール　　テレフタル酸

$$\longrightarrow \cdots\overset{\displaystyle O}{\overset{\|}{C}}\text{-}O\text{-}(CH_2)_2\text{-}O\text{-}\overset{\displaystyle O}{\overset{\|}{C}}\text{-}C_6H_4\text{-}\overset{\displaystyle O}{\overset{\|}{C}}\text{-}O\text{-}\cdots$$

エステル結合　エステル結合　エステル結合

ポリエチレンテレフタラート

イメージ

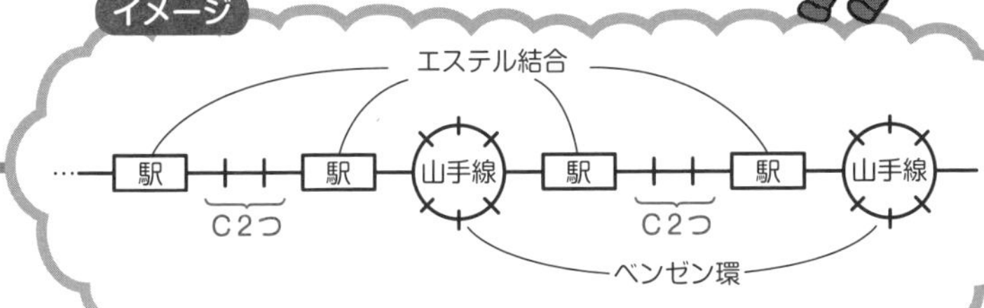

用途 …PET ボトル，衣料の繊維

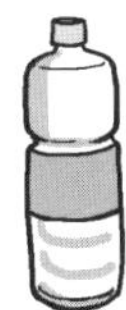

ポリエチレンテレフタラート(PET)のように，1 分子の中に多数のエステル結合をもつ化合物をポリエステルというぞぃ

9-5 アクリル繊維，ビニロン

ココをおさえよう！

アクリル繊維はアクリロニトリルを，ビニロンは酢酸ビニルを付加重合することで生成される。

アクリル繊維は，アクリロニトリル（$CH_2=CH-CN$）を主成分とする合成繊維のことです。代表的なアクリル繊維であるポリアクリロニトリルは，アクリロニトリルを付加重合させてつくります。

$$\cdots + \underset{\text{アクリロニトリル}}{CH_2=\overset{\overset{\displaystyle CN}{|}}{CH}} + CH_2=\overset{\overset{\displaystyle CN}{|}}{CH} \longrightarrow \underset{\text{ポリアクリロニトリル}}{\cdots-CH_2-\overset{\overset{\displaystyle CN}{|}}{CH}-CH_2-\overset{\overset{\displaystyle CN}{|}}{CH}-\cdots}$$

アクリル繊維は右ページのように，羊が手をつなぎ合ってつくった大きな列をイメージするといいですよ。
特徴としては，羊毛に似た肌触りがあるので，セーターや毛布に使われます。

ビニロンをつくるには，まず，酢酸ビニルを付加重合させ，ポリ酢酸ビニルをつくります。
さらに，できたポリ酢酸ビニルをけん化(p.218)してポリビニルアルコールにしたあと，アセタール化することで，ビニロンになります。

ヒドロキシ基(−OH)をホルムアルデヒド(HCHO)で処理することをアセタール化といいます。2つのヒドロキシ基−OHからHがとれ，ホルムアルデヒドHCHOからOがとれて，H_2Oとなり，$-O-CH_2-O-$の結合ができます。

途中から帽子が変化する，右ページのイメージで頭に入れましょう。
ビニロンには，吸湿性，耐摩耗性，耐薬品性，保湿力に優れており，漁網やロープ，作業着などに使われます。

合成繊維

1) 縮合重合

2) 付加重合
- ポリビニル系…アクリル繊維，ビニロン

3) 開環重合

9

羊毛に似ているからセーターや毛布に使われるんじゃ

アクリル繊維

製法 …アクリロニトリルを付加重合させてつくられる。

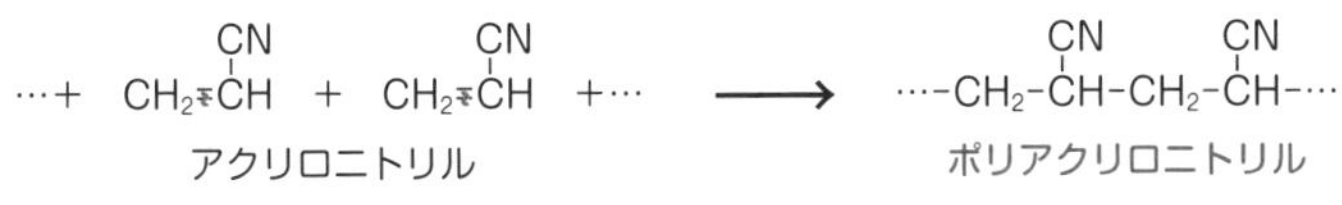

イメージ

羊が1匹
羊が2匹…
Zzz…

ビニロン

製法 …酢酸ビニルを付加重合させたあとけん化し，ポリビニルアルコールにしたあとアセタール化することでつくられる。

❶ $\cdots + \underset{\text{酢酸ビニル}}{CH_2{=}CH(OCOCH_3)} + CH_2{=}CH(OCOCH_3) + \cdots \xrightarrow{\text{付加重合}}$ ❷ $\underset{\text{ポリ酢酸ビニル}}{\cdots\text{-}CH_2\text{-}CH(OCOCH_3)\text{-}CH_2\text{-}CH(OCOCH_3)\text{-}\cdots}$

❸ $\xrightarrow[\text{けん化}]{NaOH} \underset{\text{ポリビニルアルコール}}{\cdots\text{-}CH_2\text{-}CH(OH)\text{-}CH_2\text{-}CH(OH)\text{-}\cdots} \xrightarrow[\text{アセタール化}]{\text{ホルムアルデヒド } (H\text{-}CO\text{-}H)}$ ❹ $\underset{\text{ビニロン}}{\cdots\text{-}CH_2\text{-}CH(OH)\text{-}CH_2\text{-}CH(O\text{-}CH_2\text{-}O)\text{-}CH_2\text{-}CH\text{-}\cdots}$

イメージ

ビニロンは，漁網やロープ，作業着に使われるわよ

ここまでやったら 別冊 P. 75へ

9-6 合成樹脂

ココをおさえよう！

合成樹脂とはプラスチックのこと。熱可塑性樹脂と熱硬化性樹脂がある。

合成樹脂は，簡単にいうと，プラスチックのことです。
プラスチックとひと口にいっても，さまざまな種類があるので，まずは分類してみましょう。

プラスチックは，大きく「**熱可塑性樹脂**」，「**熱硬化性樹脂**」の2つに分類されます。

【熱可塑性樹脂】
熱を加えるとやわらかくなって変形するが，冷却すると変形したまま硬くなる性質（熱可塑性）をもつ樹脂を，熱可塑性樹脂といいます。
硬くなった樹脂に熱を加えると，再びやわらかくなります。

熱可塑性樹脂は，付加重合または縮合重合による長い鎖状構造をした重合体です。

【熱硬化性樹脂】
熱可塑性樹脂とは違い，熱を加えると硬くなり，二度とやわらかくならない合成樹脂です。

熱硬化性樹脂は付加縮合や縮合重合による三次元網目状構造の重合体で，加熱をすると三次元網目状構造がより複雑に入り乱れるので，熱を加えてもやわらかくなりません。

合成高分子化合物

❶ 合成繊維

❷ 合成樹脂
- 熱可塑性樹脂
- 熱硬化性樹脂

❸ 合成ゴム

❹ 機能性高分子化合物

9

合成樹脂

うるしなどは天然樹脂と呼ばれるわよ

… いわゆるプラスチックのこと。

熱可塑性樹脂（ねつかそせいじゅし）…熱を加えるとやわらかくなって変形し，冷却すると変形したまま硬くなる性質をもつ樹脂のこと。

- 付加重合…ポリエチレン，ポリプロピレン，ポリ塩化ビニル，ポリスチレン，アクリル樹脂
- 縮合重合…ナイロン 66，ポリエチレンテレフタラート（PET），ポリカーボネート
- 開環重合…ナイロン 6

イメージ

鎖状構造

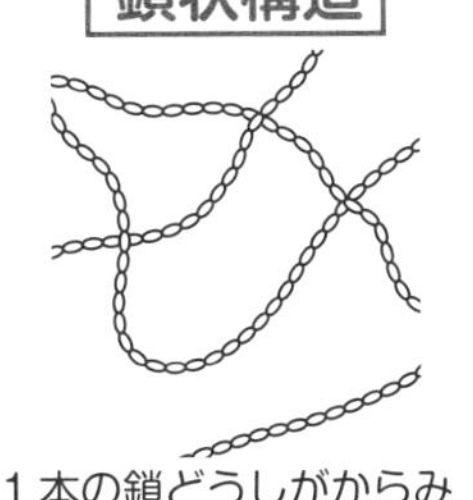

1 本の鎖どうしがからみあっている

いろんな樹脂があるなあ

熱硬化性樹脂…熱を加えると硬くなり，二度とやわらかくならない性質をもつ樹脂のこと。

- 付加縮合…フェノール樹脂，アミノ樹脂
- 縮合重合…アルキド樹脂，シリコーン樹脂

三次元網目状構造

イメージ

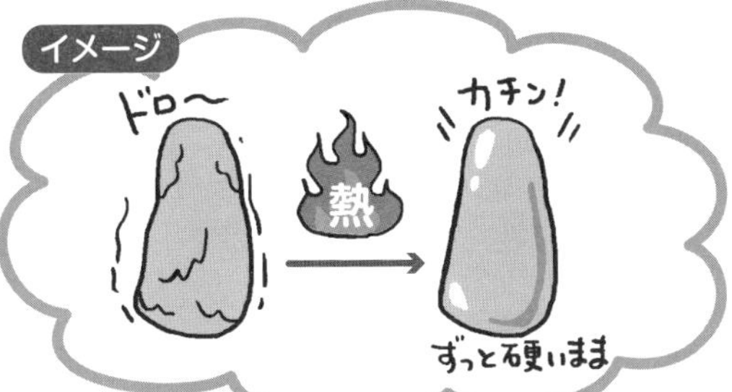

鎖どうしがつながりあって複雑

9-7 付加重合による熱可塑性樹脂(ポリエチレン，ポリプロピレン)

ココをおさえよう！

ポリエチレンはエチレンが，ポリプロピレンはプロピレンが付加重合してできた合成樹脂。

熱可塑性樹脂のうち，付加重合によってできている合成樹脂をご紹介しましょう。まずは，とても単純な構造の**ポリエチレン**です。

ポリエチレンは，エチレン($CH_2=CH_2$)が付加重合してできています。とっても単純ですね。

$$n\,CH_2{=}CH_2 \longrightarrow \left[CH_2{-}CH_2 \right]_n$$

エチレン　　ポリエチレン

相撲(すもう)の関脇(せきわけ)のイメージで覚えてみてください。

続いて，同じく熱可塑性樹脂で付加重合によってできる合成樹脂である，**ポリプロピレン**をご紹介しましょう。

こちらはポリエチレンの兄貴分で，プロピレン($CH_2=CH-CH_3$)を付加重合して得られます。

$$n\,CH_2{=}\underset{\displaystyle CH_3}{\underset{|}{CH}} \longrightarrow \left[CH_2{-}\underset{\displaystyle CH_3}{\underset{|}{CH}} \right]_n$$

プロピレン　　ポリプロピレン

イメージは，化粧まわしにCH_3と書かれた相撲の大関(おおぜき)です。

ポリエチレン，ポリプロピレンはともに，成形加工性に優れ，耐薬品性があるので，容器や薬品瓶に使われます。また，水分をほとんど透過しないので，フィルムとしても使われますよ。

ポリエチレン

… エチレンを付加重合させるとできる。

$$\cdots + \underset{\text{エチレン}}{CH_2{=}CH_2} + CH_2{=}CH_2 + \cdots \longrightarrow \underset{\text{ポリエチレン}}{\cdots-CH_2-CH_2-CH_2-CH_2-\cdots}$$

$$n\,CH_2{=}CH_2 \longrightarrow \left[CH_2-CH_2 \right]_n$$

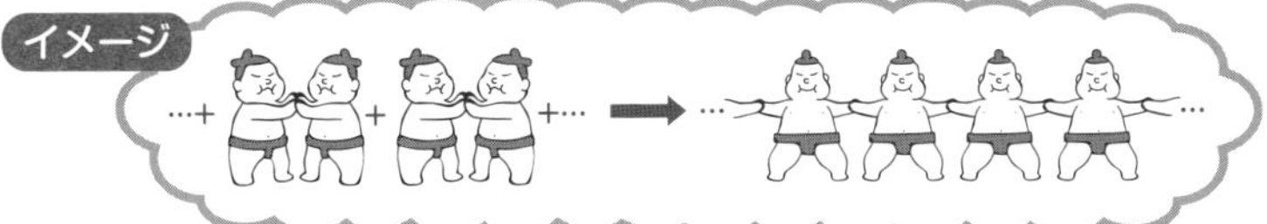

ポリプロピレン

… プロピレンを付加重合させるとできる。

$$\cdots + \underset{\text{プロピレン}}{CH_2{=}\underset{CH_3}{CH}} + CH_2{=}\underset{CH_3}{CH} + \cdots \longrightarrow \underset{\text{ポリプロピレン}}{\cdots-CH_2-\underset{CH_3}{CH}-CH_2-\underset{CH_3}{CH}-\cdots}$$

$$n\,CH_2{=}\underset{CH_3}{CH} \longrightarrow \left[CH_2-\underset{CH_3}{CH} \right]_n$$

ポリエチレンに
よく似ているわ

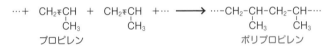

…容器，薬品瓶，フィルムなど

9-8 付加重合による熱可塑性樹脂(ポリ塩化ビニル，ポリスチレン)

ココをおさえよう！

ポリ塩化ビニル，ポリスチレンは，ポリプロピレンと同様の構造をもつ。

ポリ塩化ビニルは，塩化ビニル($CH_2=CH-Cl$)を付加重合させることでできます。塩化ビニルは，プロピレン($CH_2=CH-CH_3$)のメチル基($-CH_3$)がクロロ基($-Cl$)になっている分子です。

$$n\,CH_2=\underset{\displaystyle Cl}{\underset{|}{C}}H \longrightarrow \left[CH_2-\underset{\displaystyle Cl}{\underset{|}{C}}H \right]_n$$

塩化ビニル　　ポリ塩化ビニル

ポリ塩化ビニルは，構造がポリプロピレンによく似ているので，化粧まわしに「Cl」と書かれた大関のイメージです。
ポリ塩化ビニルは，耐薬品性，耐候性に優れ，難燃性で非常に硬い合成樹脂です。よって，パイプや建設資材に使われます。

補足　耐候性とは，野外で使われたときの変形，変色，劣化などに対する耐性のことです。

ポリスチレンは，スチレン($CH_2=CH-C_6H_5$)が付加重合することによってできます。スチレンは，プロピレンのメチル基がベンゼン環($-C_6H_5$)になっている分子です。

$$n\,CH_2=\underset{\displaystyle C_6H_5}{\underset{|}{C}}H \longrightarrow \left[CH_2-\underset{\displaystyle C_6H_5}{\underset{|}{C}}H \right]_n$$

スチレン　　ポリスチレン

ポリスチレンも，ポリプロピレンによく似た構造なので，化粧まわしがベンゼン環の大関のイメージです。
ポリスチレンは，みなさんご存知の発泡スチロールに使われている合成樹脂です。

この他にも，酢酸ビニル($CH_2=CH-OCOCH_3$)が付加重合した**ポリ酢酸ビニル**なども仲間ですね(化学反応式は右ページ参照)。

9

ポリ塩化ビニル

…塩化ビニルを付加重合させるとできる。

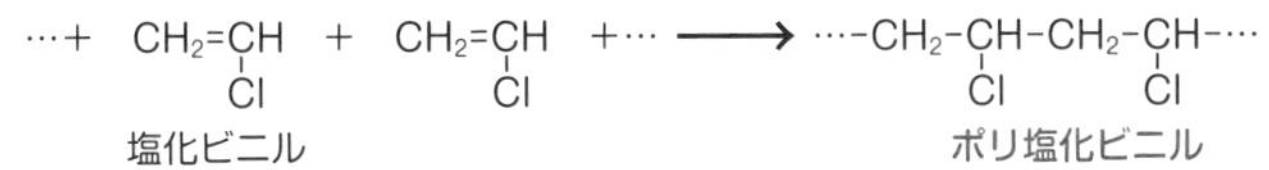

$$\cdots + CH_2{=}CH(Cl) + CH_2{=}CH(Cl) + \cdots \longrightarrow \cdots -CH_2-CH(Cl)-CH_2-CH(Cl)- \cdots$$

塩化ビニル　　　　ポリ塩化ビニル

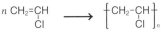

$$n\,CH_2{=}CH(Cl) \longrightarrow \left[CH_2-CH(Cl) \right]_n$$

耐薬品性，耐候性に優れているわ

イメージ

用途 …パイプや建設資材など

ポリスチレン

…スチレンを付加重合させるとできる。

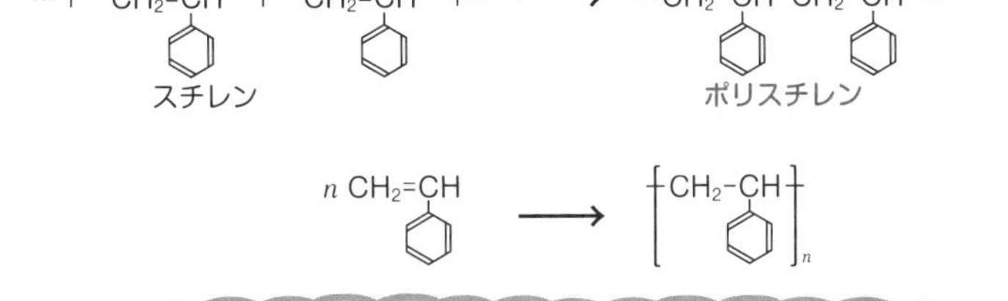

$$\cdots + CH_2{=}CH(C_6H_5) + CH_2{=}CH(C_6H_5) + \cdots \longrightarrow \cdots -CH_2-CH(C_6H_5)-CH_2-CH(C_6H_5)- \cdots$$

スチレン　　　　ポリスチレン

$$n\,CH_2{=}CH(C_6H_5) \longrightarrow \left[CH_2-CH(C_6H_5) \right]_n$$

大関がたくさん!!

イメージ

用途 …発泡スチロールなど

ポリ酢酸ビニル

…酢酸ビニルを付加重合させるとできる。

$$\cdots + CH_2{=}CH(OCOCH_3) + CH_2{=}CH(OCOCH_3) + \cdots \longrightarrow \cdots -CH_2-CH(OCOCH_3)-CH_2-CH(OCOCH_3)- \cdots$$

酢酸ビニル　　　　ポリ酢酸ビニル

$$n\,CH_2{=}CH(OCOCH_3) \longrightarrow \left[CH_2-CH(OCOCH_3) \right]_n$$

9-9 付加重合による熱可塑性樹脂（アクリル樹脂）

ココをおさえよう！

アクリル樹脂も，ポリプロピレンの構造をベースに考える。

ポリプロピレンの，さらに兄貴分（横綱！）が**アクリル樹脂**（メタクリル樹脂）です。アクリル樹脂は，メタクリル酸メチル（$CH_2=C(CH_3)(COOCH_3)$）を付加重合することによって生成されます。メタクリル酸メチルとは，
プロピレン（$CH_2=C\underline{H}-CH_3$）の中心の炭素Cについた$\underline{H}$を$-\underline{COOCH_3}$に置き換えた分子です。

$$n\,CH_2=\underset{\underset{COOCH_3}{|}}{\overset{\overset{CH_3}{|}}{C}} \longrightarrow \left[CH_2-\underset{\underset{COOCH_3}{|}}{\overset{\overset{CH_3}{|}}{C}} \right]_n$$

メタクリル酸メチル　　　アクリル樹脂（ポリメタクリル酸メチル）

こちらは，透明性，耐候性に優れているため，看板，建築材料，風防ガラスなどに使われます。

復習ですが，p.422でご紹介したアクリル繊維は，アクリロニトリルを付加重合させてできた合成繊維のことですね。アクリル樹脂に構造もとても似ていますが，アクリル繊維は繊維として利用されています。

$$n\,CH_2=\underset{\underset{CN}{|}}{CH} \longrightarrow \left[CH_2-\underset{\underset{CN}{|}}{CH} \right]_n$$

アクリロニトリル　　ポリアクリロニトリル

この他にも，塩化ビニリデン（$CH_2=CCl_2$）が付加重合したポリ塩化ビニリデン，フッ化ビニリデン（$CH_2=CF_2$）が付加重合したフッ素樹脂もポリプロピレンに似た構造なので仲間ですね（化学反応式は右ページ参照）。

アクリル樹脂

… メタクリル酸メチルを付加重合することでつくられる。

$$\cdots + CH_2{=}C(CH_3)(COOCH_3) + CH_2{=}C(CH_3)(COOCH_3) + \cdots \longrightarrow \cdots{-}CH_2{-}C(CH_3)(COOCH_3){-}CH_2{-}C(CH_3)(COOCH_3){-}\cdots$$

メタクリル酸メチル　→　アクリル樹脂(ポリメタクリル酸メチル)

イメージ

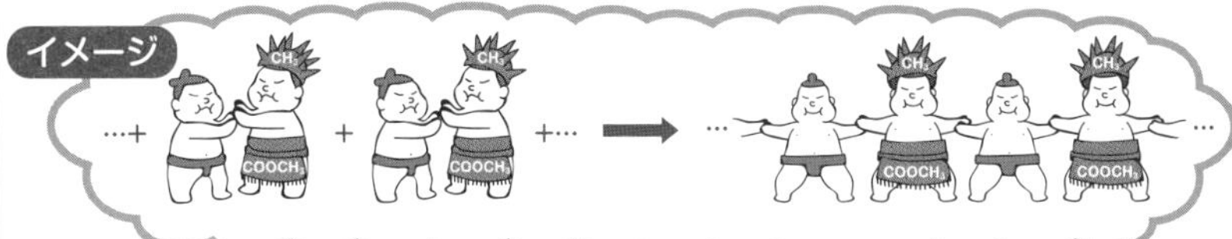

用途 …看板，建築材料，風防ガラスなど。

横綱強そう

補足 アクリル繊維(p.422)

$$\cdots + CH_2{=}CH(CN) + CH_2{=}CH(CN) + \cdots \longrightarrow \cdots{-}CH_2{-}CH(CN){-}CH_2{-}CH(CN){-}\cdots$$

アクリロニトリル　→　ポリアクリロニトリル

ポリ塩化ビニリデン

$$n\,CH_2{=}CCl_2 \longrightarrow \left[CH_2{-}CCl_2 \right]_n$$

塩化ビニリデン　→　ポリ塩化ビニリデン

ポリプロピレンの CH_3 と H が，Cl や F になっているのね

フッ素樹脂

$$n\,CH_2{=}CF_2 \longrightarrow \left[CH_2{-}CF_2 \right]_n$$

フッ化ビニリデン　→　フッ素樹脂(ポリフッ化ビニリデン)

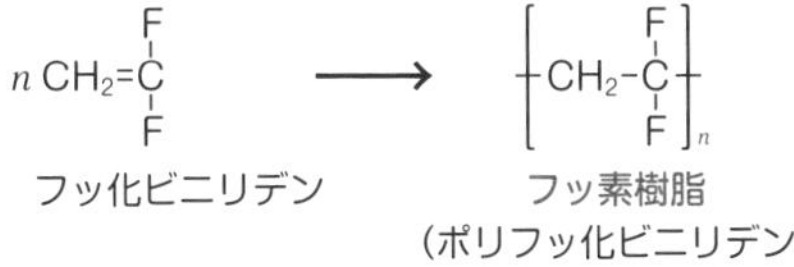

9-10 縮合重合による熱可塑性樹脂

ココをおさえよう！

ポリエチレンテレフタラート(PET)，ナイロン66も合成樹脂。

熱可塑性樹脂には，付加重合と縮合重合があるといいましたが，このページでは**縮合重合**によってできた合成樹脂をご紹介します。

p.420で合成繊維としてご紹介した**ポリエチレンテレフタラート**(**PET**)は縮合重合でできた合成樹脂でもあります。

ポリエチレンテレフタラートは，ペットボトルに成形したら合成樹脂に，細い繊維にしたら合成繊維に分類されます。
p.420では，ペットボトルから服がつくれる，というお話をしましたね。それはどちらも原料がポリエチレンテレフタラートだからです。

また，**ナイロン66**(p.416)も合成樹脂になります。フィルムや容器に使われるのです。

この他に，**ポリカーボネート**も縮合重合による熱可塑性樹脂です。構造が難しいので覚えなくてもいいのですが，右ページのようにホスゲンとビスフェノールAを縮合重合することによってつくられます。

-OCOO-をカーボネート結合といいます。

ポリカーボネートはレンズ，CD基盤などに使われます。

ポリエチレンテレフタラート（PET）

n HO-$(CH_2)_2$-OH ＋ n HO-C(=O)-C₆H₄-C(=O)-OH

エチレングリコール　　テレフタル酸

⟶ [-O-$(CH_2)_2$-O-C(=O)-C₆H₄-C(=O)-]$_n$ ＋ $2n$ H_2O

ポリエチレンテレフタラート（PET）

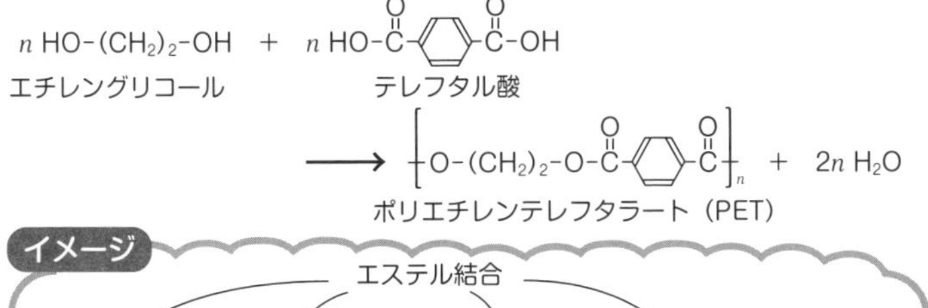

山手線はグルッと１周している路線だったね

ナイロン 66

n H_2N-$(CH_2)_6$-NH_2 ＋ n HOOC-$(CH_2)_4$-COOH

ヘキサメチレンジアミン　　アジピン酸

⟶ [-NH-$(CH_2)_6$-NH-C(=O)-$(CH_2)_4$-C(=O)-]$_n$ ＋ $2n$ H_2O

ナイロン 66

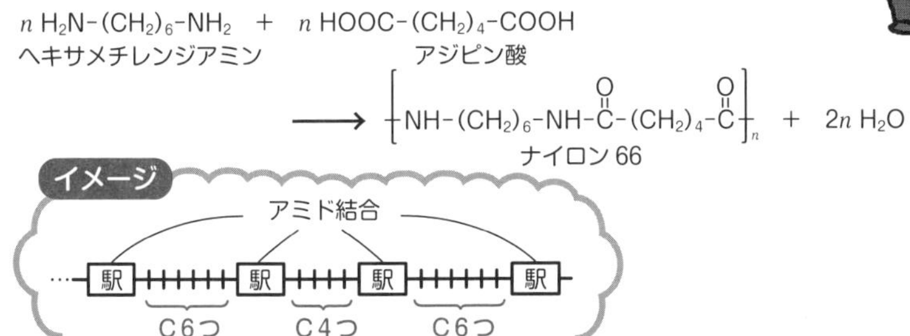

ポリカーボネート

…＋ Cl-C(=O)-Cl ＋ HO-C₆H₄-C(CH_3)₂-C₆H₄-OH ＋…

ホスゲン　　ビスフェノールA

⟶ … -O-C₆H₄-C(CH_3)₂-C₆H₄-O-C(=O)-O-C₆H₄-C(CH_3)₂-C₆H₄-O-C(=O)- …

カーボネート結合

ポリカーボネート

用途 …レンズ，CD 基盤など。

9-11 熱硬化性樹脂

ココをおさえよう！

熱硬化性樹脂とは，付加縮合や縮合重合でできた複雑な構造をもつ合成樹脂のこと。

熱硬化性樹脂の中から，①**フェノール樹脂**，②**アミノ樹脂**，③**アルキド樹脂**，④**シリコーン樹脂**をご紹介します。**化学式を覚えたりする必要はありません。**
これらの樹脂の名称と，熱硬化性樹脂に分類されるということをおさえておけば大丈夫です。

① フェノール樹脂（付加縮合）

付加反応と縮合反応を繰り返して進む重合を**付加縮合**といいます。
フェノール樹脂は，フェノールとホルムアルデヒドに，酸または塩基触媒を加えて付加縮合させることでできる，ノボラックやレゾールを加熱することで得られます。

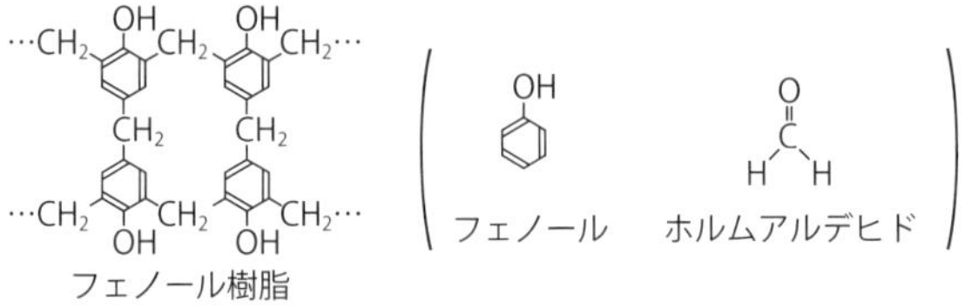

フェノール樹脂

（フェノール　ホルムアルデヒド）

フェノール樹脂は，耐熱性や電気絶縁性をもつので，なべの取手や電子基盤などに幅広く使われています。

② アミノ樹脂（付加縮合）

アミノ基をもつ単量体とホルムアルデヒドHCHOの付加縮合で得られる樹脂の総称をアミノ樹脂といいます。アミノ樹脂の代表例に，尿素樹脂やメラミン樹脂があります。

・尿素樹脂（付加縮合）

尿素樹脂は，尿素$CO(NH_2)_2$とホルムアルデヒドを付加縮合させることによって得ることができます（化学反応式は右ページ参照）。
尿素樹脂は着色性がよく，ボタンやプラグなどの日用品に用いられます。

① **フェノール樹脂**…フェノールとホルムアルデヒドを，付加縮合させることでできる，ノボラックやレゾールを，加熱することで得られる。

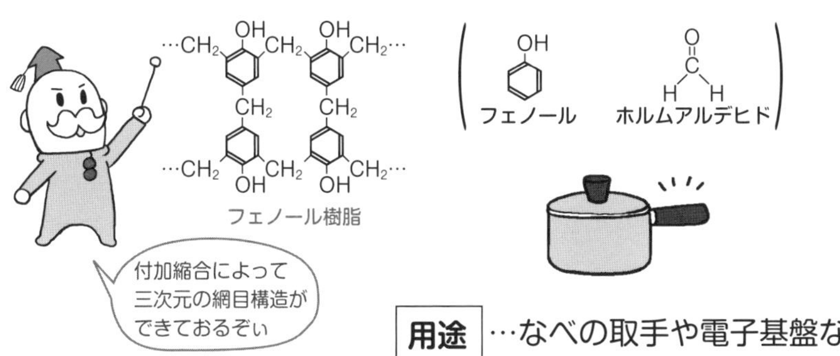
フェノール
ホルムアルデヒド
付加縮合によって
三次元の網目構造が
できておるぞぃ
フェノール樹脂

用途…なべの取手や電子基盤など。

② **アミノ樹脂**…アミノ基をもつ単量体と，ホルムアルデヒド HCHO の付加縮合で得られる樹脂の総称。

● 尿素樹脂…尿素とホルムアルデヒドを付加縮合させて得られる。

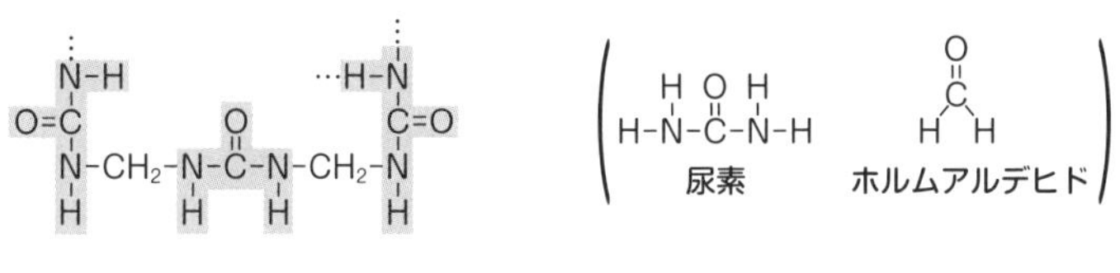
尿素
ホルムアルデヒド
尿素樹脂

：尿素から生じる部分

用途…ボタンやプラグなどの日用品に多く使われている。

これは覚え
られないね～

どれも化学式を暗記する
必要はないぞぃ
熱硬化性樹脂であることは
頭に入れる必要はあるがのぅ

・メラミン樹脂（付加縮合）

メラミン樹脂は，メラミン$C_3N_3(NH_2)_3$とホルムアルデヒドHCHOを付加縮合させることによって得られます。

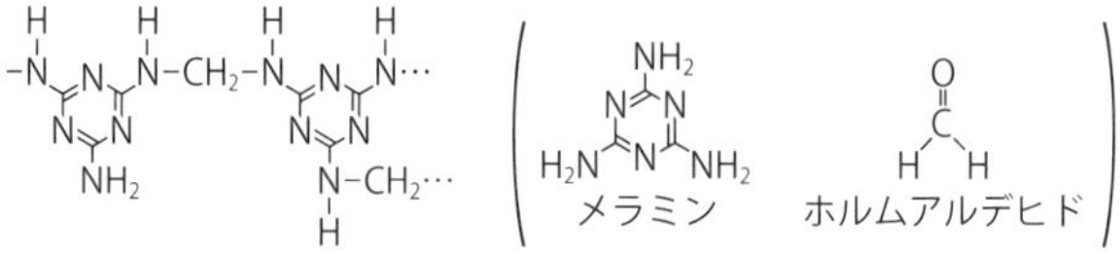

メラミン樹脂

（メラミン　ホルムアルデヒド）

強度が強く，熱や水にも強いので，食器やスポンジなどの日用品に使われています。

③　アルキド樹脂（縮合重合）

多価カルボン酸無水物の無水フタル酸と，多価アルコールのグリセリンとの縮合重合によって得られます。

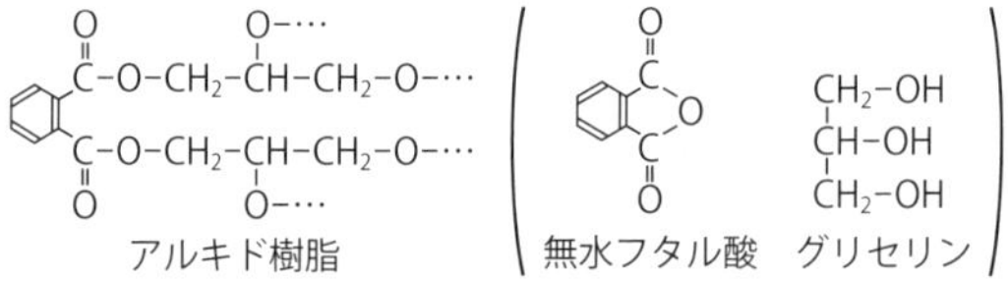

アルキド樹脂

（無水フタル酸　グリセリン）

耐候性や耐熱性に優れるため，自動車の塗料などに用いられます。

補足 多価というのは，1分子中にその官能基を3つ以上もっている，ということです。

④　シリコーン樹脂（縮合重合）

トリクロロメチルシランCH_3SiCl_3，ジクロロジメチルシラン$(CH_3)_2SiCl_2$などを水と反応させて加水分解して得られるシラノールを縮合重合することで得られます。

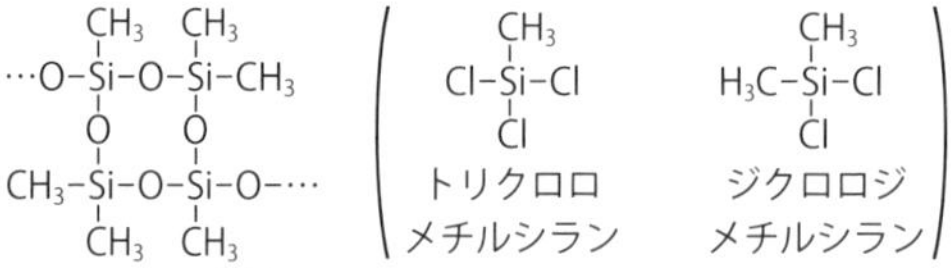

シリコーン樹脂

（トリクロロメチルシラン　ジクロロジメチルシラン）

耐熱性，耐寒性，耐水性，電気絶縁性に優れた材料なので，コードのコーティング材や，はっ水塗料などとして使われます。

以上で，合成樹脂については終わりです。

9

●メラミン樹脂…メラミンとホルムアルデヒドの付加縮合で得られる。

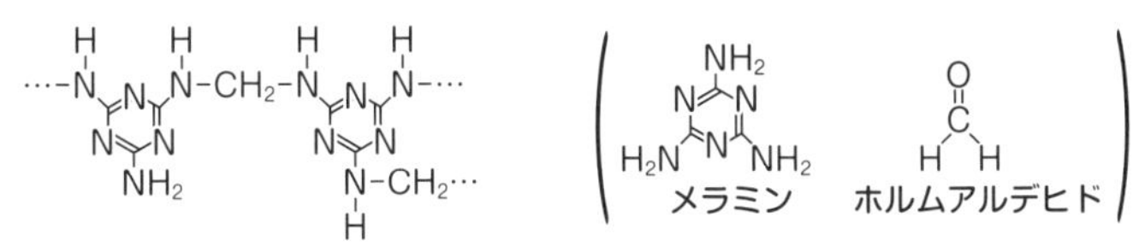

メラミン樹脂

用途 …強度が求められるところに使われている。
食器やスポンジなど。

③ アルキド樹脂…無水フタル酸とグリセリンが縮合重合することで得られる。

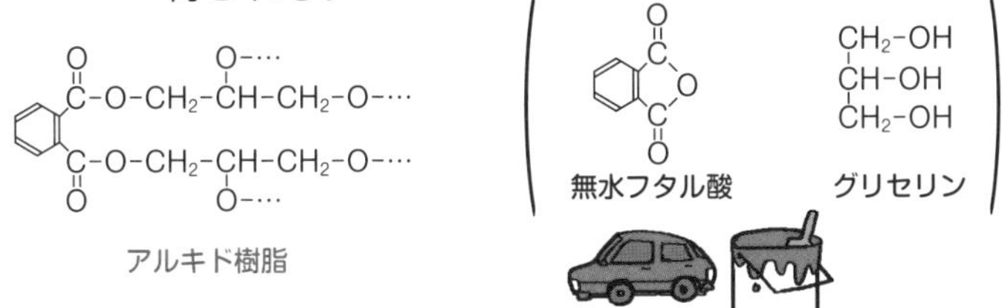

アルキド樹脂

用途 …耐候性や耐熱性に優れた材料として利用。自動車の塗料など。

④ シリコーン樹脂…トリクロロメチルシラン，ジクロロジメチルシランなどを水と反応させて加水分解して得られるシラノールを縮合重合することで得られる。

補足

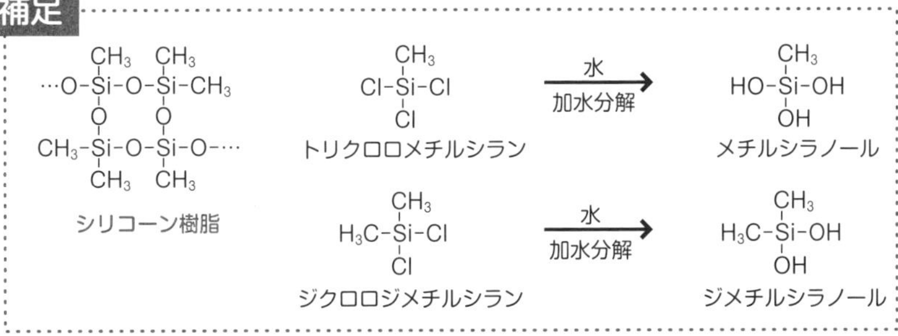

用途 …耐熱性, 耐寒性, 耐水性, 電気絶縁性に優れた材料として利用。

熱硬化性樹脂の化学式は覚えなくてよいが，いろんなところで使われていることは知っておくのじゃ

ここまでやったら
別冊 p.77へ

9-12 天然ゴムの構造

ココをおさえよう！

天然ゴムはポリイソプレンでできており，シス形をしている。

合成高分子化合物は，ここまで合成繊維，合成樹脂と見てきました。
続いては，みなさんもなじみが深いゴムについて見ていきます。
ゴムも高分子化合物の仲間で，天然ゴムと合成ゴムの2種類があります。

まずは，**天然ゴム**についてお話ししましょう。

天然にとれるゴムは，ゴムノキという木からとれます。
右ページのように，樹皮に傷をつけることで，ラテックスという乳白色の樹液を得ることができます。

このままでは液体のままですので，ここにギ酸HCOOHや酢酸CH_3COOHを加えて凝固させ，乾燥させると天然ゴムをつくることができるのです。

化学的に見てみると，この天然ゴムは**イソプレンが付加重合した構造**になっています。付加重合のしかたは，すべて**シス形**(p.132)になっているという特徴があります。

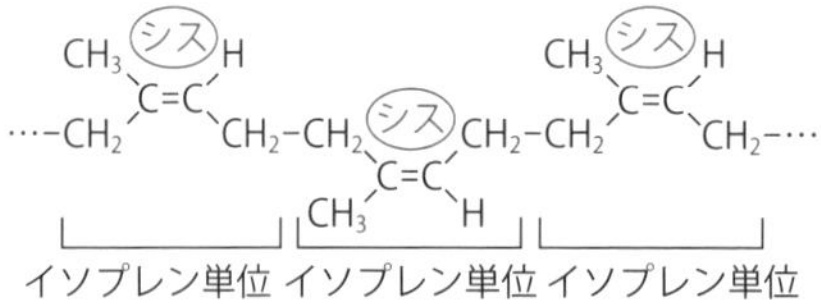

```
      CH3 (シス) H                       CH3 (シス) H
          \C=C/                              \C=C/
 …-CH2/        \CH2-CH2 (シス) CH2-CH2/        \CH2-…
                       \C=C/
                    CH3/    \H
 |______________| |______________| |______________|
  イソプレン単位    イソプレン単位    イソプレン単位
```

合成高分子化合物

❶ 合成繊維　❷ 合成樹脂　❸ 合成ゴム　❹ 機能性高分子化合物

天然ゴム　●天然ゴム…天然で採取できるゴム。

天然ゴムのつくりかた

天然ゴムの正体　…イソプレンが付加重合した構造。すべて<u>シス形</u>である。

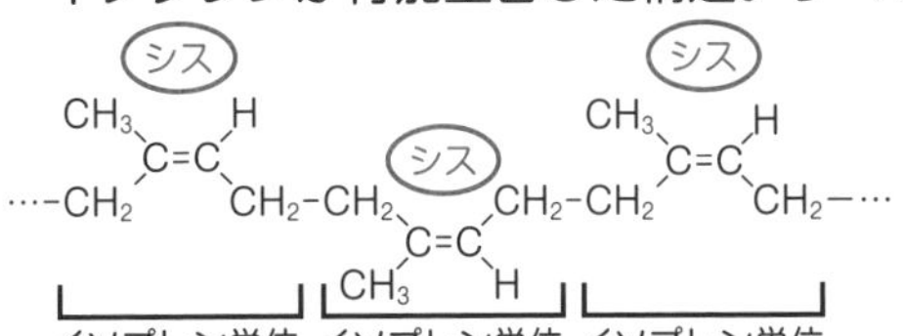

9-13 ゴムの性質

ココをおさえよう！

ゴムが弾性をもつのは，
ゴムの高分子は縮まった状態のほうが安定であるということと，
シス形なので，分子間力が小さいということが関係している。

ゴムは**「伸ばすと縮む」**という性質をもっています。この性質を，**弾性**といいます。
これ，ふつうに考えたら不思議ですよね。
少なくともこの参考書には，ゴム以外に，これまで「伸ばすと縮む」という物質は出てきませんでした。

どうして，ゴムは弾性をもっているのでしょうか？
それには２つの理由があります。

１つは，**ゴムの高分子は縮まった状態のほうが安定である**ためです。
ですから，引っ張って高分子が伸びた状態から，縮まった状態に戻るのです。
（縮まったほうが安定であるのは，「エントロピー増大の法則」というものがあるからですが，大学で勉強することなので，ここでは省略します）

もう１つは，ゴムの分子が，**シス形**の結合でできているため，
分子どうしが近づきにくいことが関係しています。
近づきにくいため分子間に距離があき，**分子間力が小さく**なります。
そのため，互いにジャマすることなく，縮むことができるのです。

もし分子間力が大きいと，ゴムの高分子は自由に伸び縮みできなくなってしまいますね。

二重結合は空気中の酸素やオゾンによって酸化されて切れます(p.158)。
天然ゴムの原料であるポリイソプレンも空気中においておくと，二重結合が切れて弾性が失われます。二重結合が切れると，シス形をとれないので，
縮んだり伸びたりしなくなってしまうのです。

このような現象を**ゴムの老化**といいます。

ゴムに弾性がある理由

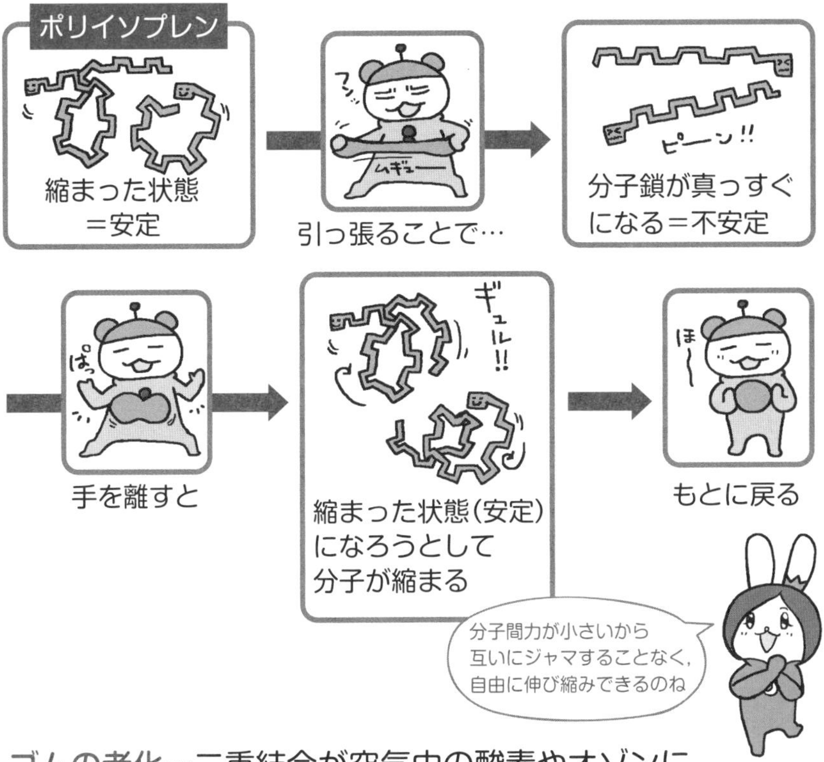

ポリイソプレン

縮まった状態
＝安定

引っ張ることで…

分子鎖が真っすぐ
になる＝不安定

手を離すと

縮まった状態（安定）
になろうとして
分子が縮まる

もとに戻る

分子間力が小さいから
互いにジャマすることなく，
自由に伸び縮みできるのね

ゴムの老化…二重結合が空気中の酸素やオゾンによって酸化されて切れると，弾性が失われる。

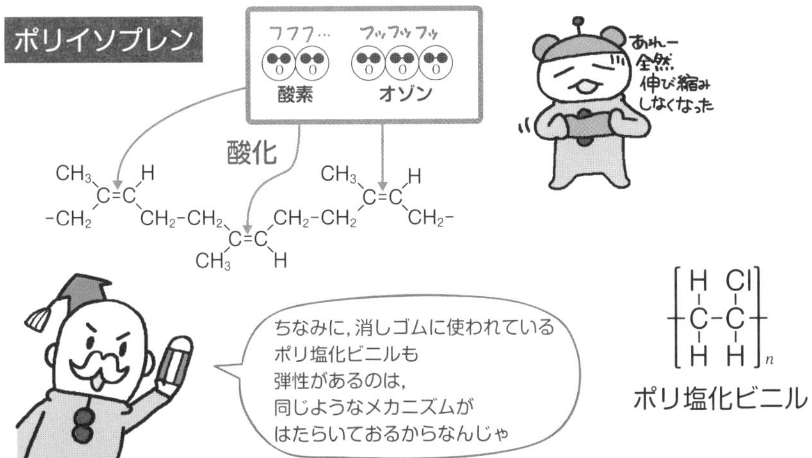
ポリイソプレン
フフフ…
フッフッフッ
酸素
オゾン
酸化
あれー
全然
伸び縮み
しなくなった
ちなみに，消しゴムに使われている
ポリ塩化ビニルも
弾性があるのは，
同じようなメカニズムが
はたらいておるからなんじゃ
ポリ塩化ビニル

9-14 加硫

ココをおさえよう！

加硫(かりゅう)とは，天然ゴムの分子間に硫黄(いおう)原子の橋かけ構造をつくることで，これによってゴムの強さと弾性が増す。

9-13で説明したようなしくみで，ゴムは弾性をもつのですが，
実は天然ゴムの強さと弾性は，実用には不十分です。
また，熱によって変形しやすかったり，老化しやすかったりするため，実用には適しません。

そこでひと工夫を加えます。それが，**加硫(かりゅう)**です。
加硫とは，その名の通り，硫黄(いおう)原子Sをゴムに加えることを指します。

天然ゴムに数%の硫黄粉末を加えて加熱すると，
鎖状のポリイソプレン分子間に硫黄原子による橋かけ構造ができます。
これを**架橋構造(かきょうこうぞう)**といいます。

架橋構造をとることによって，分子どうしがより縮みやすくなるのですね。
加硫したゴムを**弾性ゴム**または**加硫ゴム**といいます。

天然ゴム…弾性は弱く，熱によって変化しやすかったり老化しやすいため，実用には適さない。

加硫…天然ゴムに数%の硫黄を加えて加熱すること。

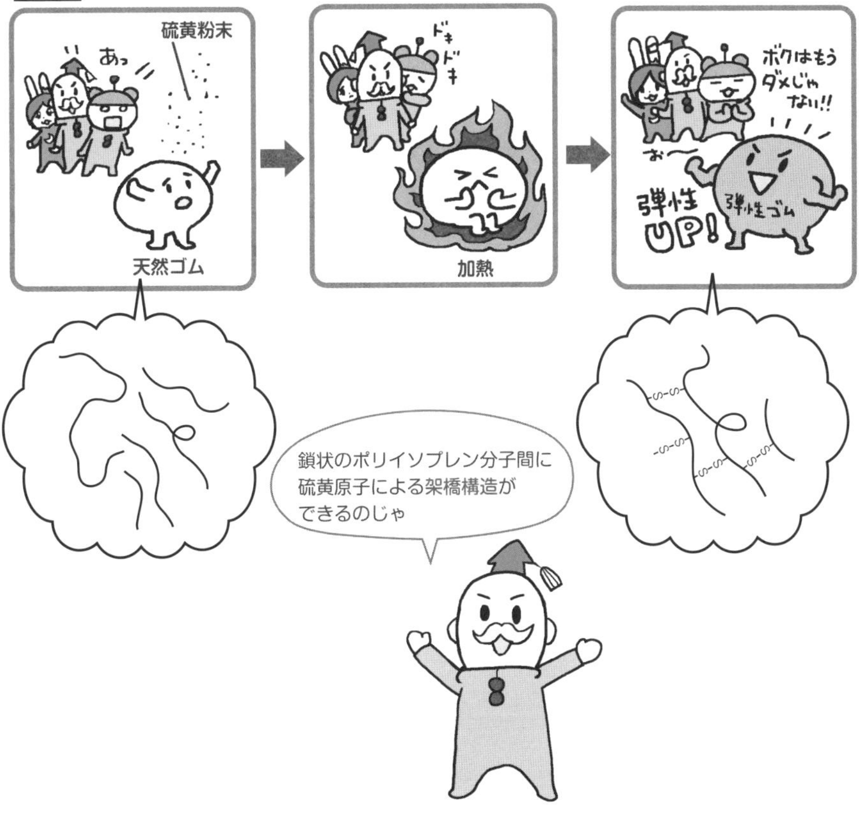

硫黄粉末
あっ
天然ゴム

ドキドキ
加熱

ボクはもうダメじゃない!!
おー
弾性UP!
弾性ゴム

鎖状のポリイソプレン分子間に
硫黄原子による架橋構造が
できるのじゃ

9-15 合成ゴム

ココをおさえよう！

合成ゴムは合成のしかたで大きく3つに分類される。付加重合，共重合，その他である。

天然ゴムに似た弾性を示す合成高分子化合物を，**合成ゴム**といいます。
人工的に，天然ゴムに似た物質をつくったということですね。

合成ゴムは，主に次の3つに分類されます。

1） 付加重合からなる合成ゴム
2） 共重合からなる合成ゴム
3） その他の合成ゴム

それぞれについて，簡単にご説明しましょう。

1） 付加重合からなる合成ゴム

イソプレンまたはイソプレンに似た物質を人工的に付加重合させてつくった合成ゴムです。→9-16

例：イソプレンゴム（IR），ブタジエンゴム（BR），クロロプレンゴム（CR）

2） 共重合からなる合成ゴム

2種類以上の単量体を同時に重合させ，よりよい性質の重合体を合成することを**共重合**といいます。→9-17

例：スチレン-ブタジエンゴム（SBR），
アクリロニトリル-ブタジエンゴム（NBR），フッ素ゴム

3） その他の合成ゴム

1），2）以外の合成ゴムのことです。→9-18

例：シリコーンゴム，ウレタンゴム

1) 付加重合からなる合成ゴム

イソプレンまたはイソプレンに似た物質を付加重合させてつくった合成ゴム。

例 イソプレンゴム(IR), ブタジエンゴム(BR),
クロロプレンゴム(CR)

2) 共重合からなる合成ゴム

2 種類以上の単量体を共重合させてつくった合成ゴム。

例 スチレン-ブタジエンゴム（SBR),
アクリロニトリル-ブタジエンゴム（NBR), フッ素ゴム

3) その他の合成ゴム

例 シリコーンゴム, ウレタンゴム

9-16 合成ゴム（付加重合）

ココをおさえよう！

付加重合からなる合成ゴムは，イソプレンの一部が変わっただけ。

付加重合からなる合成ゴムは，天然ゴムの構成単位であるイソプレンに似た単量体が，付加重合してできています。これは9-15でもお話ししましたね。

何をもって「イソプレンに似ている」としているかというと，ついている官能基が違っているだけで，炭素骨格がまったく同じであるという点です。

$$n\,H_2C{=}C(X){-}CH{=}CH_2 \xrightarrow{\text{付加重合}} \left[CH_2{-}C(X){=}CH{-}CH_2\right]_n$$

付加重合からなる合成ゴムの例は次の通りです。
単量体の構造はイソプレンに似ていますね。

・**イソプレンゴム**（**IR**，**ポリイソプレン**）（人工的に合成）

$$n\,H_2C{=}C(CH_3){-}CH{=}CH_2 \xrightarrow{\text{付加重合}} \left[CH_2{-}C(CH_3){=}CH{-}CH_2\right]_n$$

イソプレン → イソプレンゴム（IR，ポリイソプレン）

・**ブタジエンゴム**（**BR**，**ポリブタジエン**）

$$n\,H_2C{=}C(H){-}CH{=}CH_2 \xrightarrow{\text{付加重合}} \left[CH_2{-}C(H){=}CH{-}CH_2\right]_n$$

ブタジエン → ブタジエンゴム（BR，ポリブタジエン）

・**クロロプレンゴム**（**CR**，**ポリクロロプレン**）

$$n\,H_2C{=}C(Cl){-}CH{=}CH_2 \xrightarrow{\text{付加重合}} \left[CH_2{-}C(Cl){=}CH{-}CH_2\right]_n$$

クロロプレン → クロロプレンゴム（CR，ポリクロロプレン）

まとめると，付加重合からなる合成ゴムは，右ページのような構造になっていることがわかります。

1) 付加重合からなる合成ゴム

イソプレンまたはイソプレンに似た単量体が，付加重合してできた合成ゴム。

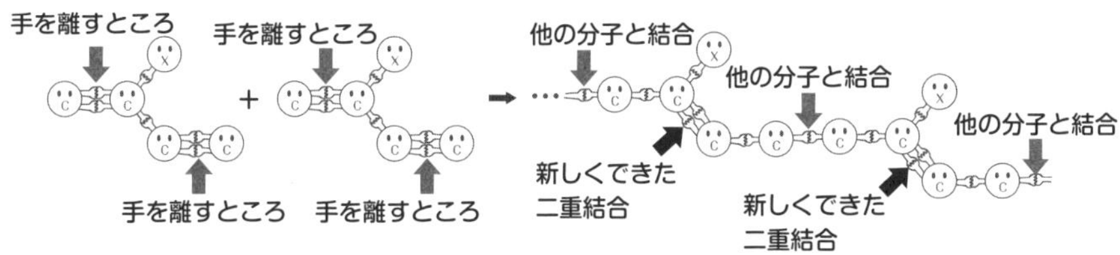

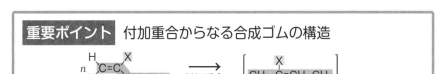

（このイラストでは，H を省略してあります）

●イソプレンゴム（IR）（人工的に合成）

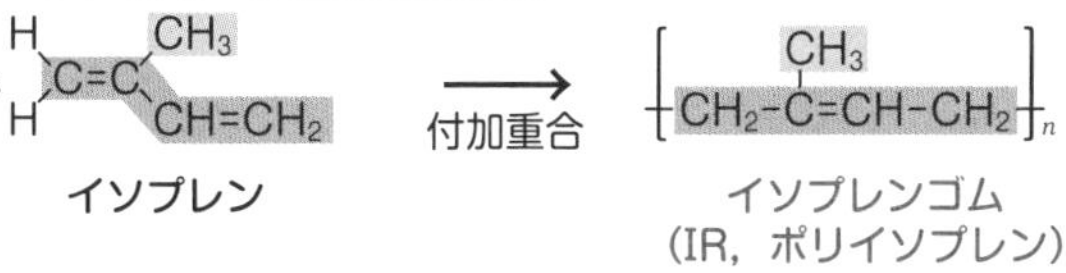

●ブタジエンゴム（BR）

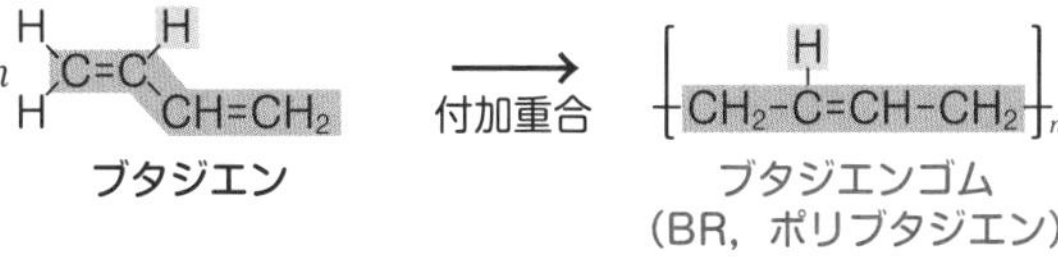

どれも同じような
構造になってるね～

●クロロプレンゴム（CR）

9-17 合成ゴム（共重合）

ココをおさえよう！

共重合からなる合成ゴムは，2種類以上の単量体が共重合してできている。

続いて，**2種類以上の単量体からなる合成ゴム**について，お話ししましょう。
2種類以上が共に重合しているので，**共重合**というのですね。

・スチレン-ブタジエンゴム（SBR）

$$m\,CH_2=CH(C_6H_5) + n\,CH_2=CH-CH=CH_2 \longrightarrow \left[CH_2-CH(C_6H_5)\right]_m\left[CH_2-CH=CH-CH_2\right]_n$$

スチレン　ブタジエン　スチレン-ブタジエンゴム（SBR）

・アクリロニトリル-ブタジエンゴム（NBR）

$$m\,CH_2=CH(CN) + n\,CH_2=CH-CH=CH_2 \longrightarrow \left[CH_2-CH(CN)\right]_m\left[CH_2-CH=CH-CH_2\right]_n$$

アクリロニトリル　ブタジエン　アクリロニトリル-ブタジエンゴム（NBR）

・フッ素ゴム

$$m\,CF_2=CF_2 + n\,CF_2=CF(CF_3) \longrightarrow \left[CF_2-CF_2\right]_m\left[CF_2-CF(CF_3)\right]_n$$

テトラフルオロエチレン　ヘキサフルオロプロペン　フッ素ゴム

このようにして，人々は単純な構造の化合物を生み出しては，複雑な構造の化合物までつくり上げ，より性能の高い物質をつくってきたのです。

2) 共重合からなる合成ゴム

2 種類以上の単量体が共重合してできた合成ゴム。

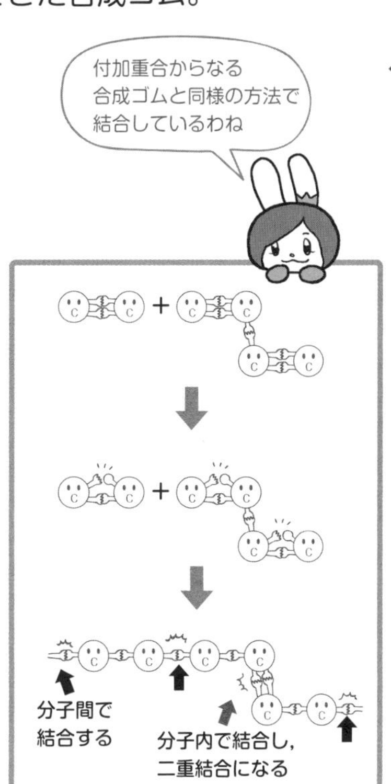

●スチレン-ブタジエンゴム（SBR）

$$m\ \mathrm{CH_2{=}CH{-}C_6H_5} + n\ \mathrm{CH_2{=}CH{-}CH{=}CH_2}$$

スチレン　　ブタジエン

$$\longrightarrow \left[\mathrm{CH_2{-}CH(C_6H_5)}\right]_m\left[\mathrm{CH_2{-}CH{=}CH{-}CH_2}\right]_n$$

スチレン-ブタジエンゴム（SBR）

●アクリロニトリル-ブタジエンゴム（NBR）

$$m\ \mathrm{CH_2{=}CH{-}CN} + n\ \mathrm{CH_2{=}CH{-}CH{=}CH_2}$$

アクリロニトリル　　ブタジエン

$$\longrightarrow \left[\mathrm{CH_2{-}CH(CN)}\right]_m\left[\mathrm{CH_2{-}CH{=}CH{-}CH_2}\right]_n$$

アクリロニトリル-ブタジエンゴム（NBR）

●フッ素ゴム

$$m\ \mathrm{CF_2{=}CF_2} + n\ \mathrm{CF_2{=}CF{-}CF_3}$$

テトラフルオロエチレン　　ヘキサフルオロプロペン

$$\longrightarrow \left[\mathrm{CF_2{-}CF_2}\right]_m\left[\mathrm{CF_2{-}CF(CF_3)}\right]_n$$

フッ素ゴム

二重結合の手が離れて
新たな結合をつくって
おるな

9-18 合成ゴム(その他)

ココをおさえよう!

シリコーンゴム,ウレタンゴムは付加重合,共重合でもない結合によって重合してできたゴム。

付加重合でも共重合でもない,**他の結合のしかたからなる合成ゴム**を2つ,ご紹介しましょう。あまり出題されませんので,名称と用途だけ確認しておくとよいでしょう。

・シリコーンゴム

みなさんの中で,歯の治療をしたことのある人は多いと思いますが,
シリコーンゴムは歯型(はがた)をとる際に使われる型取り剤として使われています。

ジクロロジメチルシラン$(CH_3)_2SiCl_2$とH_2Oから得られる鎖状の重合体である
ジメチルポリシロキサンを,有機過酸化物で架橋した構造をしています。
右ページ上の構造式のように,ムカデどうしが手をつないだような構造です。

・ウレタンゴム

自動車のタイヤなどに用いられているのが,ウレタンゴムです。

ウレタンゴムは,ジイソシアネートO=C=N−R−N=C=Oと,
2価アルコールHO−R′−OHの反応などから得られる重合体で右ページのような構造をもちます。

```
-N-C-O-
 |  ||
 H  O
```

(−HNCOO−)の結合をウレタン結合といいます。

なぜウレタンゴムという名前になっているかというと,ウレタン結合−HNCOO−をもつ高分子化合物を**ポリウレタン**と呼んでいるからです。
ポリウレタンは,合成ゴムの他に,合成樹脂や合成繊維,接着剤などに用いられます。

以上で,合成ゴムについてのお話は終わりです。
次は,合成高分子化合物の最後のお話,「機能性高分子」についてです。

3) その他の合成ゴム

● シリコーンゴム…ジクロロジメチルシラン $(CH_3)_2SiCl_2$ と H_2O から得られるジメチルポリシロキサンを，有機過酸化物で架橋した構造の合成ゴム。

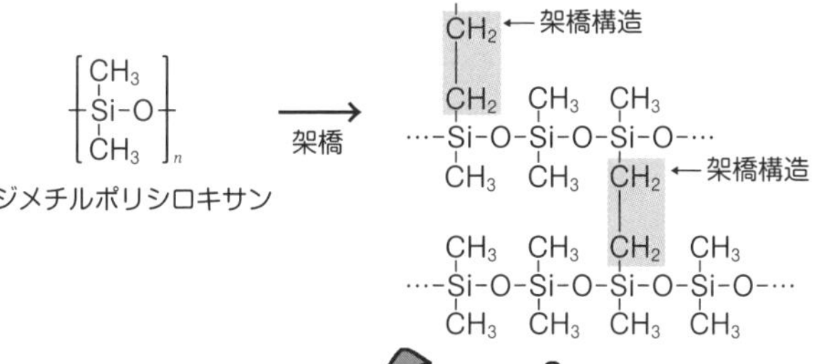

$\left[-Si(CH_3)_2-O- \right]_n$
ジメチルポリシロキサン
架橋
架橋構造
架橋構造

ムカデどうしが手をつないだような構造じゃよ

ギャー

用途…型取り剤，医療材料など。

● ウレタンゴム…ジイソシアネートと 2 価アルコールの反応などで得られる重合体。

$$\left[-\underset{\underset{O}{\|}}{C}-\underset{\underset{H}{|}}{N}-R-\underset{\underset{H}{|}}{N}-\underset{\underset{O}{\|}}{C}-O-R'-O- \right]_n$$

ウレタン結合

用途…自動車のタイヤ，革製品など。

補足

ウレタン結合 $-\underset{\underset{H}{|}}{N}-\underset{\underset{O}{\|}}{C}-O-$ をもつ高分子化合物をポリウレタンと呼ぶ。

よく頑張ったわね
はい！
ごほうびのおもち
だまされないぞ!
それはゴムだ !!

ここまでやったら 別冊 P. 78 へ

9-19 機能性高分子

ココをおさえよう！

機能性高分子には「イオン交換樹脂」，「高吸水性高分子」，「生分解性高分子」がある。

機能性高分子，というのは，読んで字のごとく「機能をもった大きな分子」のことです。今まで見てきた，合成繊維，合成樹脂，合成ゴムなども機能性高分子といえるのですが，ここでは，“より高度な機能”をもった高分子を見ていきます。

機能性高分子のすごいところは，「人工的にデザインされて，機能のある分子をつくった」というところにあります。
自然にある物質の機能を発見したのではなく，意図してつくられているのです。

では，そんな「より高機能な高分子化合物」を3つ，ご紹介しましょう。

・**イオン交換樹脂**……樹脂のもつイオンと，水溶液中のイオンを交換する樹脂。

・**高吸水性高分子**……自身の重さの500 ～ 1000倍の水を吸収する高分子化合物。

・**生分解性高分子**……自然界で微生物によって分解される高分子化合物。

合成高分子化合物

❶ 合成繊維　❷ 合成樹脂　❸ 合成ゴム　❹ 機能性高分子化合物

9

<u>機能性高分子化合物</u>…今まで紹介してきた高分子化合物に比べて，より高度な機能をもった高分子化合物。

どんな機能なのかな

● イオン交換樹脂…樹脂のもつイオンと，水溶液中のイオンを交換する樹脂。

● 高吸水性高分子…自身の重さの 500～1000 倍の水を吸収する高分子化合物。

● 生分解性高分子…自然界で微生物によって分解される高分子化合物。

イオン交換樹脂は
海水を真水に，
高吸水性高分子は
砂漠の緑化のための
土壌保水材に
使われておるぞ !!

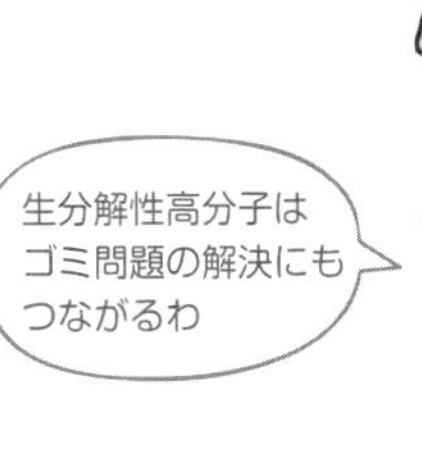
生分解性高分子は
ゴミ問題の解決にも
つながるわ

多くの社会問題を解決
海水を真水に
砂漠の緑化
大量のゴミ
スーパー
スーパー
分解されて
自然に還る

9-20 機能性高分子（イオン交換樹脂）

ココをおさえよう！

陽イオン交換樹脂は，水溶液中の陽イオンと樹脂の陽イオンが交換される。

最初にご紹介するのは，**イオン交換樹脂**です。

イオン交換樹脂は，F1レースのタイヤ交換のような高分子化合物です。
ピットに入った車のタイヤが新しいものに交換されるように，
イオン交換樹脂を通った水溶液中のイオンが，イオン交換樹脂のもつイオンに変えられるのです。

もう少し具体的なお話をしましょう。イオン交換樹脂には，次の2つがあります。

・**陽イオン交換樹脂**
・**陰イオン交換樹脂**

・陽イオン交換樹脂
例えば，陽イオン交換樹脂はその名の通り，通したイオンの陽イオンを，樹脂のもつ陽イオンに交換します。

よって，H^+をもつ陽イオン交換樹脂では，塩化ナトリウム$NaCl$水溶液を注入すると，Na^+とH^+が交換されて，HClが出てきます。つまり，食塩水を入れると塩酸が出てくるのです。ビックリしませんか？
海水をぜんぶ，陽イオン交換樹脂に通すと，塩酸の海になってしまうということですね……理論的には！

9

● イオン交換樹脂…イオン交換樹脂を通った水溶液中のイオンが，
イオン交換樹脂のもつイオンに交換される。

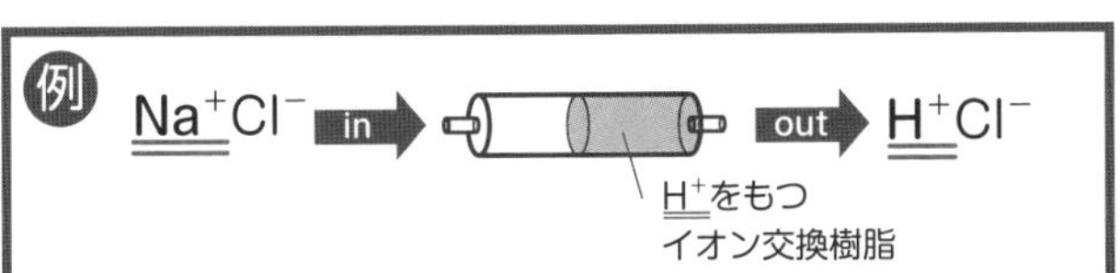

イオン交換樹脂には次の２種類がある。
- 陽イオン交換樹脂
- 陰イオン交換樹脂

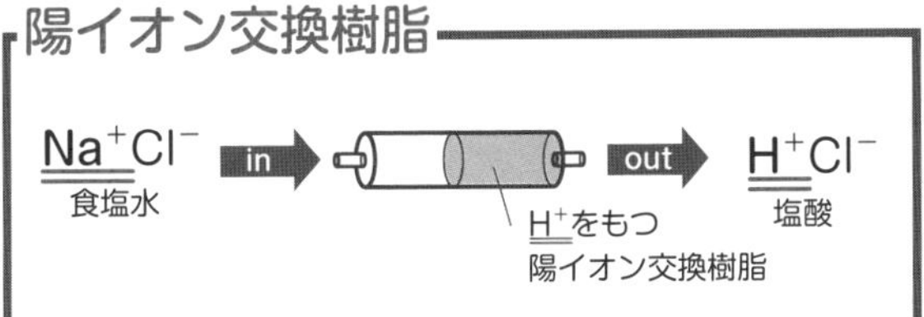

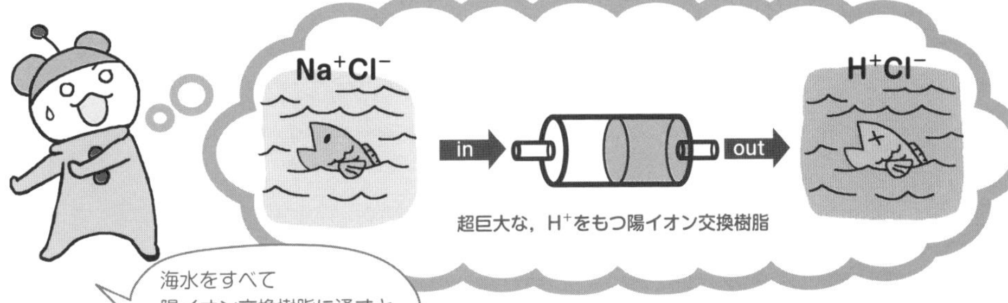

・陰イオン交換樹脂

一方，OH^-をもつ陰イオン交換樹脂に塩化ナトリウム水溶液NaClを注入すると，陰イオンCl^-がOH^-に交換されて水酸化ナトリウム水溶液NaOHが出てきます。海水をぜんぶ，陰イオン交換樹脂に通すと，水酸化ナトリウムの海になってしまうのですね。これまたおそろしいことです……。

しかし，よく考えてみてください。
NaClは，陽イオン交換樹脂によってNa^+がH^+に，陰イオン交換樹脂によってCl^-がOH^-になるのですから，この2つの膜を組合せることによって，H_2Oが得られるではありませんか！

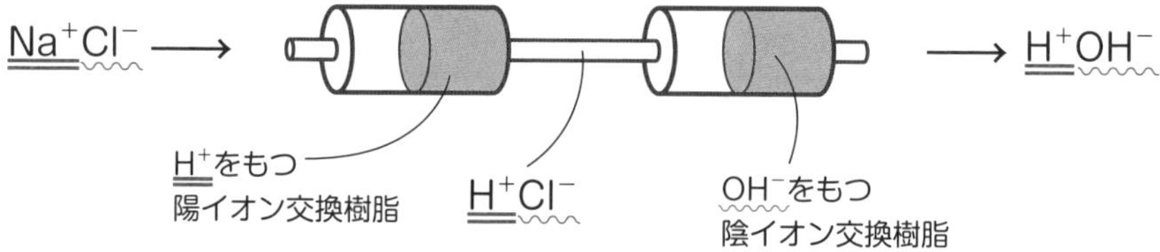

このように，陽イオン交換樹脂/陰イオン交換樹脂を組合せた合成樹脂を使うことによって，海水などのいろいろなイオンを含む水溶液を純水にすることができます。

こうして得られた水を**イオン交換水**といい，化学実験室や工場などで使われています。
化学実験を行うときに，不純物としてNa^+やCl^-が含まれていると有効な検証ができませんからね。

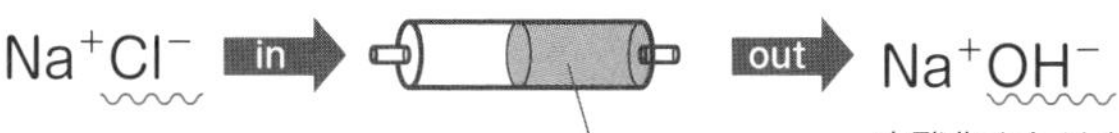

OH^-をもつ
陰イオン交換樹脂

水酸化ナトリウム

9

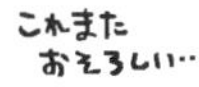

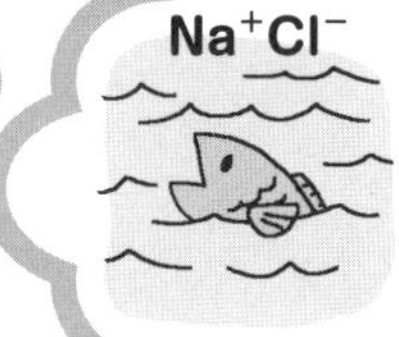

Na^+OH^-

超巨大な，OH^-をもつ
陰イオン交換樹脂

海水をすべて陰イオン交換樹脂に
通してもおそろしい…

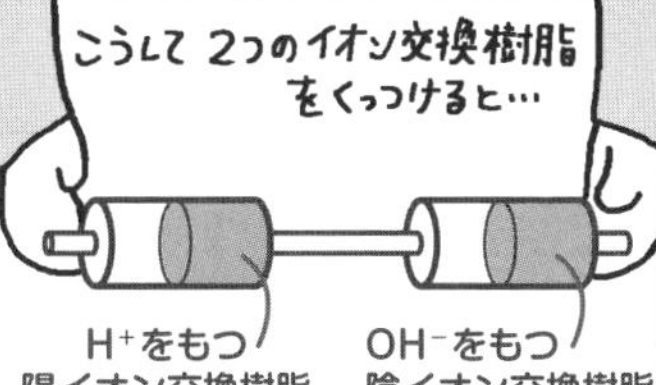

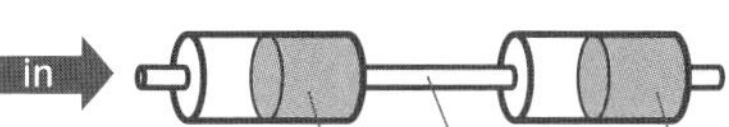

H^+OH^-
水

H^+をもつ
陽イオン交換樹脂

H^+Cl^-

OH^-をもつ
陰イオン交換樹脂

Na^+Cl^-の
陽イオン，陰イオンを
それぞれ H^+，OH^-に
置換することで
H_2O（水）になるんだね

こうして得られた水は
水溶液中の陽イオン，
陰イオンがすべて H^+，OH^-
に置換されたイオン交換水
（不純物のない水）になっており，
化学実験室や工場で使われるぞぃ

不純物が混じっていたら
正確な実験は
できないものね

それでは，一体どのようなカラクリで，イオンが交換されるのでしょうか？

カラクリを知るために，分子がどんな構造をしているかご紹介しましょう。
（陽イオン交換樹脂と陰イオン交換樹脂の構造はとても似通っているので，一度に解説しますね）

陽イオン交換樹脂と陰イオン交換樹脂はまず，スチレン $CH_2=CH-$⌬と

p-ジビニルベンゼン $CH_2=CH-$⌬$-CH=CH_2$ が共重合した三次元の網目状構造をしたポリスチレンが下地になっています。
（共重合についてはp.448，ポリスチレンについてはp.428に戻って確認しましょう）

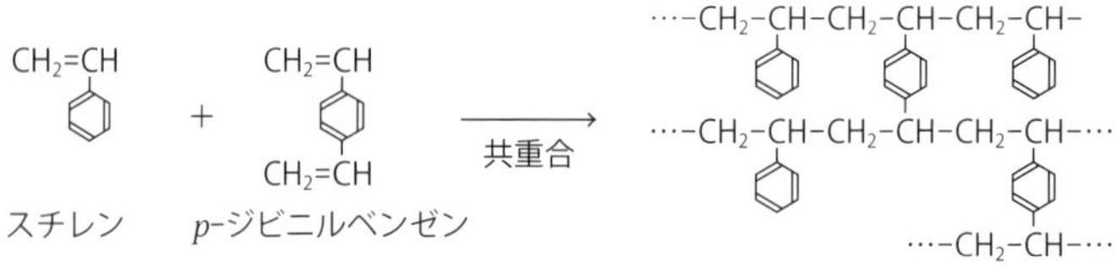

$CH_2=CH$ ⌬ ＋ $CH_2=CH$ ⌬ $CH_2=CH$ —共重合→ $\cdots-CH_2-CH-CH_2-CH-CH_2-CH-$ / $\cdots-CH_2-CH-CH_2-CH-CH_2-CH-\cdots$ / $\cdots-CH_2-CH-\cdots$

スチレン　*p*-ジビニルベンゼン

この，三次元の網目状構造をしたポリスチレンに，酸性の基（H^+をもつ基）を導入すると陽イオン交換樹脂に，塩基性の基（OH^-をもつ基）を導入すると陰イオン交換樹脂になります。

具体的には，$-SO_3H$を導入すると，陽イオンをH^+に交換する陽イオン交換樹脂に，$-N^+(CH_3)_3OH^-$を導入すると，陰イオンをOH^-に交換する陰イオン交換樹脂になるのです。

イオンが交換される理由

分子の構造…スチレンと p-ジビニルベンゼンが共重合した三次元の網目状構造になっている。

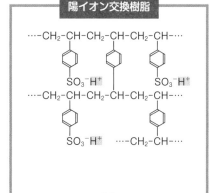

CH_2=CH（ベンゼン環） ＋ CH_2=CH（ベンゼン環）CH_2=CH —共重合→ …-CH_2-CH-CH_2-CH-CH_2-CH-…（網目状構造）

スチレン　p-ジビニルベンゼン

酸性の基（H^+をもつ基）を導入すると…

陽イオン交換樹脂

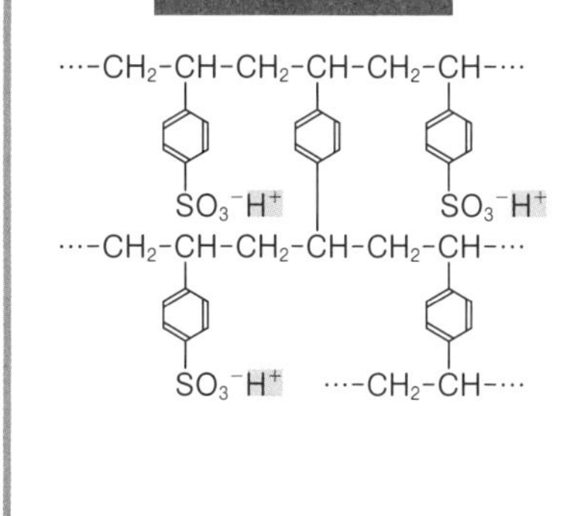

NaCl を加えると…

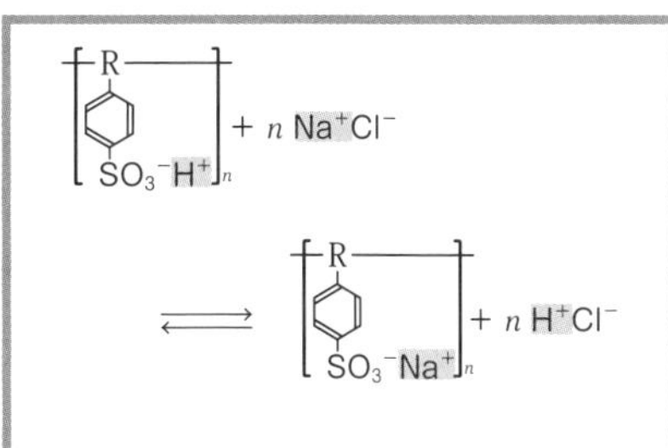

塩基性の基（OH^-をもつ基）を導入すると…

陰イオン交換樹脂

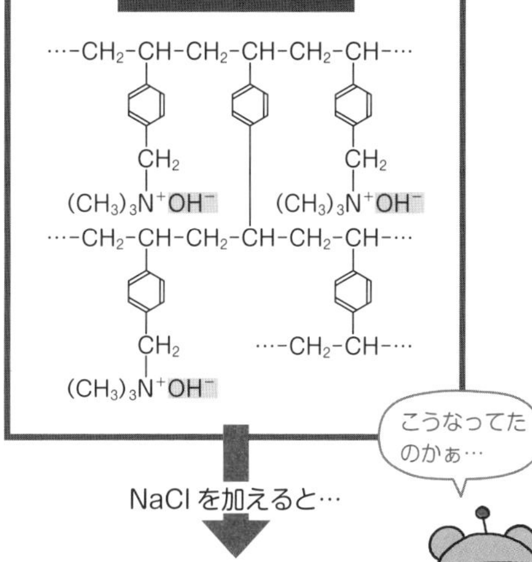

NaCl を加えると…

こうなってたのかぁ…

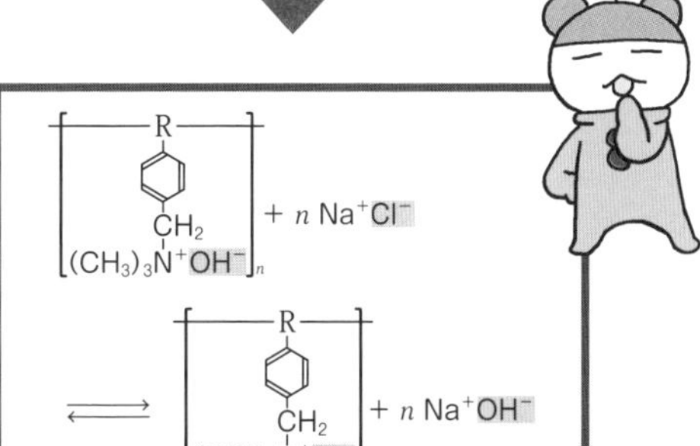

置換するイオンは，自由に設定できます。
例えば，Na^+をもつ基を導入すると，HClを注入することでNaClが出てくるような陽イオン交換樹脂になります。塩酸から海水がつくれる，すてきな陽イオン交換樹脂になるのですね。

同様に，Cl^-をもつ基を導入すると，NaOHを注入することでNaClが出てくるようになります。

ということで，9-20では，

- **三次元の網目状構造のポリスチレンは，スチレンと*p*-ジビニルベンゼンを共重合させて得ること。**
- **イオン交換樹脂に，水溶液を注入したとき，どんなイオンに変わるかがわかること。**

という2つの点がおさえてほしいことです。
とても大事なポイントですよ。

置換するイオンは自由に設定することができる。
例えば，Na^+や Cl^-をもつイオン交換樹脂にすることもできる。

9

$$\left[\text{—R—}\left(\text{C}_6\text{H}_4\right)\text{—SO}_3{}^-\text{Na}^+\right]_n + n\,\text{H}^+\text{Cl}^- \longrightarrow \left[\text{—R—}\left(\text{C}_6\text{H}_4\right)\text{—SO}_3{}^-\text{H}^+\right]_n + n\,\text{Na}^+\text{Cl}^-$$

Na^+をもつ
陽イオン交換樹脂

$$\left[\text{—R—}\left(\text{C}_6\text{H}_4\right)\text{—CH}_2\text{—N}^+(\text{CH}_3)_3\text{Cl}^-\right]_n + n\,\text{Na}^+\text{OH}^- \longrightarrow \left[\text{—R—}\left(\text{C}_6\text{H}_4\right)\text{—CH}_2\text{—N}^+(\text{CH}_3)_3\text{OH}^-\right]_n + n\,\text{Na}^+\text{Cl}^-$$

Cl^-をもつ
陰イオン交換樹脂

ポイント

- 三次元の網目状構造のポリスチレンは，スチレンと *p*-ジビニルベンゼンを共重合させて得ること。
- イオン交換樹脂に，水溶液を注入したとき，どんなイオンに変わるかがわかること。

まとめると
9-20 で
頭に入れなくては
ならんポイントは
上の２つじゃぞ

9-21 機能性高分子（イオン交換樹脂によるアミノ酸の分離）

ココをおさえよう！

イオン交換樹脂でアミノ酸を分離するとき，等電点の性質を利用する。

p.456で「陽イオン交換樹脂と陰イオン交換樹脂を組合せることによって純水をつくることができる」というお話をしましたが，他にもイオン交換樹脂が威力を発揮する場面があります。

それが，**アミノ酸の分離**です。
アミノ酸の分離では，アミノ酸の性質である**等電点**を利用します。

等電点（p.374）を忘れた人のために，簡単に復習です。
アミノ酸は，陽イオン・双性イオン・陰イオンの平衡な混合物として存在するため，溶けている水溶液のpHによって陽イオン・双性イオン・陰イオンの存在する割合が変化します。
そのアミノ酸全体のイオンの電荷の和が0になったときのpHを等電点というのです。
等電点は，各アミノ酸によって値が異なります。

この性質を使って，アミノ酸を分離していきます。

たとえると，「暑がりなペンギンが，少しずつ冷たくなっていく海に次々に飛び込んでいく」というものです。

どういうことかは，次でくわしくお話しします。

イオン交換樹脂を使ってアミノ酸を分離する。

等電点を利用する

9

等電点とは？ …アミノ酸全体の電荷が 0 になる pH のこと。

例
・アスパラギン酸……pH 2.8
・リシン……pH 9.7

pH によるアミノ酸の変化（例：グルタミン酸）

電荷：+1　　電荷：0（等電点）

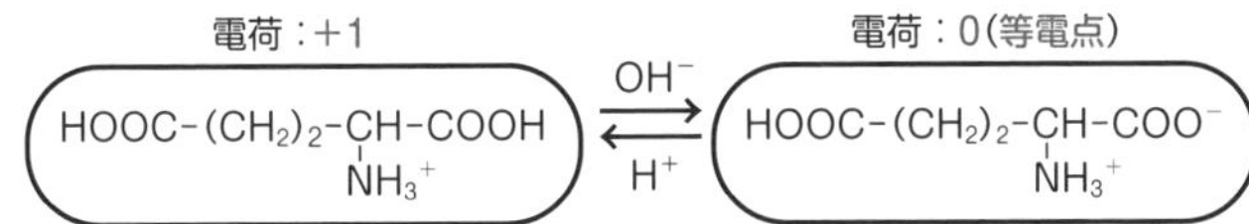

pH 小
（H^+がくっつく）

電荷：−1　　電荷：−2

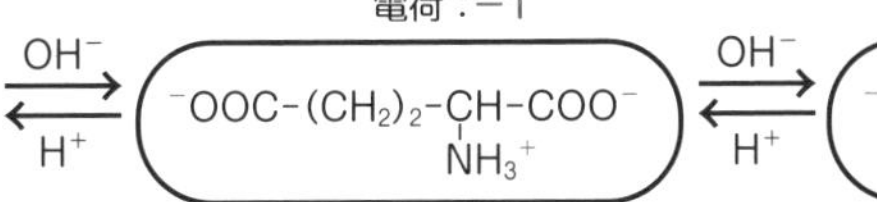

OH−
H+
$^-OOC-(CH_2)_2-CH(NH_2)-COO^-$

pH 大
（H^+がとれる）

アミノ酸の種類によって，電荷が 0 になる pH（等電点）が違う。

この性質を使って，アミノ酸を分離する

暑がりなペンギンの
例を使って説明するぞい

まず，**アミノ酸の分離**とはどういうことか考えてみましょう。

例えば，陽イオン交換樹脂に，いろんな種類のアミノ酸の水溶液を通すとします。水溶液をとても強い酸性にしておくと，等電点よりもpHが小さくなり，すべてのアミノ酸は陽イオンとなり，陽イオン交換樹脂に吸着されてしまいます。
このままでは，それぞれのアミノ酸を別々に取り出すことはできませんね。

どのようにしたら，この状態から，陽イオン交換樹脂の特徴を活かして，アミノ酸を別々に分離できるでしょうか？

それをわかりやすくイラストにすると，右ページの「暑がりなペンギン」の例になります。
ペンギンがアミノ酸で，海水の温度がpH，それぞれのペンギンの暑がりの度合いが等電点に相当するとしましょう。
前のページで確認したように，アミノ酸はそれぞれ違う等電点をもっていましたよね。

複雑に考える前に，イメージからつかみましょう！

暑がりなペンギン（イオン交換樹脂を使ったアミノ酸の分離）

南極の海水温度が上がり
暑がりなペンギンたちはみんな
氷に上がってしまいました。
あっついー!

しばらくすると海水は
少しずつ冷えてきました。
これくらいなら俺
泳げるぜ！

そう言って勢いよく海に飛び込む
ペンギンが現れました。
ドボン
お〜

さらに海水の温度が下がって
きました。
これくらいなら
私もいけるわ

そう言って勢いよく海に
飛び込こんでいきました。
ドボン
お〜

海水が冷えていくにつれて
次々にペンギンたちは
飛び込んでいきました。
ザパン
ドボン

そしてついにいちばん暑がりの
ペンギンだけが残って
しまいました。
ポツーン

それでも海水がキンキンに
冷えると……
わ…わいも
行くべ〜！

こうしてすべてのペンギンは
再び海へと戻ることが
できました。
ドボン

これと同じことが，イオン交換樹脂を使ったアミノ酸の分離でも起きています。

等電点がアミノ酸によって
いろいろなように，
暑がりの度合いはペンギンに
よっていろいろなんだね

順番に海に飛び込んでいった
イメージを忘れてはならんぞい

前のページの「暑がりなペンギン」と対応させながら読んでください。
まずは，さまざまなアミノ酸を含んだ水溶液を強酸性にします。
（海水温度が上ったことに対応しています）

その水溶液を陽イオン交換樹脂のつまったカラム（筒型の容器）に流し込みます。すると，pHが低いためアミノ酸がH^+をもつようになり，これらのアミノ酸はすべて陽イオンの状態になります。
陽イオンになってしまっているのですから，すべてのアミノ酸は陽イオン交換樹脂に吸着されます。
（海水温度が上がったため，ペンギンが氷山に移ったことに対応しています）

このままではアミノ酸は陽イオン交換樹脂に吸着されたままですが，ここに塩基を加えていってpHを高くしていくと，等電点に達するアミノ酸が出てきます。
すると，等電点に達したアミノ酸は，電荷が0になるため，陽イオンではなくなり，陽イオン交換樹脂に吸着しなくなって流れ出ます。
（海水温度が下がりはじめて，最初に飛び込むペンギンに対応しています）

さらに，少しずつpHを高くしていくことにより，等電点になってH^+をもたなくなる2つ目のアミノ酸，3つ目のアミノ酸が生じ，吸着から解放されて流出していきます。
（海水温度がさらに下がることによって，2匹目のペンギン，3匹目のペンギンがどんどん飛び込んでいくのに対応しています）

こうして，**それぞれのアミノ酸が等電点になると流出することを利用し，pHを少しずつ高くしていくことで，等電点の低いアミノ酸を順々に流し出していくのです。**

これが，イオン交換樹脂を使ったアミノ酸の分離のメカニズムです。

例えば，アスパラギン酸（等電点：pH 2.8），アラニン（等電点：pH 6.0），リシン（等電点：pH 9.7）の3つのアミノ酸を含む混合溶液の場合，アスパラギン酸，アラニン，リシンの順に（等電点の低いほうから）流出していくのです。

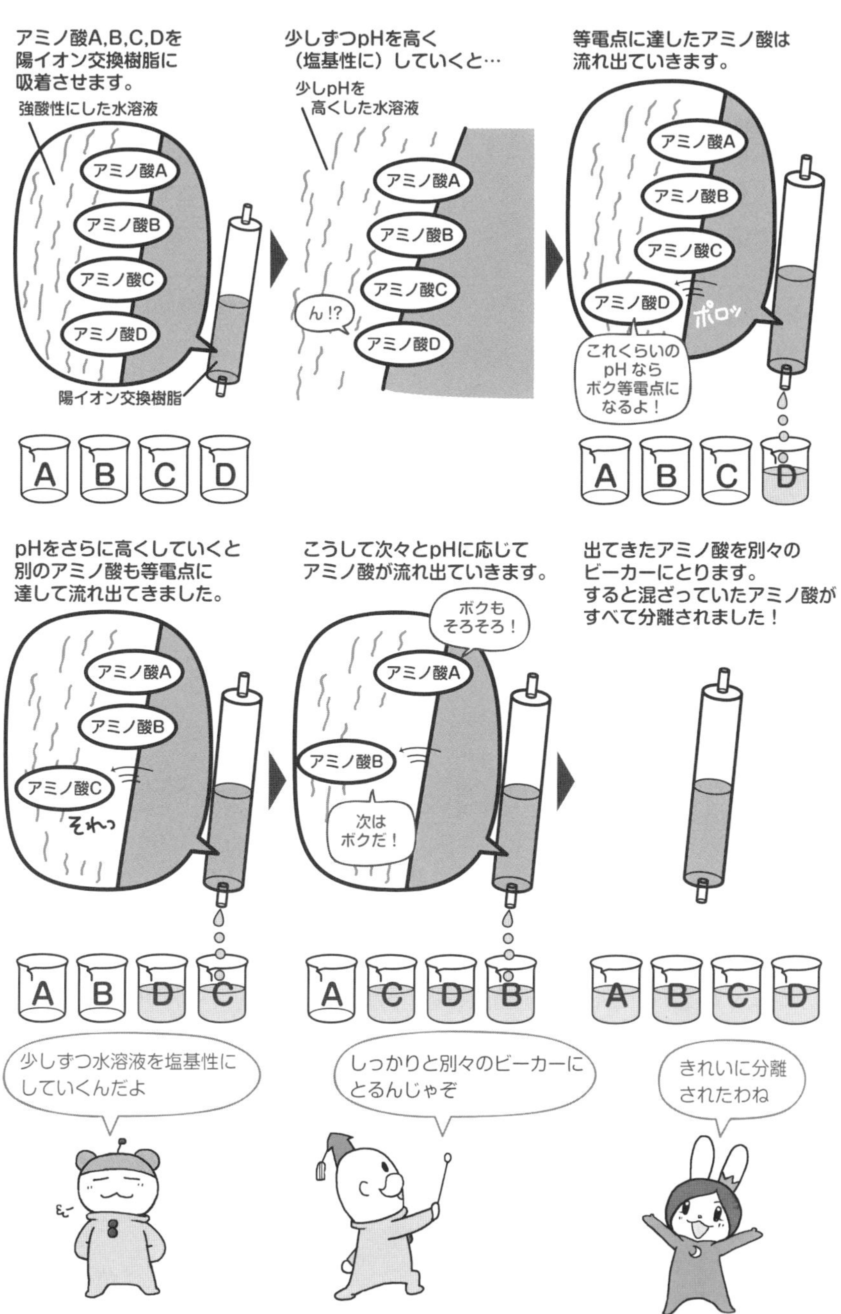

9

例 アスパラギン酸（等電点：pH 2.8）⟶ アラニン（等電点：pH 6.0）
⟶リシン（等電点：pH 9.7）の順に流出する。

9-22 機能性高分子（高吸水性高分子）

ココをおさえよう！

高吸水性高分子は，三次元の網目状構造に水が入り込むことによって吸水する。

高吸水性高分子というのは，ラクダのイメージの高分子化合物です。
ごくごくと水を飲む（吸水する）のです。

どれくらい吸水するかというと，自身の重さの500～1000倍の水を吸水するのです。
もしご自分の体重が50キロなら，25～50トンの水を飲むイメージです。「さすがのラクダもそんなに飲まない！」というレベルですね。

どのような化合物かといいますと，アクリル酸ナトリウムを少量の架橋剤と共重合した，三次元の網目状構造のポリアクリル酸ナトリウムからなります。

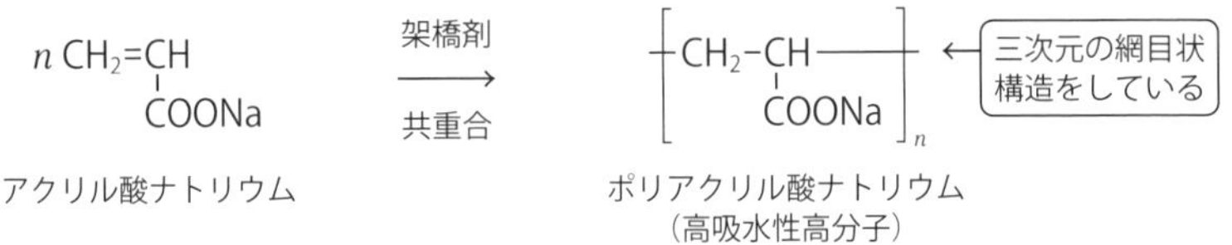

この網目状構造は，乾燥時には密に固まっているのですが，水と出会うと側鎖の$-COONa$が電離して$-COO^-$とNa^+になります。よって，網目の中はイオン濃度が高くなり，「イオン濃度を薄めよう」という力（浸透圧）が生じて水が網目の中に入り込みます。

さらに，$-COO^-$どうしはお互いにマイナスの電荷を帯びているので，反発して広がります。その網目状構造の中に，水が閉じ込められるのです。

高吸水性高分子は，例えば目一杯に水を含ませて砂漠にばらまき，砂漠の緑化に利用されたりしています。

高吸水性高分子…自身の重さの 500〜1000 倍の水を吸収する高分子化合物。

イメージ

やめてくれ〜
星に帰れなくなる〜！
ゴクゴク
体重50キログラム
25〜50トン

構造…アクリル酸ナトリウムを少量の架橋剤と共重合させて三次元の網目状構造のポリアクリル酸ナトリウムからなっている。

$$n\,CH_2{=}CH(COONa) \xrightarrow[\text{共重合}]{\text{架橋剤}} \left[CH_2{-}CH(COONa) \right]_n$$

アクリル酸ナトリウム　　ポリアクリル酸ナトリウム（高吸水性高分子）

三次元の網目状構造をしている

吸水のメカニズム

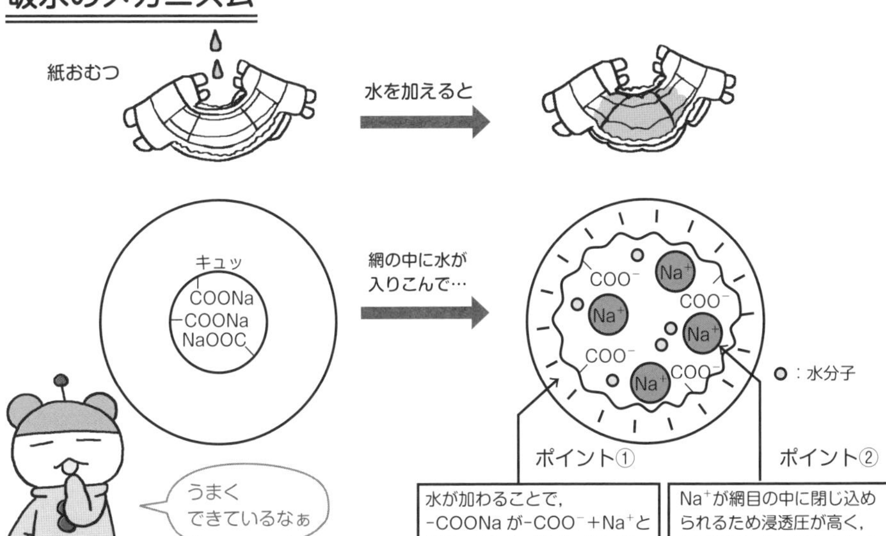
紙おむつ
水を加えると
キュッ
COONa
COONa
NaOOC
網の中に水が入りこんで…
COO⁻
Na⁺
○：水分子
ポイント①
ポイント②
水が加わることで，-COONa が-COO⁻＋Na⁺となり，-COO⁻どうしが反発しあって網目が広がる
Na⁺が網目の中に閉じ込められるため浸透圧が高く，その浸透圧を下げようと水が入り込む
うまくできているなぁ

9-23 機能性高分子（生分解性高分子）

ココをおさえよう！

生分解性高分子は，微生物によって分解される原料を使ってつくられる。

高分子化合物は，基本的に自然に還ることはありません。
ペットボトル（ポリエチレンテレフタラート，PET）も自動車のタイヤ（合成ゴム）も，廃棄したらそのままゴミとして残ってしまいます。

しかし，特別に自然界で微生物によって分解されたり，体内で溶けて吸収されたりする高分子化合物があり，それを**生分解性高分子**と呼んでいます。

代表的なものは，トウモロコシなどを原料とし，乳酸を経て縮合重合されるポリ乳酸で，微生物によって水と二酸化炭素に分解されます。

$$n\,\mathrm{HO{-}CH(CH_3){-}COOH} \longrightarrow \left[\mathrm{O{-}CH(CH_3){-}C(=O)}\right]_n + n\,\mathrm{H_2O}$$

乳酸　　　　ポリ乳酸

この他，ポリグリコール酸も生分解性高分子の一種であり，手術用の縫合糸として利用されています。

$$\left[\mathrm{O{-}CH_2{-}C(=O)}\right]_n$$

ポリグリコール酸

＊＊＊

これで，有機化学もまとめ終わりました。
一見，覚えることの多い有機化学ですが，裏側にあるしくみをしっかりと理解することで，丸暗記に頼らず頭に入れることができます。どうしても暗記しないといけないものは，キャラクターやたとえ話と一緒にイメージとして覚えるといいでしょう。

それにしても，ミミーは無事，ルナー燃料をつくることができるようになったのでしょうか……？

高分子化合物の問題

とても便利だけど…

自然に戻らず
ゴミになってしまう…

しかし，自然界で分解される高分子化合物もある。

生分解性高分子

生分解性高分子 …トウモロコシなどを原料とし，乳酸を経て縮合重合されるポリ乳酸。
微生物によって水と二酸化炭素に分解される。

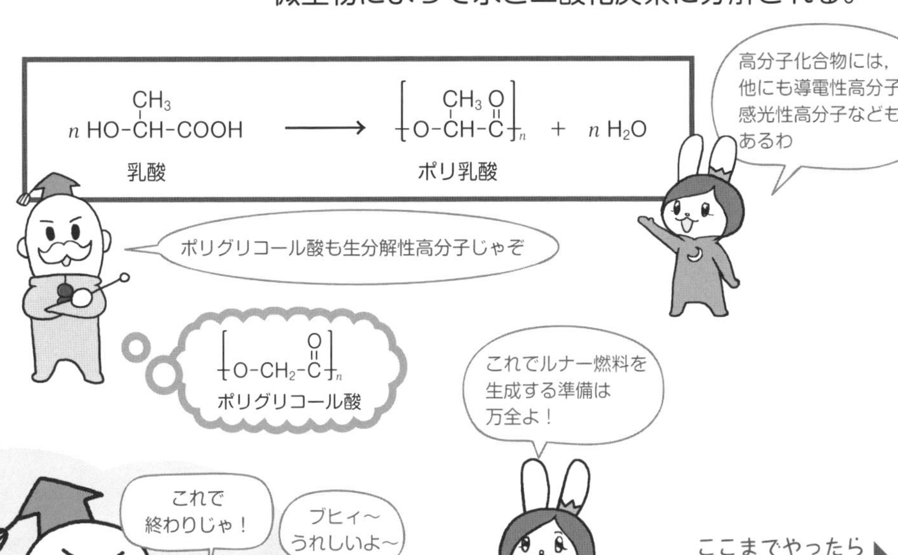
n HO-CH(CH_3)-COOH ⟶ [O-CH(CH_3)-C(=O)]$_n$ + n H_2O
乳酸
ポリ乳酸
高分子化合物には，他にも導電性高分子，感光性高分子などもあるわ
ポリグリコール酸も生分解性高分子じゃぞ
[O-CH_2-C(=O)]$_n$
ポリグリコール酸
これでルナー燃料を生成する準備は万全よ！
これで終わりじゃ！
ブヒィ～うれしいよ～

ここまでやったら
別冊 P. 79へ

理解できたものに，☑チェックをつけよう。

- □ ナイロン66は縮合重合，ナイロン6は開環重合によって生成され，アミド結合をもつ。
- □ アラミド繊維とは，ベンゼン環がアミド結合で直接つながったポリアミドの総称である。
- □ ポリエチレンテレフタラート（PET）は，ナイロン66やアラミド繊維と同じく縮合重合によってできる合成繊維であるが，アミド結合ではなく，エステル結合をもっている。
- □ アクリル繊維はアクリロニトリルを，ビニロンは酢酸ビニルを付加重合することで生成される。
- □ 合成樹脂には，熱可塑性樹脂と熱硬化性樹脂の2種類がある。
- □ 天然ゴムはポリイソプレンからなり，シス形をしている。
- □ 加硫とは，天然ゴムの分子間に硫黄原子の橋かけ構造をつくることで，これによって弾性が増す。
- □ イオン交換樹脂とは，樹脂のもつイオンと水溶液中のイオンを交換する樹脂のことである。

終わったー
ルナー燃料
できました！
よくやったぞぃ

よしっ！
これで有機化学の本も
完成じゃ
やったー
ハカセ！
ありがとうございます!!
ご指導のおかげでルナー燃料の
生成方法もまとめられました
おお！
この原料を
組合せれば…
ルナー燃料が
できるんだね！
ボシュッ
できたー！
あまい
香り〜
これを宇宙船に
入れると…
本当に動くのかな？
ウィ〜〜ン

これだけで
月どころか
我々の星まで
帰れるぞぃ
大成功だわ！
ミミーちゃん
やったね！
FULL
これもすべて
ハカセのおかげです…
アルカン
これで
月の民も
救われるわ…
お父様も
私を認めてくれるに
違いないわ
なんか大変そうだね～
ミミーちゃん
お父上は何を
してる人なんじゃ？
あれ？
言ってなかったっけ？
私の父は月の王よ
え？
じゃあミミーちゃんて
月のお姫様なの～？！

なんだか偉そうだな～
とは思ってたけど…
はぁ…お姫様か…

なるほど

さぞお父上はご心配
なさっておるであろう…
早く帰らねば！

じゃあ
ルナー燃料で
うちまで
送ってくれる？

OK!

おお～
スゴイパワーだ！

ビュ――――ン

月の王宮

ただいまー！
お父様！

ばんっ

ミミー！

勝手に地球に行って
連絡もよこさんとは！
どれだけ心配したと
思っておるんじゃ！

おまえらか！
勝手にミミーを
地球なんぞに
連れて行ったのは！
あわわ…
王様になんて口を！
なんだよ！ ミミーちゃんが
頑張ったのに
ヒドイじゃないか！

やめてー
お父様！
話を聞いて！
わー
わー

えー！
そやつらは
誘拐の罪で逮捕じゃ！
投獄じゃー！

どうしたんじゃクマ！
食べすぎてもおらんのに！
やっかいな
クマじゃ…
ボクはハラが立つと
大きくなるんです！
王様！
ミミーちゃんの話を
聞いてくださいっ！

話をキケー
ドーン！

お父様！
私,
ルナー燃料を
完成させたの！

おお…これは
まさしく
ルナー燃料
そのものだ！
ウサ教授！
王様…そろそろ
ミミーさんを
一人前だと認めて
あげてください
むむう…
しかし…
王様…ミミーさんは民を思う気持ちも
学びの意欲もすばらしいお方です
彼女の実力とやる気でルナー燃料の
生成に成功したのです
王様
これで月の民は
救われます！
むぅ…たしかに…
口ばかりだと
思っていたあの子が…
今日は月の民が救われた
日じゃ
みんなでミミーの成果を
たたえよう！
わー！
お父様！
やったねミミーちゃん！

理論化学，無機化学，有機化学の「宇宙一わかりやすい」参考書をつくりあげたハカセとクマ。
参考書をつくるにとどまらず，月の世界も救ってしまったようです。
このまま2人は無事にもとの星に戻ったのか，それともルナー燃料のパワーで
宇宙を飛び回っているのか……。意外と地球へ逆戻りして，
あなたの近くで，さらなる「ニガテ」を探しているかもしれませんね…！

さくいん

あ行

た行

な行

は行

ま行

や行

ら行

著者	船登惟希
装丁	名和田耕平デザイン事務所
中面デザイン	オカニワトモコ デザイン
イラスト	水谷さるころ
データ作成	株式会社 四国写研
印刷会社	株式会社 リーブルテック
編集協力	赤澤美帆・秋下幸恵 江川信恵・佐藤玲子 西岡小央里・福森美恵子 右田啓哉・宮本一弘 HA-YASU 株式会社 U-Tee (北原暁，鈴木瑞人，鍋島優輝) 株式会社オルタナプロ 株式会社メビウス 株式会社ダブルウイング
シリーズ企画	宮﨑純
企画・編集	徳永智哉・荒木七海

「宇宙一わかりやすい
高校化学」シリーズ
使ってくれてどうもありがとう！

別冊

問題集

有機化学の基礎

確認問題 1　1-1，1-2 に対応

有機化合物に関する次の問い(1)，(2)に答えよ。

(1) 有機化合物に関する次の文中の（　あ　）～（　け　）に適切な語句を入れよ。また，下線部に関する問いに答えよ。

有機化合物とは，例外はあるが，（　あ　）を含む化合物のことである。また，（　あ　）を含まないものを無機物質という。有機化合物は，（　あ　），水素，酸素，窒素，塩素，臭素などの組合せや，結びつきかたを変えることで，1億種類もの化合物ができる。
無機物質と比較すると，有機化合物中の原子間の結合の大部分は，結びつきが比較的強い（　い　）結合でできているため，反応速度が比較的（　う　）い。
また，分子間の結びつきに注目すると，無機物質の多くが，結びつきが比較的強い（　え　）結合でできた（　え　）結晶である一方，有機化合物では，主に分子どうしの（　お　）力によって結びついているため，沸点・融点は比較的（　か　）い。
さらに，有機化合物は水に溶け（　き　）く，有機溶媒に溶け（　く　）い性質がある。これは，水には（　け　）があり，有機化合物には（　け　）がほとんどないからである。
この他にも，有機化合物は無機物質に比べて燃えやすいなどの性質がある。

(2) (1)の文中の下線部について，炭素Cを含むが無機物質に分類される化合物を2つ答えよ。

解説

本冊に出てきた文章がほとんどそのまま使われています。
このあとの問題でも，基本的に本冊で扱った内容の中から出題されていますので，すみずみまで読みましょう。

(1) **(あ)炭素 (い)共有 (う)遅 (え)イオン (お)分子間 (か)低 (き)にく (く)やす (け)極性** 答

(2) **二酸化炭素(CO_2)，一酸化炭素(CO)，炭酸カルシウム($CaCO_3$)，シアン化カリウム(KCN)などから2つ** 答

確認問題 2 1-3，1-4 に対応

有機化合物に関する次の問い(1)～(3)に答えよ。

(1) 次の文中の(あ)～(く)に入る適切な語句を答えよ。
(ただし，(お)は［　　］の中から適切な語句を選びなさい)

一般的に，原子の最外殻電子のうち，対になっていない電子のことを不対(ふつい)電子といい，対になっている電子を(あ)という。

炭素原子には不対電子が(い)つあり，炭素原子どうしが比較的強い結合である(う)結合によって結びつくことができるので，有機化合物は「炭素原子を中心に構成されている」といえる。このように，炭素原子を中心としてつくられた炭素の連なりは，いわば有機化合物の骨格となっているので，(え)と呼ばれている。

炭素の(い)つの不対電子は(お)［ 正方形・長方形・正四面体 ］の頂点の方向に配置されている。2個の炭素原子が，それぞれ1つずつ不対電子を出しあって共有結合したものを(か)結合といい，2つずつ，3つずつ不対電子を出しあって共有結合したものを，それぞれ(き)結合，(く)結合という。

(2) 以下の原子の不対電子の数をそれぞれ答えなさい。

(i) 酸素(O)　　(ii) 窒素(N)
(iii) 硫黄(S)　　(iv) リン(P)

(3) 不対電子を共有し合うのではなく，片方の原子がもう片方の原子に電子を受け渡してできた陽イオンと陰イオンの間に生じる静電気力(クーロン力)で結びつく結合もある。この結合の名前を答えなさい。

有機化合物を理解するには，炭素原子の性質について理解しておく必要があります。試験で問われることはそれほど多くはないですが，確実に習得しておいてくださいね。

不対電子の数については，「宇宙一わかりやすい高校化学　理論化学　改訂版」(p.60, 61)にくわしく載っておるぞ

(1) **(あ)非共有電子対　(い)4**
(う)共有　(え)炭素骨格
(お)正四面体　(か)単　(き)二重
(く)三重 答

(2) **(i)2　(ii)3　(iii)2　(iv)3** 答

(3) **イオン結合** 答

確認問題 3 1-5 に対応

有機化合物には，①分子式，②構造式，③組成式，④示性式(しせいしき)という書き表しかたがある。これらについて，次の問い(1)，(2)に答えよ。

(1) 以下の文(a)～(c)は，それぞれ上の①～④のどれについて書かれたものか。記号で答えよ。
　(a) 分子に含まれる元素の種類とその原子の数を表した式
　(b) 分子をつくっている原子の数を最も簡単な整数比で表した式
　(c) 官能基を明示して書き表した式

(2) 酢酸の構造式は $\begin{array}{c} \quad\ \ \mathrm{H} \\ \quad\ \ | \\ \mathrm{H-C-C-O-H} \\ \quad\ \ |\quad\ \| \\ \quad\ \ \mathrm{H}\quad\mathrm{O} \end{array}$ で表され，$\begin{array}{c} \mathrm{-C-O-H} \\ \| \\ \mathrm{O} \end{array}$ はカルボキシ基という官能基である。酢酸の分子式，組成式，示性式を答えよ。

有機化合物の書き表しかたには4種類あります。分子式，構造式，組成式，示性式の定義を知っているというだけでなく，どの書き表しかたにあてはまるか，どのように表現されるかを区別できるようになる必要があります。ちょっと難しいかもしれませんが，これ以降の問題を解いていく中で身についてくるものでもあります。少なくともここで出題されたことについては答えられるようにしておきましょう。

(1)　**(a) ①**，**(b) ③**，**(c) ④**　答

(2)　問題文に与えられた構造式から，C，H，Oの数を調べれば分子式が求められます。分子式の原子の数を，最も簡単な整数比にしたのが組成式です。COOHが官能基なので，示性式はCH_3COOHとなります。

分子式：$C_2H_4O_2$，**組成式：CH_2O**，**示性式：CH_3COOH**　答

分子式の決定

確認問題 4　2-1，2-2，2-3，2-4 に対応

次の問い(1)～(3)に答えよ。

(1)　右図は元素分析装置の模式図を示したものである。

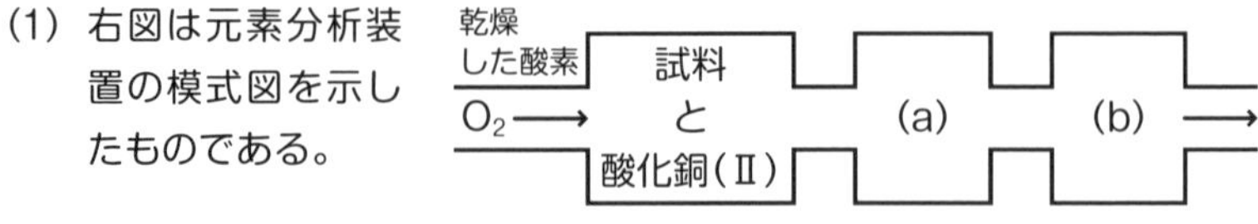

①　(a)，(b)に入れる物質名を答えよ。
②　(a)，(b)はそれぞれどのような役割をしているか答えよ。
③　(a)，(b)の順番を逆にしてはいけない理由を答えよ。
④　酸化銅(Ⅱ)はどのような役割をしているか答えよ。

⑤ (a) の質量が9.0mg増えたとき，試料に含まれる水素原子Hの物質量（mol）はいくらになるか求めよ。ただし，原子量はH＝1，O=16とする。

(2) 炭素，水素，酸素からなる有機化合物2.2 mgを完全燃焼させると，CO_2 4.4 mgとH_2O 1.8 mgを生じた。この有機化合物の組成式を求めよ。ただし，原子量はH＝1，C＝12，O＝16とする。

(3) 元素組成が炭素64.9%，水素13.5%，酸素21.6%である有機化合物の組成式を求めよ。ただし，元素組成は質量%である。また，原子量はH＝1，C＝12，O＝16とする。

組成式を求める問題でよく出題されるものを集めてきました。

(1) ① **(a) 塩化カルシウム　(b) ソーダ石灰**

② **(a) 水H_2Oを吸収する　(b) 二酸化炭素CO_2を吸収する**

③ **ソーダ石灰は水H_2Oも吸収してしまうため，順番を逆にすると，二酸化炭素CO_2と水H_2Oがそれぞれいくら発生したかがわからなくなってしまうから。**

④ **不完全燃焼で生じた一酸化炭素COを酸化して，二酸化炭素CO_2にする役割。** 答

⑤ Hの原子量は1，Oの原子量は16なので

H_2Oの分子量は　1×2＋16＝18

これより，生成したH_2O 9.0 mgに含まれるHの質量は

$$9.0\times10^{-3}\times\frac{2H}{H_2O}=9.0\times10^{-3}\times\frac{2}{18}=1.0\times10^{-3}\ \text{〔g〕}$$

よって，Hの物質量は

$$\frac{1.0\times10^{-3}}{1}=\mathbf{1.0\times10^{-3}\ mol}$$ 答

(2) Cの原子量は12，Oの原子量は16なので

CO_2の分子量は　12＋16×2＝44

これより，生成したCO_2 4.4 mgに含まれるCの質量は

$$4.4\times\frac{C}{CO_2}=4.4\times\frac{12}{44}=1.2\ \text{〔mg〕}$$

同様に，生成したH_2O 1.8 mgに含まれるHの質量は

$$1.8\times\frac{2H}{H_2O}=1.8\times\frac{2}{18}=0.2\ \text{〔mg〕}$$

これにより，残るOの質量は，試料の質量からCとHの質量を引いて

$$2.2-(1.2+0.2)=0.8\ \text{〔mg〕}$$

よって　$C:H:O=\frac{1.2}{12}:\frac{0.2}{1}:\frac{0.8}{16}=2:4:1$

したがって，求める組成式は **C_2H_4O**　答

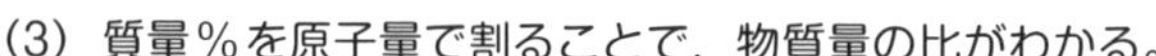

(3)　質量%を原子量で割ることで，物質量の比がわかる。

$$C:H:O=\frac{64.9\%}{12}:\frac{13.5\%}{1}:\frac{21.6\%}{16}\fallingdotseq 4:10:1$$

よって，求める組成式は **$C_4H_{10}O$** 

すべては組成式を求めるところから始まるぞい！

確認問題 5　2-5，2-6に対応

組成式がCH_2Oである物質の分子量が90であった。この物質の分子式を答えよ。ただし，原子量はH＝1，C＝12，O＝16とする。

解説

組成式と分子量から，分子式を求める問題です。

組成式は分子式の最小構成比を表したものなので，組成式を何倍すれば分子式になるのかを考えます。

この物質の組成式はCH_2Oなので

式量は　$12+1\times2+16=30$

分子量を式量で割ると，組成式を何倍すればよいかがわかります。

$$90\div30=3$$

よって，求める分子式は $(CH_2O)_3$ ＝ **$C_3H_6O_3$** 

炭化水素の分類と名前のつけかた

確認問題 6 3-1 に対応

炭化水素は，①鎖式飽和炭化水素，②鎖式不飽和炭化水素，③脂環式飽和炭化水素，④脂環式不飽和炭化水素に分類できる。次の(ⅰ)～(ⅳ)の有機化合物は，①～④のうちどれに分類されるか。記号で答えよ。

(ⅰ) アセチレン $CH\equiv CH$

(ⅱ) プロパン $CH_3-CH_2-CH_3$

(ⅲ) シクロブタン

```
  H H
  | |
H-C-C-H
  | |
H-C-C-H
  | |
  H H
```

(ⅳ) シクロヘキセン

```
   H     H
 H  C=C   H
   C     C
 H  C-C   H
   H H H H
```

鎖式炭化水素，環式炭化水素，飽和炭化水素，不飽和炭化水素の定義が理解できているかを確かめる問題です。

(ⅰ)②　(ⅱ)①　(ⅲ)③　(ⅳ)④　答

確認問題 7 3-2 に対応

次の問い (1)，(2) に答えよ。

(1) 鎖式飽和炭化水素に関する次の文中の（ あ ）～（ う ）に，適切な語句を入れよ。

鎖式飽和炭化水素は，炭素鎖が鎖状になっており（輪っか状ではない），炭素原子どうしが（ あ ）結合のみで結びついている炭化水素のことである。

一般に，分子式は（ い ）で表され，まとめてアルカンと呼ばれる。このように，共通の一般式で表される一群の化合物は（ う ）と呼ばれる。

(2) 次の物質の名称を答えよ。

①
```
H3C-CH-CH2-CH3
    |
    CH3
```

②
```
    H  H
    |  |
Cl- C -C -H
    |  |
    Cl H
```

鎖式飽和炭化水素はアルカンと呼ばれます。特に名前をつける問題は面倒ですが，よく出題されますので，確実に習得しましょう。

(1) **（ あ ）単 （ い ）C_nH_{2n+2} （ う ）同族体** 

(2) ① アルカンは，次の順序で名前をつけていくのでしたね。

・**ステップ1**：最も長い炭素鎖の名前をつける。

最も長い炭素鎖は，Cが4つのブタンですね。

・**ステップ2**：枝分かれした炭素鎖（側鎖）の位置が小さい数字になるように，端から順に番号を振る。

側鎖の位置が，端から2番目にくるように，左端から番号を振ります。右端から番号を振ると，3番目となり，小さい数字にならないので，注意してくださいね。

・**ステップ3**：側鎖の名称をつけ加える。
側鎖はメチル基ですので，「メチル」がつきますね。

・**ステップ4**：(同じ側鎖が複数ある場合は) 側鎖の数を数詞で表す。
側鎖は1つしかないので，これは無視します。

・**ステップ5**：最後に，「側鎖の位置の番号」→「数詞」→「側鎖の名称」→「アルカンの名称」の順に名前をつけて完了。
側鎖は番号が2の位置にありますので，これを頭につける必要があります。

以上より，この物質の名称は**2-メチルブタン**となります。 

② この物質はアルカンの水素原子H2つが塩素原子Clに置換したものです。基本は同じですが，「側鎖」の部分を「置換基」として考えます。では，①と同様の順序で名前をつけていきますよ。

・**ステップ1**：最も長い炭素鎖の名前をつける。
最も長い炭素鎖は，Cが2つのエタンです。

・**ステップ2**：枝分かれした置換基の位置が小さい数字になるように，端から順に番号を振る。
置換基-Clがついた炭素が番号1となるように番号を振ります。

・**ステップ3**：置換基の名称をつけ加える。
置換基は-Cl (クロロ基) ですので，「クロロ」がつきます。

・**ステップ4**：(同じ置換基が複数ある場合は) 置換基の数を数詞で表す。
同じ置換基が2つありますので，「ジ」をつける必要があります。

・**ステップ5**：最後に，「置換基の位置の番号」→「数詞」→「置換基の名称」→「アルカンの名称」の順に名前をつけて完了。
置換基-Clは，2つとも番号が1の位置についているので，置換基の位置の番号を「1, 1-」と表します。

以上より，この物質の名称は**1,1-ジクロロエタン**となります。

「側鎖の位置の番号」→「側鎖の数詞」→
「側鎖の名称」→「アルカンの名称」
という順序で書いたら完成だったわね

確認問題 8 3-3に対応

次の問い(1)，(2)に答えよ。

(1) 鎖式不飽和炭化水素に関する次の文中の（ あ ）～（ え ）に，適切な語句を入れよ。

鎖式不飽和炭化水素は，炭素鎖が鎖状になっており，炭素原子どうしの（ あ ）結合，または，（ い ）結合をもつ炭化水素のことである。

（ あ ）結合をもつ鎖式不飽和炭化水素をまとめてアルケンといい，一般式（ う ）で表される。一方，（ い ）結合をもつ鎖式不飽和炭化水素をまとめてアルキンといい，一般式（ え ）で表される。

(2) 次の物質の名称を答えよ。
① $CH_3CH_2C \equiv CH$
② $CH_2 = CHCHBr_2$

鎖式不飽和炭化水素（アルケン，アルキン）の名称を答える問題です。
どんな物質でも，名前のつけかたさえ頭に入れてしまえば必ず答えられます。
ただし，慣用名は丸暗記しましょうね。

(1) **（ あ ）二重 （ い ）三重 （ う ）C_nH_{2n} （ え ）C_nH_{2n-2}**

(2) ① 鎖式不飽和炭化水素は，次の順序で名前をつけていくのでしたね。

・**ステップ1**：二重結合や三重結合を含む，最も長い炭素鎖に注目し，そのアルケン，アルキンの名前をつける。

三重結合なのでアルキン，最も長い炭素鎖はCが4つなのでブチンですね。

・**ステップ2**：二重結合，または三重結合の位置が最も小さな番号になるように，端から順に番号を振り，ステップ1でつけた名前の前におく。

三重結合がいちばん端にあるので，三重結合のある炭素から番号を振ります。

・**ステップ3**：側鎖の名称をつけ加える。

側鎖はないので，これは無視します。

・**ステップ4**：(同じ側鎖が複数ある場合は) 側鎖の数を数詞で表す。

側鎖はないので，こちらも無視します。

・**ステップ5**：最後に，「側鎖の位置の番号」→「数詞」→「側鎖の名称」→「番号をつけたアルケン（またはアルキン）の名称」の順に名前をつけて完了。

側鎖はありませんが，三重結合が番号1の位置にありますので，この化合物の名称は，**1-ブチン**であることがわかります。 答

② 置換基に置き換わっている場合の名前のつけかたですね。

・**ステップ1**：二重結合や三重結合を含む，最も長い炭素鎖に注目し，そのアルケン，アルキンの名前をつける。

二重結合なのでアルケン，最も長い炭素鎖はCが3つなのでプロペンです。

・**ステップ2**：二重結合，または三重結合の位置が最も小さな番号になるように，端から順に番号を振り，ステップ1でつけた名前の前におく。

二重結合がいちばん端にくるように番号を振ります。

・**ステップ3**：置換基の名称をつけ加える。

置換基は-Br (ブロモ基) ですので，「ブロモ」がつきます。

・**ステップ4**：(同じ置換基が複数ある場合は) 置換基の数を数詞で表す。

置換基-Brが2つあるので「ジ」がつきます。

・**ステップ5**:最後に,「置換基の位置の番号」→「数詞」→「置換基の名称」→「番号をつけたアルケン(またはアルキン)の名称」の順に名前をつけて完了。

置換基-Brは,2つとも番号が3の位置についているので,置換基の位置の番号を「3,3-」と表します。

よって,**3,3-ジブロモ-1-プロペン**となります。 

確認問題 9 3-4に対応

次の問い(1),(2)に答えよ。

(1) 脂環式飽和炭化水素に関する次の文中の(あ)~(う)に,適切な語句を入れよ。

脂環式飽和炭化水素は,炭素鎖が環状になっており,炭素原子どうしが(あ)結合のみで結びついている炭化水素のことである。

一般に,分子式は(い)で表され,まとめてシクロアルカンと呼ばれる。
この分子式は,鎖式不飽和炭化水素の(う)と同じである。

(2) 次のシクロアルカンの名称を答えよ。

```
      H H
   H  \ /  H
    \  C  /
H-C ／  ＼ C-H
   |        |
H-C ＼  ／ C-H
    /  C  \
   H  / \  H
      H H
```

脂環式飽和炭化水素はシクロアルカンと呼ばれます。
シクロアルカンの名称は,同じ炭素数のアルカンの名称の前に「シクロ」をつけて表すだけですので,答えられなかった人はアルカンのところをもう一度復習するとよいでしょう。

(1) **(あ)単 (い)C_nH_{2n} (う)アルケン** 答

(2) シクロアルカンですので，まずは同じ炭素数のアルカンの名前をつけます。Cが6つだからヘキサンですね。その次に，名前の頭に「シクロ」をつければいいのです。この物質は，側鎖や置換基をもたないシンプルなヘキサンですので，答えは簡単に出ます。名称は**シクロヘキサン**です。

シクロアルカンと
アルケンの一般式が
同じだってことは
注意しなきゃね

確認問題 10 3-5 に対応

脂環式不飽和炭化水素に関する次の文中の（　あ　）～（　え　）に，適切な語句を入れよ。

脂環式不飽和炭化水素は，炭素鎖が環状になっており，炭素原子どうしの（　あ　）結合，または，（　い　）結合をもつ炭化水素のことである。

（　あ　）結合をもつ脂環式不飽和炭化水素をまとめてシクロアルケンといい，一般式（　う　）で表される。一方，（　い　）結合をもつ脂環式不飽和炭化水素をまとめてシクロアルキンといい，一般式（　え　）で表される。

解説

脂環式不飽和炭化水素（シクロアルケン，シクロアルキン）の性質についての問題です。それほど出題されることはありませんが，これまでに出てきたアルカン，アルケン，アルキン，シクロアルカンとの違いを明確にするためにも，きちんと理解しましょう。

(あ)二重 (い)三重 (う)C_nH_{2n-2} (え)C_nH_{2n-4} 答

構造の洗い出しかた

4-1，4-2，4-3，4-4 に対応

次の化合物の考えうる異性体の個数を答えよ。ただし，鏡像異性体は考えないものとする。

① C_7H_{16}
② C_4H_8

分子式から可能性のある構造をすべて洗い出す問題は頻出です。
この問題は本冊の解説で出てきたものですので，p.96 ～ 133を振り返ってもう一度理解しているか確かめてください。
本冊では環状構造を除いて説明しましたが，この問題では環状構造も含めて考えます。アルケンはシクロアルカンと一般式(C_nH_{2n})が同じなので，環状構造があることも考えなくてはいけないのでしたね。C_4H_8では，環状構造とシス-トランス異性体を含めて，異性体は6種類になります。

① **9**
② **6** 

くわしくは本冊の p.96～133 を見てくださいね

確認問題 12　4-5，4-6 に対応

鏡像異性体に関する次の問い (1) ～ (3) に答えよ。

(1) L-アラニンの構造式を以下に示す。これに含まれる炭素原子のうち，不斉炭素原子はどれか。図中の番号①～③から選びなさい。

L-アラニン

```
      HOOC①
        |  ②
        C
  H3C⁄ ⧵ ⋱H
   ③  NH2
```

(2) L-アラニンと鏡像異性体の関係にある D-アラニンの構造式を示せ。

(3) 次の有機化合物のうち，鏡像異性体があるものをすべて選びなさい。

(i)
```
     COOH
      |
  H - C - H
      |
     NH2
```

(ii)
```
              O
            //
  CH3CH2C
            \
             H
```

(iii)
```
          CH3
           |
  CH3 - C - H
           |
          NH2
```

(iv)
```
             H   Cl
              \ /
               C
              / \
  CH3 - CH2       CH3
```

鏡像異性体に関する問題です。
鏡像異性体は光学的な性質が異なることから光学異性体とも呼ばれます。

(1) Cに結合する4つの基がすべて異なる場合，その真ん中のCが不斉炭素原子です。よって，②　答

(2) D-アラニン

```
      COOH
       |
  H ⋰ C ⧵ CH3
      NH2
```
答

(3) 鏡像異性体が存在するのは，結合する4つの基がすべて異なる不斉炭素原子がある場合なので，**(iv)**　答

炭素と水素からなる有機化合物(芳香族化合物は除く)

確認問題 13 5-1, 5-2, 5-3, 5-4, 5-5 に対応

次の問い(1)~(3)に答えよ。

(1) 次の①~④のうち, アルカンに関する文章として誤っているものを1つ選べ。

① 分子式がC_nH_{2n+2}で表される。

② 分子量が大きくなるほど沸点が高くなる。

③ 光を当てると, 窒素N_2と反応する。

④ アルカンは鎖式飽和炭化水素に分類される。

(2) 次の①~④のうち, アルケンに関する文章として正しいものを1つ選べ。

① アルコールに濃硫酸を加えて加熱すると, 加水反応が起こり, アルケンが生成される。

② エチレンは, エタノールを130~140℃に加熱することで生成される。

③ プロペンに臭素Br_2を加えると, 臭素の赤褐色が消える。

④ アルケンにリン酸などの触媒を使って水を付加すると, エーテルになる。

(3) 次の(i)~(iii)の反応の化学反応式を書きなさい。

(i) エチレンに臭素Br_2を付加

(ii) エチレンに水を付加

(iii) エチレンの付加重合

アルカン, アルケンの性質に関する問題です。
これらの性質が頭に入っていることで, 構造を特定することができます。

(1) 光を当てると塩素Cl_2や臭素Br_2などのハロゲンと反応します。窒素N_2はとても安定した気体であるため，反応しません。よって③ 答

(2) 不飽和結合をもつ化合物に臭素Br_2を加えると，付加反応して臭素の赤褐色が消えます。よって③ 答
また，①加水→脱水，②130～140℃→160～170℃，④エーテル→アルコールにすると正しい文章になります。

(3) (i) $CH_2{=}CH_2 + Br_2 \longrightarrow CH_2Br{-}CH_2Br$（$CH_2{-}CH_2$ の各炭素に Br）

(ii) $CH_2{=}CH_2 + H_2O \longrightarrow CH_3CH_2OH$

(iii) $n\,CH_2{=}CH_2 \longrightarrow \left[CH_2{-}CH_2 \right]_n$ 答

確認問題 14 5-6，5-7 に対応

次の問い(1)，(2)に答えよ。

(1) 次の反応式を書きなさい。
- (i) 炭化カルシウムからアセチレンを生成する。
- (ii) アセチレンに臭素Br_2を付加し，1,2-ジブロモエチレンを生成する。
- (iii) アセチレンに水素H_2を付加し，エタンを生成する。
- (iv) アセチレンに塩化水素を付加したあと，付加重合してポリ塩化ビニルを生成する。
- (v) アセチレンに水を付加し，アセトアルデヒドを生成する。
- (vi) アセチレンからベンゼンを生成する。

(2) アルキンに関する次の文章のうち，誤っているものを1つ選びなさい。
- ① アルキンに臭素水を加えると，赤褐色は消える。
- ② アセチレンの分子の形は直線形である。
- ③ 炭素－炭素間の距離は，三重結合＞二重結合＞単結合の順に長い。
- ④ アルキンの一般式はC_nH_{2n-2}である。

アルキンに関する問題です。
アルキンの性質について理解し，それを化学式で書けるようになりましょう。

(1) (ⅰ) $CaC_2 + 2H_2O \longrightarrow Ca(OH)_2 + CH{\equiv}CH$

(ⅱ) $CH{\equiv}CH + Br_2 \longrightarrow CHBr{=}CHBr$

(ⅲ) $CH{\equiv}CH + 2H_2 \longrightarrow CH_3{-}CH_3$

(ⅳ) $CH{\equiv}CH + HCl \longrightarrow CH_2{=}CHCl$

$n\,CH_2{=}CHCl \longrightarrow {+}CH_2{-}CHCl{+}_n$

(ⅴ) 途中で生成されるビニルアルコール($CH_2{=}CH{-}OH$)は不安定なので，すぐにアセトアルデヒドに変化します。

$CH{\equiv}CH + H_2O \longrightarrow CH_3CHO$

(ⅵ) $3CH{\equiv}CH \longrightarrow C_6H_6$ 答

(2) 炭素－炭素間の距離は，単結合＞二重結合＞三重結合の順に長いため，

③

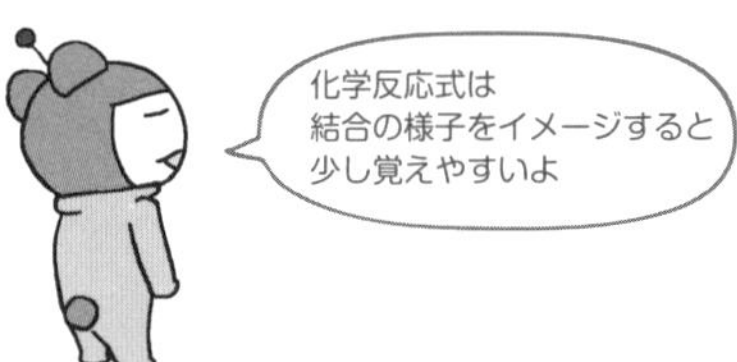

化学反応式は
結合の様子をイメージすると
少し覚えやすいよ

確認問題 15 5-8 に対応

次の文中の(　あ　)～(　お　)に適切な語句を入れなさい。

シクロアルカンの一般式は(　あ　)であり，鎖式不飽和炭化水素の(　い　)と同じである。そのため，2つを区別するには，(　う　)を加えて赤褐色が脱色されるかどうかで判別する。
また，脂環式不飽和炭化水素で二重結合を1つもつ，シクロアルケンの一般式は(　え　)であり，鎖式不飽和炭化水素の(　お　)と同じである。

解 説

シクロアルカン，シクロアルケンに関する問題です。
分子式はそれぞれアルケン，アルキンと同じですので，化学的な性質が違うことから区別する必要があります。

(あ)C_nH_{2n}　(い)アルケン
(う)臭素　(え)C_nH_{2n-2}
(お)アルキン　答

シクロアルカンと
アルケンの見分けかたは
とても重要じゃぞい

Chapter
6

炭素と水素と酸素からなる有機化合物（芳香族化合物は除く）

確認問題 16　6-1，6-2 に対応

次の物質の不飽和度を答えよ。

① C_4H_8
② C_2H_6O
③ $C_2H_2Br_2$
④ C_6H_7N

解 説

不飽和度は，有機化合物の構造を決定する際に役に立ちますので，きちんと求められるようになりましょう。

本冊のp.176で出てきた，不飽和度の補正式 $\frac{(2C+2)-H-X+N}{2}$ を用います。

① C_4H_8：不飽和度$=\frac{(2\times4+2)-8-0+0}{2}=\frac{10-8}{2}=\underline{\mathbf{1}}$

② C_2H_6O：不飽和度$=\frac{(2\times2+2)-6-0+0}{2}=\frac{6-6}{2}=\underline{\mathbf{0}}$

③ $C_2H_2Br_2$：不飽和度$=\frac{(2\times2+2)-2-2+0}{2}=\frac{6-2-2}{2}=\underline{\mathbf{1}}$

④ C_6H_7N：不飽和度$=\frac{(2\times6+2)-7-0+1}{2}=\frac{14-7+1}{2}=\underline{\mathbf{4}}$

確認問題 17　6-3，6-4 に対応

次の問い(1)～(4)に答えよ。

(1) エチレンからエタノールを生成する方法を，化学反応式で答えよ。

(2) 次のアルコールの名称を答えよ。

$$\begin{array}{l} H_3C-CH-CH_2-OH \\ \qquad\ \ | \\ \qquad\ CH_3 \end{array}$$

(3) 次のアルコールは，第何級アルコールか答えよ。

$$\begin{array}{l} H_3C-CH_2-CH-CH_3 \\ \qquad\qquad\quad | \\ \qquad\qquad\ \ OH \end{array}$$

(4) 次の空欄（　あ　）～（　く　）を埋めなさい。
（ただし，（　く　）は［　　］の中から適切な語句を選びなさい）

・第一級アルコール $\xrightarrow{(酸化)}$（　あ　）$\xrightarrow{(酸化)}$（　い　）
・第二級アルコール $\xrightarrow{(酸化)}$（　う　）
・第三級アルコール $\xrightarrow{(酸化)}$（　え　）

・第一級アルコール，第二級アルコール，第三級アルコールには，沸点の違いがある。最も沸点が高いのは第（　お　）級アルコール，最も沸点が低いのは第（　か　）級アルコールである。なぜなら，-OH基間でつくられる（　き　）結合が，第一級アルコールより第三級アルコールのほうがつくられ（　く　）[にくい・やすい] からである。

アルコールの生成法，酸化反応についてはよく出題されますので，確実に答えられるようにしましょう。

(1) $CH_2{=}CH_2 + H_2O \longrightarrow CH_3CH_2OH$ 

(2) ・**ステップ1**：最も長い炭素鎖の名前をつける。
最も長い炭素鎖はCが3つなので，アルカンの名称はプロパンですね。
アルコールなので語尾に「オール(-ol)」をつけて，名前はプロパノールになります。

・**ステップ2**：-OH基の位置が小さい数字になるように，端から順に番号を振る。
-OH基は端から1番目の位置にありますので，これをプロパノールの前につけ，1-プロパノールとなります。-OH基の位置を表す番号は，他に優先して小さな数字になるように振ります。

・**ステップ3**：-OH基が複数ある場合はその数を数詞で表す。
-OH基は1つしかないので，無視します。

・**ステップ4**：側鎖の名称をつけ加える。
側鎖はメチル基ですので，「メチル」がつきますね。

・**ステップ5**：(同じ側鎖が複数ある場合は) 側鎖の数を数詞で表す。
側鎖は1つしかないので，無視します。

・**ステップ6**：側鎖の位置の番号を頭につける。
側鎖は番号が2の位置なので，これを頭につけ，2-メチルとなります。

以上より，この物質の名称は**2-メチル-1-プロパノール**となります。

アルカンの名前をつけるようにして，
語尾に -ol(オール)をつけるんだね！

(3) -OH基がついた炭素原子に，炭素原子が2つ結合しているため，**第二級アルコール**です。 答

ちなみに，第二級アルコールを酸化するとケトンになるのでしたね。

(4) **(あ)アルデヒド (い)カルボン酸 (う)ケトン (え)反応しない (お)一 (か)三 (き)水素 (く)にくい** 答

確認問題 18 6-5 に対応

次の問い(1)，(2)に答えよ。

(1) 次の文中の(あ)～(え)に適切な語句を入れよ。

・エタノールに(あ)を加えると，反応して水素H_2を発生する。

・エタノールに濃硫酸を加えて160～170℃に加熱すると，(い)を生じる。

・エタノールに濃硫酸を加えて130～140℃に加熱すると，(う)を生じる。この反応を(え)という。

(2) C_4H_9OHで表されるアルコールには，4種類の構造異性体がある。
このうち，

(i) 酸化されてアルデヒドになるもの

(ii) 酸化されてケトンになるもの

をそれぞれ構造式ですべて表せ。

アルコールの性質に関する問題です。以下の3つのポイントをおさえておきましょう。

① -OH基をもつので，ナトリウムと反応する
② 酸化すると，何級アルコールかによって生成物が異なる
③ 濃硫酸と加熱すると，温度によって生成物が異なる

(1) **(あ)ナトリウム (い)エチレン (う)ジエチルエーテル (え)縮合** 答

(2) C_4H_9OHのアルコールの構造異性体は次の4つです。
まず，炭素鎖が最も長い，4つの場合を考えます。

C-C-C-C

-OHの位置は，次の2通りがあります。

```
C-C-C-C      C-C-C-C
      |          |
      OH         OH
```

よって ① $CH_3CH_2CH_2CH_2OH$ ② $CH_3CH_2CH(OH)CH_3$

```
② CH3CH2CHCH3
           |
           OH
```

続いて，炭素鎖が3つの場合を考えます。

```
C-C-C
  |
  C
```

ここに，-OHをつけると，次の2通りがあります。

```
  OH          C
  |           |
C-C-C       C-C-C-OH
  |
  C
```

よって

```
        OH                  CH3
        |                   |
③ CH3-C-CH3     ④ CH3-CH-CH2-OH
        |
        CH3
```

このうち，酸化されてアルデヒドになるのは，第一級アルコールなので，-OH基がついた炭素原子に，炭素原子が1つ結合している，①と④の構造を選びます。

また，酸化されてケトンになるのは，第二級アルコールなので，-OH基がついた炭素原子に，炭素原子が2つ結合している，②の構造を選びます。

よって

（i）

$$CH_3CH_2CH_2CH_2OH,\quad CH_3\underset{}{\overset{CH_3}{\overset{|}{C}}}HCH_2OH$$

（ii）

$$CH_3CH_2\underset{\underset{OH}{|}}{C}HCH_3$$

答

確認問題 19　6-6 に対応

C_2H_6Oの構造異性体をすべて洗い出し，金属ナトリウムNaを加えたときに水素を発生しない構造異性体の構造式を答えよ。

解説

エーテルに関する問題です。

エーテルと1価アルコールの分子式は同じなので，この2つを見分ける方法を身につけておかないといけません。

まずは不飽和度を求めます。

$$不飽和度=\frac{(2\times2+2)-6}{2}=0$$

これより，すべて単結合でできていることがわかりましたね。

次に，Oが1つ含まれているということは，アルコールかエーテルなので，CH_3CH_2OH，CH_3-O-CH_3の2種類の可能性があります。

ここで，金属ナトリウムNaを加えても水素を発生しないことから，エーテルであることがわかります。

構造異性体：**CH_3CH_2OH，　CH_3-O-CH_3**

Naと反応しない構造異性体：**CH_3-O-CH_3**

確認問題 20　6-7 に対応

分子式が$C_4H_{10}O$である化合物Aについて，次の問い(1)，(2)に答えよ。

(1) 化合物Aは酸化するとアルデヒド(化合物B)になった。また，化合物Bの炭素鎖には枝分かれ構造がみられた。このとき，化合物A，Bの構造式をそれぞれ答えよ。

(2) 次の文中の(　あ　)～(　か　)に入る適切な語句を答えよ。

化合物Bがアルデヒドであるかどうかを調べるためには，次の2通りの方法がある。
1つ目は，化合物Bにアンモニア性硝酸銀水溶液を加えて温めると(　あ　)が析出する反応である。これを(　い　)反応という。
2つ目は，化合物Bに(　う　)を加えて加熱すると(　え　)色の沈殿が生じる反応である。この沈殿物の化学式は(　お　)である。
どちらも，アルデヒドの(　か　)性を利用した反応である。

アルデヒドの性質に関する問題です。
① 第一級アルコールを酸化して得られる
② 還元性を利用した検出方法が2つある
ということが頭に入っているかの確認です。

(1) 化合物Aは，分子式が$C_4H_{10}O$より

$$\text{不飽和度}=\frac{(2\times4+2)-10}{2}=0$$

なので，すべて単結合でできていることがわかります。さらに，酸化されることから，エーテルではなく，アルコールと考えられます。
よって，考えられる構造は

① C–C–C–C–OH

② C–C–C(–OH)–C

③ C–C(–C)–C–OH

④ C–C(–OH)(–C)–C

の4種類です(確認問題18参照)。
次に，酸化してアルデヒドになるということから，化合物Aは第一級アルコールであることがわかります。よって，–OH基がついた炭素原子に，炭素原子が1つ結合している①，③の構造に絞ります。
また，化合物Bの炭素鎖に枝分かれ構造がみられるということは，
化合物Aの炭素鎖にも枝分かれ構造があるということなので，

化合物Aは，③の構造であることがわかります。

よって，化合物Aは

$$CH_3-\underset{\substack{|\\ CH_3}}{CH}-CH_2-OH$$

答

また，化合物Bは，化合物Aが酸化してH原子2個がとれたものなので

$$CH_3-\underset{\substack{|\\ CH_3}}{CH}-C\overset{O}{\underset{H}{\lessgtr}}$$

答

(2) 還元性は，銀鏡反応やフェーリング液の還元で調べます。

(あ)銀 (い)銀鏡 (う)フェーリング液

(え)赤 (お)Cu_2O (か)還元 答

確認問題 21 6-8，6-9 に対応

次の問い(1)，(2)に答えよ。

(1) 分子式C_3H_6Oで表される物質のうち，鎖式構造であり，炭素間の二重結合をもたないものの構造式をすべて書け。

(2) (1)で挙げた構造式のうち，ヨードホルム反応を示すものを答えよ。

ケトンに関する問題です。

① 第二級アルコールを酸化するとケトンになる

② 構造異性体であるアルデヒドと違い，還元性を示さない

③ $CH_3-\overset{\overset{O}{\|}}{C}-$の構造をもつアルデヒドやケトン，$CH_3-\underset{\underset{H}{|}}{\overset{\overset{OH}{|}}{C}}-$の構造をもつアルコールはヨードホルム反応を示す

の3つを頭に入れましょう。

(1) 分子式C_3H_6Oより

$$\text{不飽和度} = \frac{(2 \times 3 + 2) - 6}{2} = 1$$

となるので，二重結合を1つもつか，環状構造を1つもつことがわかります。しかし，問題文に“鎖式構造であり，炭素間の二重結合をもたないもの”とあるので，環状構造を考えず，C=Oの二重結合のある構造だけを考えます。つまり，アルデヒドかケトンです。

〈アルデヒドの場合〉

$-C(=O)H$ を含む構造は $C-C-C(=O)H$ のみ考えられます。

よって **$CH_3-CH_2-C(=O)H$** 答

〈ケトンの場合〉

$C_2C=O$ を含む構造は，$C_2C=O$ だけです。

よって **$CH_3-C(=O)-CH_3$** 答

以上の2種類が答えとなります。

(2) ヨードホルム反応を示す化合物は

$CH_3-C(=O)-$ または $CH_3-CH(OH)-$

という構造を含みます。

(有機化合物の“結婚指輪”と呼んでいましたね。→本冊 p.202)

(1) より，この構造を含むのは

$CH_3-C(=O)-CH_3$ 答

ヨードホルムは
「有機化合物の結婚指輪」
というイメージだったわね

確認問題 22 6-10に対応

次の問い（1），（2）に答えよ。

（1） 次の文中の（　あ　）～（　き　）に適切な語句を入れよ。

カルボン酸は，化合物中に-COOHを含む有機化合物で，この官能基を（　あ　）と呼ぶ。（　あ　）が1つ含まれるカルボン酸を（　い　），2つ含まれるカルボン酸を（　う　）という。
炭化水素基が単結合のみからなるカルボン酸は（　え　）といい，一般式は（　お　）で表される。一方，二重結合を含むカルボン酸は（　か　）といい，二重結合を1つ含むカルボン酸の一般式は（　き　）となる。

（2） カルボン酸の性質に関する次の文章のうち，誤っているものを2つ選びなさい。

（ⅰ） カルボン酸に金属ナトリウムNaを加えると，水素が発生する。
（ⅱ） カルボン酸を還元するとケトンになる。
（ⅲ） 炭酸の塩は，カルボン酸を加えると反応し，二酸化炭素を発生する。
（ⅳ） 塩化ナトリウムにカルボン酸を加えると反応し，塩酸を発生する。
（ⅴ） 酸の強さは，HCl，H_2SO_4 ＞ R-COOH ＞ H_2CO_3の順になっている。

カルボン酸の性質に関する問題です。
カルボン酸は，
① -OH基を含むため金属ナトリウムNaと反応する（p.188）
② 還元するとアルデヒド（さらに還元するとアルコール）になる（p.184，190）
③ 酸の強さはHCl，H_2SO_4 ＞ R-COOH ＞ H_2CO_3の順である
ということを覚えましょう。特に酸の強さについてはこのあとも頻出なので，確実に覚えてくださいね。

(1) **(あ)カルボキシ基　(い)1価カルボン酸(モノカルボン酸)**
(う)2価カルボン酸(ジカルボン酸)　(え)飽和脂肪酸
(お)$C_nH_{2n+1}COOH$　(か)不飽和脂肪酸
(き)$C_nH_{2n-1}COOH$ 答 

(2) (ii) カルボン酸を還元するとアルデヒドになります。
(iv) 塩化ナトリウムNaClは塩酸HClの塩。塩酸はカルボン酸よりも酸性が強いため，反応しません。
よって **(ii)，(iv)**。 答

「誤っているものを選べ」
「正しいものを選べ」など
問題文の指示を
読み間違えないように
するんじゃぞ
それぞれの選択肢に
「正」,「誤」などと書いていくと
間違えにくいぞぃ

確認問題 23　6-11，6-12，6-13 に対応

次の問い(1)～(3)に答えよ。

(1) カルボン酸(化合物A)にフェーリング液を加えたところ，赤褐色の沈殿を生じた。この化合物Aは何か。また，このカルボン酸を還元して得られるアルコールは何か。それぞれ構造式で答えよ。

(2) エタノールを酸化して得られるカルボン酸は何か。構造式で答えよ。

(3) 分子式$C_4H_4O_4$で表される2価カルボン酸のフマル酸とマレイン酸の構造式を書け。
また，加熱して脱水反応をするのは，フマル酸とマレイン酸のうちのどちらか，その名称を答えよ。

解説

カルボン酸のうち，代表的なギ酸，酢酸，フマル酸，マレイン酸に関する問題です。分子式や性質から，その化合物の構造式がだんだん導けるようになってきましたか？

(1)　フェーリング液を還元するということは，アルデヒドであることを示しています。

アルデヒドであり，カルボン酸でもある物質は，ギ酸だけです。

よって，化合物Aは

H－C(＝O)－OH　答

ギ酸はCが1つのカルボン酸なので，還元して得られるアルコールは，Cが1つのメタノールです。

$$\underset{\text{ギ酸}}{H{-}C(OH){=}O} \xrightarrow[(-O)]{\text{還元}} \underset{\text{ホルムアルデヒド}}{H{-}C(H){=}O} \xrightarrow[(+2H)]{\text{還元}} \underset{\text{メタノール}}{H{-}CH_2{-}O{-}H}$$

よって　**CH_3－OH**　答

(2)　エタノールは　CH_3CH_2OHなので

$$\underset{\text{エタノール}}{H{-}CH_2{-}CH_2{-}O{-}H} \xrightarrow[(-2H)]{\text{酸化}} \underset{\text{アセトアルデヒド}}{H{-}CH_2{-}C(H){=}O} \xrightarrow[(+O)]{\text{酸化}} \underset{\text{酢酸}}{H{-}CH_2{-}C(OH){=}O}$$

よって　**CH_3－C(OH)＝O**　答

(3)

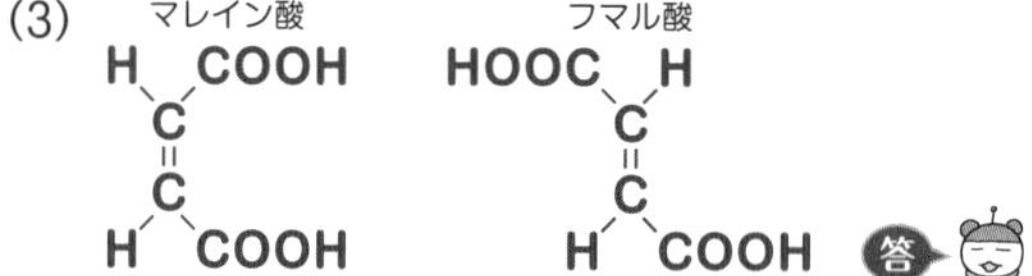

また，脱水するのは－COOH基どうしが近いほうなので

H　COOH
＼C／
‖
／C＼
H　COOH

の構造の**マレイン酸**　答

確認問題 24　6-14 に対応

次の問い (1) ～ (4) に答えよ。

(1) 次の文中の(　あ　)～(　え　)に適切な語句を入れよ。

エステルは，カルボン酸とアルコールから水 H_2O がとれて縮合した構造をもつ化合物である。エステルのもつ結合 $-\underset{\underset{\displaystyle O}{\|}}{C}-O-$ を(　あ　)結合という。
逆に，エステルに水を加え加熱すると(　い　)が起こり，もとのカルボン酸とアルコールに戻る。また，エステルを水酸化ナトリウム水溶液中で加熱しても反応が起き，(　う　)の塩と(　え　)が生じる。

(2) 次の操作を行ったとき，どのような化学反応が起こるか。それぞれ化学反応式で答えよ。

(ⅰ) ギ酸とエタノールを，酸触媒の下で反応させる。

(ⅱ) $CH_3-\overset{\overset{\displaystyle O}{\|}}{C}-O-CH_2CH_3$ に水(と少量の酸)を加えて加熱する。

(ⅲ) プロピオン酸メチル $CH_3CH_2-\overset{\overset{\displaystyle O}{\|}}{C}-O-CH_3$ に水酸化ナトリウム水溶液を加え，加熱する。

(3) 分子式 $C_3H_6O_2$ で表される有機化合物A，Bがある。
化合物Aは水によく溶け，水溶液は酸性を示す。
化合物Bは水に溶けにくいが，水酸化ナトリウム水溶液を加えて加熱すると，化合物Cの塩と化合物Dが得られた。化合物Dを酸化すると，化合物Eを経て化合物Fを生じた。化合物EおよびFは銀鏡反応を示した。

化合物A～Fの構造式を答えよ。

(4) 分子式 $C_4H_8O_2$ で表される有機化合物A，Bがある。化合物Aは水酸化ナトリウム水溶液中で加熱すると反応し，化合物Cのナトリウム塩と化合物Dが得られた。得られた化合物Dは，ヨードホルム反応を示し，酸化するとカルボン酸が得られた。

化合物Bは，炭酸水素ナトリウム水溶液に溶けて気体を発生した。また，化合物Bの炭素鎖は直鎖状であることがわかった。

化合物A～Dの構造式を答えよ。

エステルに関する問題です。エステルには次の①～③の性質があります。

① アルコールとカルボン酸から水H_2Oがとれて縮合してできる。
② 水を加えて加熱すると，もとのアルコールとカルボン酸に戻る（加水分解）。
③ 水酸化ナトリウム水溶液中で加熱すると，カルボン酸の塩とアルコールになる（けん化）。

また，Chapter 6で勉強したアルコール，エーテル，アルデヒド，ケトン，カルボン酸，エステルのおさらいの問題も含めておきました。さまざまなヒントをもとに構造式を決定することができましたか？　不安なところは復習しましょう。

(1) **（ あ ）エステル　（ い ）加水分解　（ う ）カルボン酸　（ え ）アルコール**　答

(2) (i) $HCOOH + HO{-}CH_2CH_3 \longrightarrow H{-}\overset{\overset{\displaystyle O}{\|}}{C}{-}O{-}CH_2CH_3 + H_2O$　答

(ii) $CH_3{-}\overset{\overset{\displaystyle O}{\|}}{C}{-}O{-}CH_2CH_3 + H_2O \longrightarrow CH_3{-}\overset{\overset{\displaystyle O}{\|}}{C}{-}OH + HO{-}CH_2CH_3$　答

(iii) $CH_3CH_2{-}\overset{\overset{\displaystyle O}{\|}}{C}{-}O{-}CH_3 + NaOH \longrightarrow CH_3CH_2{-}\overset{\overset{\displaystyle O}{\|}}{C}{-}ONa + HO{-}CH_3$　答

(3) 化合物A，Bは分子式$C_3H_6O_2$より

$$\text{不飽和度} = \frac{(2C+2)-H}{2} = \frac{(2\times3+2)-6}{2} = 1$$

また，化合物AはOを2つ含み，酸性であることから，カルボン酸であることがわかります。

$C_3H_6O_2$からCOOHを引くと，C_2H_5となるので，

化合物Aは　**CH_3CH_2COOH**

化合物B～Fの構造式を決定する際にヒントとなるのは，

「化合物Dを酸化すると，化合物Eを経て化合物Fを生じた。化合物EおよびFは銀鏡反応を示した。」という文です。

2段階で酸化が進むため，化合物Dは第一級アルコールであると推測できます。第一級アルコールは，酸化されて，第一級アルコール→アルデヒド→カルボン酸と変化するのでした。化合物Eはアルデヒドなので，還元性をもち，銀鏡反応を示しますが，化合物Fも銀鏡反応を示したということは，化合物Fは還元性をもつカルボン酸，すなわち，ギ酸　**HCOOH**であることがわかります。

これより，化合物Eはホルムアルデヒド　$\mathbf{H{-}\overset{\overset{\displaystyle O}{\|}}{C}{-}H}$

化合物Dはメタノール　$\mathbf{CH_3OH}$

$$\left(CH_3OH \xrightarrow[(-2H)]{\text{酸化}} H{-}\overset{\overset{\displaystyle O}{\|}}{C}{-}H \xrightarrow[(+O)]{\text{酸化}} HCOOH \right)$$

化合物Bが水酸化ナトリウムNaOH水溶液中で分解されて，アルコールのメタノールCH_3OHを生じたということから，これはエステルのけん化であると予想できます。

よって，化合物Cはカルボン酸であることがわかるので

酢酸　$\mathbf{CH_3COOH}$

エステルは，カルボン酸とアルコールから，水H_2Oがとれる縮合によりつくられるので，化合物Bは，CH_3COOHとCH_3OHからH_2O分子が1つとれた構造をしています。

よって，化合物Bは，酢酸メチル　$\mathbf{CH_3{-}\overset{\overset{\displaystyle O}{\|}}{C}{-}O{-}CH_3}$

A：$\mathbf{CH_3{-}CH_2{-}\overset{\overset{\displaystyle O}{\|}}{C}{-}O{-}H}$，B：$\mathbf{CH_3{-}\overset{\overset{\displaystyle O}{\|}}{C}{-}O{-}CH_3}$，C：$\mathbf{CH_3{-}\overset{\overset{\displaystyle O}{\|}}{C}{-}O{-}H}$，

D：$\mathbf{CH_3{-}O{-}H}$，E：$\mathbf{H{-}\overset{\overset{\displaystyle O}{\|}}{C}{-}H}$，F：$\mathbf{H{-}\overset{\overset{\displaystyle O}{\|}}{C}{-}O{-}H}$ 答

(4)　まず，分子式から可能性のある構造を考えます。

化合物A，Bは分子式$C_4H_8O_2$より

$$\text{不飽和度} = \frac{(2C+2)-H}{2} = \frac{(2\times4+2)-8}{2} = 1$$

であり，また，Oが2つあることから

エステル$\left(R{-}\overset{\overset{\displaystyle O}{\|}}{C}{-}O{-}R'\right)$やカルボン酸$\left(R{-}\overset{\overset{\displaystyle O}{\|}}{C}{-}OH\right)$が考えられますね。

他には，カルボニル基$\left(\rangle C{=}O\right)$をもつアルコール（-OH）やエーテル（-O-），炭素間二重結合$\left(\rangle C{=}C\langle\right)$や環状構造をもつアルコール（-OH）やエーテル（-O-）なども考えられます。

さて，これらの異性体の中から１つの構造に絞り込んでいきます。
化合物Ａのヒントとなるのは
「水酸化ナトリウム水溶液中で加熱すると反応し，化合物Ｃのナトリウム塩と化合物Ｄが得られた」
という文です。
この反応はエステルのけん化であると，すぐにピンときましたか？
つまり，化合物Ａはエステル，化合物Ｃがカルボン酸，化合物Ｄがアルコールであると推測できるわけです。

$$\left(\underset{\text{エステル}}{A} \quad + \quad \underset{\text{塩基}}{NaOH} \xrightarrow{\text{けん化}} \underset{\text{カルボン酸のナトリウム塩}}{\text{Cの塩}} \quad + \quad \underset{\text{アルコール}}{D} \right)$$

化合物Ｄは酸化するとカルボン酸になるので，第一級アルコールです。
また，ヨードホルム反応を示すので

$$CH_3-\overset{\overset{\displaystyle OH}{|}}{C}H-$$

という構造を含みます。

よって，化合物Ｄは　$\underline{\mathbf{CH_3-\overset{\overset{OH}{|}}{C}H-H}}$

化合物Ｄの構造式が決定したことにより，
炭素数から，化合物Ｃは　$\underline{\mathbf{CH_3COOH}}$
化合物Ａはエステルなので，カルボン酸とアルコールから H_2O 分子が１つとれる縮合によりつくられるから

$$CH_3-\overset{\overset{\displaystyle O}{\|}}{C}-OH \quad + \quad CH_3-\overset{\overset{\displaystyle OH}{|}}{C}H-H \longrightarrow CH_3-\overset{\overset{\displaystyle O}{\|}}{C}-O-CH_2CH_3 \quad + \quad H_2O$$

となり，化合物Ａは　$\underline{\mathbf{CH_3-\overset{\overset{O}{\|}}{C}-O-CH_2CH_3}}$
また，化合物Ｂのヒントは
「炭酸水素ナトリウム水溶液に溶けて気体を発生した」
という文です。
酸の強さの関係を思い出してください。発生した気体は CO_2 です。炭酸の塩と反応して CO_2 を発生させるのは，炭酸より強い酸ですから，化合物Ｂはカルボン酸であると推測できます。
（酸の強さ：カルボン酸＞炭酸　より，カルボン酸がイオン化した）

次に，化合物Bの最も長い炭素鎖(C_3)のどこに-COOH基をつけるかを考えると

$$\mathrm{C-C-C-COOH} \qquad \begin{array}{c}\mathrm{C-C-C}\\ |\\ \mathrm{COOH}\end{array}$$

の2通りが考えられます。
化合物Bの炭素鎖は直鎖状なので，
化合物Bは　**$CH_3-CH_2-CH_2-COOH$**

さまざまなヒントから
有機化合物の構造式を
決定できるように
なったら一人前じゃ！

A：**$CH_3-CH_2-O-\overset{\overset{\displaystyle O}{\|}}{C}-CH_3$**,

B：**$CH_3-CH_2-CH_2-\overset{\overset{\displaystyle O}{\|}}{C}-O-H$**,

C：**$CH_3-\overset{\overset{\displaystyle O}{\|}}{C}-O-H$**，D：**$CH_3-\overset{\overset{\displaystyle OH}{|}}{C}H-H$**　答

確認問題 25　6-15 に対応

次の問い(1)～(5)に答えよ。

(1) 次の文中の(　あ　)～(　き　)に適切な語句を入れよ。

カルボン酸の中でも，特に炭素数の多いものを高級脂肪酸という。その高級脂肪酸と(　あ　)が縮合することで得られるのが油脂である。
炭素原子間に二重結合(C=C)が含まれていないものを飽和脂肪酸，含まれているものを不飽和脂肪酸という。飽和脂肪酸からなる油脂は常温で(　い　)体のものが多く，不飽和脂肪酸からなる油脂は常温で(　う　)体のものが多いという傾向がある。
なぜなら，飽和脂肪酸は直鎖状の分子なので，分子どうしが接近しやすく，分子間にはたらく分子間力が(　え　)いため融点が(　お　)くなるが，不飽和脂肪酸の多くは二重結合を含み，かつ，シス形であるために，二重結合が多いほど折れ曲がり，分子間にはたらく分子間力が(　か　)くなるため，融点が(　き　)くなるからである。

(2) 分子量890の油脂1 gをけん化するのに必要な水酸化カリウムKOHは，何mgか。
ただし，KOHの式量は56とする。

(3) 油脂1 gを完全にけん化するのに必要な水酸化カリウムKOHのmg数をけん化価という。ある油脂2.8 gに0.50 mol/Lの水酸化カリウム水溶液25 mLを加え，完全にけん化したのち，未反応の水酸化カリウム水溶液を中和したところ，0.50 mol/Lの塩酸15 mLを要した。この油脂のけん化価を答えよ。
ただし，原子量はH＝1，O＝16，K＝39を用いよ。

(4) 脂肪酸としてリノール酸$C_{17}H_{31}COOH$のみを含む油脂100 gに付加するヨウ素の質量を求めよ。ただし，I_2＝254とする。

(5) 油脂100 gに付加するヨウ素I_2のg数をヨウ素価という。
ある油脂1.20 gに触媒を使ってヨウ素を付加したところ，3.0×10^{-3} molのヨウ素が付加した。この油脂のヨウ素価を答えよ。
ただし，原子量はI＝127を用いよ。

油脂に関する知識を問う問題です。
油脂は高級脂肪酸3つ（-COOH基×3）とグリセリン（-OH基×3）がエステル結合してできています。特に高級脂肪酸中に二重結合が含まれている場合は，分子間の分子間力が弱くなるため分子どうしがバラバラになりやすく，融点が低い液体として存在します。
また，けん化価やヨウ素価に関する問題は単なる計算問題です。何を求めるためにどんな計算をしているか，きちんと理解してくださいね。

(1) **（ あ ）グリセリン （ い ）固 （ う ）液**
（ え ）強 （ お ）高 （ か ）弱 （ き ）低 答

(2) 問われているのは，けん化価S（油脂1 gをけん化するのに必要なKOHのmg数）です。

分子量890の油脂1 gの物質量は $\frac{1}{890}$ mol

油脂1分子にはエステル結合が3つあるので，
油脂1 molをけん化するには，3 molのKOHを必要とします。
KOHの式量は56なので，油脂1 gと反応するKOHは $\dfrac{S \times 10^{-3}}{56}$〔mol〕
よって，けん化価Sは

$$油脂：KOH = 1：3 = \frac{1}{890}：\frac{S \times 10^{-3}}{56}$$

$$S = \frac{3 \times 56 \times 10^{3}}{890} \fallingdotseq 189$$　　**189 mg** 答

(3) 油脂1 gをけん化するのに必要な水酸化カリウムのmg数を求めればよいので，まずは油脂2.8 gをけん化するのに必要な水酸化カリウムのmg数(質量)を求めます。これは，油脂2.8 gをけん化するのに必要な水酸化カリウムの物質量(mol)から求められます。
(質量〔g〕 ＝ 物質量〔mol〕 × モル質量〔g/mol〕)
「0.50 mol/Lの水酸化カリウム水溶液25 mLを加えてけん化したあと，塩酸15 mLで中和した」ということは，「反応せずに余ってしまった水酸化カリウム水溶液と塩酸を中和させた」ということです。
塩酸と水酸化カリウムKOHは，ともに1価の酸，塩基なので，1：1で反応します。よって，油脂2.8 gをけん化するのに要した水酸化カリウムの物質量（mol）は，加えた水酸化カリウムの物質量全体から，未反応の水酸化カリウムを中和するのに要した塩酸の物質量を引いて

$$0.50\ \text{mol/L} \times \frac{25}{1000}\ \text{L} - 0.50\ \text{mol/L} \times \frac{15}{1000}\ \text{L}$$

$$= 0.50\ \text{mol/L} \times \frac{10}{1000}\ \text{L} = 5.0 \times 10^{-3}\ \text{mol}$$

したがって，油脂2.8 gのけん化に使われた水酸化カリウムの物質量は，
5.0×10^{-3} molであることがわかりました。
水酸化カリウムKOHの式量は，39＋16＋1＝56より，
水酸化カリウムKOHのモル質量は　56 g/mol
よって　$\underset{\text{(モル質量〔g/mol〕)}}{\underline{56\ \text{g/mol}}} \times \underset{\text{(物質量〔mol〕)}}{\underline{5.0 \times 10^{-3}\ \text{mol}}} = \underset{\text{(質量〔g〕)}}{\underline{0.28\ \text{g}}} = 280\ \text{mg}$

つまり，2.8 gの油脂をけん化するのに，280 mgの水酸化カリウムが使われたということなので，油脂1 gでは

$$\frac{280}{2.8} = 100\ \text{mg}$$

よって，けん化価は**100** 

(4) リノール酸は$C_nH_{2n-3}COOH$で表される高級不飽和脂肪酸で，二重結合を2つもちます。
油脂1分子には高級脂肪酸が3つ含まれているので，
6つの二重結合があります。
二重結合の数と付加するヨウ素分子I_2の数は同じなので，
付加するI_2分子は6個になります。
つまり，この油脂1 molには，ヨウ素6 molが付加するわけです。
油脂$C_3H_5(C_{17}H_{31}COO)_3$の分子量は

$$\underbrace{12\times57}_{C}+\underbrace{16\times6}_{O}+\underbrace{1\times98}_{H}=878$$

ですから，この油脂878 g（1 mol）に付加するヨウ素I_2の質量は254 × 6 g（6 mol）になります。
よって，油脂100 gに付加するヨウ素の質量をx〔g〕とすると

$$878:254\times6=100:x$$

$$x=\frac{100}{878}\times254\times6\fallingdotseq\underline{\mathbf{174\ g}}$$ 答

(5) 油脂100 gに付加するヨウ素I_2のg数を求めればよいので，
まずは油脂1.20 gに付加するヨウ素のg数（質量）を求めます。
ヨウ素Iの原子量は127なので，ヨウ素I_2の分子量は　127 × 2 = 254
よって，ヨウ素I_2のモル質量は254 g/mol
物質量3.0×10^{-3} molのヨウ素の質量は

$$\underset{（モル質量〔g/mol〕）}{\underline{254\ g/mol}}\times\underset{（物質量〔mol〕）}{\underline{3.0\times10^{-3}\ mol}}=\underset{（質量〔g〕）}{\underline{0.762\ g}}$$

すなわち，油脂1.2 gに0.762 gのヨウ素が付加するので，
油脂100 gに付加するヨウ素I_2の質量は

$$1.2:100=0.762:x$$

$$x=63.5\ g$$

よって，ヨウ素価は**63.5** 

けん化価では，水酸化カリウムの
mg 数を求めるために，
水酸化カリウムの mol 数を求め，
ヨウ素価では，付加するヨウ素の
g 数を求めるために，ヨウ素の
mol 数を求めるんじゃな

確認問題 26 6-16に対応

次の問い(1)～(3)に答えよ。

(1) 次の文中の(あ)～(か)に適切な語句を入れなさい。

セッケンは，油脂を水酸化ナトリウムで(あ)することで生じる。
セッケンは，弱酸性の高級脂肪酸と強塩基の水酸化ナトリウムの塩であることを考えると，(い)性であることがわかる。
セッケンは，親水性と疎水性の両方の性質をもっている化合物である。このような化合物は(う)と呼ばれる。
セッケンは，水中では疎水性部分を内側，親水性部分を外側にして小さなコロイド粒子をつくり，これを(え)という。
本来なら水に溶けない油が水中に分散する現象を(お)といい，それによってできた溶液を(か)という。

(2) セッケンに関する以下の文章のうち，誤っているものを1つ選べ。
(ⅰ) 絹や羊毛などの動物性繊維の洗浄に使えない。
(ⅱ) 軟水では洗浄力が落ちる。
(ⅲ) 合成洗剤は中性である。
(ⅳ) 合成洗剤のCa塩やMg塩は水に溶けやすく沈殿をつくらない。

(3) セッケンで油汚れが落ちるしくみを説明せよ。

セッケンに関する知識を問う問題です。

(1) **(あ)けん化 (い)弱塩基 (う)界面活性剤 (え)ミセル (お)乳化 (か)乳濁液(エマルション)** 答

(2) (ⅱ) 硬水に含まれるMg^{2+}やCa^{2+}と反応して，難溶性(水などの溶媒に溶けにくい)の化合物になるために洗浄力が落ちるので**(ⅱ)** 答

(3) **セッケンの疎水性部分が油を包み込むようにしてミセルを形成し，油を水中に分散させることで油汚れを落としている。** 答

確認問題 27　6-14，6-17 に対応

分子式$C_5H_{10}O_2$で表されるエステル化合物に関して，下の問いに答えよ。

(1) 分子式$C_5H_{10}O_2$で表されるエステル化合物の加水分解によって，5種類のカルボン酸が生じる可能性がある。5種類のカルボン酸の構造式を示せ。

(2) (1)で挙げたカルボン酸のうち，過マンガン酸カリウム水溶液を脱色するカルボン酸の構造式を記せ。

(3) 加水分解をすると，(2)のカルボン酸を生じるエステル$C_5H_{10}O_2$には，4種類の構造異性体が存在する。4種類の構造異性体のうち，鏡像異性体が存在するものの構造式を示し，不斉炭素原子に＊印をつけよ。

(4) 分子式$C_5H_{10}O_2$で表されるエステル化合物A，Bがある。化合物A，Bにそれぞれ水酸化ナトリウム水溶液を加えて加熱し，十分に反応させたあと，希塩酸を加えると，化合物Aからは酢酸とアルコールCが生じ，化合物Bからは化合物DとアルコールEが生じた。アルコールCおよびEをそれぞれ過マンガン酸カリウム水溶液で酸化すると，CはケトンであるF化合物になり，Eはアセトアルデヒドを経て酢酸になった。化合物Fにヨウ素と水酸化ナトリウム水溶液を加えて加熱すると，特有のにおいのある黄色の沈殿を生じた。化合物D，Fにそれぞれアンモニア性硝酸銀水溶液を加えたところ，いずれも銀の析出は見られなかった。

① 化合物A～Fの構造式を示せ。
② 下線部の反応の名称を答えよ。

分子式は$C_5H_{10}O_2$なので

$$不飽和度=\frac{(2C+2)-H}{2}=\frac{(2\times5+2)-10}{2}=1$$

になります。

$C_5H_{10}O_2$はエステル化合物なので，$-\overset{O}{\overset{\|}{C}}-O-$という構造をもちます。

二重結合は$-\overset{O}{\overset{\|}{C}}-$の部分に使っているので，残りは鎖式で飽和です。

また，エステル結合$\left(-\overset{O}{\overset{\|}{C}}-O-\right)$以外にO原子は含まないので，

次のように炭化水素基を$-\overset{O}{\overset{\|}{C}}-O-$の左右に配置して考えましょう。

（ i ）　$H-\overset{O}{\overset{\|}{C}}-O-C_4H_9$　（ ii ）　$CH_3-\overset{O}{\overset{\|}{C}}-O-C_3H_7$

（iii）　$C_2H_5-\overset{O}{\overset{\|}{C}}-O-C_2H_5$　（iv）　$C_3H_7-\overset{O}{\overset{\|}{C}}-O-CH_3$

（ちなみに，$C_4H_9-\overset{O}{\overset{\|}{C}}-O-H$で表される化合物はカルボン酸です。間違えて数えないようにしましょう。）

すると，分子式$C_5H_{10}O_2$で表されるエステルには次の9種類があることがわかります。

（ i ）

❶　$H-\overset{O}{\overset{\|}{C}}-O-CH_2-CH_2-CH_2-CH_3$

❷　$H-\overset{O}{\overset{\|}{C}}-O-\overset{CH_3}{\overset{|}{C}H}-CH_2-CH_3$

❸　$H-\overset{O}{\overset{\|}{C}}-O-CH_2-\overset{CH_3}{\overset{|}{C}H}-CH_3$

❹　$H-\overset{O}{\overset{\|}{C}}-O-\underset{\underset{CH_3}{|}}{\overset{CH_3}{\overset{|}{C}}}-CH_3$

（ ii ）

❺　$CH_3-\overset{O}{\overset{\|}{C}}-O-CH_2-CH_2-CH_3$

❻　$CH_3-\overset{O}{\overset{\|}{C}}-O-\overset{CH_3}{\overset{|}{C}H}-CH_3$

（iii）

❼　$CH_3-CH_2-\overset{O}{\overset{\|}{C}}-O-CH_2-CH_3$

（iv）

❽　$CH_3-CH_2-CH_2-\overset{O}{\overset{\|}{C}}-O-CH_3$

❾　$CH_3-\overset{CH_3}{\overset{|}{C}H}-\overset{O}{\overset{\|}{C}}-O-CH_3$

以上の9種類をまず書き出してから，解いていきましょう。

(1) ❶〜❾のエステルからできるカルボン酸は，下記の5種類になります。

❶〜❹ ⟶ $\underline{\mathrm{H{-}\overset{\overset{\displaystyle O}{\|}}{C}{-}OH}}$

❺，❻ ⟶ $\underline{\mathrm{CH_3{-}\overset{\overset{\displaystyle O}{\|}}{C}{-}OH}}$

❼ ⟶ $\underline{\mathrm{CH_3{-}CH_2{-}\overset{\overset{\displaystyle O}{\|}}{C}{-}OH}}$

❽ ⟶ $\underline{\mathrm{CH_3{-}CH_2{-}CH_2{-}\overset{\overset{\displaystyle O}{\|}}{C}{-}OH}}$

❾ ⟶ $\underline{\mathrm{CH_3{-}\overset{\overset{\displaystyle CH_3}{|}}{C}H{-}\overset{\overset{\displaystyle O}{\|}}{C}{-}OH}}$ 答

(2) 還元剤としてはたらくカルボン酸であれば，
酸化剤の過マンガン酸カリウム$KMnO_4$と反応し，MnO_4^-の赤紫色を脱色します。

ギ酸は，カルボキシ基$\mathrm{-\overset{\overset{\displaystyle O}{\|}}{C}-OH}$の他に，ホルミル基$\mathrm{-\overset{\overset{\displaystyle O}{\|}}{C}-H}$をもっているので，カルボン酸としての性質(酸性)だけでなく，アルデヒドとしての性質(還元性)ももっています。

よって　$\underline{\textbf{ギ酸}\quad \mathrm{H{-}\overset{\overset{\displaystyle O}{\|}}{C}{-}OH}}$ 答

(3) (2)より，このカルボン酸はギ酸$\mathrm{H-\overset{\overset{\displaystyle O}{\|}}{C}-OH}$であることがわかりました。

構造式❶〜❾のうち，$\mathrm{H-\overset{\overset{\displaystyle O}{\|}}{C}-OH}$を生じるのは❶〜❹の4種類です。
❶〜❹のうち，結合する4つの基がすべて異なる不斉炭素原子C*をもつものは❷です。
❷の構造式および不斉炭素原子の位置は

$\underline{\mathrm{H{-}\overset{\overset{\displaystyle O}{\|}}{C}{-}O{-}\overset{\overset{\displaystyle CH_3}{|}}{C}{}^{*}H{-}CH_2{-}CH_3}}$ 答

(4) ① この問題では，エステル化合物を水酸化ナトリウムNaOH水溶液中で反応(けん化)させたあと，希塩酸HClを加えることによって
アルコールとカルボン酸を得ています。

$$\underset{\text{エステル}}{R-\overset{\overset{\large O}{\|}}{C}-\boxed{O-R'}} + \underset{\boxed{\text{塩基}}}{NaOH} \xrightarrow{\text{加熱}} \underset{\text{(カルボン酸の塩)}}{R-\overset{\overset{\large O}{\|}}{C}-ONa} + \underset{\text{アルコール}}{\boxed{R'OH}}$$

$$\underset{\substack{\text{カルボン酸の塩}\\ \text{弱酸の塩}}}{R-\overset{\overset{\large O}{\|}}{C}-ONa} + \underset{\substack{\text{塩酸}\\ \text{強酸}}}{HCl} \longrightarrow \underset{\substack{\text{カルボン酸}\\ \text{弱酸}}}{RCOOH} + \underset{\substack{\text{塩化ナトリウム}\\ \text{強酸の塩}}}{NaCl}$$ 〔弱酸の遊離反応〕

⇩合わせると

$$R-\overset{\overset{\large O}{\|}}{C}-\boxed{O-R'} + NaOH + HCl \longrightarrow RCOOH + \boxed{R'OH} + NaCl$$

化合物Aからは酢酸とアルコールCが得られるので，酢酸の得られる❺か❻がエステル化合物Aとわかります。
アルコールCを酸化するとケトンFが得られることから，
Cは第二級アルコールであることがわかります。
-OH基の結合した炭素原子に，2つの炭素原子がついたものが第二級アルコールでしたね。
よって，化合物Aは❻です。
これにより，化合物A，C，Fの構造が以下のように決定します。

A

$$\mathbf{CH_3-\overset{\overset{O}{\|}}{C}-O-\overset{\overset{CH_3}{|}}{CH}-CH_3} \underset{+H_2O}{\xrightarrow{\text{加水分解}}} \underset{\text{酢酸}}{CH_3COOH} + \mathbf{CH_3-\underset{\underset{OH}{|}}{CH}-CH_3}$$

C 2-プロパノール

↓ 酸化 (−2H)

F

$$\mathbf{CH_3-\underset{\underset{O}{\|}}{C}-CH_3}$$

アセトン

次に，化合物Bからはカルボン酸DとアルコールEが得られ，
アルコールEを酸化するとアセトアルデヒドを経て酢酸になることから，
Eはエタノールであるとわかります。
エタノールCH_3-CH_2-OHの得られる❼がエステル化合物Bとわかります。

これにより，化合物B，D，Eの構造が以下のように決定します。

B

$$\mathbf{CH_3-CH_2-\overset{\overset{\displaystyle O}{\|}}{C}-O-CH_2-CH_3}$$

$$\xrightarrow[+H_2O]{\text{加水分解}} \underset{\text{D}}{\mathbf{CH_3-CH_2-\overset{\overset{\displaystyle O}{\|}}{C}-OH}} + \underset{\text{E}}{\mathbf{CH_3CH_2OH}}\ \text{エタノール}$$

$$CH_3CH_2OH \xrightarrow[(-2H)]{\text{酸化}} CH_3CHO\ \text{アセトアルデヒド} \xrightarrow[(+O)]{\text{酸化}} CH_3COOH\ \text{酢酸}$$

② 化合物Fのアセトンには，$CH_3-\overset{\overset{O}{\|}}{C}-$の構造があり，ヨードホルム反応を示します。

ヨードホルム反応　答

アルコール, エーテル,
アルデヒド, ケトン,
カルボン酸, エステル
たくさんあって大変だったな
ちゃんと
復習しないとね

芳香族化合物

確認問題 28 7-1 に対応

次の問い(1)，(2)に答えよ。

(1) ベンゼンに関する次の記述のうち，誤っているものを2つ選べ。

① ベンゼンは単結合を3つ，二重結合を3つ含む有機化合物である。

② ベンゼンは付加反応に比べ，置換反応を起こしやすい。

③ ベンゼンに含まれる炭素原子は，すべて同一平面上にある。

④ ベンゼンに含まれる水素原子が$-NO_2$に置き換わることを，スルホン化という。

(2) 次の反応の化学反応式を答えよ。

① ベンゼンの，臭素による置換反応。

② ベンゼンの，塩素による付加反応。

芳香族化合物はベンゼン環を含みます。ベンゼンの性質はよく出題されるので，確実に頭に入れましょう。

(1) ①ベンゼン内の結合は，単結合や二重結合と区別できるものではなく，すべて等価です。
④ニトロ化です。スルホン化はスルホ基$-SO_3H$がつくことです。
ゆえに，①，④

(2) ①

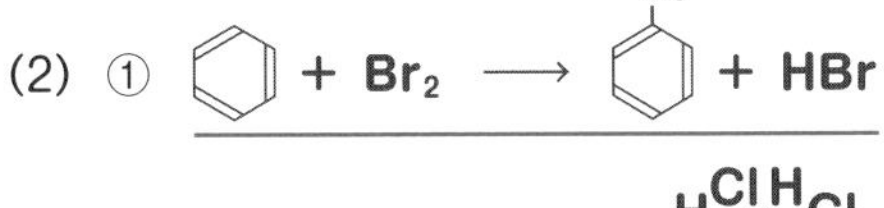

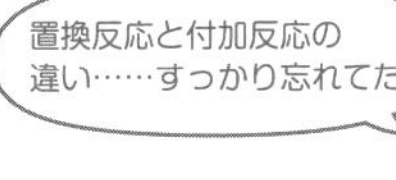

置換反応と付加反応の
違い……すっかり忘れてた！

②

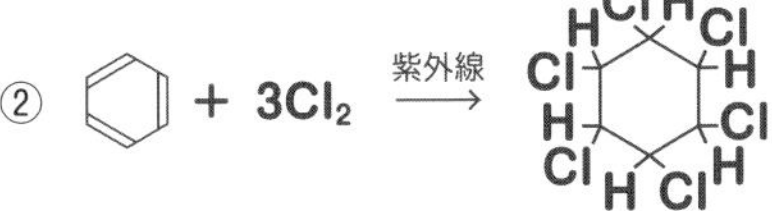

確認問題 29　7-2 に対応

次の芳香族化合物を酸化させて生じる化合物を答えよ。

① 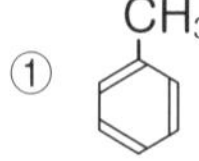

② CH_2-OH

③ OH CH_3

芳香族炭化水素に関する問題です。
芳香族炭化水素を酸化すると，カルボン酸が得られます。
ベンゼン環に直接結合した炭素は，酸化するとカルボキシ基-COOHになります。

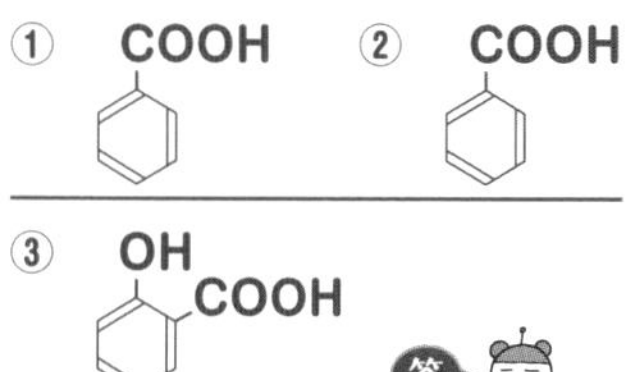

答

確認問題 30　7-3，7-4，7-5 に対応

次の問い (1) ～ (3) に答えよ。

(1) フェノール類とアルコールの違いについて書かれた次の表について，以下の (ア) ～ (キ) から適するものを選んで①～⑧を埋めなさい。

	フェノール類	アルコール
液性	①	②
塩化鉄(Ⅲ)水溶液を加えたときの反応	③	④
酸無水物との反応	⑤	⑥
カルボン酸との反応	⑦	⑧

(ア)：中性　(イ)：弱塩基性　(ウ)：弱酸性
(エ)：エステルを生じる　(オ)：反応しない
(カ)：青紫～赤紫色を呈する　(キ)：黄色の沈殿を生じる

(2) 次の文章のうち，誤っているものを1つ選べ。
(ⅰ) 芳香族化合物の酸性は，スルホン酸＞カルボン酸＞炭酸＞フェノール類　の順で強い。
(ⅱ) フェノールのナトリウム塩にCO_2を吹き込むと，フェノールが遊離する。
(ⅲ) カルボン酸のナトリウム塩にCO_2を吹き込んでも，反応は起きない。
(ⅳ) フェノールは，置換反応によって，1，3，5の位置に置換基がくる。

(3) 次のフェノールに関する反応の化学反応式を答えよ。
ただし，(ⅳ)はカッコ内の物質を答えよ。

(ⅰ) フェノールに水酸化ナトリウムを反応させる。
(ⅱ) フェノールに無水酢酸を反応させる。
(ⅲ) フェノールのハロゲン化(臭素)
(ⅳ) クメン法によるフェノールの生成

$$\text{C}_6\text{H}_6 + CH_2{=}CH{-}CH_3 \xrightarrow[\text{触媒}]{AlCl_3} (\quad ① \quad) \xrightarrow{+O_2} \text{C}_6\text{H}_5C(CH_3)_2OOH$$

プロペン（プロピレン）　　クメンヒドロペルオキシド

$$\xrightarrow[\text{分解}]{\text{硫酸}} \text{C}_6\text{H}_5OH + (\quad ② \quad)$$

フェノール類に関する問題です。
フェノール類は，同じく-OH基をもつアルコールと性質を比較されることがありますので，違いを整理しておきましょう。また，フェノール類が弱酸性であることは大変重要ですので，必ず覚えましょう。
化学反応式もよく問われますので，書けるようになっておきましょうね。

覚えることは多いけど,
逆にいえばこれだけ
覚えればいいのよね！
丸暗記せず，イメージで
覚えるのがコツよ

(1) **①(ウ)，②(ア)，③(カ)，④(オ)，⑤(エ)，⑥(エ)，⑦(オ)，⑧(エ)**

答

(2) 例えば，フェノールをハロゲン化すると，2，4，6の位置で置換反応が起こる。よって**(iv)** 答

(3) (ⅰ) C_6H_5OH (OH付きベンゼン環) + NaOH ⟶ C_6H_5ONa (ONa付きベンゼン環) + H_2O

(ⅱ) C_6H_5OH (OH付きベンゼン環) + $(CH_3CO)_2O$ ($CH_3-C(=O)-O-C(=O)-CH_3$) ⟶ $C_6H_5-O-C(=O)-CH_3$ + CH_3COOH

(ⅲ) C_6H_5OH (OH付きベンゼン環) + $3Br_2$ ⟶ 2,4,6-トリブロモフェノール (OH, Br, Br, Br付きベンゼン環) + 3HBr

(ⅳ) ① CH_3CHCH_3 (ベンゼン環付き) クメン　② $CH_3C(=O)CH_3$ アセトン 答

確認問題 31　7-6，7-7 に対応

次の反応の化学反応式を答えよ。ただし，反応しない場合は「反応しない」と答えよ。

（ｉ）　安息香酸にエタノールを加える。
（ii）　安息香酸に水酸化ナトリウム水溶液を加える。
（iii）　安息香酸に炭酸水素ナトリウム水溶液を加える。
（iv）　安息香酸のナトリウム塩の水溶液にフェノールを加える。

解説

芳香族カルボン酸に関する問題です。特に安息香酸について出題されています。安息香酸には，カルボン酸のもつ，次の性質があります。

①　酸性
②　アルコールと脱水反応してエステル化する

その他，次の2点をきちんと覚えましょう。

③　芳香族炭化水素を酸化して得られる
④　酸性は，スルホン酸＞カルボン酸＞炭酸＞フェノール類　の順になっている

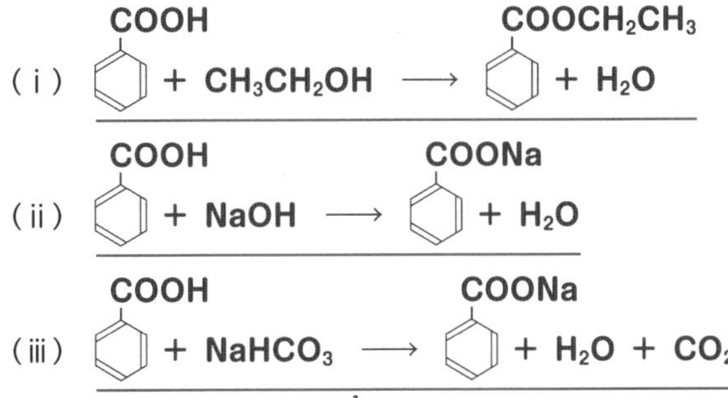

（iv）**反応しない**　答

何度もいうが
「酸の強さ」は重要じゃぞ

確認問題 32　7-8，7-9 に対応

次の文章のうち，誤っているものを1つ選べ。

（ i ）　*o*-キシレンを酸化すると，フタル酸が生じる。
（ ii ）　フタル酸に炭酸水素ナトリウム水溶液を加えると二酸化炭素を発生する。
（ iii ）　テレフタル酸に水酸化ナトリウム水溶液を加えると中和反応が起きる。
（ iv ）　テレフタル酸を加熱すると脱水して無水フタル酸になる。
（ v ）　テレフタル酸はエチレングリコールと縮合重合を起こす。

フタル酸とテレフタル酸に関する問題です。どちらもカルボキシ基が2つついた芳香族カルボン酸であり，カルボキシ基をもつので，

①　酸性
②　アルコールと脱水反応してエステル化する

というカルボン酸の基本的な性質や，

③　芳香族炭化水素を酸化して得られる
④　酸性は，スルホン酸＞カルボン酸＞炭酸＞フェノール類　の順になっている

という性質があります。

また，フタル酸はオルトの位置にカルボキシ基をもっているため，分子内脱水をして無水フタル酸になります。

（iv）加熱して脱水するのはフタル酸です。よって，**(iv)**　答

確認問題 33 7-10に対応

次の問い(1)，(2)に答えよ。

(1) サリチル酸に関する次の反応について，①，②に入る化合物を答えよ。

$$C_6H_4(OH)COOH \xrightarrow{+NaHCO_3} (\quad ①\quad) \xrightarrow{+NaOH} (\quad ②\quad)$$

(2) サリチル酸に関する次の反応の化学反応式を答えよ。
(ⅰ) サリチル酸にメタノールと濃硫酸を加えて加熱する。
(ⅱ) サリチル酸に無水酢酸を作用させる。

サリチル酸は，ヒドロキシ基-OHとカルボキシ基-COOHの両方をもっているため，フェノール類と芳香族カルボン酸の両方の性質を示します。
注意すべき点は，フェノール類とカルボン酸の酸性の強さが違うため(カルボン酸＞炭酸＞フェノール類)，炭酸水素ナトリウム水溶液$NaHCO_3$と反応するのは，酸性が強い-COOHだけということです。ただし，水酸化ナトリウム水溶液（塩基）を加えたときは，どちらの官能基も酸性ですので，反応してナトリウム塩になります。

(1) 酸の強さは　カルボン酸＞炭酸＞フェノール類　でしたね。
① 酸性が強いほうがイオン化します。
② NaOH (塩基) を加えると，酸性が弱いフェノール類も，弱酸性なので反応します。

① $C_6H_4(OH)COONa$　② $C_6H_4(ONa)COONa$　**答**

(2) (ⅰ)

$$C_6H_4(OH)COOH + CH_3OH \xrightarrow{濃硫酸} C_6H_4(OH)COOCH_3 + H_2O$$

サリチル酸メチル

(ⅱ)

$$C_6H_4(OH)COOH + O(COCH_3)_2 \longrightarrow C_6H_4(OCOCH_3)COOH + CH_3COOH$$

アセチルサリチル酸

答

確認問題 34　7-11 に対応

次の問い(1)，(2)に答えよ。

(1) ニトロベンゼンの生成法について，カッコ内に入る化合物は何か。

$$C_6H_6 + (\quad\quad) \xrightarrow{\text{濃硫酸}} C_6H_5NO_2 + H_2O$$

(2) 次のニトロベンゼンの置換反応の化学反応式を書け。

① トルエンに濃硝酸と濃硫酸の混酸を作用させる。
② フェノールに濃硝酸と濃硫酸の混酸を作用させる。

芳香族ニトロ化合物に関する問題です。
生成法と置換反応を頭に入れておくだけでよいでしょう。

(1) **HNO_3** 答

(2) ①

$$C_6H_5CH_3 + 3HNO_3 \longrightarrow C_6H_2(CH_3)(NO_2)_3 + 3H_2O$$

2,4,6-トリニトロトルエン

②

$$C_6H_5OH + 3HNO_3 \longrightarrow C_6H_2(OH)(NO_2)_3 + 3H_2O$$

ピクリン酸

確認問題 35　7-12 に対応

次の問い(1)～(4)に答えよ。

(1) アニリンに関する次の文章のうち，誤っているものを1つ選べ。

① さらし粉水溶液を加えると，赤紫色に呈色する。
② 硫酸で酸性にした二クロム酸カリウム水溶液を加えると，アニリンは酸化されて黒色沈殿が生じる。
③ 塩化鉄(Ⅲ)水溶液を加えると，紫色になる。
④ アニリンは，ニトロベンゼンをスズと濃塩酸で還元することで生じる。
⑤ アニリンに無水酢酸を作用させると，アセチル化してアセトアニリドが生じる。

(2) 次の反応の化学反応式を書け。

① アニリンに塩酸を加える。
② アニリンに無水酢酸を作用させる。

(3) 次の化学反応式は，アニリンの生成法を表している。
(あ)～(う)にあてはまる化合物を答えよ。

$$2\,C_6H_5NO_2 + 3(\text{あ}) + 14(\text{い}) \longrightarrow 2\,C_6H_5NH_3^+Cl^- + 3(\text{う}) + 4H_2O$$

$$C_6H_5NH_3^+Cl^- + NaOH \longrightarrow C_6H_5NH_2 + NaCl + H_2O$$

(4) 次の文中の(ア)，(イ)に適切な語句を入れよ。
また，化合物A，Bの構造式を書け。

アニリンを塩酸に溶かし，氷冷しながら亜硝酸ナトリウム水溶液を加えると，(ア)が起こり，化合物Aが生じる。この水溶液に，フェノールの塩を作用させると(イ)が起こり，橙色の化合物Bが生じる。

芳香族アミンに関する問題です。特にアニリンについてくわしく触れています。
アニリンは，高校で扱う芳香族化合物の中で唯一，塩基性を示します。
また，さらし粉や二クロム酸カリウム水溶液と反応して呈色するという特徴ももっています。アニリンの生成法に関する化学反応式は難しいので，ゴロで覚えるとよいでしょう。
また，アニリンのジアゾ化，ジアゾカップリングについては，化学反応式を丸々覚えておきたいところです。

(1)　塩化鉄(Ⅲ)水溶液と反応するのはフェノール類です。
　　よって，③　答

(2)　① $C_6H_5NH_2$ + HCl ⟶ $C_6H_5NH_3^+Cl^-$

　　② $C_6H_5NH_2$ + $O(COCH_3)_2$ ⟶ $C_6H_5NH{-}CO{-}CH_3$ + CH_3COOH　答

(3)　(あ)Sn　(い)HCl　(う)$SnCl_4$　答

(4)　(ア)ジアゾ化　(イ)ジアゾカップリング(カップリング)

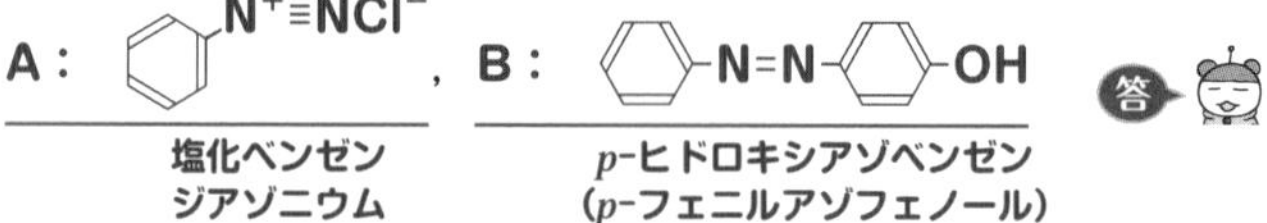

確認問題 36　7-13，7-14，7-15 に対応

次の問い (1) ～ (3) に答えよ。

(1) 次の反応の化学反応式を答えよ。ただし，反応しない場合は「反応しない」と書け。

① アニリンに塩酸を加える。
② フェノールに水酸化ナトリウム水溶液を加える。
③ 安息香酸に水酸化ナトリウム水溶液を加える。
④ サリチル酸に水酸化ナトリウム水溶液を加える。
⑤ フェノールに炭酸水素ナトリウム水溶液を加える。
⑥ 安息香酸に炭酸水素ナトリウム水溶液を加える。
⑦ サリチル酸に炭酸水素ナトリウム水溶液を加える。
⑧ ナトリウムフェノキシドの水溶液に CO_2 を吹き込む。
⑨ 安息香酸のナトリウム塩水溶液に，CO_2 を吹き込む。

(2) 次の（ⅰ）～（ⅳ）の分離操作を行うために，最も適切な操作を①～④から選べ。ただし，同じものを繰り返し選んでもよい。

（ⅰ） フェノールとサリチル酸を含むエーテル溶液から，サリチル酸を除く。
（ⅱ） フェノールとベンゼンを含むエーテル溶液から，フェノールを除く。
（ⅲ） アニリンとベンゼンを含むエーテル溶液から，アニリンを除く。
（ⅳ） サリチル酸とサリチル酸メチルを含むエーテル溶液から，サリチル酸を除く。

① 水酸化ナトリウム水溶液を加えて抽出する。
② 炭酸水素ナトリウム水溶液を加えて抽出する。
③ 塩酸を加えて抽出する。
④ 塩化ナトリウム水溶液を加えて抽出する。

(3) ナフタレン，フェノール，アニリン，安息香酸を含むエーテル溶液から次の図のようにそれぞれの成分A，B，C，Dを単離した。以下の問いに答えよ。

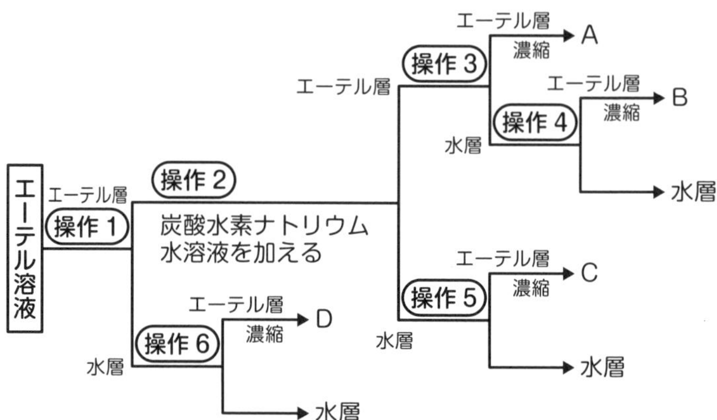

① 操作1および操作3～6にふさわしい内容を操作2の例にしたがって記せ。

② A，B，C，Dに該当する物質の構造式を書け。

芳香族化合物の分離に関する問題です。
まずは各芳香族化合物が，特定の試薬とどのように反応するかを復習しました。
そのあと特定の芳香族化合物が分離される理由を確認しました。
これらの反応のしかたや分離の過程がすべて頭に入ったら，分離の問題は完璧です。1つひとつの反応には理由があるため，それをしっかり覚えるようにしましょう。

(1) ① $C_6H_5NH_2 + HCl \longrightarrow C_6H_5NH_3Cl$

② $C_6H_5OH + NaOH \longrightarrow C_6H_5ONa + H_2O$

③ $C_6H_5COOH + NaOH \longrightarrow C_6H_5COONa + H_2O$

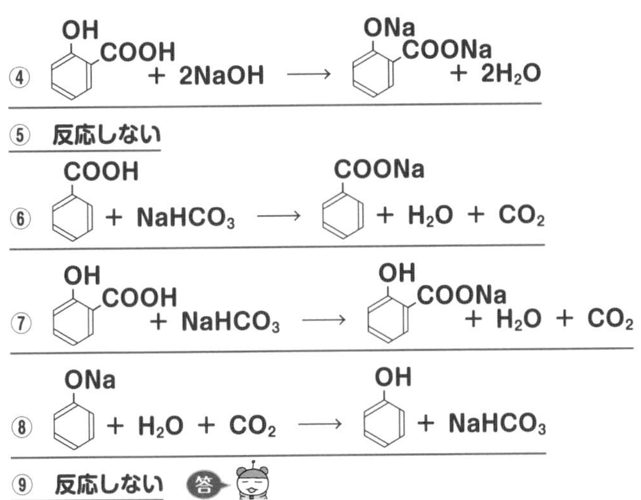

(2) (ⅰ) 酸の強さが，カルボン酸＞炭酸＞フェノール類　なので，炭酸水素ナトリウム水溶液を加えると，サリチル酸のみが反応します。
よって②　答

(ⅱ) フェノールが弱酸性であることを利用して，水酸化ナトリウム水溶液（塩基）と反応させます。よって①　答

(ⅲ) アニリンが弱塩基性であることを利用して，塩酸と反応させます。
よって③　答

(ⅳ) サリチル酸メチルは，サリチル酸にメタノールを反応させて得られるエステル化合物です（本冊p.282）。サリチル酸とサリチル酸メチルの違いは，カルボン酸の性質（-COOH基）をもっているかどうかです。どちらの化合物もフェノールの性質（-OH基）をもっているので，塩基である水酸化ナトリウム水溶液を使うと，ともに反応してしまいます。カルボン酸の性質をもつサリチル酸のみが反応するように，炭酸水素ナトリウム水溶液と反応させます。よって②
答

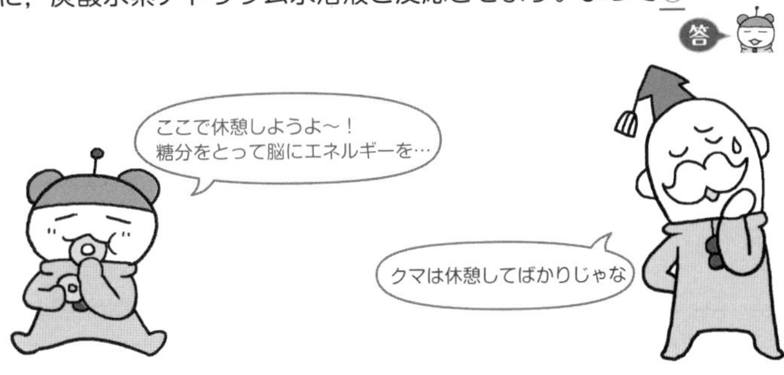

(3) ① **操作1：うすい塩酸を加える**
操作3：うすい水酸化ナトリウム水溶液を加える
操作4：うすい塩酸を加え，エーテルで抽出
操作5：うすい塩酸を加え，エーテルで抽出
操作6：うすい水酸化ナトリウム水溶液を加え，エーテルで抽出

② 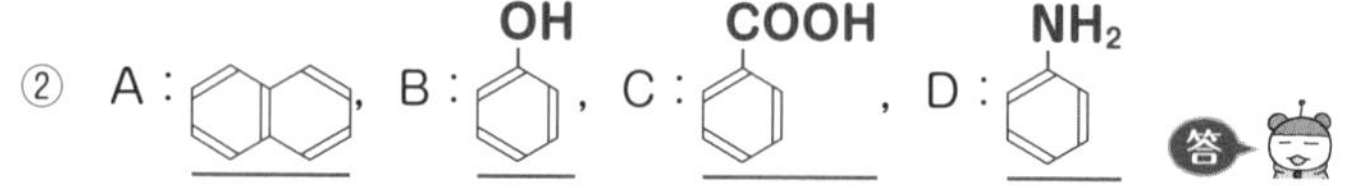

目的とする物質だけを溶かし出すのが抽出です。塩になっていたりしたら，もとに戻さなければなりません。ナフタレン$C_{10}H_8$，フェノールC_6H_5OH，アニリン$C_6H_5NH_2$，安息香酸C_6H_5COOHは有機化合物なので，最終的にはすべてエーテル層にそれぞれが単独で溶けている状態にします。

操作1について

塩酸を加えると，塩基であるアニリンだけが中和反応をして，アニリン塩酸塩となり水層に移ります。

操作2について

エーテル層にはナフタレン，フェノール，安息香酸が溶けています。カルボン酸は，炭酸より強い酸なので，安息香酸は炭酸水素ナトリウム水溶液と反応し，塩となります。以下のような反応が起こり，安息香酸はイオンとなり水層に移ります。

$$C_6H_5COOH + NaHCO_3 \longrightarrow C_6H_5COONa + CO_2 + H_2O$$

操作3について

エーテル層にはナフタレンとフェノールが溶けており，塩基であるNaOH水溶液を加えると，酸であるフェノールが塩となるので，フェノールが水層に移ります。

操作4について

水層にはフェノールが塩となって溶けているので，フェノールに戻します。エーテルと強酸である塩酸を加えると，弱酸のフェノールが遊離して強酸の塩であるNaClができ，フェノールはエーテル層に移ります。

$$C_6H_5ONa + HCl \longrightarrow C_6H_5OH + NaCl$$

操作5について

水層には安息香酸が塩となって溶けているので，安息香酸に戻します。エーテルと強酸である塩酸を加えると，弱酸の安息香酸が遊離して強酸の塩であるNaClができ，安息香酸はエーテル層に移ります。

$$C_6H_5COONa + HCl \longrightarrow C_6H_5COOH + NaCl$$

操作6について

水層にはアニリン塩酸塩が溶けているので，アニリンに戻します。エーテルと強塩基である水酸化ナトリウム水溶液を加えると，弱塩基のアニリンが遊離して強塩基の塩であるNaClができ，アニリンはエーテル層に移ります。

$$C_6H_5NH_3Cl + NaOH \longrightarrow C_6H_5NH_2 + NaCl + H_2O$$

高分子化合物の構造と天然高分子化合物

確認問題 37 8-1，8-2，8-3 に対応

次の問い(1)～(3)に答えよ。

(1) 次の文中の（　あ　）～（　か　）に適切な語句を入れよ。

高分子化合物は，自然界に存在する高分子化合物である（　あ　）高分子化合物と，人工的に合成された（　い　）高分子化合物がある。
高分子化合物の構成単位となる小さな分子を，（　う　）といい，（　う　）どうしが次々と結合する反応を（　え　），（　え　）してできた高分子化合物を（　お　）という。また，（　お　）中の（　う　）の数を（　か　）という。

(2) 次のような反応を，何というか。それぞれ答えよ。

（ⅰ）

… ＋ ●=○ ＋ ●=○ ＋ ●=○ ＋… ⟶ … =●-○-●-○-●-○= …

（ⅱ）

… ＋ ○(●●) ＋ ●(○○) ＋ ○(●●) ＋… ⟶ … =○=●=○= …
＋
=●　●=○　○=●　●=

（ⅲ）

… ＋ △ ＋ △ ＋ △ ＋… ⟶ … =●=○=●=●=○=●= …

(3) 重合体の重合度に関する次の問いに答えよ。ただし，原子量はH＝1.0，C＝12，O＝16とする。

(i) $HO-C_6H_{10}O_4-OH$ が縮合重合してできる重合体について，重合度が10のときの重合体の分子量を求めよ。

(ii) $(C_5H_8)_n$ で表される重合体について，分子量が102000で表されるときの重合度を求めよ。

高分子化合物の分類や定義，そして重合反応，重合度という，代表的な問題を出題してみました。これらは基礎問題として必ずおさえておく必要があります。

(1) **(あ)天然　(い)合成　(う)単量体(モノマー)　(え)重合　(お)重合体(ポリマー)　(か)重合度** 答

(2) **(i)　付加重合**
(ii)　縮合重合
(iii)　開環重合 答

(3) 重合度に関する問題では，分子量が3000以上の場合は両端を省略してよいと認識しておきましょう。

(i) $HO-C_6H_{10}O_4-OH$ は，縮合重合すると，水 H_2O がとれるため，重合体は $H{+}O-C_6H_{10}O_4{+}_nOH$ となります。重合度は10と小さいので，両端のH，OHを含めて計算しましょう。n＝10のときの分子量は

$$10\times(\underbrace{12\times6+1\times10+16\times5}_{C_6H_{10}O_5})+\underbrace{18}_{H,\ OH}=\mathbf{1638}$$

答

(ii) $102000\div(\underbrace{12\times5+1\times8}_{C_5H_8})=\mathbf{1500}$

答

確認問題 38　8-4，8-5 に対応

次の問い(1)，(2)に答えよ。

(1) 次の文中の（　あ　）～（　き　）に適切な語句を入れよ。

糖類は，一般式（　あ　）で表される化合物群で，それ以上加水分解されない糖類は（　い　）糖類，加水分解して2つの（　い　）糖類が生じる糖類は（　う　）糖類，多数の（　い　）糖類を生じる糖類は（　え　）糖類と呼ばれる。
単糖類は，（　お　）という一般式で表すことができる化合物のことである。
中でも，n=6の単糖類を（　か　）といい，n=5の単糖類を（　き　）という。

(2) 次の文章のうち，正しいものには○，誤っているものには×をつけよ。

(i) 一般に，単糖類や二糖類は水に溶け甘みを示すが，多糖類は水に溶けにくく甘みを示さない。

(ii) 単糖類は還元性をもつため，銀鏡反応を示したり，フェーリング液を還元する。

(iii) アルコール発酵とは，酵素によって，単糖類がメタノールと二酸化炭素に分解されることである。

(iv) ヘキソース(六炭糖)には，グルコース，フルクトース，スクロースといった異性体が存在する。

単糖類に関する問題です。「単糖類の性質」，「種類」，「二糖類・多糖類との違い」を必ず頭に入れましょう。

(1) **（　あ　）$C_m(H_2O)_n$　（　い　）単　（　う　）二　（　え　）多**
（　お　）$C_nH_{2n}O_n$　（　か　）ヘキソース(六炭糖)
（　き　）ペントース(五炭糖)　答

(2) **(ⅰ)○　(ⅱ)○　(ⅲ)×　(ⅳ)×**

(ⅲ) アルコール発酵とは，エタノールと二酸化炭素に分解されることであるため，×である。

(ⅳ) ヘキソース(六炭糖)は，単糖類のグルコース，フルクトース，ガラクトースであり，スクロースは二糖類であるため，×である。

確認問題 39　8-4，8-5，8-6，8-7，8-8 に対応

次の問い(1)～(3)に答えよ。

(1) グルコースは水溶液中で，α-グルコース，β-グルコースおよび鎖状構造の3種類の構造をとる。次の構造式は，α-グルコースである。これを参考に，β-グルコースおよび鎖状構造の構造式を書け。

CH_2OH
C　O
H　H　H
C　C
HO　OH　H　OH
C　C
H　OH

α-グルコース

(2) グルコースに関する次の文章のうち，誤っているものを1つ選べ。

(ⅰ) グルコースはデンプンやセルロースに酸を加えて加水分解すると生じる。

(ⅱ) グルコースは銀鏡反応を示す。

(ⅲ) グルコース，フルクトース，ガラクトースは互いに異性体である。

(iv) グルコースは甘味をもつ。

(v) グルコースをアルコール発酵すると，エタノールと二酸化炭素になる。

(vi) α-グルコースとβ-グルコースは鏡像異性体の関係にある。

(3) フルクトースが還元性を示すのは，次の構造式のどの部分にもとづくか。

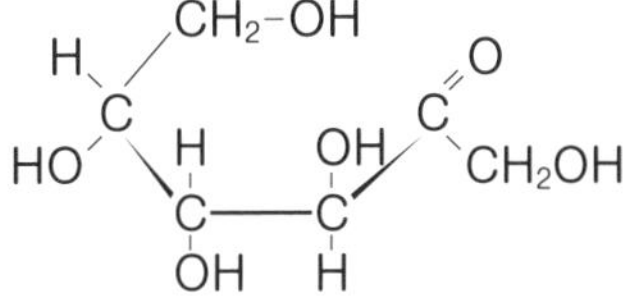

解説

単糖類である，グルコース，フルクトース，ガラクトースに関する問題です。この3つはどれも単糖類なので還元性をもちます。グルコースの構造や性質はよく出題されますので，しっかり頭に入れておきましょう。

(1)

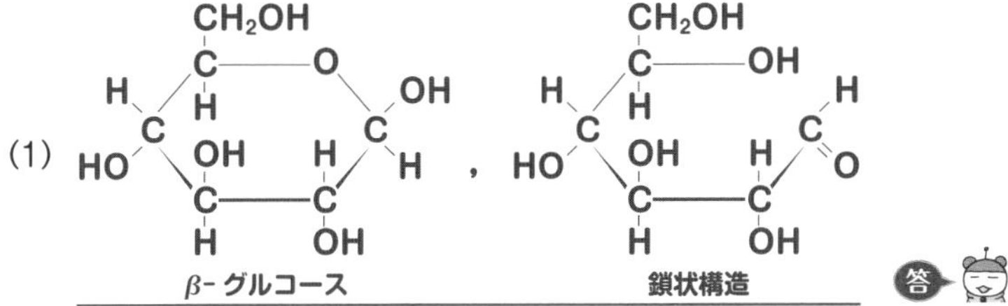
β-グルコース
鎖状構造
答

(2) **(vi)** 答

α-グルコースとβ-グルコースは構造異性体の関係ではあるが，鏡像異性体の関係ではない（実際に構造式を書いてみるとわかります）ため。

(3)

答
グルコース，フルクトース，
ガラクトースがそれぞれ
どんな単糖類なのか…
きちんと覚えてなかったわ！

確認問題 40 8-9，8-10，8-11，8-12，8-13 に対応

次の問い(1)～(3)に答えよ。

(1) 次の文章のうち，誤っているものを1つ選べ。

(ⅰ) 二糖類はどれも，分子式$C_{12}H_{22}O_{11}$で表される。

(ⅱ) 二糖類は，2つの単糖類が脱水縮合したものである。

(ⅲ) 二糖類の中で唯一，スクロースだけが還元性を示す。

(ⅳ) マルトース，セロビオース，スクロース，ラクトースのうち，加水分解してガラクトースを生じるのはラクトースである。

(2) 次の式は，二糖類の加水分解に関するものである。
(あ)～(か)に入る適切な物質名を［グルコース，ガラクトース，フルクトース］の中から選び答えよ。また，[a]～[d]に入る加水分解酵素の名称を答えよ。

・マルトース $\xrightarrow{[a]}$ (あ) + (あ)
・セロビオース $\xrightarrow{[b]}$ (い) + (い)
・スクロース $\xrightarrow{[c]}$ (う) + (え)
・ラクトース $\xrightarrow{[d]}$ (お) + (か)

(3) 次の二糖類A～Cに関する問い(ⅰ)～(ⅲ)に答えよ。

A：

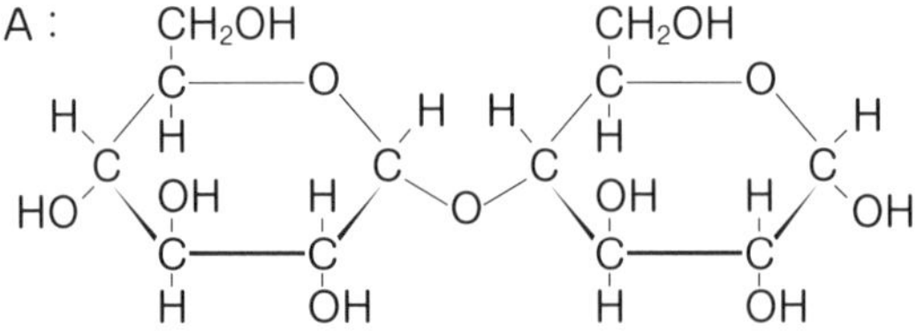

B：

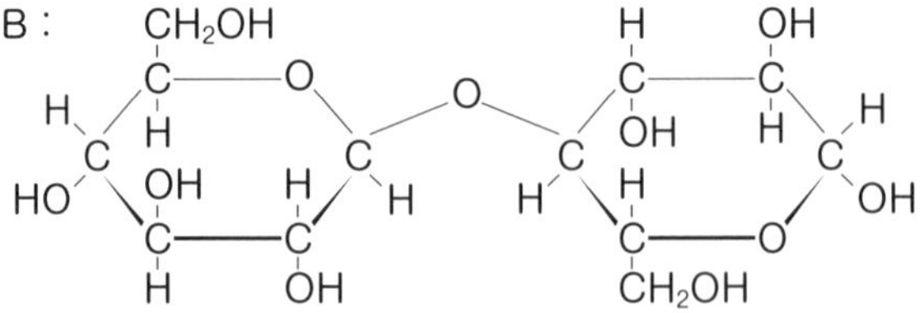

C：

CH_2OH　　　　CH_2OH

H　C　O　H　C　O　H

HO　C　OH　H　C　O　C　H　HO　C　CH_2OH

C　C　C　C

H　OH　OH　H

（ⅰ）　A，B，Cの名称を答えよ。

（ⅱ）　A，B，Cはそれぞれ還元性を示すか。

（ⅲ）　Aの鎖状構造になれる部位を線で囲みなさい。

二糖類に関する問題です。
覚えることが大変多いですが，今回出題した部分をおさえておけば，丸暗記しなくてはいけない部分についてはカバーされます。トイレや机の壁に貼り，徹底的に頭に入れましょう。

(1)　二糖類の中でスクロースは還元性をもたないため，**(ⅲ)**　答

(2)　**(　あ　)グルコース　(　い　)グルコース**
(　う　)，(　え　)グルコース，フルクトース(順不同)
(　お　)，(　か　)グルコース，ガラクトース(順不同)
[a]：マルターゼ　[b]：セロビアーゼ　[c]：スクラーゼ(インベルターゼ)
[d]：ラクターゼ　答

(3)　**(ⅰ)A：マルトース，B：セロビオース，C：スクロース**
(ⅱ)A：示す，B：示す，C：示さない

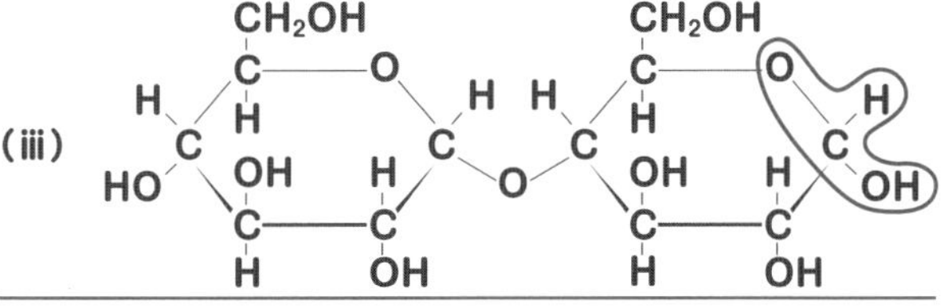

確認問題 41 8-14，8-15，8-16 に対応

次の問い (1) ～ (4) に答えよ。

(1) 次の文章のうち，誤っているものを1つ選べ。

(i) デンプン，セルロース，グリコーゲンはどれも，加水分解することでグルコースを生じる。

(ii) グリコーゲンは水に溶けやすく，ほとんど甘みがない。

(iii) グリコーゲンはヨウ素デンプン反応を示す。

(iv) セルロースは還元性を示す。

(v) デンプンを加水分解すると，マルトース (二糖類) になる。

(2) 多糖類の一般式を答えよ。

(3) 次の構造式A，Bは，デンプンの構造である。
どちらがアミロペクチンであるか答えよ。また，色のついた部分の結合は何というか答えよ。

A

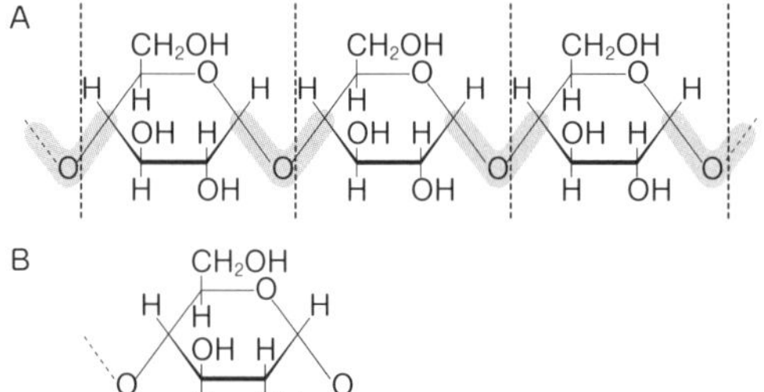

B

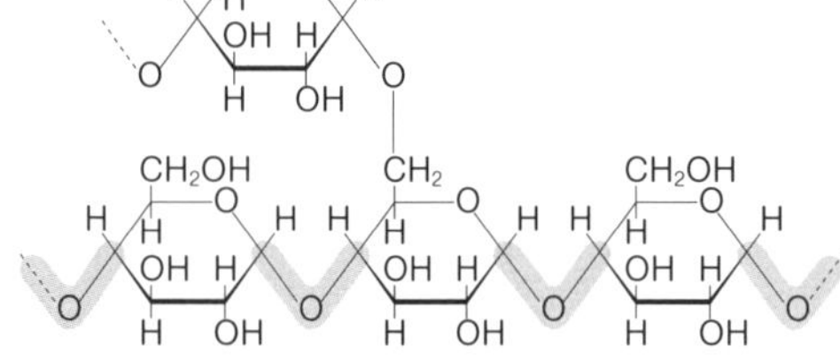

(4) 次の文中の (　あ　) ～ (　え　) に適切な語句を入れよ。

多糖類であるデンプンとグリコーゲンは，(　あ　) が多数縮合重合した多糖類である。一方，セルロースは (　い　) が多数縮合重合した多糖類である。

多糖類の加水分解酵素は，それぞれ以下のようになっている。
・デンプン………（　う　）
・セルロース………（　え　）

多糖類に関する問題です。
デンプン，セルロース，グリコーゲンで共通するのは，「加水分解するとグルコースになること」，「水に溶けにくく，ほとんど甘みがないこと」，「還元性を示さないこと」。それ以外については，それぞれについて覚えましょう。

(1)　多糖類はすべて還元性を示さないので，**(iv)**　答

(2)　**$(C_6H_{10}O_5)_n$**　答

(3)　**B　1,4-グリコシド結合**　答

(4)　**（　あ　）α-グルコース　（　い　）β-グルコース　（　う　）アミラーゼ　（　え　）セルラーゼ**　答

確認問題 42　8-17，8-18，8-19，8-20，8-21 に対応

次の問い(1)～(4)に答えよ。

(1)　アミノ酸に関する次の文中の（　あ　）～（　し　）に適切な語句を入れよ。また，下線部に関する問いに答えよ。

α-アミノ酸は，中心となる炭素Cの周りに，-H，-COOH，$-NH_2$と，側鎖Rをもっている。この側鎖Rに，$-NH_2$が含まれていたら（　あ　），-COOHが含まれていたら（　い　）という。
アミノ酸には，-COOHと$-NH_2$が含まれているが，-COOHはH^+を放出し，$-NH_2$はH^+を受けとる性質をもっている。つまり，陽イオンと陰イオンが1つの分子の中に存在しており，このようなイオンを，（　う　）という。

（　う　）は，水溶液の液性（酸性か塩基性か）で，イオンの状態が変わる。酸性水溶液だと（pHが低いと），$-COO^-$が$-COOH$になるので，全体として（　え　）イオンとなる。一方，塩基性水溶液だと（pHが高いと），$-NH_3^+$が$-NH_2$になるので，全体として（　お　）イオンとなる。
アミノ酸はそれぞれ，（　か　）という分子に固有の値をもっている。
（　か　）とは，分子全体で電荷が0になる（　き　）のことである。
また，アミノ酸は基本的に，鏡像異性体をもつ。その中心となる炭素のことを（　く　）原子という。しかし，（　け　）だけは鏡像異性体がない。
アミノ酸は，ニンヒドリン水溶液を加えて加熱すると（　こ　）色になる。これは，（　さ　）基によって起こる反応で，（　し　）といい，アミノ酸やタンパク質の検出に使われる。

問い：下線部の化合物の分子量は75である。この物質の構造式を書け。

(2)　次のアミノ酸の鏡像異性体の構造式を書け。

```
    COOH
     |
     C
H ⁄  ▲  ⋱ CH2-COOH
    NH2
```

(3)　アミノ酸に関する，次の化学反応について，化学反応式を答えよ。
（ⅰ）　アラニン＋エタノール
（ⅱ）　グリシン＋無水酢酸

(4)　次の文中の（　あ　）～（　お　）に入る適切な語句を答えよ。

アミノ酸どうしは，$-COOH$と$-NH_2$が脱水縮合することによって結合する。こうしてできた化合物を（　あ　）といい，これによってできたアミド結合$-CO-NH-$を（　い　）という。
アミノ酸2分子が縮合したものを（　う　），3分子が結合したものを（　え　）といい，多数のアミノ酸が縮合したものを（　お　）という。
こうして，アミノ酸が多数連なることでタンパク質が生成する。

アミノ酸に関する問題です。

アミノ酸は-COOHと$-NH_2$をもっているために，双性イオンになったり，アミノ酸どうしが結合してペプチド結合ができます。また，アルコールと反応してエステルを形成したり，無水酢酸と反応してアミド結合を形成したりします。もう1つ重要なこととしては，グリシン以外は鏡像異性体をもつことでしょう。

(1) **(あ)塩基性アミノ酸　(い)酸性アミノ酸**
(う)双性イオン(両性イオン)　(え)陽　(お)陰
(か)等電点　(き)pH　(く)不斉炭素　(け)グリシン
(こ)青紫～赤紫　(さ)アミノ　(し)ニンヒドリン反応

問い：

$$\begin{array}{c} COOH \\ | \\ H-C-NH_2 \\ | \\ H \end{array}$$

グリシン

(2)

$$\begin{array}{c} HOOC \\ | \\ HOOC-H_2C-C-H \\ H_2N \end{array}$$

(3) (ⅰ)

$$\begin{array}{l} CH_3-\underset{\underset{NH_2}{|}}{CH}-COOH + CH_3CH_2OH \\ \longrightarrow CH_3-\underset{\underset{NH_2}{|}}{CH}-COOCH_2CH_3 + H_2O \end{array}$$

(ⅱ)

$$H-\underset{\underset{NH_2}{|}}{CH}-COOH + O\begin{array}{l} COCH_3 \\ COCH_3 \end{array} \longrightarrow H-\underset{\underset{\underset{H}{|}}{N}-\underset{\underset{O}{\|}}{C}-CH_3}{|}}{CH}-COOH + CH_3COOH$$

(4) **(あ)ペプチド　(い)ペプチド結合　(う)ジペプチド**
(え)トリペプチド　(お)ポリペプチド

確認問題 43 8-22，8-23，8-24，8-25に対応

次の問い(1)～(4)に答えよ。

(1) 次の文中の(　あ　)～(　お　)に適切な語句を入れよ。

タンパク質はとても複雑な構造をしているが，最も基本的なのが(　あ　)構造である。(　あ　)構造というのは，アミノ酸の組合せと順序のことである。
しかし，タンパク質というのは，単にアミノ酸が連なってできたものではない。ペプチド結合中の >C=O と >N-H の間で(　い　)結合ができることにより，(　う　)(らせん構造)，(　え　)という2種類の構造をとる。これを二次構造という。
さらに，こうしてできたタンパク質の二次構造は，-S-S-結合やイオン結合，水素結合などの側鎖間の相互作用によって三次構造となる。この-S-S-結合をジスルフィド結合という。
さらに，三次構造をもつ複数のポリペプチド鎖が一定の立体的配置に集合した構造を四次構造といい，代表的なものが，赤血球に含まれる(　お　)である。

(2) 次のタンパク質の性質を，それぞれ何というか。
(ⅰ) タンパク質の水溶液に熱，酸・塩基などを加えると固まり，二度ともとには戻らない性質。例：卵を焼くと黄身や白身が固まり，もとには戻せない。
(ⅱ) 水に溶けたタンパク質が，多量の電解質を加えることによって沈殿する性質。

(3) 次の(　あ　)～(　お　)に適切な語句を入れよ。

タンパク質が水に溶けるのは，大きさが10^{-9}～10^{-7} mのコロイド粒子になるからである。コロイド粒子は，ふつうは水に溶けない物質でも，その大きさゆえに水に溶ける(均一に分散する)。
コロイドには，金属や金属硫化物などの水に不溶な物質がコロイドの大きさになった(　あ　)コロイド，タンパク質やデンプンなどの，1分子がもともとコロイドの大きさだった(　い　)コロイド，セッケン

分子などの，分子内に親水性基や疎水性基をもち，水溶液中で疎水基どうしが集合して，コロイド粒子の大きさになった（　う　）コロイドなどがある。

水中に分散したコロイドを沈殿させる方法は，コロイドの種類によって大きく2通りある。

・（　え　）コロイド……コロイドの表面が＋または－の電荷を帯びており，それによってコロイドどうしが反発するため，コロイドどうしが集まりにくく（つまり沈殿しにくく）なっている。このコロイドは，電荷を帯びているので，反対の電荷をもつイオンを少量加えただけで，コロイドどうしが集まって沈殿する。
例：水酸化鉄(Ⅲ)$Fe(OH)_3$

・（　お　）コロイド……コロイドの表面に親水基が多数存在していて，多数の水分子が水和している状態のコロイドのことである。このコロイドを沈殿させるには，親水基よりも強く水分子を引きつけるイオン，つまり電解質を大量に加える必要がある。

(4)　卵白の水溶液に，次の（ⅰ）～（ⅲ）の操作を行った。A群からは反応名，B群からは反応後の水溶液の色を選べ。

（ⅰ）　水酸化ナトリウム水溶液を加えて加熱したあと，酢酸鉛(Ⅱ)水溶液を加える。

（ⅱ）　水酸化ナトリウム水溶液を加えてから，硫酸銅(Ⅱ)水溶液を加える。

（ⅲ）　濃硝酸を加えて加熱し，冷却後アンモニア水を加える。

A群：①キサントプロテイン反応　②硫黄の検出　③ビウレット反応
④ニンヒドリン反応　⑤窒素の検出

B群：(a) 黒　(b) 赤紫　(c) 白　(d) 黄　(e) 橙黄

タンパク質に関する問題です。
アミノ酸が一次構造～四次構造をとることで複雑なタンパク質になっていることや，タンパク質が水に溶けたり，沈殿したりするメカニズム，そしてタンパク質の検出方法について，理解できたでしょうか？

(1) **(あ)一次　(い)水素　(う)α-ヘリックス**
(え)β-シート　(お)ヘモグロビン 答

(2) **(i)変性　(ii)塩析** 答

(3) **(あ)分散　(い)分子　(う)会合**
(え)疎水　(お)親水 答

(4) **(i)②, (a)　(ii)③, (b)**
(iii)①, (e) 答

確認問題 44　8-26, 8-27 に対応

次の問い(1), (2) に答えよ。

(1) 次の文中の(あ)～(く)に適切な語句を入れよ。

酵素は, (あ)と結合して(あ)を活性化させ, 化学反応に必要なエネルギーを下げている。
酵素の, 特定の(あ)としか反応しないという性質を(い)という。(い)があるのは, 酵素と(あ)が鍵穴と鍵の関係にあるからである。この鍵穴を(う)といい, 結合してできたものを(え)という。
酵素は反応速度を速くする作用があるが, 温度を上げるほど反応速度は(お)くなる。なぜなら, 温度が上がるほど基質の熱運動が盛んになり, 酵素と基質が結合する確率が(か)るからである。
しかし, 温度を上げれば上げるほど, 反応速度が上がるわけではない。なぜなら, 酵素はタンパク質であるため, 熱によって変性してしまい, 酵素のはたらきが失われてしまうからである。これを(き)という。
つまり, 酵素には最も反応速度の速い温度が存在する。この温度のことを(く)という。

(2) 次の文章のうち，誤っているものを1つ選べ。

(i) 酵素はタンパク質からなる。

(ii) 酵素は反応物を分解したあと，再利用される。

(iii) ペプシンの最適pHはpH＝9付近である。

(iv) 酵素と反応して酵素作用を抑える物質を酵素阻害剤という。

酵素に関する基本的な用語が覚えられているか，最適温度，最適pHについて理解できているかを確認する問題です。

(1) **(あ)基質 (い)基質特異性 (う)活性部位(活性中心)**
(え)酵素-基質複合体 (お)速 (か)高ま (き)失活
(く)最適温度 答

(2) (iii) ペプシンの最適pHは，pH＝2付近です。よって，**(iii)** 答

確認問題 45 8-28，8-29，8-30に対応

次の問い(1)～(3)に答えよ。

(1) 次の文中の(あ)～(お)に適切な語句を入れよ。

高分子化合物である核酸の単量体を(あ)という。(あ)は，リン酸，ペントース（五炭糖），窒素原子を含む環状構造の塩基でできている。
核酸には，DNAとRNAの2種類があり，次のような違いがある。

・デオキシリボ核酸DNA……糖部分が（ い ）であり，4種類の塩基はアデニン(A)，グアニン(G)，シトシン(C)，(う)のいずれかである。
・リボ核酸RNA………糖部分が（ え ）であり，4種類の塩基はアデニン(A)，グアニン(G)，シトシン(C)，(お)のいずれかである。

(2) 細胞分裂時のDNAの変化に関する，次の文中の（　あ　），（　い　）に適切な語句を入れよ。

DNAは，ポリヌクレオチド2本が（　あ　）構造をとることでできた高分子化合物である。DNAの（　あ　）構造は，細胞の分裂にともなってほどけ，対応するもう1本が再生される。これをDNAの（　い　）という。

(3) タンパク質の合成に関する次の文中の（　あ　）～（　き　）に適切な語句を入れよ。

タンパク質が合成される際には，まずはDNAがほどけて1本のポリヌクレオチドになる。
そして，ほどけたDNAの露出した塩基に対応するようにして，もう1本のヌクレオチド鎖ができる。この際，グアニン（G）に対して（　あ　）が，アデニン（A）に対して（　い　）が結合し，RNAができる。これを遺伝情報の（　う　）という。
RNAはDNAから離れたあと核の外に飛び出す。
このRNAは，DNAの情報を外に伝達する役割をしているので，（　え　）という。
（　え　）が核の外に飛び出すと，塩基3組に1つ対応したアミノ酸をもつ（　お　）が，（　か　）というタンパク質内で結合する。
こうして，アミノ酸どうしがくっついてタンパク質がつくられる。
これを，遺伝情報の（　き　）という。

DNA，RNAに関する問題です。
DNAとRNAの違いはよく出題されますので，確実に頭に入れておきましょう。
DNAは遺伝情報をもっているといいますが，これは「タンパク質の設計図をもっている」ということです。DNAからタンパク質ができる流れもしっかり覚えましょう。

(1) **（　あ　）ヌクレオチド　（　い　）デオキシリボース　（　う　）チミン（T）（　え　）リボース　（　お　）ウラシル（U）** 答

(2) **（　あ　）らせん　（　い　）複製** 答

(3) (あ)シトシン(C) (い)ウラシル(U) (う)転写
(え)伝令RNA(mRNA，メッセンジャー RNA)
(お)転移RNA(tRNA，トランスファー RNA)
(か)リボソームRNA(rRNA) (き)翻訳 

合成高分子化合物

確認問題 46 9-1，9-2，9-3，9-4，9-5 に対応

次の問い(1)～(3)に答えよ。

(1) 次の合成繊維は，①縮合重合，②付加重合，③開環重合のいずれによって生成されたか。

(i) $\left[NH-(CH_2)_5-\overset{\overset{O}{\|}}{C} \right]_n$ ナイロン6

(ii) $\left[HN-\langle\bigcirc\rangle-NH-\overset{\overset{O}{\|}}{C}-\langle\bigcirc\rangle-\overset{\overset{O}{\|}}{C} \right]_n$ ポリ-*p*-フェニレンテレフタルアミド

(iii) $\left[CH_2-\underset{\underset{CN}{|}}{CH} \right]_n$ ポリアクリロニトリル

(2) 次の化学反応式を完成させ，合成される物質名を答えよ。

(i) $n\,H_2N-(CH_2)_6-NH_2 + n\,HOOC-(CH_2)_4-COOH$

$\longrightarrow$ (　　　　　　) $+ 2n\,H_2O$

(ii) $n\,H_2N-\langle\bigcirc\rangle-NH_2 + n\,Cl-\overset{\overset{O}{\|}}{C}-\langle\bigcirc\rangle-\overset{\overset{O}{\|}}{C}-Cl$

$\longrightarrow$ (　　　　　　) $+ 2n\,HCl$

(iii) $n\,HO-(CH_2)_2-OH + n\,HO-\overset{\overset{O}{\|}}{C}-\langle\bigcirc\rangle-\overset{\overset{O}{\|}}{C}-OH$

$\longrightarrow$ (　　　　　　) $+ 2n\,H_2O$

(3) 次の合成繊維の平均分子量が 3.84×10^4 であるとき，この物質の重合度 n を求めよ。ただし，原子量は H＝1.0，C＝12，O＝16とする。

$$\left[O-(CH_2)_2-O-\overset{O}{\overset{\|}{C}}-C_6H_4-\overset{O}{\overset{\|}{C}} \right]_n$$

ポリエチレンテレフタラート

解説

合成繊維に関する問題です。

生成する際の化学反応式を正しく書けるようにし，化合物とその名称を一致させておきましょう。また，平均分子量から重合度を問われることもありますので，計算のしかたをマスターしましょう。

(1) **(ⅰ)③ (ⅱ)① (ⅲ)②** 答

(2) (ⅰ) $\left[NH-(CH_2)_6-NH-\overset{O}{\overset{\|}{C}}-(CH_2)_4-\overset{O}{\overset{\|}{C}} \right]_n$ ，**ナイロン66**

(ⅱ) $\left[HN-C_6H_4-NH-\overset{O}{\overset{\|}{C}}-C_6H_4-\overset{O}{\overset{\|}{C}} \right]_n$ ，**ポリ-*p*-フェニレンテレフタルアミド**

(ⅲ) $\left[O-(CH_2)_2-O-\overset{O}{\overset{\|}{C}}-C_6H_4-\overset{O}{\overset{\|}{C}} \right]_n$ ，**ポリエチレンテレフタラート(PET)**

答

(3) 分子式は $\left[O-(CH_2)_2-O-\overset{O}{\overset{\|}{C}}-C_6H_4-\overset{O}{\overset{\|}{C}} \right]_n$ なので，$(C_{10}H_8O_4)_n$ より

分子量は $192n$

$3.84 \times 10^4 = 192n$ より **$n = 200$** 答

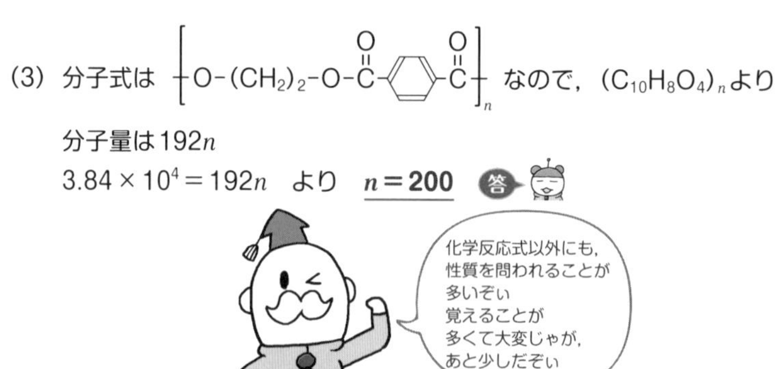

化学反応式以外にも，
性質を問われることが
多いぞい
覚えることが
多くて大変じゃが，
あと少しだぞい

確認問題 47　9-6，9-7，9-8，9-9，9-10，9-11 に対応

次の問い(1)，(2)に答えよ。

(1) 次の文中の(　あ　)，(　い　)に適切な語句を入れよ。
また，下の問いに答えよ。

合成樹脂は，熱を加えると硬くなり，二度とやわらかくならない(　あ　)樹脂と，熱を加えると再びやわらかくなる(　い　)樹脂に分類できる。

問い：次の物質のうち，(　あ　)はどちらか答えよ。

① $\left[CH_2-CH(CH_3) \right]_n$

ポリプロピレン

② $\cdots$(OH付きベンゼン環)$-CH_2-$(OH付きベンゼン環)$\cdots$

フェノール樹脂

(2) 次の化学反応式を完成させ，生成物の名称を答えよ。

(i) $n\,CH_2=CH_2 \longrightarrow$ (　　　　　)

(ii) $n\,CH_2=CH(Cl) \longrightarrow$ (　　　　　)

(iii) $n\,CH_2=CH(C_6H_5) \longrightarrow$ (　　　　　)

(iv) $n\,CH_2=C(CH_3)(COOCH_3) \longrightarrow$ (　　　　　)

合成樹脂に関する問題です。
熱硬化性樹脂，熱可塑性樹脂の違いを理解し，構造式から分類できるようになりましょう。また，化学反応式を自分で書けるようになる必要があります。

(1) **(　あ　)熱硬化性　(　い　)熱可塑性**

問い：②　答

(2) 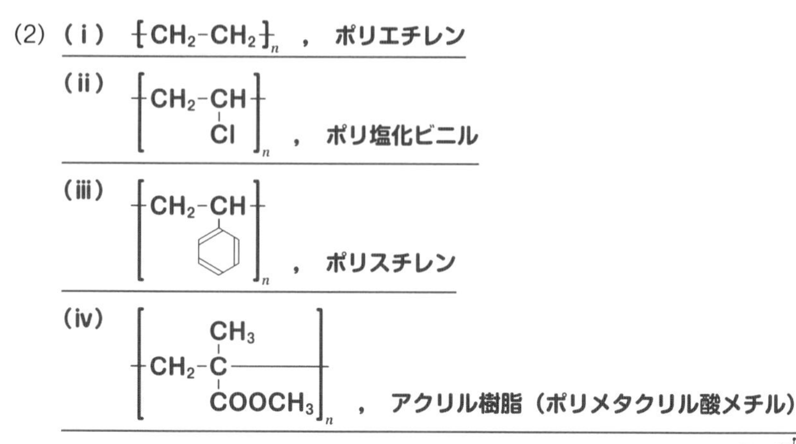

確認問題 48 9-12，9-13，9-14，9-15，9-16，9-17，9-18 に対応

次の問い (1) ～ (3) に答えよ。

(1) 次の文中の(　あ　)～(　き　)に入る適切な語句を答えよ。

天然にとれるゴムは，ゴムノキという (その名の通りの) 木からとれる(　あ　)という乳白色の樹液が原料である。(　あ　)に(　い　)や酢酸を加えて凝固させ，乾燥させることで天然ゴムはつくられる。
天然ゴムは，イソプレンが(　う　)重合した構造になっており，すべて(　え　)形になっている。
ただし，天然ゴムの原料であるポリイソプレンは二重結合をもっており，二重結合は空気中の酸素やオゾンによって酸化されるため，空気中においておくと弾性が失われる。このような現象を(　お　)という。
天然ゴムに硫黄原子を加えると弾性が増す。この処理を(　か　)という。こうして得られたゴムを(　き　)ゴム, または(　か　)ゴムという。

(2) 次の (i)，(ii) の化合物の構造式を書け。

(i) イソプレンゴム (ポリイソプレン)
(ii) ブタジエンゴム (ポリブタジエン)

(3) アクリロニトリルとブタジエンを，1：1の割合で交互に共重合させたときの化学反応式と，生成した合成ゴムの名称を書け。

ゴムに関する問題です。
天然ゴムに関する知識をおさえ，合成ゴムの化学反応式が書けるようになりましょう。

(1) **(あ)ラテックス　(い)ギ酸　(う)付加　(え)シス**
(お)ゴムの老化　(か)加硫　(き)弾性 答

(2) (i) $\left[CH_2-\overset{CH_3}{\overset{|}{C}}=CH-CH_2 \right]_n$　(ii) $\left[CH_2-\overset{H}{\overset{|}{C}}=CH-CH_2 \right]_n$ 答

(3) $n\,CH_2=CHCN + n\,CH_2=CH-CH=CH_2$

$$\longrightarrow \left[CH_2-\underset{CN}{\underset{|}{CH}}-CH_2-CH=CH-CH_2 \right]_n$$

アクリロニトリル-ブタジエンゴム(NBR) 答

確認問題 49　9-19，9-20，9-21，9-22，9-23に対応

次の問い(1)～(3)に答えよ。

(1) 次の文中の(あ)～(う)に適切な語句を入れよ。

機能性高分子には，さまざまな種類がある。例えば，樹脂のもつイオンと，電解水溶液中のイオンを交換する樹脂である(あ)，自身の重さの500～1000倍の水を吸収する(い)，体内や微生物によって分解される(う)などである。

(2)　次の物質は，陽イオン交換樹脂，陰イオン交換樹脂のどちらであるか。また，この高分子化合物に食塩水を流すと，流出液は酸性・塩基性のどちらか。

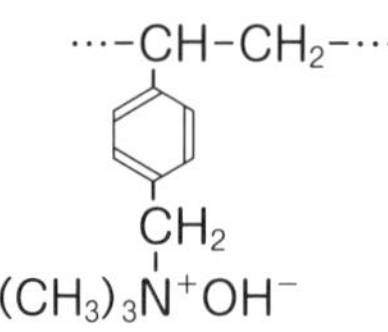

(3)　次の①～③のアミノ酸を，強塩基性で陰イオン交換樹脂に吸着させ，pHの大きい緩衝液からpHの小さい緩衝液を順次流すと，最初に流出するアミノ酸はどれか。
①リシン　②グルタミン酸　③グリシン

イオン交換樹脂をはじめとする，機能性高分子化合物に関する問題です。
H^+をもつ樹脂が陽イオン交換樹脂，OH^-をもつ樹脂が陰イオン交換樹脂であることはしっかり頭に入っていましたか？
また，等電点を利用したアミノ酸の分離のメカニズムもしっかり理解しましょう。頻出問題です。

(1)　**（　あ　）イオン交換樹脂　（　い　）高吸水性高分子**
（　う　）生分解性高分子　答

(2)　**陰イオン交換樹脂，塩基性**　答

(3)　pHを小さくしていくので，等電点のpHが大きいアミノ酸から流出します。
それぞれの等電点は，リシン（pH9.7），グルタミン酸（pH3.2），グリシン（pH6.0）です。
よって，①　答

The Most Intelligible Guide
of Chemistry in the Universe:
Organic Chemistry
for High School Students

⑤